职业技能培训鉴定教材

变配电室值班电工
（高级）

主　编　宋美清
编　者　林少山　岑　旭　关铃英　陆颖铨
　　　　林　赟
审　稿　邱潭生

中国劳动社会保障出版社

图书在版编目(CIP)数据

变配电室值班电工：高级/人力资源和社会保障部教材办公室组织编写. —北京：中国劳动社会保障出版社，2010
职业技能培训鉴定教材
ISBN 978-7-5045-8298-0

Ⅰ.①变… Ⅱ.①人… Ⅲ.①变电所-配电系统-电工-职业技能鉴定-教材 Ⅳ.①TM63

中国版本图书馆 CIP 数据核字(2010)第 085888 号

中国劳动社会保障出版社出版发行
(北京市惠新东街1号 邮政编码：100029)
出 版 人：张梦欣

*

三河市华骏印务包装有限公司印刷装订 新华书店经销
787 毫米×1092 毫米 16 开本 20.5 印张 443 千字
2010 年 5 月第 1 版 2022 年 5 月第 6 次印刷
定价：37.00 元

读者服务部电话：(010)64929211/84209101/64921644
营销中心电话：(010)64962347
出版社网址：http://www.class.com.cn

版权专有 侵权必究

如有印装差错，请与本社联系调换：(010)81211666
我社将与版权执法机关配合，大力打击盗印、销售和使用盗版图书活动，敬请广大读者协助举报，经查实将给予举报者奖励。
举报电话：(010)64954652

内 容 简 介

本教材由人力资源和社会保障部教材办公室组织编写。教材以《国家职业标准·变配电室值班电工》为依据，紧紧围绕"以企业需求为导向，以职业能力为核心"的编写理念，力求突出职业技能培训特色，满足职业技能培训与鉴定考核的需要。

本教材详细介绍了高级变配电室值班电工要求掌握的最新实用知识和技术。全书分为8个模块单元，主要内容包括：供配电系统、过电压保护、继电保护与自动装置的检查与故障处理、母线停送电操作、变配电设备异常与事故处理、电气试验、设备的交接与验收、组织管理。每一单元后安排了单元测试题及答案，书末提供了理论知识和操作技能考核试卷，供读者巩固、检验学习效果时参考使用。

本教材是高级变配电室值班电工职业技能培训与鉴定考核用书，也可供相关人员参加在职培训、岗位培训使用。

前　言

　　1994年以来，原劳动和社会保障部职业技能鉴定中心、教材办公室和中国劳动社会保障出版社组织有关方面专家，依据《中华人民共和国职业技能鉴定规范》，编写出版了职业技能鉴定教材及其配套的职业技能鉴定指导200余种，作为考前培训的权威性教材，受到全国各级培训、鉴定机构的欢迎，有力地推动了职业技能鉴定工作的开展。

　　原劳动保障部从2000年开始陆续制定并颁布了国家职业标准。同时，社会经济、技术不断发展，企业对劳动力素质提出了更高的要求。为了适应新形势，为各级培训、鉴定部门和广大受培训者提供优质服务，教材办公室组织有关专家、技术人员和职业培训教学管理人员、教师，依据国家职业标准和企业对各类技能人才的需求，研发了职业技能培训鉴定教材。

　　新编写的教材具有以下主要特点：

　　在编写原则上，突出以职业能力为核心。教材编写贯穿"以职业标准为依据，以企业需求为导向，以职业能力为核心"的理念，依据国家职业标准，结合企业实际，反映岗位需求，突出新知识、新技术、新工艺、新方法，注重职业能力培养。凡是职业岗位工作中要求掌握的知识和技能，均作详细介绍。

　　在使用功能上，注重服务于培训和鉴定。根据职业发展的实际情况和培训需求，教材力求体现职业培训的规律，反映职业技能鉴定考核的基本要求，满足培训对象参加各级各类鉴定考试的需要。

　　在编写模式上，采用分级模块化编写。纵向上，教材按照国家职业资格等级单独成册，各等级合理衔接、步步提升，为技能人才培养搭建科学的阶梯型培训架构。横向上，教材按照职业功能分模块展开，安排足量、适用的内容，贴近生产实际，贴近培训对象需要，贴近市场需求。

　　在内容安排上，增强教材的可读性。为便于培训、鉴定部门在有限的时间内把最重要的知识和技能传授给培训对象，同时也便于培训对象迅速抓住重点，提高学习效率，在教材中精心设置了"培训目标"等栏目，以提示应该达到的目标，需要掌握的重点、难点和有关的扩展知识。另外，每个学习单元后安排了单元测试题，每个级别的教材都提供了理论知识和操作技能考核试卷，方便培训对象及时巩固、检验学习效果。

本书由宋美清主编，邱潭生审稿，各单元编写分工为：第1单元关铃英编写，第2单元由林赟编写，第3单元由陆颖铨编写，第4单元、第5单元由林少山编写，第6单元、第7单元、第8单元由岑旭编写。

本书在编写过程中得到福建省技工教育研究室的大力支持和热情帮助，在此致以诚挚的谢意。

编写教材有相当的难度，是一项探索性工作。由于时间仓促，不足之处在所难免，恳切希望各使用单位和个人对教材提出宝贵意见，以便修订时加以完善。

人力资源和社会保障部教材办公室

目 录

第1单元 供配电系统/1—50

第一节 配电网络结构/2
一、高压配电网络的接线
二、低压配电网络的接线

第二节 电容器运行及故障处理/6
一、并联电容器
二、电容器投入与退出的操作
三、电容器异常运行和故障的处理

第三节 笼型异步电动机常见故障处理/18
一、三相异步电动机的工作原理
二、笼型异步电动机控制电路
三、异步电动机控制电路的安装
四、三相笼型电动机常见故障分析与处理
五、三相异步电动机定子绕组参数及展开图画法
六、水泵电路维护

单元测试题/41

单元测试题答案/50

第2单元 过电压保护/51—74

第一节 防雷与过电压/52
一、过电压及其危害
二、过电压分类
三、雷电过电压
四、内部过电压

第二节 过电压保护设备/55
一、避雷针
二、避雷线
三、避雷器

四、防雷设施和接地装置的检查和维护

第三节　变配电所防雷措施/61

一、变配电所进线段的防雷保护

二、变配电所母线的防雷保护

三、变压器中性点的防雷保护

四、配电变压器的防雷保护

五、高压电动机的防雷措施

六、架空线路的防雷措施

第四节　防止内部过电压措施/67

一、防止分、合空载线路时的过电压

二、防止开断空载变压器时的过电压

三、防止开断高压感应电动机时的过电压

四、防止开断并联电容过电压

五、防止电弧过电压

六、防止谐振过电压

单元测试题/70

单元测试题答案/74

第3单元　继电保护与自动装置的检查与故障处理/75—124

第一节　自动重合闸装置/76

一、自动重合闸装置（简称AAR）的作用、基本要求和分类

二、单侧电源线路的三相一次自动重合闸装置

三、自动重合闸装置与继电保护配合

第二节　备用电源自动投入装置/84

一、备用电源自动投入装置的运行方式和作用

二、对备自投的基本要求

三、备自投工作原理

四、微机型备自投

第三节　按频率自动减负荷装置/89

一、按频率自动减负荷装置的基本要求

二、低频减载装置工作原理

三、微机型低频减载装置

第四节　微机保护巡视检查与异常处理/93

一、微机保护巡视检查与压板投退

二、线路微机保护装置组成及运行注意事项

三、变压器微机保护装置运行注意事项

四、继电保护及二次回路的故障处理

第五节　微机监控系统/107
　　一、变配电所微机监控系统
　　二、变配电所微机监控装置的基本功能要求
　　三、微机监控装置异常处理方法
　　四、无人值守变配电所的巡视检查
　　五、无人值守变配电所的操作
单元测试题/115
单元测试题答案/123

第4单元　母线停送电操作/125—153

第一节　单母线带旁路母线停送电操作/126
　　一、单母线带旁路母线停送电倒闸操作步骤
　　二、操作实例
第二节　双母线停送电操作/131
　　一、双母线停送电倒闸操作步骤
　　二、操作实例
第三节　运行方式的编制/140
　　一、编制运行方式的意义
　　二、运行方式的编制原则
　　三、运行方式编制的举例分析
单元测试题/147
单元测试题答案/151

第5单元　变配电设备异常与事故处理/155—197

第一节　断路器的故障处理/156
　　一、断路器操动机构的异常处理
　　二、断路器灭弧机构的异常处理
　　三、断路器拒绝分闸、合闸的分析处理
　　四、断路器自动分闸、合闸的分析处理
　　五、断路器的事故处理
第二节　互感器的异常与事故处理/167
　　一、电压互感器异常与事故处理
　　二、电流互感器异常与事故处理
第三节　线路故障断路器拒动的处理/177
　　一、线路断路器拒动的现象
　　二、线路故障断路器拒动的处理

三、故障实例

第四节 线路故障保护拒动的处理/180
一、造成保护拒动的原因及危害
二、线路保护拒动的现象
三、线路故障保护拒动的处理
四、故障实例

第五节 变、配电所所用电消失的处理/183
一、变、配电所所用电消失的处理
二、直流失地的处理
三、直流电压消失的处理
四、故障实例

第六节 变、配电所全所停电/188
一、变、配电所全所停电的原因
二、变、配电所全所停电的现象
三、变、配电所全所停电的处理
四、故障实例

单元测试题/193
单元测试题答案/196

第6单元 电气试验/199—240

第一节 电气试验基础/200
一、电气试验流程
二、电气试验注意事项
三、电气试验人员应具备的素质

第二节 测量绝缘电阻/203
一、绝缘电阻、吸收比和极化指数
二、影响绝缘电阻测量的因素和分析判断

第三节 直流泄漏及直流耐压试验/206
一、直流泄漏电流及直流耐压试验的特点
二、试验方法
三、影响因素和试验结果的分析

第四节 介质损耗因数试验/215
一、$\tan\delta$ 测量的原理和意义
二、测量 $\tan\delta$ 的仪器
三、QS1 型电桥的使用
四、电磁场干扰下的 $\tan\delta$ 试验
五、影响 $\tan\delta$ 测量的因素

第五节 工频交流耐压试验/224

一、试验方法

二、试验设备

三、试验电压的测量

四、交流耐压试验的操作要点及异常现象分析

单元测试题/230

单元测试题答案/239

第7单元 设备的交接与验收/241—263

第一节 设备的验收/242

一、变、配电室设备验收的一般规定

二、变压器的验收

三、互感器的验收

四、高压断路器的验收

五、SF_6断路器的验收

六、隔离开关、负荷开关的验收

七、避雷器的验收

八、电容器的验收

九、母线的验收

十、配电盘及二次回路接线交接验收

第二节 设备的检修与交接/250

一、设备检修的意义、原则和方式

二、检修计划的编制

三、小修及设备交接

四、大修后或新设备的交接

单元测试题/255

单元测试题答案/262

第8单元 组织管理/265—289

第一节 班组管理/266

一、班组管理的形式和主要内容

二、班组经济核算和各项经济指标的管理

三、班组工作计划的管理

第二节 质量管理/271

一、质量管理（QC）小组的性质、特点和类型

二、质量管理（QC）小组活动的开展

第三节　班组信息化管理/281
一、信息化目标体系
二、班组智能管理信息化系统设计
三、班组智能管理系统的功能

单元测试题/284

单元测试题答案/289

理论知识考核试卷（一）/290

理论知识考核试卷（二）/296

操作技能考核试卷（一）/302

操作技能考核试卷（二）/307

理论知识考核试卷（一）答案/313

理论知识考核试卷（二）答案/314

参考文献/315

第1单元

供配电系统

- 第一节　配电网络结构／2
- 第二节　电容器运行及故障处理／6
- 第三节　笼型异步电动机常见故障处理／18

供配电系统由高压及低压配电线路、变配电室和用电设备组成，不同规模的用户所需的供配电系统有所不同。

一些大型用户需经过两次降压，把 35～110 kV 电压降为 6～10 kV 电压，向各住宅小区或工厂变配电室供电，各住宅小区或工厂变配电室的配电变压器再把 6～10 kV 电压降为 220/380 V 电压，向低压用电设备供电。有的大型用户只经一次降压，把 35 kV 线路直接引入靠近负荷中心的变配电室，经变配电室的配电变压器直接降为低压用电设备所需的电压，这种供电方式称为高压深入负荷中心的直配方式。

中型用户的供电电源进线一般为 6～10 kV，先由高压配电所集中，再由高压配电线路将电能分送到各住宅小区或工厂变配电室，降为 220/380 V 低压，供给用电设备，或由高压配电线路直接供给高压用电设备。

对于小型用户，由于所需容量一般不大于 1 000 kVA，通常只设一个降压变电所，将 6～10 kV 电压降为低压用电设备所需的电压。如果用户所需容量不大于 160 kVA 时，一般采用低压电源进线，只需设一低压配电室。

本单元主要介绍供配电网络的结构、电容器的运行及故障处理等内容，以使学生建立起电力系统稳定运行的基本概念。然后重点讲述主要用电设备笼型异步电动机常见故障的处理方法。

第一节 配电网络结构

单元 1

→ 熟悉高压配电网络的结构
→ 熟悉低压配电网络的结构

配电网络是指由电源端向负荷端输送电能时所采用的网络结构。配电网络结构基本上分为放射式和网式两大形式，网式结构又可分为多回线式、环式和网络式。不同的供配电网络结构对供电可靠性有着不同的影响。

一、高压配电网络的接线

1. 放射式接线

放射式配电线路自配电变电所引出，按负荷的分布情况呈放射状延伸出去，散布于整个供电区域。放射式配电网的优点是设施简单，适用于低负荷密度地区和一般的照明、动力负荷供电。只要不超过线路的额定容量并满足电压质量要求，放射式的配电线路就可以逐步延伸，以适应新增加的用电负荷的需要。放射式配电网的缺点是供电可靠性低，一旦配电设施有故障就会造成大量用户停电。为了弥补这一缺点，部分用户可以视其对供电可靠性要求的不同，从邻近配电网取得适当容量的备用电源。在放射式配电网中，通常还装设分段断路器将线路分成适当的区段，而且适当的分段处与相邻线路之间装设联络断路器，使得放射式配电线路发生故障时的停电区段缩小，或将部分非故障区段切换到相邻线路,以保证继续供电。

常见的放射式接线有单线路放射式和双线路放射式两种,如图1—1所示。

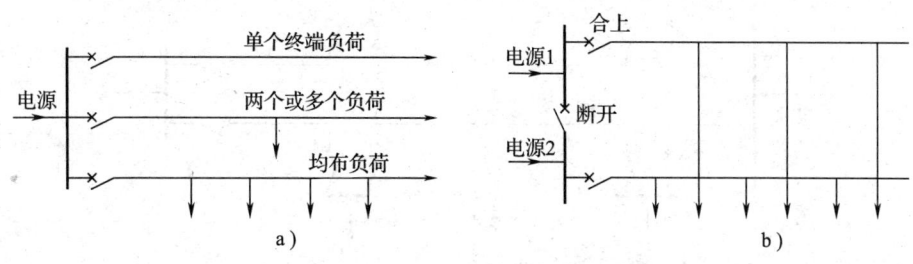

图1—1 放射式接线
a) 单线放射式 b) 双线放射式

2. 多回线式接线

多回线式配电线路如图1—2所示,自配电变电所引出接到受电端,正常时各条配电线路并列运行,平均分担全部负荷。当一条配电线路有故障时,可自动将其切断隔离,其余的配电线路有足够容量承担全部负荷。

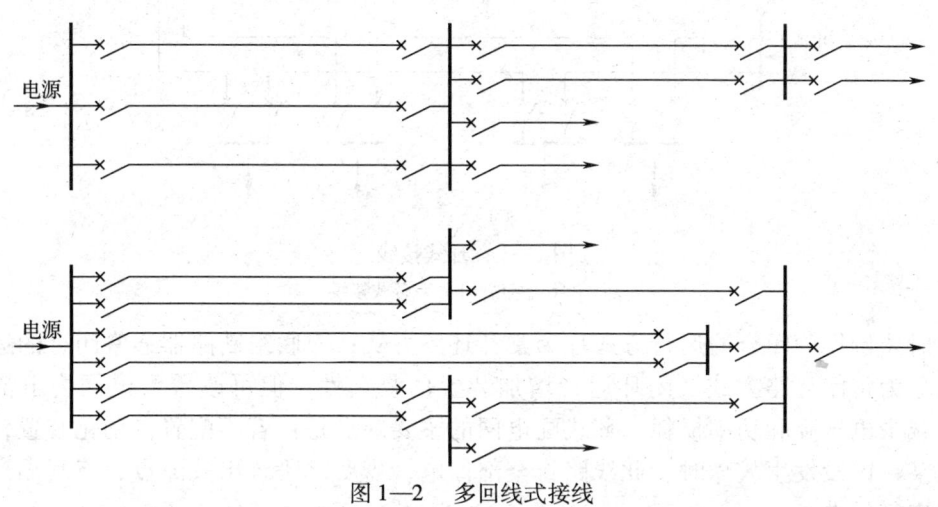

图1—2 多回线式接线

多回线式配电网至少有两回配电线路,但一般为3~4回或更多回路。多回线式配电网比放射式配电网可靠性高,一回配电线路故障时,不会造成用户停电,有需要时还可达到在第二回配电线路故障时不使用户停电的要求。多回线式配电网的主要缺点是其继电保护配置比放射式配电网要复杂。

3. 环式接线

环式配电接线如图1—3所示,配电变电所引出的配电线路连接成环形,每个用电点自环上不同部位接出。

单环式接线如图1—3a所示,是两回配电线路自同一(或不同)配电变电所的母线引出,利用联络断路器(或分段断路器)连接成环,每个用电点自环上T形或π形支接。当环路上某区段发生故障时,利用分段断路器切换隔离后,其他区段上的负荷可继续供电,这是环式配电网的特点。联络断路器通常断开,只有当某区段发生故障或停电

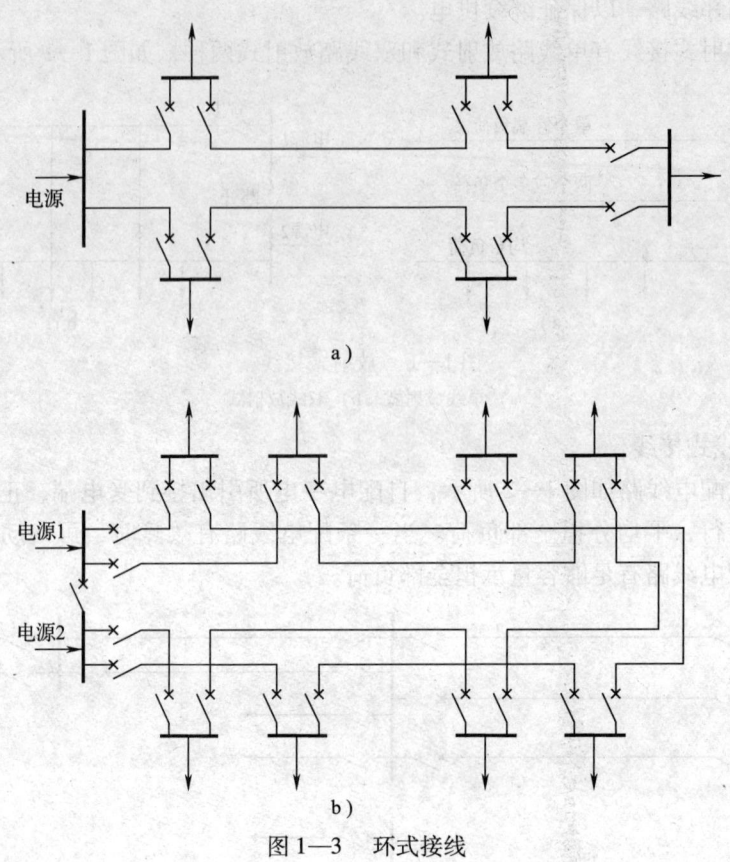

图 1—3 环式接线
a) 单环式接线 b) 双环式接线

作业时才倒换为闭合的运行方式称为常开环路方式；而联络断路器通常闭合的运行方式称为常闭环路方式。闭环运行增加装置的复杂性，但可改善配电网内电流分布，减少电压降和功率损耗。环式配电网的主要缺点是：若不配置自动化装置，当线路某一区段发生故障时，此线路将全部停电，需要逐段查出故障点，将其隔离后才能恢复供电。

为了增加供电容量和改善可靠性，也常使用双环式接线，如图 1—3b 所示，其结构与单环网类似，可视作环式与多回线式的派生形式。此外，开环运行的单环网，电缆运行率较低，为提高电缆运行率，同时解决电源站大量电缆出线的困难，可用一根公用备用电缆作为多根环网电缆的事故备用。

实际应用时，高压配电网络根据具体情况的不同，往往采取几种接线方式的组合。一般地，高压配电网络应优先考虑采用放射式，因为放射式的供电便于运行管理。但放射式采用的高压开关设备较多，投资较大，因此对于供电可靠性要求不高的供电区，可考虑采用树干式或环形配电，这样比较经济。

二、低压配电网络的接线

1. 放射式接线

低压放射式接线如图 1—4 所示。放射式接线的引出线发生故障时互不影响，多用于设备容量大或对供电可靠性要求高的设备配电。

2．树干式接线

两种常见的低压树干式接线如图 1—5 所示。树干式接线的特点正好与放射式接线相反。一般情况下，树干式接线采用的开关设备较少，有色金属消耗量也较少，但干线发生故障时，影响范围大，因此供电可靠性较低。树干式接线多采用成套的封闭型母线，灵活方便，也比较安全，很适于供电给容量较小而分布较均匀的用电设备。如图 1—5b 所示变压器—干线组接线，还省去了变电所低压侧整套低压配电装置，从而使变电所结构大为简化，投资大大降低。

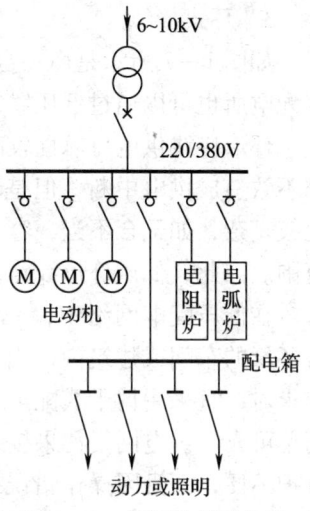

图 1—4　低压放射式接线

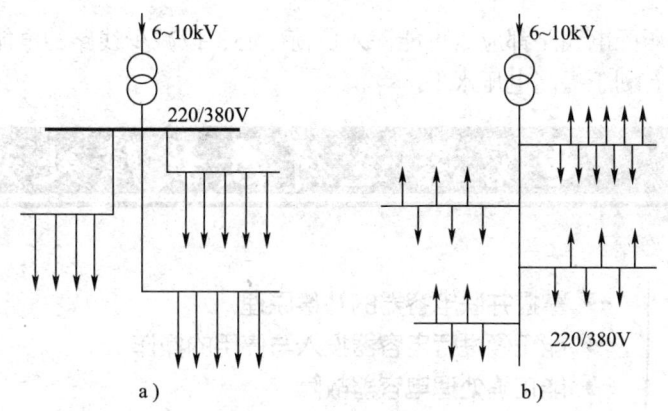

图 1—5　低压树干式接线

a）低压母线放射式配电的树干式　b）低压"变压器—干线组"的树干式

还有一种变形的树干式接线，通常称为链式接线，如图 1—6 所示。链式接线的特点与树干式基本相同，适于用电设备彼此相距很近、而容量均较小的次要用电设备。采用链式接线的设备一般不宜超过 5 台，链式相连的配电箱不宜超过 3 台，且总容量不宜超过 10 kW。

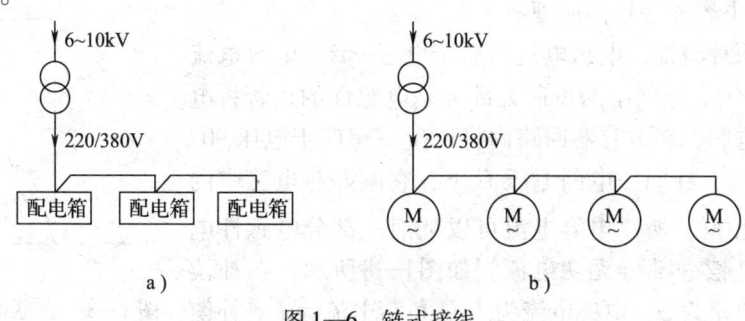

图 1—6　链式接线

a）连接配电箱　　b）连接电动机

3. 环式接线

如图1—7所示是由一台变压器供电的低压环形接线。相邻变配电所也可以通过低压联络线相互连接成为环形。

环形接线供电可靠性较高，任一段线路发生故障或检修时，都不致造成供电中断。但是环形系统的保护装置及其整定配合比较复杂，如配合不当，容易发生误动作，反而扩大故障停电范围。因此，低压环形线路多采用开环方式运行。

在低压配电网络中，一般采用几种接线方式的组合。在正常环境的车间或建筑内，当大部分用电设备容量不大且无特殊要求时，宜采用树干式配电。总之，供配电网络的接线应力求简单可靠。供电网络如果接线复杂，层次过多，不仅浪费投资，维护不便，而且因操作错误或元件故障而产生的事故也会随之增多，同时事故处理和恢复供电操作也比较麻烦，导致停电时间延长。

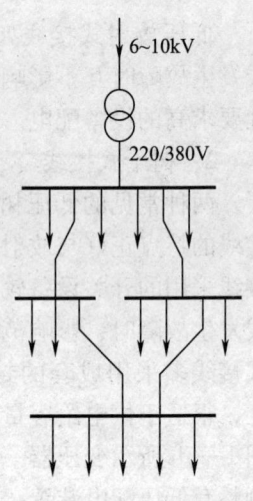

图1—7 低压环式接线

此外，高低压配电线路都应尽可能深入负荷中心，以减少线路的电能损耗和有色金属消耗量，这样有利于提高电压水平。

第二节 电容器运行及故障处理

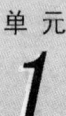
单元 1

培训目标

→ 掌握并联电容器的补偿原理
→ 能正确进行电容器投入与停用的操作
→ 能正确处理电容器故障

一、并联电容器

并联电容器是目前使用最多的一种无功补偿设备，主要用来补偿感性负载的无功功率，提高系统的功率因数，改善电压质量。

1. 并联电容器的补偿原理

由电工原理得知，电感电流滞后于电压90°，电容电流超前于电压90°。电网中的负荷大部分是电感性的，若将电容器连接于电网，在电容器回路内将产生一超前于电压90°的电容电流i_C，在同一电网电压U下，它刚好与电感中的电流i_L方向相反，所以电容电流可以抵消一部分电感性电流，或者说补偿一部分无功电流。如图1—8所示，在补偿前，功率因数角为φ，电感电流为i_L，负荷电流为i。补偿后功率因数角为φ'，电感电流为i_L'，负荷电流为i'，因而

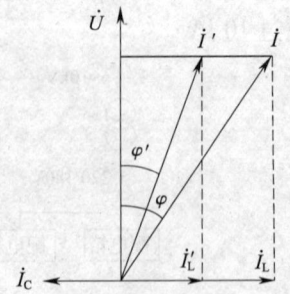

图1—8 并联电容器补偿原理示意图

起到了补偿电感电流的作用,提高了功率因数。

2. 并联电容器组接线方式

并联电容器组接线方式是指将并联电容器连接成三相电容器组的接线方式。并联电容器组接线通常有单星形接线、双星形接线和三角形接线三种,如图1—9所示。

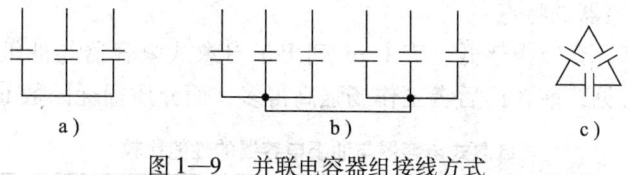

图1—9 并联电容器组接线方式
a) 单星形 b) 双星形 c) 三角形

(1) 单星形接线。单星形接线是指电容器的一端分别接向各相电源,另一端连接在一起构成三相中性点的接线,如图1—9a所示。单星形接线的优点是:接线简单,投资省,有多种保护方式,并且当任一台电容器被击穿时,故障电流都将受到限制,一般不会导致电容器爆炸。缺点是:当一相中的一台电容器被击穿时,如不加以隔离,将使其他两相电容器严重过电压。单星形接线方式适用于中型电容器组。

(2) 双星形接线。双星形接线是指由两个单星形接线的并联电容器组并联连接而成的接线,如图1—9b所示。与单星形接线相比,双星形接线的突出优点是:可在两组电容器的中性点连线上加装简单且十分灵敏可靠的电流或电压不平衡保护。缺点是:接线复杂、占地大。双星形接线方式适用于大型高压电容器组。

(3) 三角形接线。三角形接线是指任一电容器的两端分别与两相邻电容器的一端连接而成三角形的接线,如图1—9c所示。三角形接线的优点是:接线简单,投资省,每一电容器的运行电压与其他两相电容器的状况有关。缺点是:当每相只有一个串联单元时,任一台电容器被击穿都会造成两相短路,故障电流很大,容易引起电容器爆炸,如果采用单台熔断器进行保护,又要求其断流容量需足够大,不经济。三角形接线方式适用于短路容量较小的小型电容器组。

3. 电容器结构

(1) 油纸电容器。普通型油纸电容器主要由芯子、外壳和出线结构三部分组成,如图1—10所示。芯子是电容器的基本组成部分,通常由若干个元件、绝缘件和紧固元件等经过压装并按规定的串并联法连接而成。电容器的元件主要采用卷绕的形式,是用铺有铝箔的电容器纸卷绕而成,先卷成圆柱状卷束,然后再压成扁平元件。电容元件极间介质的厚度一般为30～80μm,由于纸质的不均匀和存在导电点,通常极板间纸的层数不少于3层。电容器内的浸渍介质采用矿物油、烷基苯硅油或植物油等。外壳均采用薄钢板制成,金属外壳有利于散热,但其绝缘性能较差。

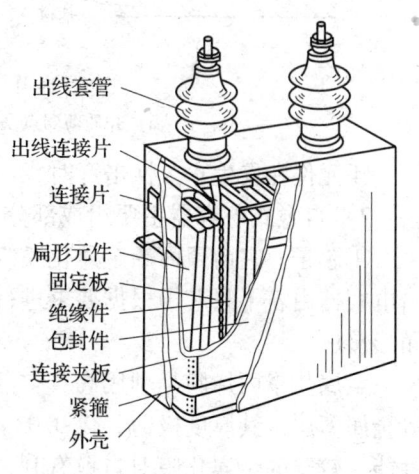

图1—10 普通型油纸电容器结构

(2) 自愈式电容器。目前 10 kV 变配电室大多选用自愈式、免维护、无污染、环保型低压电容器进行无功补偿。由聚丙烯金属化膜作为电容器元件的介质和极板的电容器称为金属化全膜电容器,由于这种电容器具有自愈性能,所以也称为自愈式电容器。

1) 自愈式电容器的特点

①工作场强高,介质损耗低。表 1—1 列出了自愈式电容器与油纸电容器的性能比较。由表中数据可见,前者比后者工作场强高得多,而介质损耗因数 $\tan\delta$ 又低得多。

表 1—1 自愈式电容器与油纸电容器的性能比较

项目	单位	自愈式电容器	油纸电容器
$\tan\delta$	%	0.05~0.08	0.3~0.4
温升	℃	5~8	20
工作场强	kV/mm	300	14
比特性	kA/kvar	0.3~0.4	1.7~2.1

②体积小、容量大、质量轻。

③具有自愈性能。所谓自愈是指电容器在运行中产生某一小点介质击穿时,故障点周围温度剧升,使该处膜上金属层迅速气化挥发,在数微秒时间内,两金属层间立即恢复电气绝缘,使电容能继续正常运行。自愈作用的全过程可以分为三个步骤来描述:第一步,介质薄弱点发生击穿,形成通路,如图 1—11a 所示;第二步,击穿点附近很小范围内流过脉冲电流,如图 1—11b 中箭头所示,在极短时间内形成电弧,使局部区域温度和压力急剧上升;第三步,金属层剧烈蒸发,自愈区半径扩大,在扩大的过程中电弧被拉断,在介质表面形成一个以击穿点为中心的失掉金属镀层的圆形区域,自愈过程即告完成,如图 1—11c 所示。

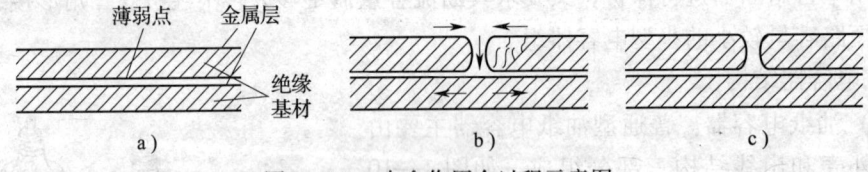

图 1—11 自愈作用全过程示意图
a) 介质薄弱点发生击穿 b) 形成电弧 c) 绝缘恢复

④元件在发生永久性击穿时,不致引起爆炸。

2) 自愈式电容器主要组成部分

①芯子。它由聚丙烯金属化膜绕制而成,两端面的金属层通过喷金连接成电极,每台电容器由若干只芯子根据要求进行组合连接,对于三相低压并联电容器,一般采用三角形接法。

金属化聚丙烯膜是利用高真空蒸镀技术在聚丙烯基膜表面蒸镀一层铝、锌或锌加铝等金属薄层,其厚度极薄,仅 0.03~0.04 μm。金属化膜的厚薄直接影响电容器的自愈性能,较薄的金属化膜对自愈有利,但与喷金层结合脆弱。所以要求金属化膜既要有良好的自愈性能,又要有足够的金属化厚度以提高喷金层强度。

②浸渍剂。浸渍剂主要作用是解决芯子外表面的局部放电与提高电容器的自愈性能,并改善散热条件。

自愈式电容器选用一定配比的油蜡作为浸渍剂,通过真空浸渍,将浸渍剂灌注到电容器壳内,通过浸渍可以有效地解决芯子边缘的局部放电,并且由于固化后的微晶蜡在芯子外部形成一强大的应力区,当元件自愈时,由于存在一定的应力,可以加速灭弧,防止蒸发区扩大与自愈恶化。这类浸渍剂与液体浸渍剂相比,性能稳定,不燃烧,并能有效地解决漏油问题。

③保护装置。当自愈式电容器"自愈"万一失效,内部的金属化膜受热软化并放出气体而使电容器胀鼓时,保护装置能及时切除电源,从而保护整个电容器装置。

④自动放电装置。放电装置能将电容器退出运行,初始峰值电压在 1 min 内降到 50 V 以下,保证运行及维护安全。

⑤电容器外壳。它用马口铁冲制,耐腐性好,表面涂阻燃漆,外形美观。端子与上盖采用整体压铸,耐压强度可高达 3.5 kV,且密封性好,长期在 -45 ~ +45℃ 环境中使用不会开裂,绝缘性能稳定。

低压自愈式电容器的内部接线如图 1—12 所示。内部元件并联,每个并联元件都有单独的过电压保护装置保护。

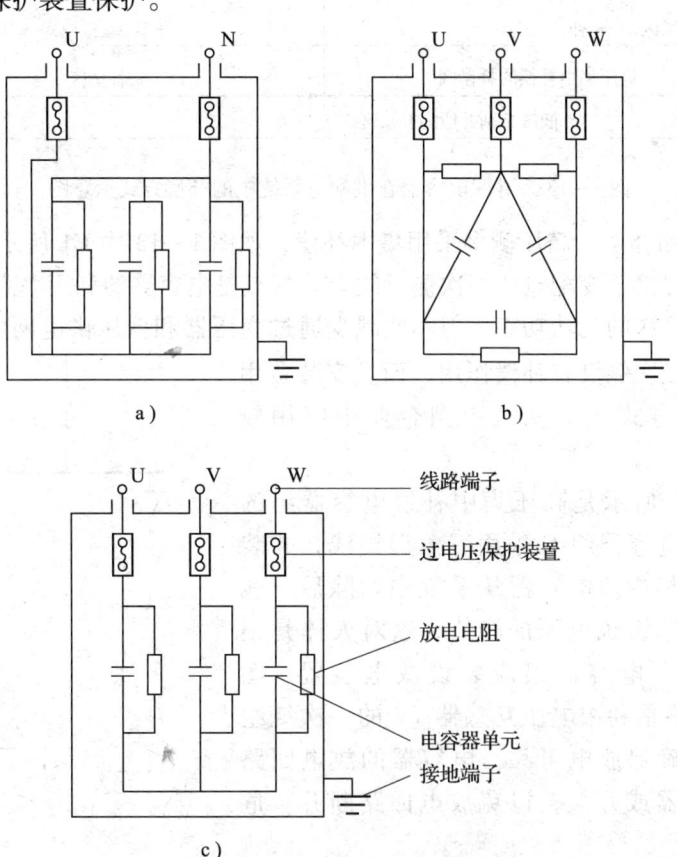

图 1—12　低压自愈式电容器内部接线图
a) 单相(全并接法)　b) 三相△形接法　c) 三相Y形接法

4. 电容器补偿方式

用并联电容器进行无功补偿的补偿方式有高压侧补偿、低压侧补偿以及高、低压侧混合补偿。根据电容器安装方式又可分为高压集中补偿和低压集中补偿、低压个别补偿和低压分散补偿等，如图1—13所示。集中补偿方式安装简便、运行可靠、利用率高，因此应用比较普遍。但必须装设自动控制设备，使之能随负荷的变化而自动投切，否则可能会造成过补偿，影响电压质量。

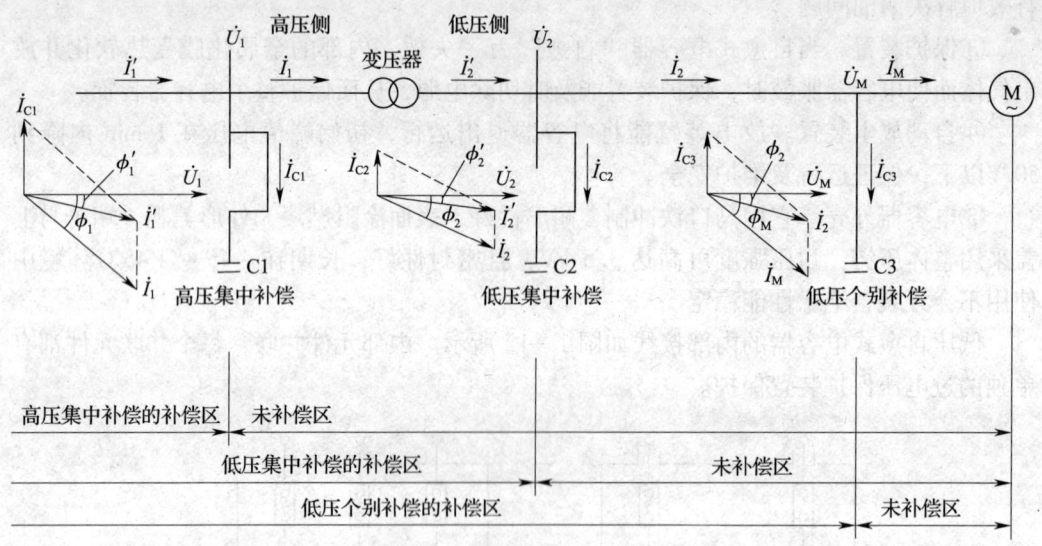

图1—13 并联电容器在供配电系统中的补偿方式示意图

（1）高压侧补偿。高压侧多采用集中补偿，如图1—13中C1所示，是将高压并联电容补偿装置接于变配电所一次侧母线上。特点是电容器的利用率高，能减少供电系统及线路中输送的无功功率，但不能减少通过变压器和低压供电网中的无功功率，即对变压器及二次侧没有补偿作用，而且安装费用高。这种补偿方式在一些大中型企业中应用较普遍。

如图1—14所示是高压集中补偿电容器组的示意图，图中电容器组C采用三角形接线，并装在高压电容器柜内。电容器从系统中切除后，残余电压最高可达系统电压的峰值，这对人体是很危险的。因此，电容器组应装设放电装置，图1—14所示电路是利用电压互感器TV的一次绕组来放电的。为确保放电可靠，电容器的放电回路不得装设熔断器或开关，以免放电回路断开，危及人身安全。

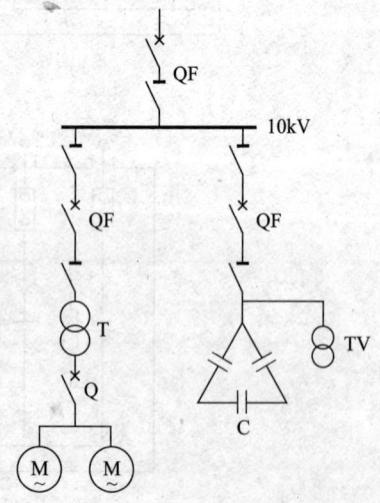

图1—14 高压集中补偿电容器组的示意图

（2）低压侧补偿

1）低压集中补偿。如图1—13中C2所示，在变配电所低压母线上集中装设电容器组进行补偿,此时能使变压器增加出力,并使二次侧电压升高,补偿范围扩大,安装、运行、维护费用低。它适用于负荷比较集中,低压线路较短,供电半径不大的用户。因此,中小型企业常多采用这种补偿方式。通常将低压电容器柜放置在低压配电室内。

如图1—15a所示是低压集中补偿的示意图。电容器组采用三角形接线,利用两盏220 V、15～25 W的白炽灯泡串联,然后接成三角形(见图1—15b)或星形(见图1—15c)来放电(自愈式电容器内部装有放电电阻),采用两盏灯泡串联的原因,是为了延长灯泡使用寿命。放电用的白炽灯,同时也作为电容器组正常运行的指示灯。

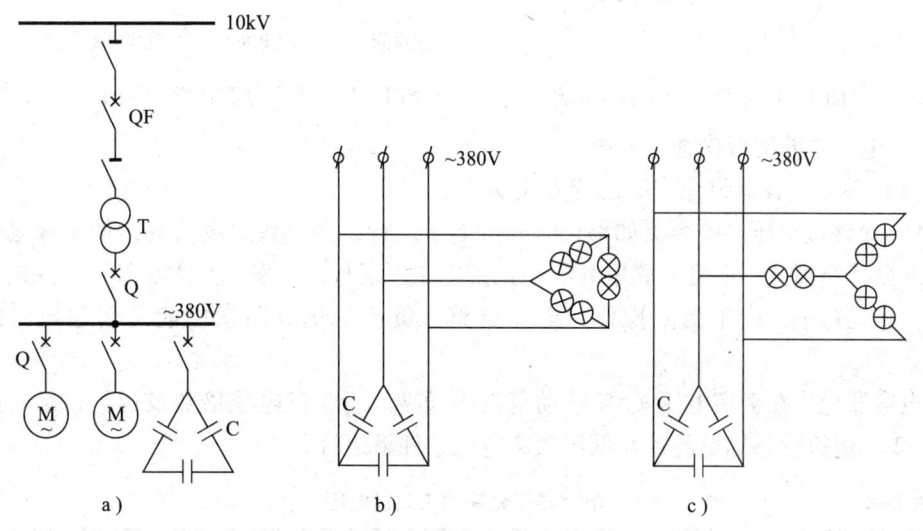

图1—15 低压集中补偿示意图

2) 个别补偿。个别补偿(又称单独就地补偿)如图1—13中C3所示。按照单台用电设备的要求将电容器直接与用电设备连接,并共用一组开关,同时投入或退出运行。这种补偿方式能够补偿安装部位前面所有高低压线路和电力变压器的无功功率,因此其补偿范围最大,补偿效果也最好,能就地平衡无功电流。但这种补偿方式的投资较大,且电容器组在用电设备停止工作时,它也随之被切除,因此其利用率低。这种个别补偿特别适于负荷平稳、经常运转而容量又大的设备,如大型感应电动机、高频电炉等,也适于容量虽小但数量多且是长期稳定运行的设备如荧光灯等采用。

如图1—16所示是直接接在电动机旁个别补偿的低压电容器组示意图。这种电容器组通常利用用电设备电动机绕组的电阻来放电。

3) 分散补偿。分散补偿如图1—17所示,它是将电容器组分别安装在各用户配电盘的母线上或各分路出线上进行补偿。这样受电变压器以及变配电室到用户之间的线路由于无功负荷的减少便都可收到补偿效果,对低压配电线路较长的用户,可提高末端电压。分散补偿的电容器组利用率比个别补偿时高,所需容量也比个别补偿时少;但与集中补偿相比设备投资大、电容器组的利用率低。一般适用于补偿容量小、用电设备多而分散和部分补偿容量相当大的场所。

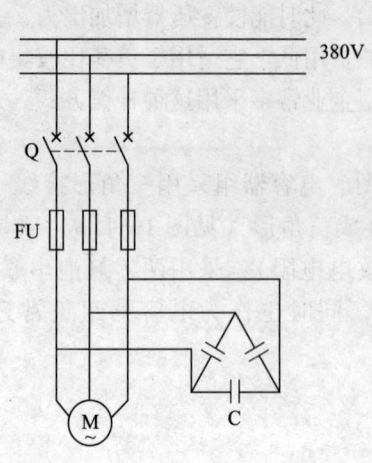

图1—16　低压个别补偿示意图　　图1－17　低压分散补偿示意图

5. 电容器的运行检查与维护

（1）并联电容器组允许的运行方式

1）允许过电压。电容器如果长时间过电压运行，会导致温度过高，使绝缘老化而缩短寿命甚至损坏。而且并联电容器在正常电压下运行，是发挥其无功补偿作用的重要条件。在运行中，由于倒闸操作、电压调整、负荷变化等因素可能会引起短时间过电压。

电容器允许在额定电压±5%波动范围内长期运行，过电压倍数及运行持续时间按表1—2规定执行，尽量避免在低于额定电压条件下运行。

表1—2　　　　　　　　　电容器组允许的工频过电压

过电压倍数（U_g/U_n）	持续时间	说明
1.05	连续	
1.10	每24 h中8 h	
1.15	每24 h中30 min	系统电压调整与波动
1.20	5 min	轻荷载时电压升高
1.30	1 min	

2）允许过电流。电容器的过电流除了最高允许过电压引起的过电流外，还有电网高次谐波引起的过电流。故电容器设计过电流的限额比过电压的限额要高。电容器组最大允许过电流值为1.3倍额定电流，即电容器允许长期超过30%额定电流运行，但三相不平衡电流不应超过±5%。

3）允许温升。电容器运行温度是保证电容器安全运行和达到正常使用寿命的重要条件之一，运行温度过高或过低都会影响电容器的安全运行。电容器的绝缘介质依照材料和浸渍的不同，制造厂都会给出规定的最高允许温度，运行中应按厂家的规定进行监视控制。

环境温度对于电容器运行也是一个极为重要的因素。电容器周围环境温度应按制造厂的规定进行控制。若无厂家规定，一般运行环境温度最高不允许超过40℃，外壳温度不允许超过50℃。

（2）运行中电容器组的检查

1）日常巡视检查。变配电所有人值班时，每班检查一次；无人值班时，每周至少检查一次。夏季应在室温最高时进行，其他时间可在系统电压最高时进行。巡视检查时，对发现的缺陷应做好记录。日常巡视检查的主要项目如下：

①检查瓷绝缘有无破损裂纹、放电痕迹，表面是否清洁。

②母线及引线是否过紧或过松，设备连接处有无松动、过热。

③设备外表涂漆是否变色，外壳有无鼓肚、膨胀变形，接缝处有无开裂、渗漏油现象，内部有无异声。外壳温度不超过50℃。

④电容器编号是否正确，各接头有无发热现象。

⑤熔断器、放电回路是否完好，接地装置、放电回路是否完好，接地引线有无严重锈蚀、断股。熔断器、放电回路及指示灯是否完好。

⑥电容器室是否干净整洁，照明通风是否良好，室温不应超过40℃或低于-25℃。门窗关闭严密。

⑦与电容器连接的电缆挂牌是否齐全完整、内容正确、字迹清楚。电缆外皮有无损伤，支撑是否牢固，电缆和电缆头有无渗油漏胶、发热放电等现象。

2）电容器的特殊巡视检查。当电容器组发生保护动作断路器跳闸、熔断器熔断时，应立即进行特殊巡视检查。对户外的电容器组，遇有雨、雪、风、雷等天气时，也要进行特殊的巡视检查。特殊巡视检查项目如下：

①雨、雾、雪、冰雹天气应检查瓷绝缘有无破损裂纹、放电现象，表面是否清洁；冰雪融化后有无悬挂冰柱，桩头有无发热；建筑物及设备构架有无下沉、倾斜、积水、屋顶漏水等现象。大风后应检查设备和导线上有无悬挂物，有无断线；构架和建筑物有无下沉、倾斜、变形。

②大风后检查母线及引线是否过紧或过松，设备连接处有无松动、过热问题。

③雷电后应检查瓷绝缘有无破损裂纹、放电痕迹。

④环境温度超过或低于规定温度时，检查示温蜡片是否齐全或熔化，各接头有无发热现象。

⑤断路器故障跳闸后应检查电容器有无烧伤、变形、移位等，导线有无短路；电容器温度、音响、外壳有无异常。熔断器、放电回路、电抗器、电缆、避雷器等是否完好。

⑥系统异常（如振荡、接地、低周或铁磁谐振）运行消除后，应检查电容器有无放电，温度、声音、外壳有无异常。

（3）电容器的运行维护。正常运行时，运行人员应进行的不停电维护项目如下：

1）电容器外观、绝缘子、台架及外熔断器的检查及更换。

2）电容器不平衡电流的计算及测量。

3）每季定期检查电容器组设备所有的接触点和连接点一次。

4）在电容器运行后，每年测量一次谐波。

5）应保证每季度进行一次红外成像测温，运行人员每周进行一次测温，以便及时发现设备存在的隐患，保证设备安全、可靠运行。

6）对于接入谐波源用户的变配电室电容器组，每年应安排一次谐波测试，谐波超标时应采取相应的消谐措施。

二、电容器投入与退出的操作

1. 电容器投入前的检查

（1）电容器组在投入运行前的检查内容

1）新装电容器组投入运行前应按交接试验项目进行试验，并确认合格。

2）电容器及放电设备外观检查良好，瓷套及套管应无破损和裂纹，无渗漏油现象。

3）电容器端子的连接线应符合要求，接线应对称一致，母线及分支线要标有相色，电压应与电网的额定电压相符合。

4）电容器组三相间的容量应平衡，其误差不应超过一相容量的5%。

5）各触点应接触良好，外壳及构架接地的电容器组与接地网的连接应牢固可靠。

6）放电电阻的阻值和容量应符合规程要求，并经试验合格。

7）与电容器组连接的电缆断路器、熔断器等电气元件应经试验合格。

8）电容器组的继电保护装置应经校验合格、定值正确并置于运行位置，熔断器的额定电流应符合设计规定。

9）电容器安装处的建筑结构和通风设施应符合规程要求。

（2）电容器组在投入运行前的绝缘电阻测量。电容器组在投入运行前要进行绝缘电阻测量。摇测电容器两极对外壳的绝缘电阻时，若电容器额定电压为1 kV以下，使用1 000 V绝缘电阻表；若为1 kV及以上，则应使用2500 V绝缘电阻表。由于电容器的两极对地存在着电容，因此摇测绝缘电阻时，应由两人进行。首先用短路线将电容器放电，然后将绝缘电阻表的两线头接到被测电容器上，以120 r/min的速度摇动绝缘电阻表，待指针稳定后再读数。在两线头拆开之前，绝缘电阻表不得停转，否则电容器对绝缘电阻表放电，会使表头损坏。其测量结果应符合现场规程的规定。摇测完毕后必须对电容器进行放电，将电容器上的电荷放尽，以防止人身触电。放电时，应防止直接短路放电，以免放电电流过大而将电容器损坏。

2. 电容器投入和退出的条件

（1）正常情况下，并联电容器组的投入或退出运行应根据系统无功负荷或负载的功率因数及电压情况决定。当功率因数 $\cos\varphi$ 低于0.85时投入电容器组，功率因数 $\cos\varphi$ 高于0.95且有超前趋势时，应退出部分电容器组；当电压偏低时，可投入部分电容器组。

（2）当电容器组母线电压高于额定电压的1.1倍或电流大于额定电流的1.3倍，以及电容器组室温超过40℃，电容器外壳温度超过60℃时，均应将其退出运行。

（3）当电容器发生下列情况之一时，应立即退出运行。

1)电容器爆炸。
2)电容器喷油、起火或冒烟。
3)电容器瓷套管发生严重放电或闪络。
4)电容器接点严重过热或熔化。
5)电容器内部或放电装置有严重异常响声。
6)电容器外壳有异常膨胀。
7)电容器严重渗漏油。

(4) 发生下列情况之一时,未查明原因则不得将电容器组合闸送电。
1)当变配电室事故跳闸,全部无电后必须将电容器组的开关拉开。
2)当电容器组开关自动跳闸后不准强送电。
3)熔断器熔断后,未查明原因不准更换熔断器送电。

3. 电容器的投入与退出操作

电容器因检修或系统电压的变化,需要投入与退出操作,下面以图1—18所示的接线介绍操作步骤。

(1) 并联电容器的投入
1)合上电容器的隔离开关 QS。
2)合上电容器的断路器 QF。
3)检查电容器三相电流是否平衡,电容器是否有异常情况。
4)向调度员汇报操作任务已完成。

在正常情况下,电容器的启、停操作是比较频繁的,但在电容器的断路器分闸后,相隔时间超过 5min 才允许重新合闸。

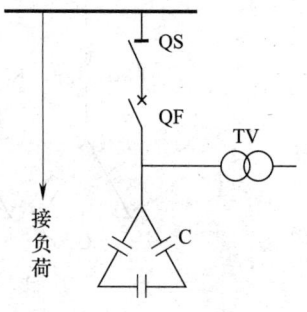

图1—18 并联电容器的补偿接线

(2) 并联电容器的退出
1)拉开电容器的断路器 QF。
2)拉开电容器的隔离开关 QS。
3)用合格的验电器对电容器进出线两侧各相分别进行验电,以检查电容器上确已无电压。
4)对于外壳绝缘的电容器,除将电容器电极进行放电外,还必须将电容器的外壳进行放电。在对外壳进行放电前,工作人员不准触及外壳,以防触电。
5)记录操作时间,并向调度员汇报操作任务完成。

4. 无功自动补偿装置

采用自动调节的并联补偿电容器(简称无功自动补偿装置)可以达到比较理想的无功补偿要求,但投资较大,且维修比较麻烦。目前新建的 10 kV 变配电室基本上都装设了无功自动补偿装置。

无功自动补偿装置与手动投切装置相比有如下优点:第一,可避免过补偿;第二,可避免在轻载时电压过高,造成某些用电设备损坏;第三,能满足在各种运行负荷情况下,保证电压偏差在允许值范围内。

由于高压无功自动补偿装置对切换元件的要求较高，且价格较高，检修维护也较困难，因此当采用高、低压自动补偿装置效果相同时，宜采用低压自动补偿装置。

低压无功自动补偿装置的原理电路如图1—19所示。图中的功率因数自动补偿控制器按电力负荷的变化及功率因数的高低，以一定的时间间隔（10~15 s），自动控制各组电容器回路中的接触器KM的投切，使系统的无功功率得到补偿，又不致过补偿。

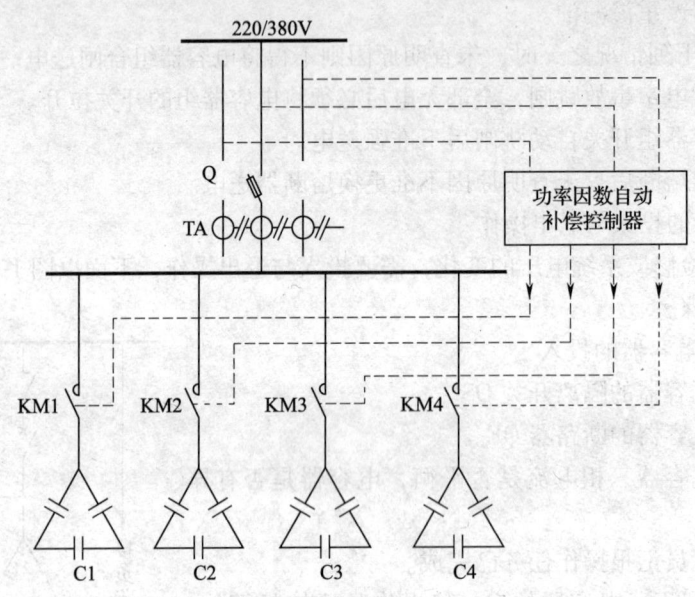

图1—19　低压自动补偿装置的原理电路图

近年来，国内外普遍推广的自动控制方式有以下几种：

（1）程序控制方式。用时间切换器按固定程序进行投切，这种方式适用于日负荷曲线按固定规律变化的企业。时间切换器的动作时间有24 h、一周或一个月等几种，把不同的时间切换器组合起来，就能满足假日和平时负荷的要求，进行最佳无功补偿的自动控制。

（2）无功功率控制方式。以提高功率因数为目的，多采用无功功率控制方式。这种方式是由控制器根据用户所需的无功功率来控制和投切相应的电容器，同时发出投入或切除信号。

（3）电流控制方式。适用于负荷电流和无功功率之间保持一定比例关系的场合。电容器组的容量较小时，采用这种方式可不用电压互感器，所以比较经济。当负荷电流达到规定值时，将电容器投入，低于规定值时则切除。

（4）功率因数控制方式。用功率因数继电器作启动元件，在一定的功率因数下进行投切。采用这种控制方式，把电容器按不同容量分组，容量大的一组电容器后投入。要注意在轻负荷情况下，应同时减少无功功率的控制幅度。当无功负荷小于一组电容器的容量时，可能会产生反复投切。为防止这种情况必须将自动控制装置闭锁。

三、电容器异常运行和故障的处理

1. 电容器常见异常运行状况及处理方法

电容器常见异常运行状况及处理方法见表1—3。

表1—3　　　　　　　电容器常见异常运行状况及处理方法

异常现象	产生原因	处理方法
温度过高	(1) 环境温度过高，电容器布置过密 (2) 高次谐波电流影响 (3) 频繁投切电容器，反复受过电压的作用 (4) 介质老化，$\tan\delta$ 不断增大	(1) 改善通风条件，增大电容器间隙 (2) 加装串联电抗器 (3) 采取措施，限制操作过电压及涌流 (4) 停止使用，及时更换电容器
内部有异常响声	(1) 内部有局部放电现象 (2) 紧固元件松弛脱落	(1) 停止运行，进行维修或更换电容器 (2) 停止运行，拧紧紧固元件或加装弹簧垫圈
瓷瓶套管表面闪络放电	瓷瓶套管有缺陷或表面脏污	定期进行检查清扫
电压过高	电网负荷变化	超过1.1倍额定电压应及时退出电容器
过电流	电压升高或电源电压波形畸变	超过1.3倍额定电流应及时退出电容器

2. 电容器常见故障产生的原因及处理方法

电容器常见故障产生的原因及处理方法如表1—4所示。

表1—4　　　　　　　电容器常见故障产生的原因及处理方法

故障现象	产生原因	处理方法
外壳鼓肚变形	(1) 介质内产生局部放电，使介质分解而析出气体 (2) 部分元件击穿或电极对外壳击穿，使介质析出气体	立即将其退出运行，进行检修或更换电容器
渗漏油	(1) 搬运时提拿瓷套，使法兰焊接处裂缝 (2) 接线时拧螺丝过紧，使瓷套焊接处损伤 (3) 产品制造缺陷 (4) 温度急剧变化 (5) 漆层脱落，外壳锈蚀	(1) 用铅锡料补焊，但勿使过热，以免瓷套管上银层脱落 (2) 改进接线方法，消除接线应力，接线时勿搬摇瓷套，勿用猛力拧螺丝帽 (3) 防曝晒，加强通风 (4) 及时除锈、补漆
短路击穿	(1) 电容器质量差 (2) 绝缘过早老化 (3) 瓷瓶套管表面积尘过多 (4) 小动物钻入接头间	(1) 更换质量好的电容器 (2) 限制过电压运行，及时更换电容器 (3) 及时清理积尘 (4) 接头周围加装防护设施
爆炸着火	内部发生极间或机壳间击穿而又无适当保护时，与之并联的电容器组对它放电，因能量大爆炸着火	(1) 立即断开电源 (2) 用沙子或干式灭火器灭火 (3) 更换电容器

第三节 笼型异步电动机常见故障处理

→ 熟悉三相异步电动机的工作原理
→ 熟悉笼型异步电机控制电路
→ 能正确进行电动机常见故障的分析与处理

一、三相异步电动机的工作原理

三相异步电动机是根据电与磁之间的"电磁感应"以及它们之间的"电磁力"的作用产生旋转的。下面从电磁现象、电磁作用和能量转换等方面讨论其工作原理。

1. 电动机的旋转磁场

三相异步电动机的定子绕组是按一定规律分布的。当通入三相交流电时，定子绕组便产生一个旋转的磁场。

假定电流的正方向是由绕组的始端进、末端出。以两极电极为例，选择几个瞬时来分析三相交流电流所产生的合成磁场。如图1—20a所示的是二极电机三相绕组的空间位置示意图。在三相绕组中通以三相对称交流电流i_U、i_V、i_W，三相电流随时间变化的规律如图1—20b所示。

$t=0$时，$i_U=0$，U相绕组没有电流；i_V为负值，V相绕组内电流由V2进、V1出；i_W是正值，W相绕组内电流由W1进，W2出。运用右手螺旋定则，可以判定这一瞬间的合成磁场方向如图1—20c所示。

当$t=T/6$时，i_U为正，电流由U1进，U2出；i_V仍是负值；$i_W=0$；此时合成磁场如图1—20d所示。此时合成磁场在空间按顺时针方向旋转了60°。

当$t=T/3$时，i_U为正；$i_V=0$；i_W是负值。此时合成磁场又旋转了60°，如图1—20e所示。

当$t=T/2$时，其合成磁场与$t=0$时相比旋转了180°。

由以上分析可知，电动机的合成磁场随时间的延长而在空间上匀速地移动位置，这种磁场称为旋转磁场。旋转磁场的旋转速度n_1与定子绕组通入交流电流的频率f以及绕组的磁极对数之间存在如下关系：

$$n_1 = \frac{60f}{p}$$

式中 n_1——旋转磁场的同步转速，r/min；
　　f——交流电频率，Hz；
　　p——磁极对数。

旋转磁场的旋转方向取决于通入三相电流的相序，总是顺着三相绕组中电流的正相序方向旋转。

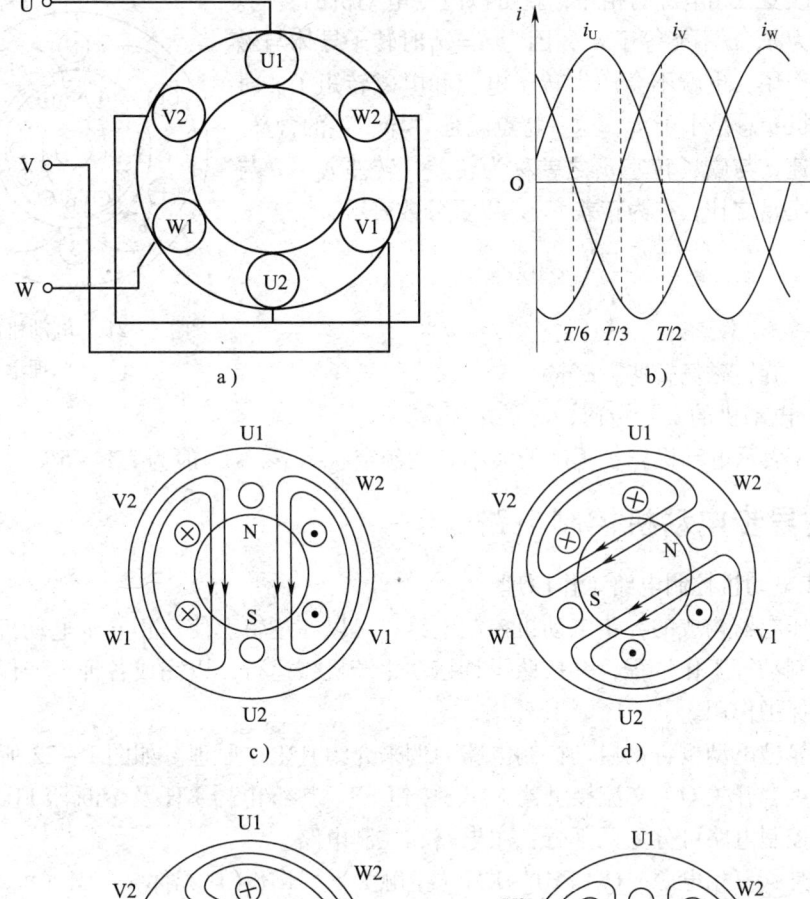

图1—20 旋转磁场的产生

a) 对称定子绕组　b) 对称三相电流　c) $t=0$ 时定子合成磁场
d) $t=T/6$ 时定子合成磁场　e) $t=T/3$ 时定子合成磁场　f) $t=T/2$ 时定子合成磁场

2. 三相异步电动机的工作原理

三相异步电动机旋转原理可由如图1—21所示的电动机结构示意图加以分析。

当旋转磁场以 n_1 的转速旋转时,磁场的磁力线必将切割静止转子的导体,闭路的转子导体将产生感应电势和电流,转子导体的电流方向可用右手定则判定。转子的载流导体与旋转磁场相互作用,产生电磁力 F,其方向按左手定则判定。电磁力对转轴形成的转矩称为电磁转矩,转子在电磁转矩作用下便会转动起来。转子旋转方向与旋转磁场方向一致。改变三相电源的相序,就可以改变电动机的转向。转子的转速为 n,n 不能等于 n_1,因为 $n=n_1$ 时转子导体与磁场没有切割作用,也就不会产生转子电流和电磁转矩了。对于异步电动机 n 总是小于 n_1,这一特点就是"异步"的含义。

转子转速 n 与磁场转速 n_1 之差称为转差,转差 n_1-n 与旋转磁场转速 n_1 之比,称为转差率 s,以百分数表示。

$$s = \frac{n_1 - n}{n_1} \times 100\%$$

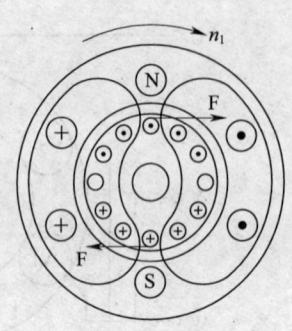

图 1—21 电动机旋转原理示意图

式中　s——转差率,%；

　　　n_1——旋转磁场转速,r/min；

　　　n——电动机的实际转速,r/min；

转差率 s 表示电动机异步程度的大小。在额定状态下,s 一般为 2%~5%。

二、笼型异步电动机控制电路

1. 异步电动机控制电路工作原理

使用低压电器构成的异步电动机控制电路,可以在逻辑上使三相异步电动机完成启动、调速、制动等工作过程,并按照设计拖动生产机械运行,以完成各种生产任务,同时还能起到保护作用。

下面以笼型电动机直接启动控制电路为例来介绍其工作原理。如图 1-22 所示,电路中使用了组合开关 Q、交流接触器 KM、按钮 SB、热继电器 KH 及熔断器 FU 等几种电气元件。控制电路可分为两部分:主电路和控制电路。

主电路是:三相电源→Q→FU1→KM(主触头)→KH(热元件)→M(电动机)。

控制电路是:

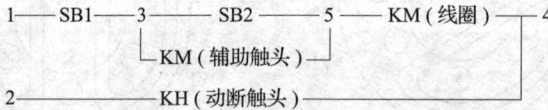

控制电路的功率很小,因此可以通过小功率的控制电路来控制功率较大的电动机。

先将组合开关 Q 闭合,为电动机启动做好准备。当按下启动按钮 SB2 时,交流接触器 KM 的线圈通电,动铁心被吸合而将三个主触头闭合,电动机 M 便启动。当松开 SB2 时,它在弹簧的作用下恢复到断开位置。但是由于与启动按钮并联的辅助触头和主触头同时闭合,因此接触器线圈的电路仍然接通,而使接触器触头保持在闭合位置。这个触头称为自锁触头。如将停止按钮 SB1 按下,则将线圈的电路切断,动铁心和触头恢复到断开的位置。

采用上述控制电路还可以实现短路保护、过载保护和零压保护。

起短路保护作用的是熔断器 FU1。一旦发生短路事故,熔断器立即熔断,电动机立即停止工作。

起过载保护的是热继电器 KH。当过载时,它的热元件发热,将动断触头断开,使接触器线圈断电,主触头断开,电动机失电停转。

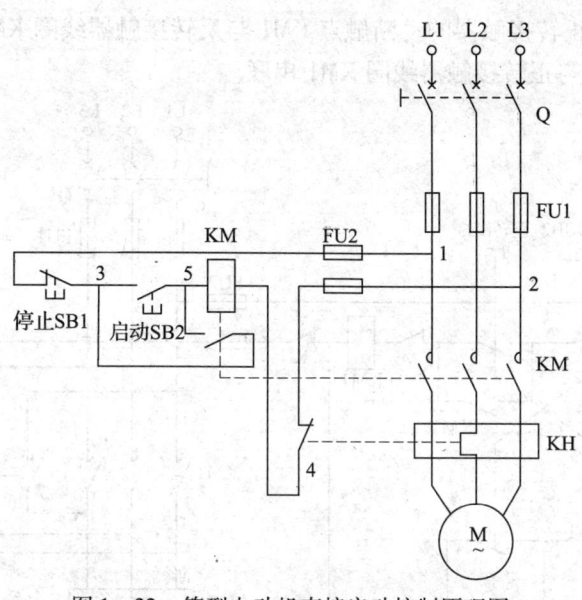

图1—22 笼型电动机直接启动控制原理图

为了可靠地保护电动机,常用两个热元件,分别串接在任意两相中。这样不仅在电动机过载时有保护作用,而且当任意一相中的熔断器熔断作缺相运行时,仍有一个或两个热元件中通有电流,电动机因而得到了保护。

零压保护是指当电源暂时停电时,电动机即自动从电源切除。因为这时接触器线圈中的电流消失,动铁心释放而使主触头断开。当电源电压恢复时如不重按启动按钮,则电动机不能自行启动,因为自锁触头亦已断开。如果不是采用电气控制系统而是直接用刀开关或组合开关进行手动控制时,由于在停电时未及时拉开开关,当电源恢复时,电动机即自行启动,可能造成事故。

电动机过负荷时,只要过负荷电流和过负荷时间达到规定数值,电磁式过负荷继电器或热式过负荷继电器动作,串联在控制回路中的动断触点打开,控制回路断开,电动机停转,启动器起到了过负荷保护的作用。与接触器相同,电磁接触器也有欠电压保护的作用,当控制电源电压降到其额定电压的75%时,电磁铁释放,启动器断开,电动机停转。

2. 用可逆启动器控制电动机

当生产机械需要电动机有时正转、有时反转时,就用可逆启动器控制电动机。可逆启动器控制电路由可逆启动器和过负荷继电器组成,如图1—23所示。图中可逆启动器带有热继电器,其双金属片与电动机的主电路串联,动断触点与启动控制回路串联。组成启动器的两只接触器(正转接触器KM1和反转接触器KM2)的主触头KM1和KM2都与电动机主回路串联,但KM1和KM2是把电源以不同相序接入电动机的。当KM1主触头接通时,电动机正转。如果KM1断开,KM2接通,那么接入电动机的电源相序改变,电动机将反转。KM1和KM2不能同时接通,否则会发生两相短路。

正反转控制电路的特点是使用了有动断触点和动合触点的按钮,两种触点在机械上联动,按下时,动断触点先断开,动合触点再接通。正转启动按钮SB3的动断触点与反转接触器线圈KM2的电路串联,反转启动按钮SB2的动断触点与正转接触器线圈

KM1 的电路串联。正转接触器的动断触点 KM1 与反转接触器线圈 KM2 串联，反转接触器的动断触点 KM2 与正转接触器线圈 KM1 串联。

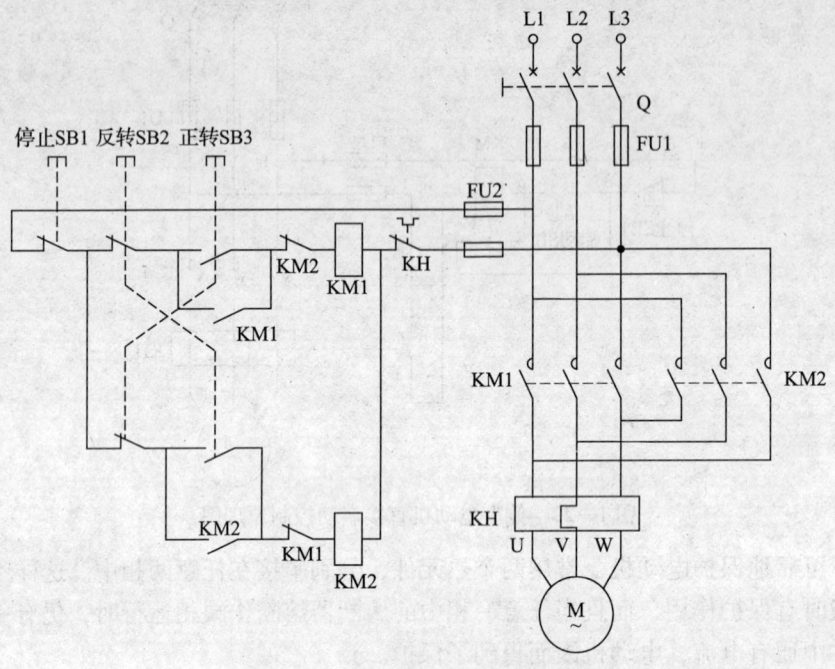

图 1—23　电动机正反转控制电路

电动机正转启动时，按下 SB3，KM1 的线圈有电流通过，衔铁吸合，主触头 KM1 接通，电动机正向启动，辅助的动合触点 KM1 自保持。在按下正转启动按钮 SB2 时，SB2 的动断触点将 KM2 的线圈回路切断；KM2 动作后，KM2 的动断触点也把 KM1 的线圈回路切断，起到互相连锁的作用。

使电动机停转时，按下停止按钮 SB1，控制回路断开，KM1 主触头分断，电动机停转。

电动机反转启动时，按下反转启动按钮 SB2，反转接触器 KM2 的线圈有电流通过，衔铁吸合，主触头接通，电动机反转启动，辅助动合触点 KM2 自保持。反转启动按钮的动断触点 SB2 和反转接触器的动断触点 KM2 都切断 KM1 线圈回路，起到连锁作用。

当需要将正向旋转的电动机改为反向旋转时，先按停止按钮 SB1，使正转接触器断开电动机电源；电动机停转后，再按反转启动按钮 SB2，使电动机反向启动运转。也可以直接按反转启动按钮 SB2，这时串联在接触器 KM1 线圈回路中的 SB2 动断触点断开，使接触器 KM1 线圈断电，它的主触头和辅助触头分别动作，电动机脱离电源。KM1 断电后，串联在 KM2 线圈回路中的动断触点 KM1 闭合，接通了反转接触器 KM2 的线圈回路，反转接触器 KM2 动作，使接入电动机定子线圈的电源相序改变，实现反向旋转。但如果此时电动机是带负荷运行，后一种操作方法将使电动机轴上的扭矩太大，同时定子电流也很大，容易使电动机损坏。

当电动机的过负荷电流达到热继电器 KH 的动作值时，它的动断触点 KH 断开接触器的控制回路，使电动机停转，实现过负荷保护。这种欠电压保护可由接触器实现。

3. 单向运转电动机的反接制动

当工作机械只需单向运转,而用反接制动使其转速迅速下降时,可用如图1—24所示的电动机反接制动电路图。图中 KM1 为正转接触器,KM2 为反接制动接触器,与 KM2 主触头串联的电阻 R 为反接制动电阻,SB3 为离心开关,又名转速制动器。启动器 KM1 的主触头接入电动机的主电路,制动接触器 KM2 的主触头与电阻 R 串联后,将电源反相序接入电动机。

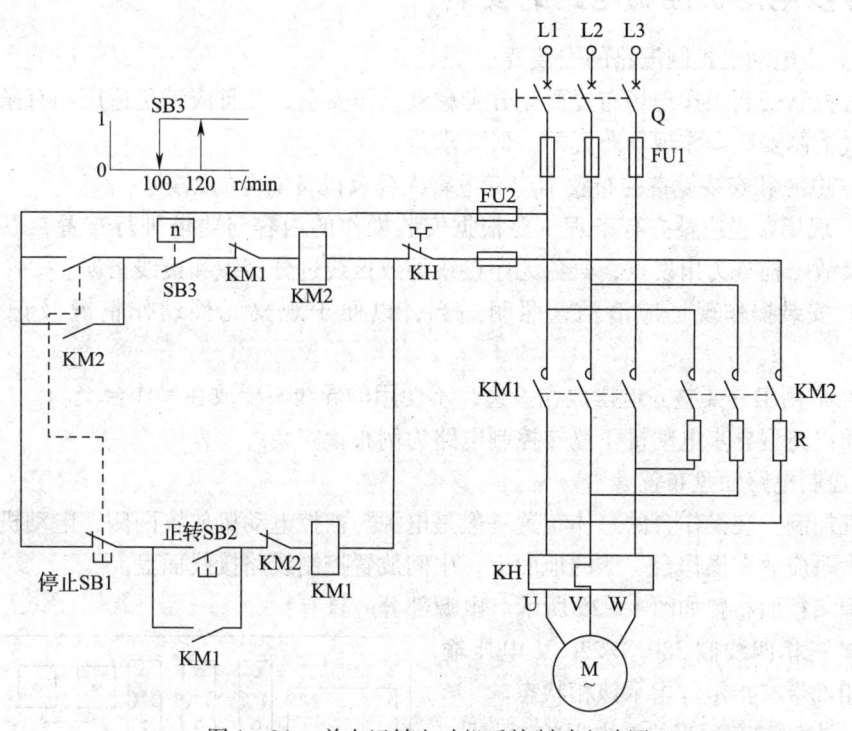

图1—24　单向运转电动机反接制动电路图

在正转接触器 KM1 的控制电路中串入反接制动接触器 KM2 的动断辅助触点。只有电动机处于非制动状态,制动接触器 KM2 没有动作时,电动机才能启动。在制动接触器 KM2 的线圈电路中串入离心开关 SB3 的动合触点和启动器 KM1 的动断触点。当电动机转速达到一定数值(通常为 120 r/min)后,其动合触点 SB3 才接通,准备好制动电路;当转速降到 100 r/min 后,SB3 的动合触点又断开,防止电动机制动后又反向运转。启动器的动断触点 KM1 与制动接触器 KM2 线圈回路串联,形成闭锁;当启动器控制电路中停止按钮 SB1 的动断触点因机械故障,如熔焊或弹簧卡住等不能断开,而动合触点接通时,启动器线圈有电流,动断触点 KM1 断开制动接触器线圈电路,防止两个线圈 KM1 与 KM2 同时通过电流,使它们的主触头不会经电阻 R 发生两相短路。

当要求工作机械退出运转时,按下停止按钮 SB1,其动断触点断开启动器的控制电路。启动器的主触头 KM1 断开电动机电源,同时 KM1 动断触点接通。停止按钮的动合触点 SB1 已接通，电动机的转速还高于 100 r/min 时，离心开关 SB3 的动合触点是接通的，于是制动接触器线圈 KM2 励磁，辅助的动合触点 KM2 自保持，主触头经电阻将电源反相序接入电动机。电动机进入反接制动状态，转速迅速下降，当转速低于 100 r/min 时，离心开关 SB3 的动合触点断开，KM2 电流线圈断电，主触头断开电动机电源，反接制动结束，并防止了反向运转。电阻 R 的作用是降低反接制动时的电压，限制反接制动的电流。

三、异步电动机控制电路的安装

1. 异步电动机控制电路的安装要求

电气控制安装操作现场布置要充分考虑到操作安全，并且应满足适用和有条理的要求。电气控制安装操作现场布置的一般要求是：

(1) 电源和安装设备的布置不应有危害人身及设备安全的因素。

(2) 现场布置应整齐有条理，要根据安装操作的内容与要求进行布置，以方便线路连接及故障检查为出发点，避免无序接线导致接线过分交织和接线错误。

(3) 安装操作现场应清洁，照明适当，以便于观察元件动作情况及记录测试数据。

(4) 常用工具要整齐地摆放在一边，不使用的导线不要放在操作台上。

下面以笼型异步电动机正反转控制电路为例布置安装。

2. 控制电路面盘布置

电气控制安装操作台的总体布置一般是电源与被控电动机放置两侧，电动机体积或重量较大时应放在操作台一侧的地面上，中间放置控制线路接线面盘。

电源箱板面布置如图 1—25 所示。电源部分应具有：

(1) 三相四线制 380 V/220 V 电压输出，每相都带有指示灯指示该相状态。

(2) 电源配有适当的漏电保护断路器，用于保护测试操作人员的安全。

(3) 电源带有紧急停止按钮，用于紧急情况下及时切断电源。

(4) 配有足够数量、容量和形式的插座供使用。

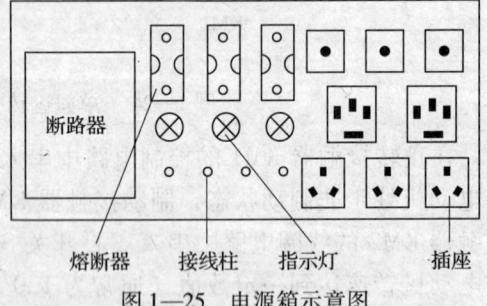

图 1—25 电源箱示意图

控制电路面盘布置如图 1—26 所示。图中 JX2 - 1003 为主电路接线端子排，JX2 - 1009 为控制电路接线端子排，FU1 为主电路熔断器，FU2 为控制电路熔断器，SB1 为停机按钮，SB2 为电动机正转按钮，SB3 为电动机反转按钮，KM1 和 KM2 为交流接触器，KH 为热继电器。

3. 异步电动机线路安装的步骤

(1) 根据原理图绘制安装接线图。如图 1—27 的安装接线图是根据如图 1—23 所示的原理图绘制而成。注意对照电气原理图看接线图，要先看主电路，再看控制电路，并注意图中的线路标号，它们是电器元件间导线连接的标记。

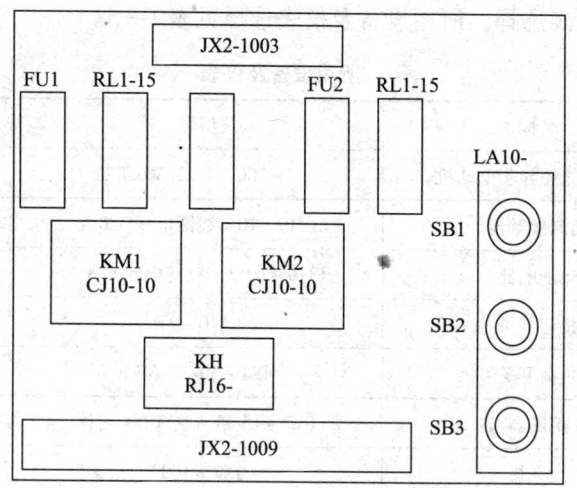

图 1—26 控制面盘

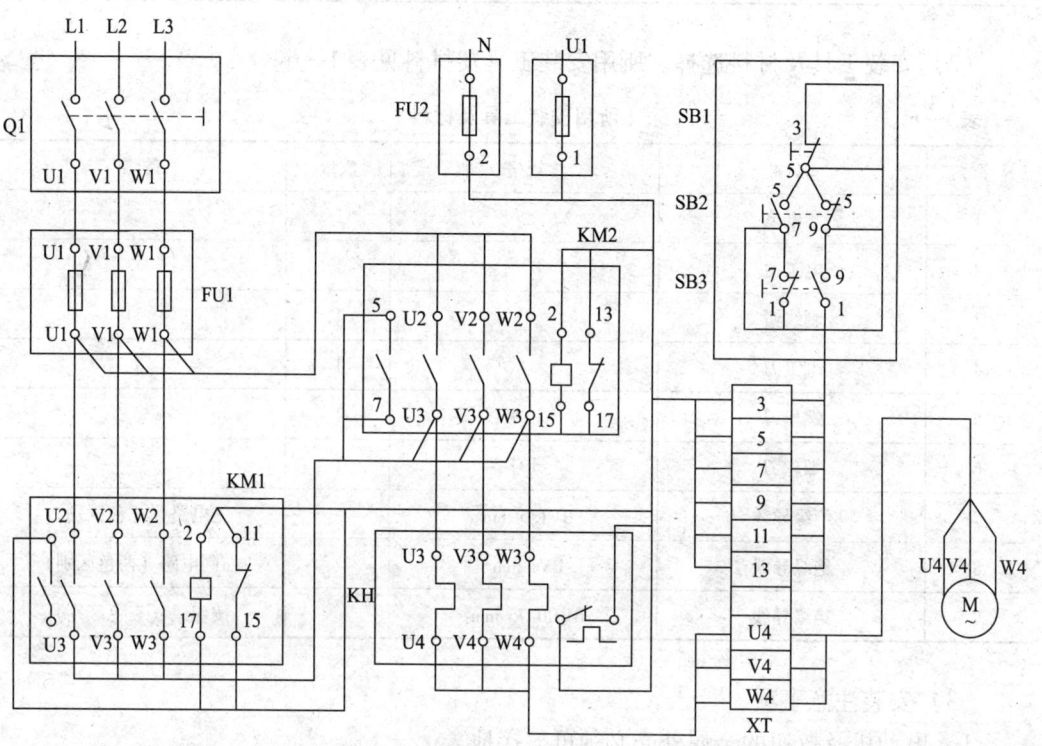

图 1—27 笼型电动机正反转的安装接线图

（2）检查电气元件。检查按钮、接触器的分合情况；测量接触器、继电器等的线圈电阻；观察电动机接线盒内的端子标记等。

（3）固定电气元件。按照接线图规定位置定位，将各元件固定牢靠。

（4）按图接线。按接线图的线号顺序接线。

（5）通电测试。

4. 电气元件安装

(1) 设备及仪表选择。所用设备及仪表选择见表1—5。

表1—5　　　　　　　　　所用设备及仪表

序号	名称	型号	数量	备注
1	三相鼠笼型异步电动机	Y-100-4　3kW6.8 A	1	
2	交流接触器	CJ10-10　线圈电压380 V	2	
3	热继电器	JR16-20/3　整定电流6.8 A	1	
4	按钮开关	LA10-3H	3	
5	负荷开关	HK1-30/3　30 A	1	
6	熔断器	RL1-15 15 A 配10 A 熔体	5	
7	接线排	JX2-1009	2	
8	电压表	交流500 V	1	备用

(2) 安装工具及材料选择。所用安装工具及材料见表1—6。

表1—6　　　　　　　　　所用安装工具及材料

序号	名称	规格	数量	备注
1	测电笔		1	
2	电工钳		1	
3	剥线钳		1	
4	电工刀		1	
5	螺丝刀	一字	1	
6	螺丝刀	十字	1	
7	绝缘导线	BV1.5 mm^2		主电路（三色区别）
8	绝缘导线	BV1 mm^2		控制电路（两色区别）
9	绝缘导线	BVR0.75 mm^2		按钮线（三色区别）

(3) 安装注意事项

1) 电动机及按钮的金属外壳必须可靠接地。

2) 螺旋熔断器座螺壳端应接负载，另一端接电源。

3) 所有电器上的空余螺钉一律拧紧。

4) 热继电器的主触点和辅助触点应分别安装在主电路和控制电路。

5) 互锁触头不能接错，否则会出现两相电源短路的事故。

6) 电动机在正、反转时会出现较大的反接制动电流和机械冲击力，因此电动机的正、反转不要过于频繁（特别是双重互锁的直接正、反转控制线路）。

7）电动机在反转时会在实验台面跳动，应注意固定好电动机以免发生意外。

5. 电动机控制电路布线安装工艺

（1）板前布线安装工艺规定

1）在电气线路上编号，可遵循以下规则

①主电路三相电源相序依次编写为 L1、L2、L3，电源控制开关的出线柱按三相电源相序依次编号为 1L1、1L2、1L3。电动机三根引线按相序依次编号为 U、V、W，从下至上每经过一个电气元件的接线柱后，编号要递增，如 U1，V1，W1，U2，V2，W2，…，没有经过接线柱的编号不变。

②控制电路与照明、指示电路，从左至右（或从上至下）只以数字编号，以一个串联回路内电压最大的元件线圈为中心，左侧用单号，右侧用双号，（或上侧用单号，下侧用双号）号码自小排起，每经过一个接线柱编号要递增，6 号和 9 号应尽量不同时用在一个控制线路中，以免造成混乱影响判断。

2）布线前根据电器原理图画出电气设备、电气元件的电气接线与布置图。

3）根据电气原理图中电动机容量，选择出所用电气设备、电气元件、安装附件、导线等。并进行检查。

4）在控制板上，依据布置图固定元器件，并按电气原理图上的符号，在各电气元件的醒目处，贴上符号标识。

5）所有的控制开关、安装的控制设备和各种保护电气元件，都应垂直安装或竖直放置，空气开关和电磁开关以及插入式熔断器等应装在振动不大的地方。

6）板前布线工艺注意事项

①布线通道尽可能少，同路并列的导线按主、控电路分类集中，单层密排，紧贴安装元器件布线。

②同一平面导线不能交叉，如果非交叉不可，只能在另一导线因进入接点而抬高时，从其下空隙穿越。

③布线要横平竖直，弯成直角，分布均匀，便于检修。

④布线次序一般是以接触器为中心，由里向外，由低至高，先布置控制线路后主电路，主控制回路上下层次应分明，以不妨碍后续布线为原则。

7）接头、接点处理

①给剥去绝缘层的线头两端套上标有与原理图编号相符的号码套管。

②不论是单股线还是多股线的芯线头，插入连接端的针孔时，必须插入到底。多股导线要绞紧，同时导线绝缘层不得插入接线板的针孔，而且针孔外侧导线裸露不能超过芯线外径。螺钉要拧紧不可松脱。

8）线头与平压式接线柱的连接

①单股芯线头连接时，将线头按顺时针方向弯成平压圈（俗称羊眼圈），导线裸露不超过导线芯线外径。

②软线头绞紧后以顺时针方向围绕螺钉一周后，回绕一圈，端头压入螺钉。外露裸

导线不超过所使用导线的芯线外径。

③每个电器元件上的每个接点不能超过两个线头。

9）控制板与外部连接的注意事项

①控制板与外部按钮、行程开关、电源负载的连接应穿护线管，且连接线用多股软铜线。电源负载也可用橡胶电缆连接。

②控制板或配电箱内的电气元件布局要合理，这样既便于接线和维修，又能保证安全和美观。

（2）板后网式布线安装工艺规定

1）布线工艺上，复杂的电气控制板（箱）可采用板后布线方式，一般是用专用的绝缘穿线板，由板后穿到板前，接到电气控制设备或电气元件的接线柱上。

2）板后布线采用网式布线，就是根据两个接线柱的位置决定走线方式，只要求导线拉直即可。

3）从板后穿到板前部分的导线，要求线路走径横平竖直，弯成直角。导线根据设计要求选择软线或单股硬线均可。

4）接头、接点工艺处理均按板前布线安装要求。

（3）塑料槽板布线工艺规定

1）较复杂的电气控制设备还可采用塑料槽板布线，槽板应安装在控制板上，与电气控制设备、电气元件位置符合要求。

2）槽板拐弯的接合处成直角，并要结合严密。

3）将主、控回路导线自由布放到槽内，将接线端的线头从槽板侧孔穿出至电气控制设备和电气元件的接线柱上，布线完毕后将槽盖板扣上，槽板外的引线也要力求完美、整齐。

4）导线应根据设备容量和设计要求选用，采用单股芯线或多股软芯线均可。

5）接头、接点工艺处理均按板前布线安装要求。

（4）线束布线工艺规定

1）较复杂的电力拖动控制设备，按主、控回路线路走径分别排成线束。

2）线束中每根导线两端分别套上线路中的同一编号。

3）行至各接线柱的线束，均应横平竖直，弯成直角，接头、接点工艺处理均按板前布线安装的要求。

6. 控制电路通电测试

（1）线路检查。线路检查一般用万用表进行，先查主回路，再查控制回路，分别用万用表测量各电气元件与电路是否正常。

（2）控制电路操作试车。经上述检查无误后，检查三相电源，断开主电路的熔断器，按一下对应的启动、停止按钮，各接触器等应有相应的动作。

（3）正转试车。在控制电路操作试车后，将电源开关断开，插上熔断器，然后合上电源开关，按一下启动按钮，电动机应动作运转，然后按一下停止按钮，电动机应断电停车。

（4）正、反转试车。在控制电路操作试车后，将电源开关断开，插上熔断器，然后合上电源开关，按一下启动按钮，电动机应动作运转，然后按一下反转按钮，电动机应反方向动作运转。

四、三相笼型电动机常见故障分析与处理

三相笼型电动机的故障一般分为电气故障和机械故障两大类。电气故障包括定子绕组、转子绕组、电刷等的故障，机械故障包括轴承、风扇、机壳、端盖、转轴和联轴器等的故障。由于电动机的故障情况有多重性，同一故障现象，可能有多种原因引起，同一故障原因，又可能出现不同的故障现象。因此，熟悉电动机的结构和工作原理，掌握它的运行规律和故障特点就显得尤为重要。

1. 检查与分析故障的步骤

（1）现场检查。对电动机的外观和周围环境进行检查，察看电动机的外壳、端盖、机座等是否损坏、启动设备是否完好，控制设备上的电压表、电流表指示值是否超出规定范围，线路上的指示、信号装置（例如熔断器的信号器等）是否正常等；然后用手转动转子，检查电动机转动是否灵活，有无卡涩现象。

1）看。观察电动机和所拖带的机械设备转速是否正常；看控制设备上的电压表、电流表指示数值有无超出规定范围；看控制线路中的指示、信号装置是否正常。

2）听。必须熟悉电动机启动、轻载、重载的声音特征；应能辨别电动机单相、过载等故障时的声音及转子扫膛、笼型转子断条、轴承故障时的特殊声响。

3）摸。电动机过载及发生其他故障时，温升显著增加，在确认电动机外壳不带电，且可靠接地的前提下，用手摸电动机外壳各部位即可判断温升情况以确认是否出现故障。

4）闻。电动机严重发热或过载时间较长，会引起绝缘受损而散发出特殊气味；轴承发热严重时也可挥发出油脂气味。闻到特殊气味时，便可确认电动机有故障。

（2）了解情况。查看电动机的铭牌和产品的说明书，了解电动机的型号、规格和运行特点，向操作人员询问故障前电动机和配套生产机械的运行情况、故障发生过程及故障现象。

（3）检查绝缘。用绝缘电阻表测量绕组的绝缘电阻，检查绕组是否接地，有无相间短路现象。

（4）试车鉴别。上述检查完成后，如果未发现电动机及其附属设备的严重缺陷，则可以空载试车，仔细观察电动机的运行情况，据此作出进一步判断。同时，还可以在试车过程中断电，大致判断出电动机的故障性质。例如，切断电源后，若故障消失，则可判定是电磁方面的故障；若故障仍然存在，则可判定是机械方面的故障。在试车过程中，一旦出现严重震动、异常声音或有焦糊味等异常现象，应立即切断电源，以免故障进一步扩大。

2. 常见故障及处理方法

下面将三相笼型电动机的常见故障与分析处理方法列于表1—7。

表1—7　　　　　三相笼型电动机常见故障与分析处理方法

故障现象	可能原因	处理方法
合闸后电动机无反应	(1) 电源未接通 (2) 熔断器熔体熔断两相及以上 (3) 电源线有两相或三相断线或接触不良 (4) 开关或启动设备有两相及以上接触不良	(1) 接通电源 (2) 更换熔断器 (3) 找出故障处，重新刮净、接好 (4) 查出接触不良处，予以修复
合闸后电动机不动，但有"嗡嗡声"	(1) 电源线有一相断线 (2) 熔断器熔断一相 (3) Y形接法电动机绕组有一相断线，△形接法绕组有一相或两相断线 (4) 定子、转子相擦 (5) 负载机械卡死 (6) 轴承损坏 (7) 电压太低	(1) 查出断线处，重新接好 (2) 更换熔断器 (3) 检查绕组断线处，重新修好 (4) 找出相擦原因，予以排除 (5) 检查负载机械及传动装置 (6) 更换轴承 (7) 电源线太细，启动压降太大，应更换粗导线，设法提高电压
电动机启动时熔断器熔断	(1) 定子绕组一相反接 (2) 定子绕组有短路或接地故障 (3) 负载机械卡住 (4) 启动设备操作不当 (5) 传动皮带太紧 (6) 轴承损坏 (7) 熔断器过细	(1) 分清三相首尾，重新接好 (2) 检查绕组短路和接地处，重新修好 (3) 检查负载机械和传动装置 (4) 纠正操作方法 (5) 把皮带调整得松紧适当 (6) 更换轴承 (7) 合理选用熔断器
启动困难，启动后转速严重低于正常	(1) 电源电压过低 (2) 定子绕组有短路故障 (3) 转子笼条或端环断裂 (4) 电动机过载 (5) 将△形接法的电动机错接为Y形接法，电源电压严重偏低	(1) 调整电压或等线路电压正常时再使用电动机 (2) 检查绕组短路处，重新修好 (3) 另换转子 (4) 减轻负载 (5) 按正确接法改接
电动机三相电流不平衡，且温度过高，甚至冒烟	(1) 电源电压不平衡 (2) 绕组有短路和接地故障 (3) 重换绕组后，部分绕组接线错误 (4) 电动机单相运转 (5) 启动器接触不良	(1) 查出线路电压不平衡的原因，予以排除 (2) 检查短路、接地处，并予以修复 (3) 查出接错处，改接过来 (4) 检查线路或绕组的中断或接触不良处，并重新接好 (5) 调整启动器或更换启动器
电动机三相电流同时增大，温度过高，甚至冒烟	(1) 电源电压过高 (2) 电动机过载 (3) 接法错误 (4) 启动频繁	(1) 调整线路电压或等电压正常时再工作 (2) 减轻负载 (3) 改接过来 (4) 减少启动次数或改用其他合适类型的电动机

续表

故障现象	可能原因	处理方法
电流没有超过额定值，但电动机温度过高	(1) 环境温度过高 (2) 电动机受太阳直接曝晒 (3) 通风不畅 (4) 电动机灰尘、油泥过多，影响散热	(1) 设法降低环境温度或降低电动机容量使用 (2) 应增加遮阳设施 (3) 清理风道或搬开影响通风的障碍物 (4) 清除灰尘、油泥
电动机有不正常的振动	(1) 电动机基础不稳固或校正不好 (2) 风扇叶片损坏造成转子不平衡 (3) 轴弯或有裂纹 (4) 传动皮带接头不好 (5) 电动机单相运转 (6) 绕组有短路或接地故障 (7) 并联绕组有支路断路 (8) 转子笼条或端环断裂	(1) 加固基础或重新校正 (2) 更换风扇或设法校正转子 (3) 更换新轴或校正弯轴 (4) 重新接好 (5) 查找线路或绕组的断线和接触不良处，并予修复 (6) 查找短路和接地处，并予修复 (7) 查出断线处，予以修复 (8) 另换转子
电动机运行时声音不正常	(1) 轴承损坏或润滑油严重缺少、油中有杂质等 (2) 定子、转子相擦 (3) 风罩或转轴上零件（风扇、联轴器等）松动 (4) 风罩内有杂物 (5) 轴承内圈和轴配合太松 (6) 电动机单相运转 (7) 绕组有短路或接地故障 (8) 绕组接错 (9) 并联绕组中有支路断路 (10) 电源电压过低 (11) 电动机过载 (12) 转子笼条和端环断裂	(1) 更换或清洗轴承并换新油 (2) 找出相擦原因，予以排除 (3) 紧固风罩或其他零件 (4) 清除杂物 (5) 堆焊转轴轴承挡，并按规定尺寸车好，使其配合紧密 (6) 检查线路、绕组断线或接触不良处，予以排除 (7) 检查短路、接地处，重新修好 (8) 改接过来 (9) 检查断路点，重新接好 (10) 设法调整电压或等线路电压正常时再使用 (11) 减轻负载 (12) 更换转子
轴承过热	(1) 传动皮带过紧 (2) 轴弯 (3) 端盖松动或没有装好 (4) 润滑油太脏或变质 (5) 润滑油过多或过少 (6) 润滑油牌号不符 (7) 轴承损坏 (8) 端盖轴承室太紧	(1) 调整皮带使之松紧适当 (2) 校正弯轴或更换新轴 (3) 上紧螺栓，合严止口 (4) 清洗轴承，更换新油 (5) 润滑油应加到油腔的2/3位置 (6) 按要求牌号更换润滑油 (7) 更换轴承 (8) 按正常尺寸扩大轴承室

续表

故障现象	可能原因	处理方法
机壳带电	(1) 引出线或接线盒接头的绝缘损坏接地 (2) 定子槽两端的槽口绝缘损坏 (3) 内有铁屑等杂物未除尽，导线嵌入后即接地 (4) 外壳没有可靠接地	(1) 套一绝缘套管或包扎绝缘布 (2) 耐心找出绝缘损坏处，然后垫上绝缘纸再涂上绝缘漆 (3) 拆开每个绕组接头，用淘汰法找出接地绕组，进行局部修理 (4) 将外壳可靠接地
绝缘电阻降低	(1) 潮气浸入或雨水滴入电动机内 (2) 绕组上灰尘污垢太多 (3) 引出线和接线盒接头的绝缘损坏 (4) 电动机过热后绝缘老化	(1) 经绝缘电阻表检查后，进行烘干处理 (2) 清除灰尘、油污后，浸渍处理 (3) 重新包扎引出线接头 (4) 7 kW以下电动机可重新浸渍处理

五、三相异步电动机定子绕组参数及展开图画法

电动机的定子绕组损坏严重，无法进行局部修理时，就必须拆换全部绕组，称为重绕。重绕时需要测量和记录绕组数据，并绘制绕组展开图。

定子绕组按绕组相数可分为单相绕组和三相绕组；按槽内层数可分为单层绕组和双层绕组；按绕组形状可分为同心式绕组、交叉式绕组、叠绕式绕组和波绕式绕组。

1. 定子绕组的参数

为了满足定子绕组的分布对称性，要求做到以下几点：

第一，每相绕组线圈的形状、尺寸、个数以及嵌放和连接方法必须完全相同。

第二，三相绕组排列顺序相同，相与相之间要间隔120°电角度。

(1) 线圈、极相组、绕组。线圈是由绝缘导线（如漆包线）按一定形状绕制而成，线圈可由一匝或多匝导线组成，如图1—28所示。同一相中多个线圈构成的一组单元称为极相组，而由多个线圈或极相组构成的一相或整个三相电路的组合称为绕组。

线圈有两个直线边，它们嵌入铁心槽内，进行电磁能量转换，是线圈的有效部分（有效边）；线圈两端伸出铁心槽外，不参加能量转换，仅起连接两个有效边的作用，这部分称为端部，为了便于绘制绕组图，一般用简化方法来表示一个多匝线图。

(2) 极矩。极矩 τ 是指沿定子铁心内圆每极所占的圆周长度或槽数。极矩的表达

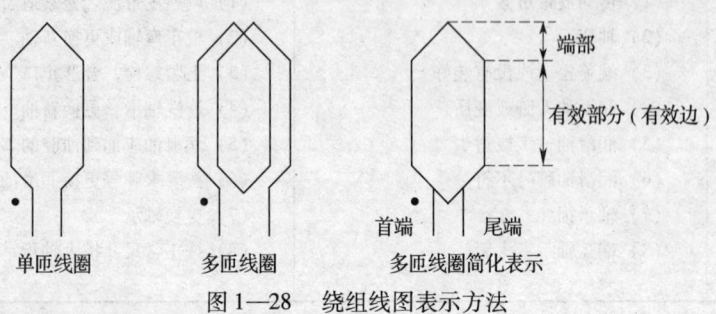

图1—28 绕组线图表示方法

计算式为：

$$\tau = \frac{Z}{2p}$$

式中　Z——定子总槽数；

　　　p——磁极对数。

例如，一台24槽的4极（$p=2$）三相异步电动机的极距为：

$$\tau = \frac{Z}{2p} = 24/4 = 6(槽)$$

（3）节距。节距是指一个线圈两个有效边之间的距离，也就是线圈两个有效边所跨的槽数，用 y 表示。如果线圈的一个有效边在第一槽，另一个有效边在第八槽，则节距 $y=7$。

节距又分为整节距（或称全节距）、短节距和长节矩，节距与极距相等（即 $y=\tau$）称整节距，节距小于极距（即 $y<\tau$）称短节距，节距大于极距（即 $y>\tau$）称长节距，为了使线圈的感应电势尽可能大些，一般要求节距等于或接近等于极距。

（4）每极每相槽数。每极每相槽数是指每相绕组在一个磁极下所占的槽数，用 q 表示，即：

$$q = \frac{Z}{2pm}$$

式中　m——相数。

所以，24槽4极三相异步电动机的每极每相槽数为2。

（5）机械角度和电角度。一个圆周所对应的几何角度为360°，该几何角度称为机械角度。而一对磁极占有的是360°电角度。若电机有 p 对磁极，则相应的电角度为 $p×360°$。因此：

电角度 $= p ×$ 机械角度

2. 三相单层绕组展开图

（1）三相单层绕组的展开图绘制步骤。现以三相四极24槽单层整距绕组为例来说明其绘制步骤。

1）画槽并编号，求出每极槽数 τ 和每极每相槽数 q。

①分极。按定子槽数 Z 画出定子槽，并编上序号，按磁极数 $2p$ 等分定子槽 Z，磁极按 N、S、N、S……的顺序交错排列。该例中 $Z=24$，$2p=4$，相数 $m=3$，故：

$$每极槽数 = \frac{Z}{2p} = 24/4 = 6 \text{ 槽}$$

②分相。每个磁极下的槽数均匀分成3个相带，每个相带占60°电角度，每极每相槽数为：

$$q = \frac{Z}{2pm} = 24/(2×2×3) = 2 \text{ 槽}$$

2）按 U1、W2、V1、U2、W1、V2 顺序标出相带。若 U 相的起端 U1 在第1槽，则 V 相的起端 V1 应在第5槽，W 相的起端 W1 应在第9槽，由于每极相槽数为2，故 U 相在各极相带的槽号是1、2、7、8、13、14、19、20，V 相在各极相带的槽号是5、6、11、

12、17、18、23、24，W 相在各极相带的槽号是 9、10、15、16、21、22、3、4。

3）根据 $y=\tau$（整节距）将两个有效边连成一个线圈元件。

4）把同一相带的 q 个线圈，按前一线圈的末端与后一线圈的首端相连接的规则串联，组成一个极相组。

5）沿电流方向将同一相的极相组线圈串联成一相绕组。如图1—29所示为 U 相绕组的连接顺序图。

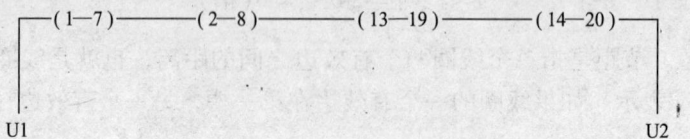

图1—29　U 相绕组的连接顺序

按上述步骤可画出三相单层整距绕组的展开图，如图 1-30 所示。

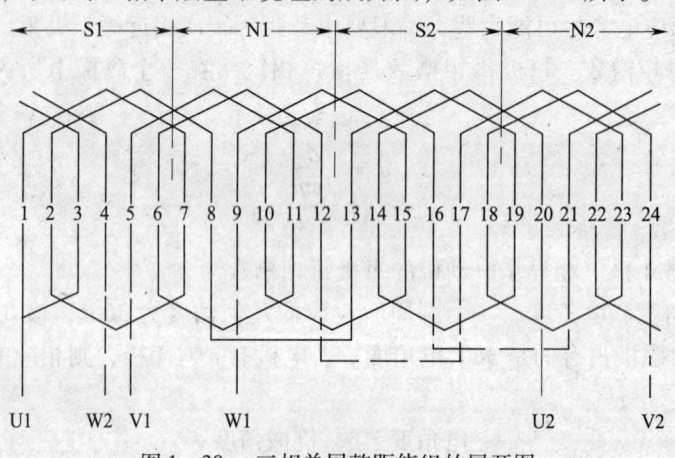

图1—30　三相单层整距绕组的展开图

（2）各类三相单层绕组展开图的绘制。三相单层绕组可分为链式绕组、交叉链式绕组和同心式绕组。

1）链式绕组。链式绕组是由相同节距的线圈组成的。它的线圈连接形状像链子一样一环连着一环。一台三相四极 24 槽异步电动机展开图的绘制步骤如下：

① 求出每极槽数 τ 和每极每相槽数 q。

$$\tau = \frac{Z}{2p} = 24/4 = 6 \text{ 槽}$$

$$q = \frac{Z}{2pm} = 24/(2 \times 2 \times 3) = 2 \text{ 槽}$$

所以，节距 $y=5$ 槽（取 $y=5/6\tau$）。

② 展开图上划分极、相带并画电流方向。将 24 槽分成 4 个极，每个极下有 6 个槽，极距 $\tau=6$ 槽，而每个极占有 180°电角度，分属于三相，即为 60°相带；每极每相有 2 个槽，每个槽占有 30°电角度。按 U1、W1、V1、U2、W2、V2 相带排列，则各槽号所属磁极和相带见表1—8。

表1—8　　　各槽号所属磁极和相带

极距	τ (S)			τ (N)		
相带	U1	W2	V1	U2	W1	V2
第一对磁极槽号	1、2	3、4	5、6	7、8	9、10	11、12
第二对磁极槽号	13、14	15、16	17、18	19、20	21、22	23、24

假设电流参考方向从线圈首端U1、V1、W1流入,尾端U2、V2、W2流出,对应展开图中的电流方向应该是U1、V1、W1相带向上,U2、V2、W2相带向下。所以,一个相带中有效边的电流方向应相同,而相邻相带的有效边电流方向相反。

③根据相带和电流方向连接线圈组及相绕组。由表1—8可知,U相绕组含第1、2、7、8、13、14、19、20八个槽,从节省端部接线考虑,应取节距$y=5$,则U相绕组由(2—7)、(8—13)、(14—19)和(20—1)4个线圈组成,如图1—31所示。同理V、W相绕组也可在图1—31中画出。

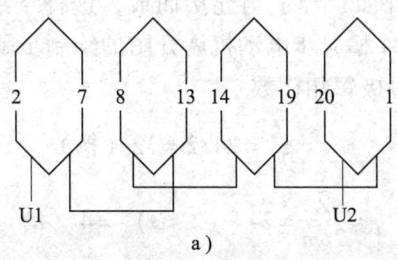

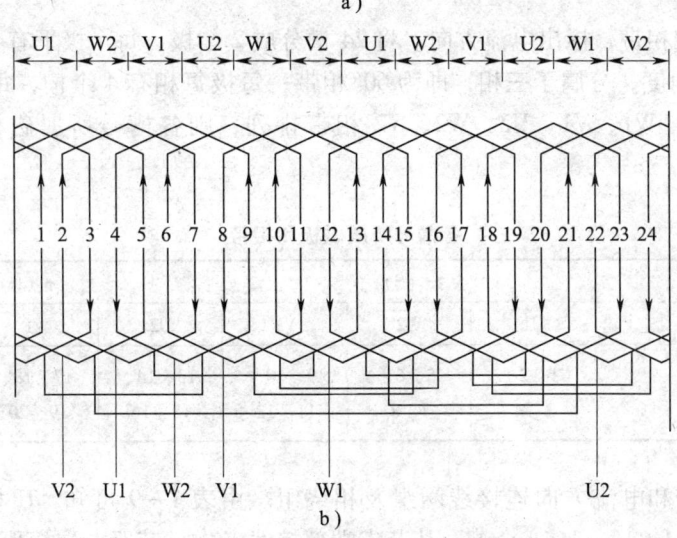

图1—31　三相四级链式绕组展开图
a) U相　b) 三相绕组

④画出各相绕组的引出线。各相绕组的电源引出线端位置没有严格的规定,通常相隔120°电角度。假设U相绕组的首端U1定为第1槽,则V相绕组的首端V1应为第5槽,W相绕组的首端W1应为第9槽,其他引出线如图1—32所示。

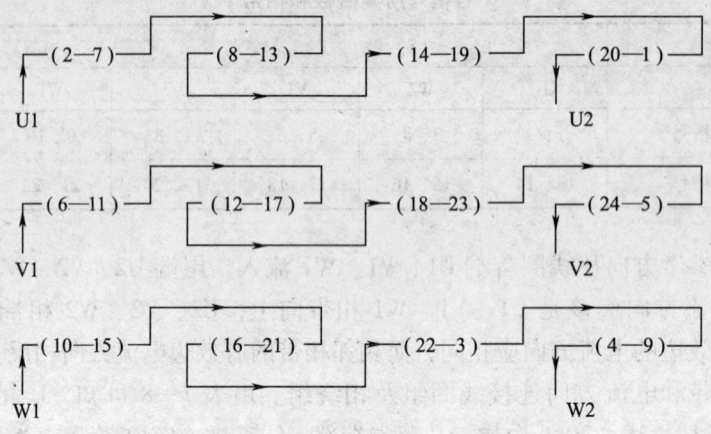

图 1—32 三相绕组连接顺序

2) 三相单层同心式绕组。同心式绕组的结构特点是各相绕组均有不同节距的同心线圈（大线圈套在小线圈外面）经适当连接而成，这种绕组的端部较长，常用于两极电动机中。一台三相两极24槽异步电动机展开图的绘制步骤如下：

①求出每极槽数 τ 和每极每相槽数 q。

$$\tau = \frac{Z}{2p} = 24/2 = 12 \text{（槽）}$$

$$q = \frac{Z}{2pm} = 24/(2 \times 3) = 4 \text{（槽）}$$

②划分极和相带，标出电流方向。将24槽分成2个极，每个极下有12个槽，每个极占有180°电角度，分属于三相，即为60°相带；每极每相有4个槽，每个槽占有15°电角度。按 U1、W2、V1、U2、W2、V2 相带排列，则各槽号所属磁极和相带见表1—9。

表 1—9　　　　各槽号所属磁极和相带

极距	τ (S)			τ (N)		
相带	U1	W2	V1	U2	W1	V2
槽号	1、2、3、4	5、6、7、8	9、10、11、12	13、14、15、16	17、18、19、20	21、22、23、24

③根据相带和电流方向连接线圈组及相绕组。由表1—9可知，U相绕组含第1、2、3、4、13、14、15、16八个槽，从节省端部接线考虑，节距 y 取短距，因此大线圈节距为11槽（3与14），小线圈节距为9槽（4与13）。嵌线时小线圈套在大线圈内，则U相绕组由（3—14）、（4—13）、（2—15）和（1—16）4个线圈组成。同理V相绕组由（11—22）、（12—21）、（10—23）和（9—24）4个线圈组成。W相绕组由（19—6）、（20—5）、（18-7）和（17-8）4个线圈组成。根据参考电流方向，U相绕组连接顺序如图1—33所示。

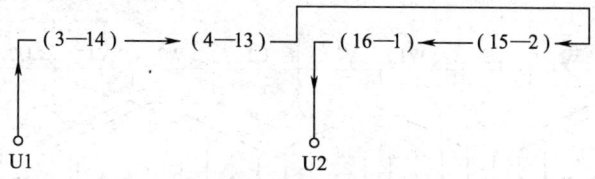

图1—33 U相绕组连接顺序

④画出各相绕组的引出线。各相绕组的电源引出线端位置没有严格的规定，通常相隔120°电角度。假若U相绕组的首端U1定为第3槽，则V相绕组的首端V1应为第11槽，W相绕组的首端W1应为第19槽；然后U、V、W相的各线圈沿电流方向连接，便形成各相绕组的展开图，如图1—34所示。

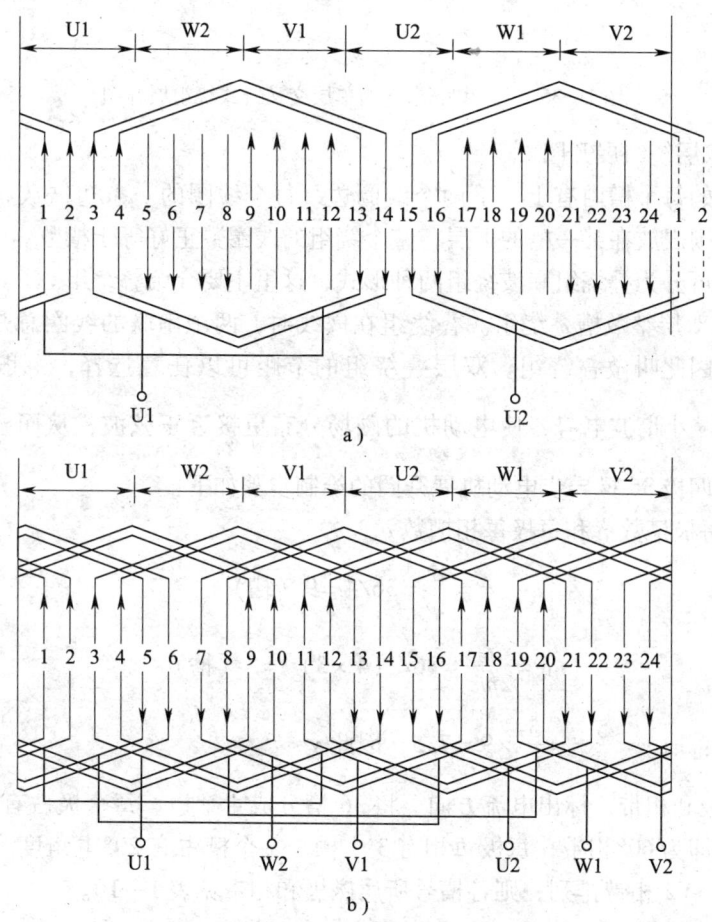

图1—34 24槽2极单层同心绕组展开图
a) U相绕组 b) 三相绕组

3）交叉链式绕组。电动机每对磁极下有两组大节距线圈和一组小节距线圈，采用不等距线圈连接而成的绕组叫做交叉链式绕组。

根据以上绘制步骤可画出一台三相四极36槽异步电动机展开图，如图1—35所示。

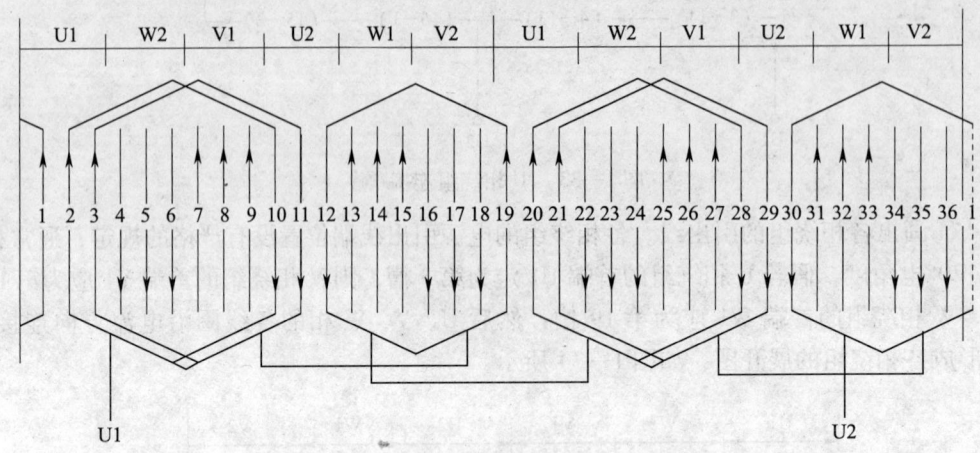

图1—35 三相四极36槽单层交叉链式绕组展开图

3. 三相双层绕组展开图

双层绕组的每个槽内有上、下两个线圈边，每个线圈的一条边嵌放在某一槽的上层，另一条边则嵌放在某一槽的下层，整个绕组的线圈数正好等于槽数。

双层绕组可分为叠绕组和波绕组两种形式，这里主要介绍叠绕组。

（1）三相双层整数槽叠绕组。叠绕组在嵌线时，两个串联的线圈总是后一个叠在前一个上面，因此叫做叠绕组。双层叠绕组的节距可以任意选择，一般选择短节距 $y \approx \frac{5}{6}\tau$，以便减小谐波电势，使电动机的磁场分布更接近正弦波，从而改善电动机性能。一台三相四极36槽异步电动机展开图的绘制步骤如下：

1）求出每极槽数 τ 和每极每相槽数 q。

$$\tau = \frac{Z}{2p} = 36/4 = 9 \text{（槽）}$$

$$q = \frac{Z}{2pm} = 36/(4 \times 3) = 3 \text{（槽）}$$

确定节距：取 $y = \frac{5}{6}\tau = \frac{5}{6} \times 9 = 7.5$，因此 $y \approx 7$。

2）划分极和相带，标出电流方向。将36槽分成4个极，每个极占有180°电角度，分属于三相，即为60°相带；每极每相有3个槽，每个槽占有20°电角度。按U1、W2、V1、U2、W1、V2相带排列，则各槽号所属磁极和相带见表1—10。

表1—10　　各槽号所属磁极和相带

极距	τ (S)			τ (N)		
相带	U1	W2	V1	U2	W1	V2
第一对磁极槽号	1、2、3	4、5、6	7、8、9	10、11、12	13、14、15	16、17、18
第二对磁极槽号	19、20、21	22、23、24	25、26、27	28、29、30	31、32、33	34、35、36

3）根据相带和电流方向连接线圈组及相绕组。以 U 相为例，如图 1—36 所示，第 1 槽的上层边与第 8 槽的下层边连接起来构成线圈 1，第 2 槽的上层边与第 9 槽的下层边连接起来构成线圈 2……以此类推，即可构成含有 12 个线圈（1、2、3、10、11、12、19、20、21、28、29、30）的 U 相绕组。图 1—36 中，每个线圈都由一根实线和虚线组成，实线表示上层边，虚线表示下层边，各线圈的编号都用其上层边所在的槽号表示。

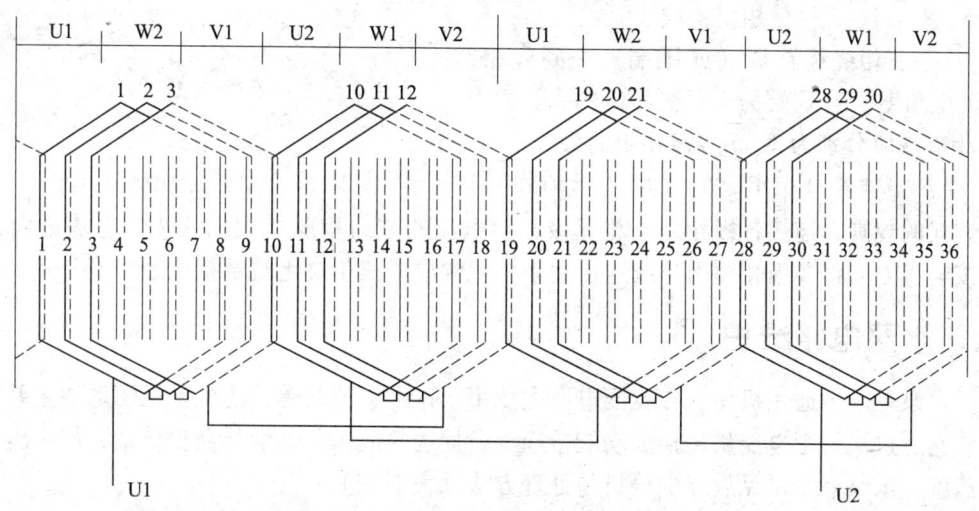

图 1—36　三相双层叠绕组展开图（U 相）

4）画出各相绕组的引出线。定子相邻两槽间的电角度为 20°，通常三相绕组相隔 120°电角度，则电源引出线相隔 6 槽。若 U 相绕组的首端 U1 定为第 1 槽，则 V 相绕组的首端 V1 应为第 7 槽，W 相绕组的首端 W1 应为第 13 槽，U2、V2、W2 分别在 28 槽、34 槽、4 槽。

（2）多支路数的连接方法。上述绕组的连接，是假定绕组的并联支路数 $a=1$ 来分析的，若并联支路数 $a=2$ 时，U 相绕组连接方式如图 1—37b 所示。

并联支路数最大等于 $2p$，即支路数 a 最大可能等于每相的极组组数，但 $2p$ 必须是 a 的整倍数。

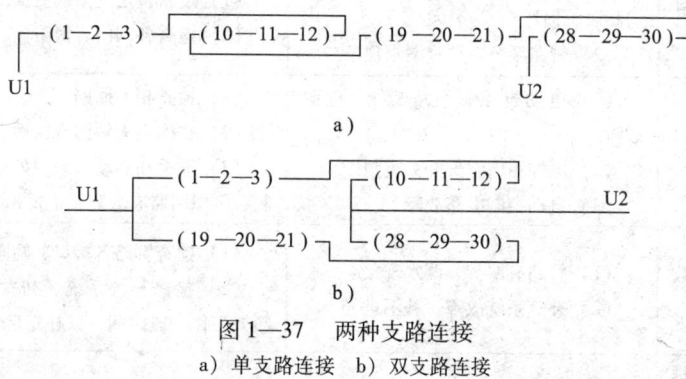

图 1—37　两种支路连接
a）单支路连接　b）双支路连接

（3）圆形接线参考图（简称端部接线图）。由于展开图的绘制比较麻烦，实际工作中往往使用端部接线图，如图1—38所示。端部接线图的作图方法如下：

1) 按极相组总数将定子圆周等分，本例中有 $2pm$（即 $2 \times 2 \times 3 = 12$）个极相组。

2) 根据60°相带分配原则，按顺序给极相组编号。U相绕组由1、4、7、10号极相组构成，V相由3、6、9、12号极相组构成，W相由5、8、11、2号极相组构成。

3) 三相绕组首端（或尾端）之间应相差120°电角度，若U端为1号极相组的头，则V、W相首端应分别为3、5号极相组的头。

4) 根据各极相组之间采用"反串联"连接方式的规则，连接各极相组。相邻极相组电流的方向相反（用箭头表示电流方向），再按电流方向将各极相组引出线连接起来，就构成了三相绕组端部接线圈。

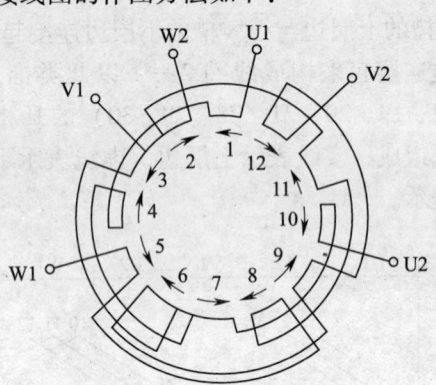

图1—38 定子绕组端部接线图

六、水泵电路维护

水泵是一种通用机械，在变配电所主要用于排水、消防等，是电动机驱动的主要装置。它通过机械把电能量转换成动能传递给所抽送的液体，使液体获得能量，产生压力和速度。水泵电路常见故障的分析与处理方法见表1—11。

表1—11 水泵电路常见故障分析与处理方法

故障现象	可能原因	处理方法
水泵启动灌压力不上升	(1) 水泵运转方向不对 (2) 进出水管阀门未开或堵塞 (3) 泵体和吸水管没灌满引水；动水位低于水泵滤水管；吸水管破裂等	(1) 调整电动机三相电压相位 (2) 开阀门，检查有无堵塞 (3) 水泵排气孔排气，排除底阀故障，灌满引水；储水池注水，等动水位升过滤水管再抽水；修补或更换吸水管
水泵启动后压力表超上限，水泵不停机	(1) 压力表失灵 (2) 自动控制电路故障	(1) 更换压力表 (2) 汇报相关部门进行检修
水泵启动后长时间不停机	(1) 电接点压力表上限值太高或接点黏滞、损坏 (2) 管路系统有严重漏损现象	(1) 重新整定上限或更换压力表 (2) 检查各阀门、消防栓、单向阀管网
压力下降水泵不自动启动	(1) 电动机控制回路断线、电源故障 (2) 电控箱内空气开关跳闸 (3) 自动控制电路故障	(1) 检查相关回路 (2) 在确定无短路现象后重新送电 (3) 改手动启动水泵，如运行正常，说明控制、电源回路有故障，汇报相关部门进行检修
水泵启动次数过多	(1) 管路有漏气、漏水现象 (2) 补气系统故障，补不进气	(1) 检查管路各接口、闸阀，进行堵漏修补 (2) 检修补气系统（初次开机补气系统会频繁工作一段时间，以补充足够的压力气体）
电磁阀长时间排水（大于30 min）	电磁阀故障	检查相应电磁阀，排除故障，或更换电磁阀

单元测试题

一、判断题（下列判断正确的打"√"，错误的打"×"）

1. 感性电路并联电容后能提高电路的功率因数。（   ）
2. 低压放射式接线网络的某一引出线发生故障时，其他引出线工作不受其影响。（   ）
3. 并联电容器组接线通常有单星形接线、双星形接线和三角形接线三种，单星形接线方式适用于大型高压电容器组。（   ）
4. 电压越高，并联电容出力越大。（   ）
5. 异步电动机是配电系统中无功功率主要消耗者。（   ）
6. 并联电容无功补偿应集中装在最高等级电网上，以便于控制和节约投资。（   ）
7. 电动机检修后，投运前必须检查转向，确保转向正确。（   ）
8. 电容器放电回路可装设熔断器或开关，以便接通和断开放电回路。（   ）
9. 电容器允许在额定电压5%波动范围内长期运行。（   ）
10. 电容器冒烟或起火应立即退出运行。（   ）

二、单项选择题（下列每题的选项中，只有1个是正确的，请将其代号填在横线空白处）

1. 对于同一电容器，两次连续投切中间应间隔_____ min以上。
   A. 0.5　　　　　B. 1　　　　　C. 3　　　　　D. 5
2. 电容器组最大允许过电流值是_____倍额定电流。
   A. 1.3　　　　　B. 1.4　　　　　C. 1.5　　　　　D. 1.6
3. 电容器组三相间的容量应平衡，其误差不应超过一相容量的_____。
   A. 6.5%　　　　B. 6%　　　　　C. 5.5%　　　　D. 5%
4. 电容器瓷瓶套管表面闪络放电的原因是_____。
   A. 内部有局部放电现象　　　　B. 紧固元件松弛脱落
   C. 瓷瓶套管有缺陷或表面脏污　D. 电网负荷变化
5. 运行中电容器保护跳闸后_____。
   A. 可强行送电一次
   B. 经5 min后送电
   C. 查明原因即可投入运行
   D. 查明原因确认无故障后，方可投入运行
6. 三相异步电动机一对磁极占有的电角度是_____。
   A. 180°　　　　B. 360°　　　　C. 120°　　　　D. 90°
7. 异步电动机定子绕组极矩是指_____。
   A. 沿定子铁心内圆每极所占的圆周长度或槽数

B. 一个线圈两个有效边之间的距离
C. 每相绕组在一个磁极下所占的槽数
D. 每相绕组之间的电角度

8. 三相绕组排列顺序相同,相与相之间要间隔_____电角度。
   A. 180°　　　B. 360°　　　C. 120°　　　D. 90°

三、多项选择题（下列每题的选项中,至少有 2 个是正确的,请将其代号填在横线空白处）

1. 配电网络结构中网式结构可分为_____式。
   A. 多回线式　　B. 环式　　C. 网络式　　D. 树干式
2. 合上电动机电源开关,电动机不动,可能的原因是_____。
   A. 电源未接通
   B. 熔断器熔体熔断两相以上
   C. 电源线有两相或三相断线或接触不良
   D. 开关或启动设备有两相以上接触不良
3. 电动机绝缘电阻降低可能的原因是_____。
   A. 潮气浸入或雨水滴入电动机内
   B. 绕组上灰尘污垢太多
   C. 引出线和接线盒接头的绝缘损坏
   D. 电动机过热后绝缘老化
4. 压力下降水泵不能自动启动可能的原因是_____。
   A. 管路系统有严重漏损现象
   B. 电动机控制回路断线、电源故障
   C. 电控箱内空气开关跳闸
   D. 自动控制电路故障
5. 水泵异常频繁启动可能的原因是_____。
   A. 管路有漏气、漏水现象　　B. 电动机控制回路断线、电源故障
   C. 电控箱内空气开关跳闸　　D. 补气系统故障,补不进气
6. 产生电容器短路击穿的原因是_____。
   A. 电容器质量差　　　　　　B. 绝缘老化
   C. 瓷瓶套管表面积尘过多　　D. 小动物钻入接头间
7. 电容器爆炸着火处理方法是_____。
   A. 立即断开电源　　　　　　B. 用沙子或干式灭火器灭火
   C. 更换电容器　　　　　　　D. 立即投入运行

四、简答题

1. 配电网络结构主要有哪两种形式?
2. 自愈式电容器有哪些特点?
3. 为什么电容器能补偿无功功率?
4. 装设并联电容器的目的是什么?

5. 并联电容器补偿的方式有哪些？
6. 对电容器的运行有哪些规定？
7. 无功自动补偿装置与手动投切相比有何优点？
8. 电动机三相电流不平衡的原因有哪些？
9. 电动机电源合闸后不动作是何原因？

五、问答题

1. 为什么电容器要装设放电设备？对放电电阻有哪些要求？
2. 电容器组放电回路为什么不允许装熔断器或开关？
3. 测量电容器时应注意哪些事项？
4. 电容器组分闸后为什么不能立即合闸，而需要间隔 5 min？
5. 运行中电动机温度过高有哪些原因？如何处理？

六、绘图题

1. 请画出笼型电动机直接启动控制原理图并说出元件 FU 与 KH 的作用。
2. 请画出三相四极 24 槽单层整距异步电动机定子绕组的展开图。
3. 请画出一台三相四极 36 槽单层交叉链式异步电动机绕组展开图。

七、技能题

1. 运行中电容器组日常检查

（1）操作准备

1）备好变配电室运行中的电容器组或模拟仿真电容器组。

2）若无上述条件，可采用笔试，准备空白纸若干张、笔一支。

（2）操作要求

1）按《配电设备现场运行规程》的规定项目进行检查。

2）注意遵循《电力安全工作规程》的规定。

（3）操作时限。笔试操作填写时限为 30 min，实际操作为 30 min。

（4）技术标准

1）检查时，安全事项遵守《电力安全工作规程》相关规定。

2）检查瓷绝缘有无破损裂纹、放电痕迹，表面是否清洁。

3）母线及引线是否过紧或过松，设备连接处有无松动、过热现象。

4）设备外表涂漆是否变色，外壳有无鼓肚、膨胀变形，接缝处有无开裂、渗漏油现象，内部有无异声。外壳温度不超过 50℃。

5）电容器编号是否正确，各接头有无发热现象。

6）熔断器、放电回路是否完好，接地装置、放电回路是否完好，接地引线有无严重锈蚀、断股。熔断器、放电回路及指示灯是否完好。

7）电容器室是否干净整洁，照明通风是否良好，室温应不超过 40℃ 或低于 −25℃。门窗是否关闭严密。

8）与电容器连接的电缆挂牌是否齐全完整、内容正确、字迹清楚。电缆外皮有无损伤，支撑是否牢固，电缆和电缆头有无渗油漏胶、发热放电等现象。

9）记录检查时间和检查情况。

10）汇报并记录

（5）配分及评分标准

序号	作业项目	考核内容	配分100分	评分标准
1	检查	检查瓷绝缘	10	不完整每处扣2分
		检查母线及引线	10	不完整每处扣2分
		检查电容器外表	10	不完整每处扣2分
		检查电容器各接头	10	不完整每处扣2分
		检查熔断器、放电回路	10	不完整每处扣2分
		检查电容器室	5	不完整每处扣2分
		检查与电容器连接的电缆	5	不完整每处扣2分
2	填写与汇报	在运行记录本上填写检查情况	5	未填写扣5分
		汇报检查情况	5	未汇报扣5分
3	安全文明生产	遵守《电力安全工作规程》一般安全要求	15	不规范扣15分
		遵守《电力安全工作规程》高压设备巡视规定	15	不规范扣15分
4	否定项	违反《电力安全工作规程》有关规定		出现违反《电力安全工作规程》现象，本题按0分处理

2. 电容器组熔断器熔体熔断故障处理

（1）操作准备

1）模拟仿真10 kV电容器组，设置故障为熔断器熔体熔断（引出线接头因小动物两相短路）。

2）准备熔断器、验电器及安全用具等。

3）若无上述条件，可采用笔试，准备空白纸若干张、笔一支。

（2）操作要求

1）故障判断。

2）检查分析及故障处理。

3）应穿工作服、绝缘鞋，戴绝缘手套。

（3）操作时限。笔试操作填写时限为30 min，实际操作为1 h。

（4）技术标准

1）查看表计等，判断为电容器短路故障。

2）汇报并记录

3）检查电容器有无烧伤、变形、移位等。导线有无短路。电容器温度、声音、外壳有无异常。放电回路、电抗器、电缆、避雷器等是否完好。查出熔断器熔断两相，引出线烧焦痕迹或小动物尸体。其他项目完好。

4）判定故障为引出线接头因小动物两相短路。

5）断开电容器组开关，合上接地刀闸，进行放电、验电。

6）清扫恢复引出线绝缘。

7）更换同型号熔断器。

8）断开接地刀闸。

9）合上电容器组开关。

10）检查电容器三相电流是否平衡，确保电容器无异常情况。

11）汇报并记录。

（5）配分及评分标准

序号	作业项目	考核内容	配分100分	评分标准
1	故障判断	查看表计等	3	未查看扣2分
		判断故障	8	判断不正确扣8分
		记录故障时间、故障现象等	2	未记录扣2分
		汇报故障时间、故障现象	2	未汇报扣2分
2	现场检查	检查电容器本体	6	查看不完整每项扣2分
		检查母线及引线	6	查看不完整每项扣2分
		检查放电回路、电抗器、电缆、避雷器等	8	查看不完整每项扣2分
		判定故障原因	10	判断不正确扣10分
3	处理过程	断开电容器组开关	5	未操作扣5分
		合上接地刀闸，进行放电、验电	8	未合接地刀闸扣4分，未合接地刀闸进行放电扣2分，未合接地刀闸进行验电扣2分
		清扫恢复绝缘	4	未操作扣4分
		更换同型号熔断器	5	未更换扣5分；型号不同扣3分
		断开接地刀闸	5	未操作扣5分
		合上电容器组开关	4	未操作扣4分
		检查电容器三相电流	2	未检查扣2分
		汇报并填写相关记录	2	未汇报扣1分，未填写扣1分
4	安全文明生产	穿工作服、绝缘鞋，戴绝缘手套	10	未穿戴扣10分
		使用安全用具和工器具	10	安全用具和工器具使用不规范每处扣2分；损坏工具、仪表、设备每处扣4分；工作结束未整理现场和工器具扣1分
5	否定项	违反《电力安全工作规程》有关规定		出现违反《电力安全工作规程》现象，本题按0分处理

3. 三相异步电动机通电后不动作,但有"嗡嗡响"声的故障分析与处理

(1) 操作准备

1) 准备一台小型三相异步电动机,设置一相绕组断路(故障点设为引出线接头松脱断线)。

2) 准备验电笔、绝缘手套、绝缘鞋、绝缘电阻表、万用表及电工工具一套。

3) 若无上述条件,可采用笔试,准备空白纸若干张、笔一支。

(2) 操作要求

1) 应穿工作服、绝缘鞋,戴绝缘手套。

2) 故障判断。

3) 应按电源、负荷开关、熔断器、接触器、电动机顺序查找故障点。

4) 故障处理。

(3) 操作时限。笔试操作填写时限为 30 min,实际操作为 1 h。

(4) 技术标准

1) 工具、仪表使用应规范。

2) 查看电压表判断电源电压是否过低。

3) 观察电动机外壳及被拖动负荷是否发生机械卡滞。

4) 听电动机响声初步判断故障为断相。

5) 检查负荷开关、熔断器、接触器及引接线连接处有无烧损、焊点松脱和熔化等现象。

6) 检查电动机引出线,查出接头松脱断线。

7) 将接头重新接好。

8) 通电检查应正常。

(5) 配分及评分标准

序号	作业项目	考核内容	配分100分	评分标准
1	观察现象	合上电源,观察电动机启动现象	3	未观察扣3分
		观察电动机外壳及拖动机械	3	未观察扣3分
		初步判断故障	6	故障判断不正确扣6分
2	故障检查	检查表计,判断是否电源电压过低	5	未检查扣5分
		断开电源	5	未检查扣5分
		检查负荷开关及引接线	5	未检查扣5分
		检查熔断器及引接线	5	未检查扣5分
		检查接触器及引接线	5	未检查扣5分
		检查电动机引出线接线盒	5	未检查扣5分
3	故障处理	确认故障点	14	故障点未能找到扣14分
		对断相处进行恢复	10	处理方法错误每处扣2分;工艺不符合要求扣4分
		合上电源试运行	2	未合电源扣2分
		填写相关记录	2	未填写扣2分

续表

序号	作业项目	考核内容	配分100分	评分标准
4	安全文明生产	故障检查与诊断处理	20	检查次序不合理扣2分;无目标查找扣5分;造成新的故障扣20分
		使用安全用具和安全措施	5	不会正确使用安全用具扣2分;无安全措施扣2分
		工具、仪表使用	5	工具、仪表使用不规范每处扣2分;损坏工具、仪表、设备每处扣4分;工作结束未整理现场和工器具扣1分
5	否定项	违反安全规定		出现危及人身安全的操作现象,本题按0分处理

4. 三相异步电动机定子绕组单相接地故障的分析与处理

(1) 操作准备

1) 准备一台小型三相异步电动机,设置单相接地故障(故障点设为端部引出线绝缘损坏)。

2) 准备验电笔、绝缘手套、绝缘鞋、绝缘电阻表、万用表及电工工具一套。

3) 若无上述条件,可采用笔试,准备空白纸若干张、笔一支。

(2) 操作要求

1) 应穿工作服、绝缘鞋,戴绝缘手套。

2) 故障判断。

3) 使用绝缘电阻表查找故障点。

4) 故障处理。

(3) 操作时限。笔试操作填写时限为30 min,实际操作为1 h。

(4) 技术标准

1) 工具、仪表使用应规范。

2) 表述电动机接地的原因与现象。

3) 绝缘电阻表使用前应做开路、短路试验。将绝缘电阻表的两个出线端分别与电动机各相绕组和机壳相连,以120 r/min 的速度摇动绝缘电阻表手柄,所测量的绝缘电阻在0.5 MΩ 以上,说明电动机被测相绕组绝缘良好;如果被测量绝缘电阻值为0,同时有的接地点还会发出放电声或出现微弱的放电现象,则表明被测相绕组已接地。

4) 故障相确定后,拆开电动机端盖,检查绕组端部引出线的绝缘,找出绝缘破裂处。

5) 用绝缘材料垫入线圈的接地处,再检查故障是否已经排除。

6) 用绝缘带重新包扎引出线接头。

(5) 配分及评分标准

序号	作业项目	考核内容	配分100分	评分标准
1	观察现象	现象电动机接地的现象	3	未观察扣3分
		表述电动机接地的现象	3	没有表述或表述不正确扣3分
2	故障检查	用绝缘电阻表检查	10	绝缘电阻表转速不正确扣5分；测量方法不正确扣10分
		判断故障相	10	判断不正确扣10分
		拆开电动机端盖	10	拆卸方法不正确每处扣2分
3	故障处理	查找确认故障点	15	故障点未能找到扣15分；方法不正确每处扣2分
		对接地故障处进行恢复处理	15	处理方法错误每处扣2分；工艺不符合要求扣4分
		填写相关记录	4	未填写扣4分
4	安全文明生产	故障检查与诊断处理	20	检查次序不合理扣2分；无目标查找扣5分；造成新的故障扣20分
		使用安全用具和安全措施	5	不会正确使用安全用具扣2分；无安全措施扣2分
		工具、仪表使用	5	工具、仪表使用不规范每处扣2分；损坏工具、仪表、设备每处扣4分；工作结束未整理现场和工器具扣1分
5	否定项	违反安全规定		出现危及人身安全的操作现象，本题按0分处理

5. 三相异步电动机正反转控制电路接线

（1）操作准备

1）准备正反转控制实验电动机一台，电动机控制接线盘一个。

2）准备验电笔、绝缘电阻表、万用表、绝缘手套、绝缘鞋、钢丝钳、断线钳、尖嘴钳、剥线钳及电工工具一套。

3）准备1.5 mm^{2}导线、1 mm^{2}导线、绑扎线若干。

（2）操作要求

1）应穿工作服、绝缘鞋、戴绝缘手套。

2）操作前应检查设备、工器具、材料是否齐全。

3）连接控制电路，注意节约材料。

（3）操作时限。实际操作时限为2 h。

（4）技术标准

1）工具、仪表使用应规范。

2）主电路接线、控制按钮接线、控制电路、热继电器接线正确。

3）用绝缘电阻表、万用表检测电路。

4）配线走向合理、简洁、美观。

5）导线绑扎应紧密、均匀、牢固。

6）符合接线工艺要求，导线连接处接触良好，导线接头制作正确。

7）电路检测正确。

（5）配分及评分标准

序号	作业项目	考核内容	配分100分	评分标准
1	设备、工器具、材料检查	工器具检查	3	不检查扣3分
		安装元件、材料检查	12	不检查扣12分
2	安装接线	主电路接线	4	接线不正确扣4分
		控制按钮接线	8	启动按钮动断、动合触点接错扣4分；停止按钮动断、动合触点接错扣4分
		启动控制电路接线	20	正转接触器接线错误扣5分；接触器动断、动合触点接错一对扣5分；反转接触器接线错误扣5分；接触器动断、动合触点接错一对扣5分
		热继电器接线	8	热继电器接线错误扣4分，动断、动合触点接错一对扣4分
3	安装工艺	配线工艺	8	多走回线每处扣2分；配线紧贴盘面的扣2分；导线成束走线不符合横平竖直无交叉，每处扣2分；导线弯折处不符合直角且圆滑，有损伤每处扣1分
		导线绑扎	6	绑扎线绑扎的间距不合理每处扣1分；绑扎处有松动每处扣1分；主、控电路绑扎成一束的扣2分
		接线工艺	10	导线与电气元件接线柱连接有松动每处扣1分；与电气元件接线柱连接超过两个导线头每处扣1分；线头弯制平压圈绕向错误每处扣1分；导线裸露在接线柱外超过导线芯线外径每处扣1分
		电路检测	6	检测方法不正确每项扣2分
4	安全文明生产	工具材料	5	工具、材料摆放零乱扣1分；浪费材料扣1分
		工具、仪表使用	10	工具、仪表使用不规范每处扣2分；损坏工具、仪表、设备每处扣4分；工作结束未整理现场和工器具扣1分
5	否定项	违反安全规定		出现危及人身安全的操作现象，本题按0分处理

单元测试题答案

一、判断题

1. √ 2. √ 3. × 4. √ 5. √ 6. × 7. √ 8. × 9. √ 10. √

二、单项选择题

1. D 2. A 3. D 4. C 5. D 6. B 7. A 8. C

三、多项选择题

1. ABC 2. ABCD 3. ABCD 4. BCD 5. AD 6. ABCD 7. ABC

四、简答题

答案略。

五、问答题

答案略。

六、绘图题

1. 答：笼型电动机直接启动控制原理图参见图1-22。熔断器FU起短路保护作用，热继电器KH起过载保护作用。

2. 答：三相四级24槽单层整距异步电动机定子绕组的展开图参见图1-30。

3. 答：三相四极36槽单层交叉链式异步电动机绕组展开图参见图1-35。

七、技能题

答案略。

第 2 单元

过电压保护

- 第一节　防雷与过电压／52
- 第二节　过电压保护设备／55
- 第三节　变配电所防雷措施／61
- 第四节　防止内部过电压措施／67

供配电系统过电压会严重影响电气设备的安全运行,因此变配电值班电工必须了解过电压和过电压保护的相关知识,以便对其进行有效的防护,保证供配电系统的正常运行。本单元主要介绍过电压的产生、分类、危害及其防护措施。

第一节 防雷与过电压

→ 掌握过电压对电气设备安全运行的危害
→ 掌握不同雷电过电压的特征
→ 掌握产生内部过电压的原因及其对电气设备安全运行的影响

一、过电压及其危害

电气设备在正常运行时,所受电压为其相应的额定电压。由于受各种因素的影响,实际电压会偏离额定电压某一数值,但不能超越允许的范围。一般来说,供配电的运行电压在正常情况不会超过最高工作电压。

但是,由于雷击或供配电系统中的操作、事故等原因,使某些电气设备或线路上承受的电压大大超过正常运行电压,危及设备和线路的绝缘。供配电系统中这种危及绝缘的电压称为过电压。

过电压对供配电系统的安全运行有极大危害,如雷击会造成人员伤亡,造成电力线路或电气设备绝缘击穿损坏,进而发生短路故障,中断供电,甚至引起火灾。

二、过电压分类

1. 外部过电压

外部过电压(雷电过电压、大气过电压)是由大气中的雷云对地放电引起的。雷电过电压的持续时间约为几十微秒,具有脉冲的特性,故常称为雷电冲击波。雷电过电压可分为直击雷过电压、感应雷过电压和球形雷过电压三种。

2. 内部过电压

内部过电压是由于电力系统故障,或开关操作而引起的电网中能量的转化,从而造成瞬时或持续高于电网额定允许电压,并可能对电气装置造成威胁的升高电压。内部过电压可分为工频过电压、谐振过电压和操作过电压。

三、雷电过电压

1. 雷电过电压的产生

雷电的出现与气流、风速密切相关,而且与地球磁场也有一定联系。雷云内部的不停运动和相互摩擦,使雷云产生大量的带正、负电荷的小微粒,即所谓的摩擦生电。庞大的雷云相当于一块带有大量正、负电荷的云块,这些正、负电荷不断地产生和复合,当这些云块在水平方向移动时与地球磁场磁力线产生切割,云中的正、负电荷将产生定向移动,其移动的方向按右手定则判断。若云层由西向东移动,因地磁场磁力线是由地球南极指向北极,所以,大量的正电荷向上移动,负电荷向下移动,当正、负电荷积聚的足够多时,场强达到(25~30)kV/cm时,将引起雷云间、雷云中或雷云对地的放电。

大地被雷击时,多数是负电荷从雷云向大地放电,少数是雷云中的正电荷向大地放电。在一块雷云发生的多次雷击中,最后一次雷击往往是雷云上的正电荷向大地放电。负电荷放电的能量平均为30 kA,发生正电荷向大地放电的雷击显得特别猛烈,一般为100 kA,高的达200~300 kA。

2. 雷电过电压的种类

(1) 直击雷过电压。雷闪直接击中电力设备、线路或建筑物而引起的过电压称为直接雷击过电压。直击雷过电压幅值可达上百万伏,会破坏电力设施绝缘,引起短路接地故障。因此,电力设备、线路或建筑物需装设避雷针进行防护。但避雷针并不能百分之百地拦截上空来的雷电,有的雷电并不是经最短的路径泄放电流,有时绕过避雷针,对建筑物产生侧击或绕击。一个直击雷不仅仅影响到被击中的对象,而且对周围半径1.5 km范围内的设施都会产生影响。

雷闪击中正常情况下处于接地状态的导体,如输电线路铁塔,这时雷电流流经杆塔入地时,在杆塔阻抗和接地装置阻抗上存在电压降。因此,杆塔顶部出现高电位,这个高电位作用于线路的导线绝缘子上,如果电压足够高,有可能击穿绝缘子,对导线放电,这种情况称为雷电反击过电压。

(2) 感应雷过电压。感应雷过电压是指雷闪击中电力设备附近,虽然雷电没有直接击中电力设施,但强大的脉冲电流对周围的导线或金属物体产生电磁感应发生高电压,以致发生闪击的现象(也叫二次雷)。因此,架空输电线路需架设避雷线和接地装置等进行防护。

(3) 球形雷过电压。球形雷过电压形成的原因有三个:一是等粒子体;二是小范围的急促气旋;三是核反应。球形雷过电压的形成过程要比直击雷和感应雷过电压复杂。

3. 雷电对电力系统的危害

雷电对电力系统的危害主要是由雷电流引起的,基本可以分成两种类型:一是雷闪直接击中电力设施产生的热效应作用和电动力作用;二是雷电的二次作用,即雷电流产生的静电感应作用和电磁感应作用。

雷电流的热效应主要表现在雷电流通过导体时产生大量的热能,使金属熔化、飞溅,从而引起火灾或爆炸。

雷电流的电动力效应能使被击中的电力设施遭受破坏,这是由于被击电力设施缝隙中的气体在雷电流的作用下剧烈膨胀、水分急剧蒸发而引起被击电力设施爆裂。

当输电线路或电气设备处于雷云和大地间所形成的电场中时,导体上就会感应出与雷云性质相反的大量电荷。雷云放电后,云与大地间的电场突然消失,导体上的电荷来不及立即流散,因而产生很高的对地电位。这种对地电位称为"静电感应电压"。与此同时,束缚电荷(也叫极化电荷)向导线两侧传播,若此线路是直接引入建筑物的,则此高电位就侵入室内，危及人身和设备的安全。

由于雷电流产生的电磁感应，在导体上会感应出很高的电压及大的电流，若回路间的导体接触不良，就会产生局部发热；若回路有间隙就会产生火花放电。

四、内部过电压

1. 工频过电压

工频过电压是由于断路器操作或发生短路故障，使电力系统经历过渡过程以后重新达到某种暂时稳定的情况下所出现的过电压，又称工频电压升高。工频过电压的特点是持续时间可能较长，但工频过电压数值不是很大，对电力系统的正常绝缘危险不大。不过，当发生其他内部过电压的时候，如果又存在工频过电压，则过电压将更为严重。常见的工频过电压有：

（1）空载长线电容效应（费兰梯效应）引起的过电压。在工频电源作用下，由于远距离空载线路电容效应的积累，使沿线电压分布不等，末端电压最高。

（2）不对称短路接地引起的过电压。如三相输电线路 U 相短路接地故障时，V、W 相上的电压会升高。

（3）甩负荷过电压。输电线路因发生故障而被迫突然甩掉负荷时，由于电源电动势尚未及时自动调节而引起的过电压。

2. 操作过电压

操作过电压是由于进行断路器操作或发生突然短路而引起的衰减较快、持续时间较短的过电压，常见的操作过电压有：

（1）空载线路合闸和重合闸过电压。这是由于在合闸时，电源电压对由线路电感、电容构成的振荡回路充电，在达到稳态之前，要经历一个高频振荡的过程，从而引起过电压。

（2）切除空载线路过电压。在利用开关设备分断空载长线路时，电流波形瞬时值经过零点时，开关触头间电弧熄灭，但是这时电压波形瞬时值恰好经过幅值，由于线路存在电容的缘故，这个电压瞬间不会立即消失。经过交流电半个周期后，电源电压的瞬时值变化到极性相反的最大值，等于电源电压幅值的两倍，有可能使触头间电弧重燃，间隙再次击穿。开关触头间间隙再次击穿后，电源电压对线路又一次充电，由于线路上已有残存电压，电源电压再次对其作用，从而形成振荡，出现过电压。如此反复，会出现很高的过电压数值。

（3）切断空载变压器过电压。变压器是电感性的，若电流突然变化，空载变压器磁路中的磁通量会跟着发生突变，磁通突然变化会产生很高的感应电势，从而发生过电压。

（4）弧光接地过电压。产生电弧接地过电压的原因是线路具有电感和对地电容，而接地故障使对地电压发生变化，引起电场能量和磁场能量互相转换，在间隙性电弧作用下这种电磁场能量的转换产生强烈振荡，从而引起严重过电压。

3. 谐振过电压

谐振过电压是变配电系统中电感、电容等储能元件在某些接线方式下与电源频率发生谐振所造成的过电压。一般按起因分为线性谐振过电压、铁磁谐振过电压、参量谐振过电压。

如果串联电路中包括有电感、电容,当电感电抗和电容电抗数值很大,而且彼此绝对值相等或十分接近相等时,其综合阻抗十分微小,这时即使在不太高的电源电压下也会出现极大的电流。这个极大的电流在电感、电容上会产生很高的电压降。这就是串联谐振过电压。

当谐振过电压发生在铁磁电感与电容组成的电路中时,称为铁磁谐振电路。

由于谐振过电压持续时间较长、频率低,电压互感器的铁心严重饱和,因此常会导致电压互感器损坏和阀型避雷器爆炸。

第二节 过电压保护设备

→ 熟悉避雷针、避雷线、避雷器的工作原理及保护范围
→ 能正确检查和维护防雷设施

一、避雷针

1. 避雷针的工作原理

当高空出现雷云的时候,大地作为导体,由于静电感应作用,必然带上与雷云相反的电荷。避雷针处于地面建筑物的最高处,与雷云的距离最近,由于它与大地之间有良好的电气连接,所以它与大地有相同的电位。避雷针附近空间的电场强度比较大,容易吸引雷电先驱,使避雷针被雷击的几率大大提高,从而使附近比它低的物体遭受雷击的几率大大减小。

由于避雷针与大地有良好的电气连接,能把大地积存的电荷能量迅速传递到雷雨云层中泄放,或把雷雨云层中积存的电荷能量传递到大地中泄放,使雷击造成的过电压时间大幅缩短,从很大程度上降低了雷击的危害性,这就是避雷针的工作原理。但需要说明,避雷针必须足够可靠,并且有接地电阻尽量小的引下线和接地装置与其配套,否则,它不但起不到避雷的作用,反而增大雷击的损害程度。

2. 单支避雷针保护范围的确定

单支避雷针的保护范围如图 2—1 所示。设避雷针高为 h。

(1) 避雷针在地面上的保护半径 r 应按下式计算:

$$r = 1.5 \, hP$$

式中 r——保护半径,m;

h——避雷针的高度,m;

P——高度影响的校正系数,$h \leq 30$ m,$P=1$;30 m $< h \leq 120$ m,$P = \dfrac{5.5}{\sqrt{h}}$;当 h

>120 m 时,取其等于 120 m。

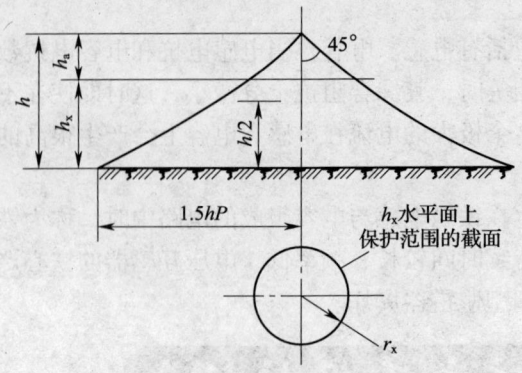

图2—1 单支避雷针的保护范围

(2) 在被保护物高度为 h_x 时, h_x 水平面上的保护半径 r_x 应按下列方法确定：

1) 当 $h_x \geq 0.5h$ 时

$$r_x = (h - h_x)P = h_a P$$

式中 r_x——避雷针在 h_x 水平面上的保护半径, m;

h_x——被保护物的高度, m;

h_a——避雷针的有效高度, m。

2) 当 $h_x < 0.5h$ 时

$$r_x = (1.5h - 2h_x)P$$

二、避雷线

1. 避雷线的工作原理

避雷线（架空地线）的功能和原理与避雷针基本相同，它架设在架空线路的上方，以保护架空线路或其他物体（包括建筑物）免遭直接雷击。避雷线一般采用截面积不小于 35 mm² 的镀锌钢绞线。

110 kV 及以上电压等级的线路一般应全线架设避雷线；35 kV 线路不要求全线架设避雷线，一般在变电所的进线段架设 1~2 km 的避雷线，同时按照要求做好杆塔的接地。

为了提高避雷线对导线的屏蔽效果，减小绕击率，避雷线对外侧导线的保护角应尽量做得小一些，保护角指避雷线到外侧导线上的连线与铅垂线之间的夹角，一般采用 20°~30°。

2. 避雷线保护范围的确定

(1) 单根避雷线的保护范围。单根避雷线在 h_x 水平面上每侧保护范围如图2—2所示。

单根避雷线保护范围按下列方法确定：

1) 当 $h_x \geq \dfrac{h}{2}$ 时

$$r_x = 0.47(h - h_x)P$$

式中 r_x——每侧保护范围的宽度, m。

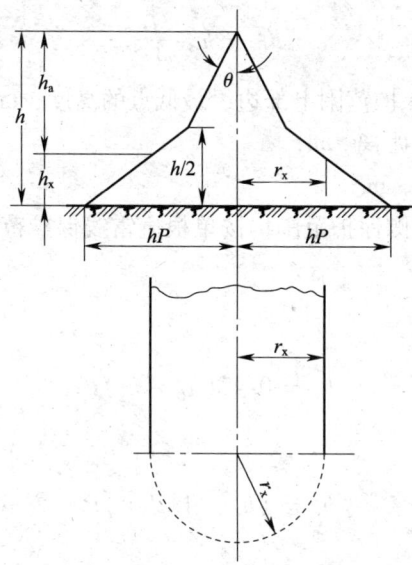

图2—2 单根避雷线的保护范围（$h \leqslant 30$ m时，$\theta = 25°$）

2）当 $h_x < \dfrac{h}{2}$ 时

$$r_x = (h - 1.53h_x)P$$

（2）两根等高平行避雷线的保护范围。两根等高平行避雷线的保护范围如图2—3所示。

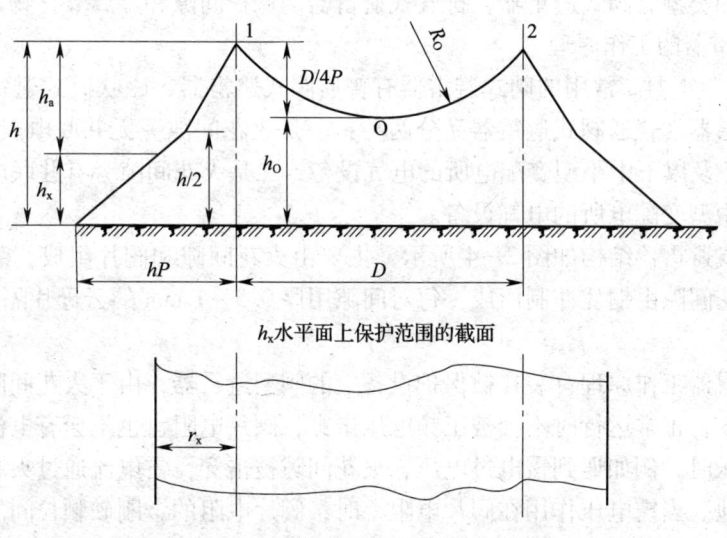

h_x水平面上保护范围的截面

图2—3 两根平行避雷线的保护范围

保护范围按下列方法确定：

1）两避雷线外侧的保护范围应按单根避雷线的计算方法确定。

2）两避雷线间各横截面的保护范围应由通过两避雷线1、2点及保护范围边缘最低点 O 的圆弧确定。O 点的高度应按下式计算：

$$h_O = h - \frac{D}{4P}$$

式中 h_O——两避雷线间保护范围上部边缘最低点的高度，m；
　　D——两避雷线间的距离，m；
　　h——避雷线的高度，m。

3) 两避雷线端部的两侧保护范围仍按单根避雷线保护范围计算。两线间最小保护宽度 b_x 按下列方法确定：

1) 当 $h_x \geq \frac{h}{2}$ 时

$$b_x = 0.47(h_O - h_x)P$$

2) 当 $h_x < \frac{h}{2}$ 时

$$b_x = (h_O - 1.53h_x)P$$

三、避雷器

1. 避雷器的种类及工作原理

（1）避雷器的种类。雷闪直接击中输电线路，在导线中形成迅速流动的电荷称之为雷电侵入波。雷电侵入波通常是造成变配电所设备及建筑物雷害事故的主要原因，对雷电侵入波造成的过电压进行防护，主要措施是变配电所内装设避雷器，以限制设备上的过电压幅值。

避雷器的类型有阀式避雷器、排气式避雷器、保护间隙和金属氧化物避雷器。

（2）避雷器的工作原理

1) 阀式避雷器。常用的阀式避雷器有普通阀式避雷器、磁吹阀式避雷器和金属氧化物阀式避雷器。普通阀式避雷器又分两种：一是火花间隙旁无并联电阻的 FS 型，适于保护 10 kV 及以下中小型变配电所的电气设备；二是火花间隙旁有并联电阻的 FZ 型，适于保护大中型变配电所的电气设备。

普通阀式避雷器结构如图 2—4 所示，主要由火花间隙和阀片组成，装在密封的瓷套管内。火花间隙由铜片冲制而成，每对间隙用厚 0.5～1 mm 的云母片隔开，如图 2—4b 所示。

阀型避雷器工作原理：装在被保护设备上的阀型避雷器，由于火花间隙具有足够的对地绝缘强度，正常运行时不会被工频电压击穿，阀片电阻盘也不会有电流通过。当出现危险过电压时，例如遇到雷电过电压，火花间隙被击穿，雷电流通过火花间隙经阀片电阻引入大地。当雷电压作用在阀片电阻上时，阀片电阻的金刚砂颗粒间的小气隙被击穿，使颗粒间的电气接触面加大，电阻降低，雷电流在阀片电阻上的压降减小。由于被保护电气设备和阀型避雷器是并联连接的，被保护设备上所承受的过电压为避雷器上的残压。通过适当配置阀片参数，可使残压不超过被保护电气设备的绝缘水平，保证了被保护电气设备的安全。

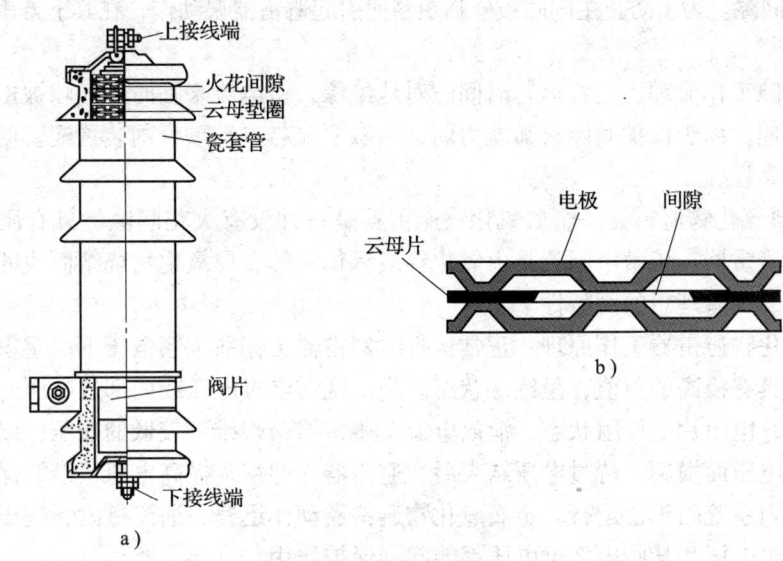

图 2—4 阀式避雷器
a) FS4-10 型阀式避雷器 b) 单个火花间隙

2)排气式避雷器。排气式(通称管型)避雷器如图 2—5 所示,它由产气管、内部火花间隙和外部火花间隙等三部分组成,用于室外架空线路上的防雷保护。

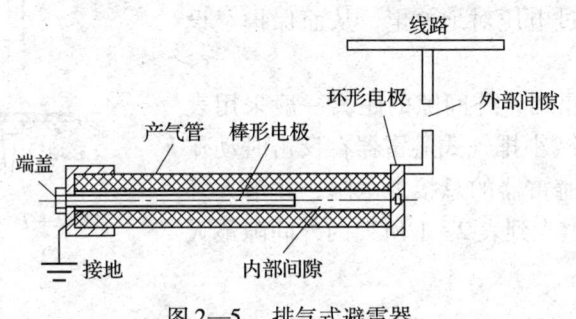

图 2—5 排气式避雷器

排气式避雷器工作原理:正常运行时外部间隙使避雷器与线路隔开,当线路上遭受雷击或感应雷时,雷电过电压使排气式避雷器的内、外火花间隙击穿,雷电流通过接地装置引入大地。由于避雷器放电时内阻接近于零,所以其残压极低,但工频续流极大,会使管子内部发生强烈电弧,电弧燃烧管壁会产生大量气体从管口喷出,很快吹灭电弧。同时外部间隙恢复绝缘,使避雷器与线路隔开,系统恢复正常运行。

3)保护间隙。保护间隙结构形式较多,但基本是由两个金属电极构成,如图 2—6 所示。保护间隙一般用镀锌圆钢制成,两个电极分别为主

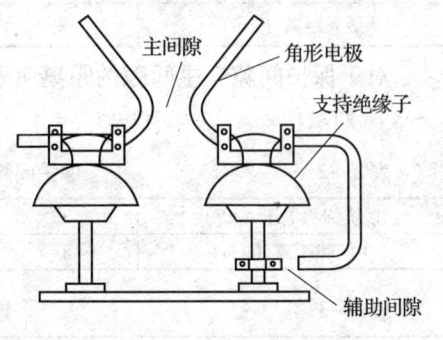

图 2—6 保护间隙

间隙和辅助间隙。为了防止主间隙被外物短路而引起避雷器误动作，在其下方串联有辅助间隙。

保护间隙工作原理：正常运行时间隙对地绝缘，雷电流来临时，间隙被击穿，将雷电流泄入大地。由于保护间隙灭弧能力弱，一般要求与自动重合闸装置配套使用，以提高供电的可靠性。

4）金属氧化物避雷器。金属氧化物避雷器是一种没有火花间隙、只有压敏电阻片的新型阀式避雷器。压敏电阻片是由氧化锌或氧化铋等金属氧化物烧结而成的多晶半导体陶瓷元件，具有理想的阀特性。

金属氧化物避雷器工作原理：正常运行时避雷器工作在工频电压下，避雷器金属氧化物电阻片具有极高的阻值，呈绝缘状态。当出现雷电过电压或内部过电压时，电压超过启动值后，电阻片呈低阻状态，泄放电流，避雷器两端维持较低的残压，以保护电气设备不因过电压而损坏。待过电压结束后，避雷器立即恢复极高电阻，继续保持绝缘状态，保证电力系统的正常运行。金属氧化物避雷器动作迅速、通流量大、残压低、无续流，对大气过电压和某些内部过电压都能起到保护作用。

2. 安装避雷器的要求

避雷器应与被保护设备并联，装在被保护设备的雷电波侵入侧，如图2—7所示。这样，当线路上出现危及设备绝缘的雷电过电压时，避雷器的火花间隙先被击穿，使过电压对地放电，从而保护了设备的绝缘。

对于排气式避雷器，外间隙的距离一般采用表2—1所列数值。为减小排气式避雷器在反击时动作的可能性，应降低避雷器的总接地电阻，并增大外间隙距离，一般可增大到表2—1所列的外间隙最大距离。

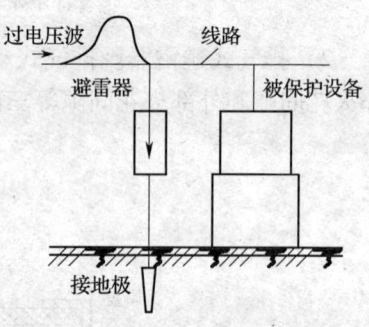

图2—7 避雷器的连接

表2—1　　　　　　　排气式避雷器外间隙的距离

系统标称电压（kV）	3	6	10	20	35
最小距离（mm）	8	10	15	60	100
最大距离（mm）	—	—	—	150~200	250~300

对于保护间隙，主间隙的距离应采用表2—2所列数值，辅助间隙的距离可采用表2—3所列数值。

表2—2　　　　　　　保护间隙的主间隙距离最小值

系统标称电压（kV）	3	6	10	20	35
主间隙距离（mm）	8	15	25	100	210

表2—3　　　　　　　辅助间隙的距离

系统标称电压（kV）	3	6、10	20	35
辅助间隙距离（mm）	5	10	15	20

四、防雷设施和接地装置的检查和维护

1. 防雷设施和接地装置的巡视内容及检测周期

（1）巡视内容

1）防雷设施巡视内容。放电间隙有无烧损，间隙距离有无变化；避雷器瓷套有无裂纹、损伤、闪络痕迹，表面是否脏污；避雷针、避雷器的固定是否牢固；引线连接是否良好，与相邻杆塔构件的距离是否符合规定；各部附件是否锈蚀，接地端焊接处有无开裂、脱落；保护间隙有无烧损、锈蚀或被外物短接，间隙距离是否符合规定；雷电观测装置是否完好。

2）接地装置巡视内容。接地引下线有无丢失、断股、损伤；接头接触是否良好，线夹螺栓有无松动、锈蚀；接地引下线的保护管有无破损、丢失、固定是否牢靠；接地体有无外露、严重腐蚀，在埋设范围内有无土方工程。

（2）检测周期

1）防雷装置的试验周期：避雷器绝缘电阻试验，1～3年；避雷器工频放电试验，1～3年。

2）柱上变压器、变配电所、柱上开关设备、电容器设备的接地电阻测量每两年至少一次。

3）独立避雷针的接地装置，每年在雨季前检查一次，接地电阻测量每五年至少一次。

4）其他设备的接地电阻测量每四年至少一次。

2. 防雷设施和接地装置的维护项目

（1）电气设备、接地线、接地网的连接处加固处理，更换腐蚀、断股的接地线。

（2）接地电阻测量，接地电阻值超过规定时，应采取措施降低接地电阻值。

（3）避雷器绝缘电阻试验，绝缘电阻不符合要求时，更换避雷器。

（4）防雷设施铁构件的除锈、刷油漆，地埋件的埋土处理。

（5）放电间隙的调整，避雷器瓷套管或绝缘套管的清洁。

第三节 变配电所防雷措施

→ 熟悉变配电所设备应采取的防雷措施
→ 能正确选用防雷措施

一、变配电所进线段的防雷保护

变配电所进线段防雷保护可根据变配电所线路电压等级、被保护设备及结构方式等具体条件确定。

1. 3～10 kV 变配电所进线段防雷保护

3~10 kV 变配电所应在每组架空进线上装设阀式避雷器 F，并采用如图 2—8 所示的保护接线。由图可见，在架空进线 L1 上只需装设一组阀式避雷器 F；对于有电缆段的架空线路 L2，阀式避雷器 F 应装设在电缆头附近，其接地端应和电缆金属外皮相连；对于进线电缆段与母线之间经电抗器 L 相连的线路 L3，则应在电抗器与电缆头之间增加一组阀式避雷器 F。

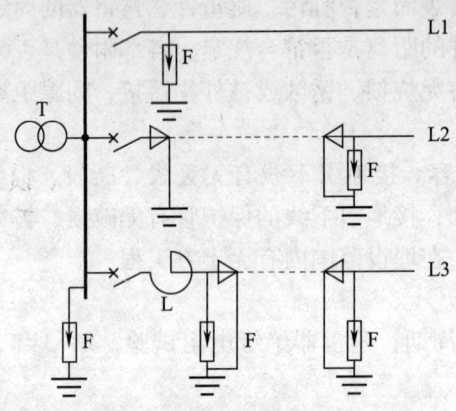

图 2—8　3~10 kV 配电装置雷电侵入波的保护接线

2. 35~110 kV 变配电所进线段防雷保护

35~110 kV 架空输电线路若未沿全线架设避雷线，应在变配电所 1~2 km 的进线段架设避雷线，并要求进线保护段范围内的杆塔耐雷水平符合表 2—4 的要求，且进线保护段上的避雷线保护角不宜超过 20°，最大不应超过 30°。

表 2—4　　　　　　　　有避雷线线路的耐雷水平

	标称电压（kV）	35	66	110
耐雷水平（kA）	一般线路	20~30	30~60	40~75
	大跨越档中央和发电厂、变电所进线保护段	30	60	75

未沿全线架设避雷线的 35~110 kV 线路，其变配电所的进线段应装设阀式避雷器 F，采用如图 2—9 所示的保护接线。

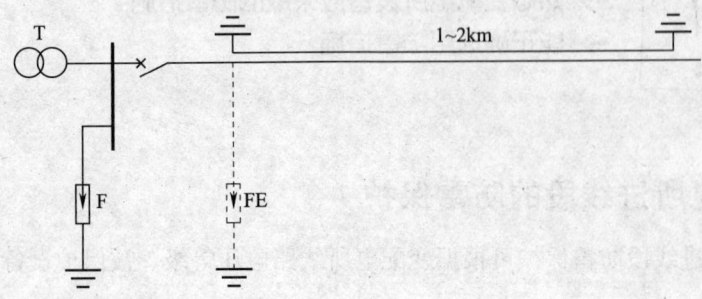

图 2—9　35~110 kV 变配电所的进线保护接线

在雷雨季节，如果变配电所 35～110 kV 进线的隔离开关或断路器可能断路运行，同时线路侧又带电，必须在靠近隔离开关或断路器处装设一组排气式避雷器 FE，接线如图 2—9 所示。FE 外间隙距离的整定，应使其在断路器运行时能可靠地保护隔离开关或断路器，而在正常运行时不动作。如 FE 整定有困难或无适当参数的排气式避雷器，则可用阀式避雷器代替。

全线架设避雷线的 35～110 kV 变配电所，其进线的隔离开关或断路器与上述情况相同时，应在靠近隔离开关或断路器处装设一组保护间隙或阀式避雷器。

35 kV 及以上变配电所的电缆进线段，在电缆与架空线的连接处应装设阀式避雷器，其接地端应与电缆金属外皮连接，保护接线如图 2—10 所示。对三芯电缆，末端的金属外皮应直接接地，保护接线如图 2—10a 所示；对单芯电缆，应经金属氧化物电缆护层保护器（FC）或保护间隙（FG）接地，保护接线如图 2—10b 所示。

若电缆长度不超过 50 m 或虽超过 50 m，但经校验，装一组阀式避雷器即能符合防雷保护要求，图 2—10 中可只装 F1 或 F2。若电缆长度超过 50 m，且断路器在雷季可能经常断路运行，应在电缆末端装设排气式避雷器或阀式避雷器。

连接进线电缆段的 1 km 架空线路应架设避雷线。

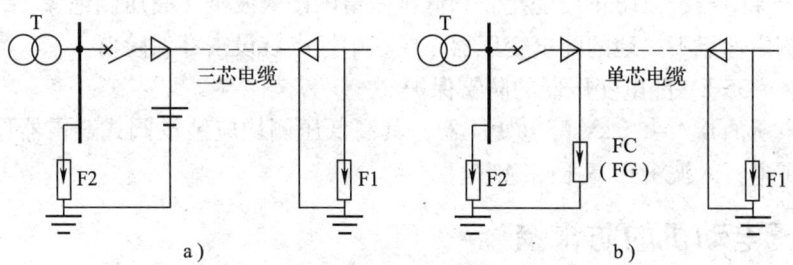

图 2—10　具有 35 kV 及以上电缆段的变配电所进线保护接线
a）三芯电缆段的变电所进线保护接线　b）单芯电缆段的变电所进线保护接线

二、变配电所母线的防雷保护

3～10 kV 变配电所应在每组母线上装设阀式避雷器 F，接线如图 2—8 所示。母线上阀式避雷器与主变压器的电气距离不宜大于表 2—5 所列数值。

表 2—5　　　　　阀式避雷器至 3～10 kV 主变压器的最大电气距离

雷季经常运行的进线路数	1	2	3	≥4
最大电气距离（m）	15	20	25	30

35 kV 及以上变配电所每组母线上应装设阀式避雷器。阀式避雷器与主变压器及其他被保护设备的电气距离应不超过有关规程的规定，若超过时，可在主变压器附近增设一组阀式避雷器。

三、变压器中性点的防雷保护

1. 中性点直接接地系统防雷保护

中性点直接接地系统中，中性点未接地的变压器，如中性点采用分级绝缘且未装设保护间隙，应在中性点装设雷电过电压保护装置，且宜选金属氧化物避雷器。如中性点采用全绝缘，但变配电所为单进线且为单台变压器运行，也应在中性点装设雷电过电压保护装置。

2. 不接地、经消弧线圈接地和高电阻接地系统防雷保护

不接地、经消弧线圈接地和高电阻接地系统中的变压器中性点，一般不装设雷电过电压保护装置，但多雷区单进线变配电所变压器中性点应装设雷电过电压保护装置；中性点接有消弧线圈的变压器，如有单进线运行的可能，也应在中性点装设雷电过电压保护装置。该保护装置可选择金属氧化物避雷器或碳化硅普通阀式避雷器。

四、配电变压器的防雷保护

1. 3~10 kV 配电变压器的防雷保护

变配电所的 3~10 kV 配电变压器应装设阀式避雷器，且阀式避雷器应尽量靠近配电变压器装设，其接地线应与变压器低压侧中性点以及金属外壳等连在一起接地。

3~10 kV（Y，yn）和（Y，y）接线的配电变压器，宜在低压侧装设一组阀式避雷器或击穿保险器，以防止反变换波和低压侧雷电侵入波击穿高压侧绝缘。

低压侧中性点不接地的配电变压器，应在中性点装设击穿保险器。

2. 0.4~35 kV 配电变压器的防雷保护

变配电所的 0.4~35 kV 配电变压器，其高低压侧均应装设阀式避雷器保护，以防止低压侧雷电侵入波击穿高压侧绝缘。

五、高压电动机的防雷措施

与架空线路直接连接的高压电动机（简称直配电动机）的雷电过电压保护方式，应根据电动机容量、雷电活动的强弱和对运行可靠性的要求确定。

1. 单机容量为 1 500~6 000 kW 电动机的防雷保护

单机容量为 1 500~6 000 kW（不含 6 000 kW）的直配电动机，可采用如图 2—11 所示的保护接线。在进线保护段长度 l_0 内，应装设避雷针或避雷线。进线保护段长度与排气式避雷器接地电阻的关系应符合下列要求：

对 3 kV 和 6 kV 线路：

$$\frac{l_0}{R} \geqslant 200$$

对 10 kV 线路：

$$\frac{l_0}{R} \geqslant 150$$

式中　l_0——进线保护段长度，m；
　　　R——接地电阻，Ω。

进线保护段长度一般为 450~600 m。在进线保护段上如有排气式避雷器 FE2，接地电阻可取两组排气式避雷器 FE1 和 FE2 接地电阻的并联值。当从线路侵入的雷电波幅

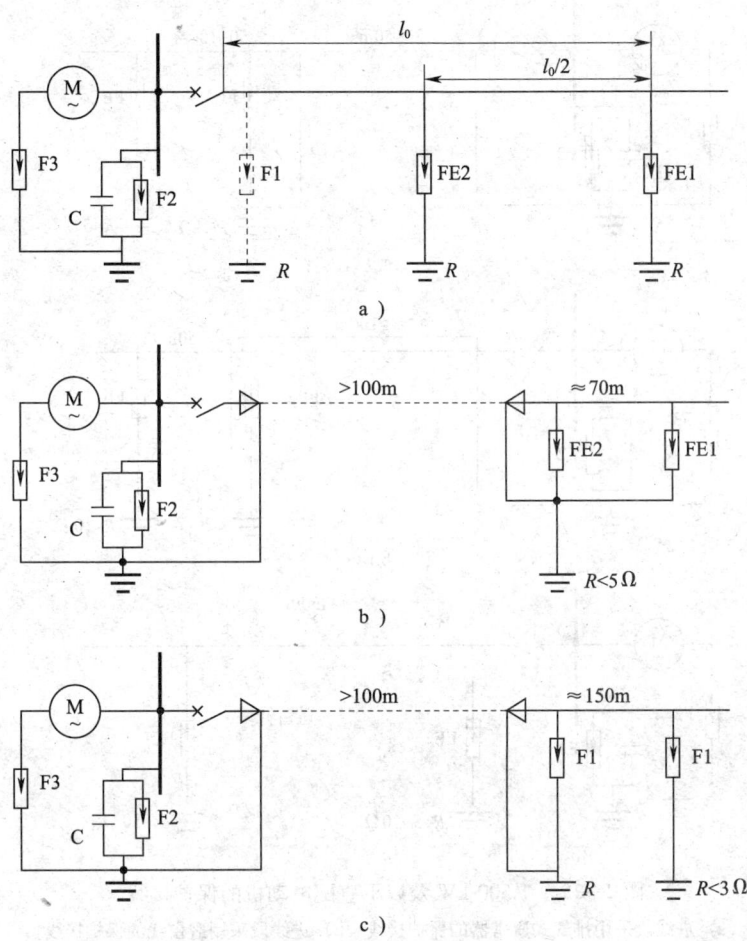

图 2—11 1 500～6 000 kW 直配电机的保护接线
a）进线段采用排气式避雷器的保护接线   b）进线段采用耦合地线的保护接线
c）进线段采用阀式避雷器的保护接线

值达到排气式避雷器 FE2 的动作电压时，FE2 动作，并将电缆芯和外皮短接，雷电流将沿电缆外皮经电缆另一端的接地引下线入地。这样流过电缆芯的雷电流很小，减轻避雷器的负担。为保证 FE2 可靠动作，在距 FE2 的 70 m 处加装一组排气式避雷器 FE1。F2 是用来限制雷电波幅值的，可用阀式避雷器或金属氧化物避雷器；电容器 C 是用来限制侵入雷电波陡度的，对感应过电压也有限制作用。对中性点能引出且中性点未直接接地的高压电动机，应在中性点上装设阀式避雷器或金属氧化物避雷器 F3。

图 2—11a 中的阀式避雷器 F1 主要用来保护断路器或隔离开关。

2. 单机容量为 1 500 kW 及以下电动机的防雷保护

单机容量为 1 500 kW 及以下的直配电动机，宜采用如图 2—12 所示的保护接线。保护直配电动机用的避雷线，对外侧导线的保护角不应大于 30°。

变配电所内所有阀式避雷器应以最短的接地线与变配电所的主接地网连接，阀式避雷器附近应装设集中接地装置。

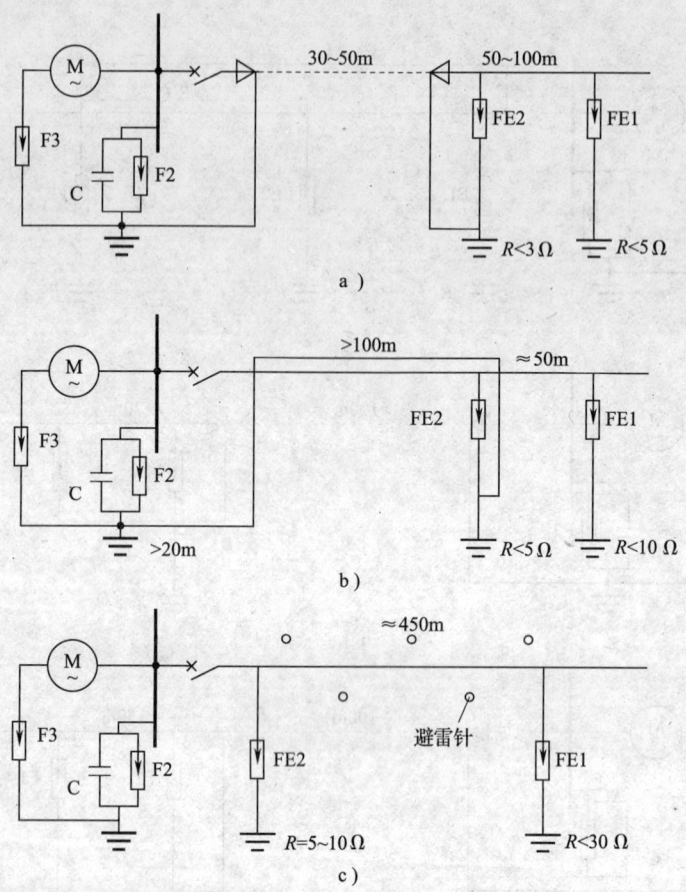

图2—12　1 500 kW及以下直配电动机的保护接线
a）进线段采用排气式避雷器的保护接线　b）进线段采用避雷线的保护接线
c）进线段采用避雷针的保护接线

六、架空线路的防雷措施

架空线路的雷电过电压保护方式，是根据线路的电压等级、负荷性质、系统运行方式、当地原有线路的运行经验、雷电活动的强弱、地形地貌的特点和土壤电阻率的高低等条件确定的。

1. 架空线路的防雷保护

架空送、配电线路采用的防雷保护措施有：

（1）110 kV线路一般沿全线架设避雷线，在山区和雷电活动强烈地区，宜架设双避雷线。在少雷区可不沿全线架设避雷线，但应装设自动重合闸装置。

（2）66 kV线路，若负荷重要且所经地区平均年雷暴日为30天以上，宜沿全线架设避雷线。

（3）35 kV及以下线路，一般不沿全线架设避雷线。如用铁横担，对供电可靠性要求高的线路，应采用高一电压等级的绝缘子，并尽量在短时间内切除故障。

雷电活动强烈的地方和经常发生雷击故障的杆塔和线段，应改善接地装置、架设避雷线、适当加强绝缘或架设耦合地线（即在导线下方再架设一条地线）。杆塔上避雷线对外侧导线的保护角，一般采用20°~30°。杆塔上两根避雷线间的距离不应超过导线与避雷线间垂直距离的5倍。

装设避雷线的线路应防止雷击档距中央反击导线。15℃无风时，档距中央导线与避雷线间的距离应符合下式：

$$s_1 = 0.012l + 1$$

式中 s_1——导线与避雷线间的距离，m；

l——档距长度，m。

钢筋混凝土电杆上避雷线支架、导线横担与绝缘子固定部分或瓷横担固定部分之间，应有可靠的电气连接并与接地引下线相连。主杆非预应力钢筋可兼作接地引下线，其钢筋与接地螺母、铁横担间应有可靠的电气连接。

与架空线路相连接的长度超过50 m的电缆，应在其两端装设阀式避雷器或保护间隙；长度不超过50 m的电缆，只在任意一端装设即可。

绝缘避雷线的放电间隙的间隙值，应根据避雷线上感应电压的续流熄弧条件和继电保护的动作条件确定，一般采用10~40 mm。在海拔1 000 m以上的地区，间隙应相应加大。

2. 架空线路交叉部分的防雷保护

架空线路交叉处的防雷，也是配电网中需注意的问题。若在不同电压等级架空线交叉处发生闪络，将给较低电压等级的配电线路带来严重危害。为了安全运行，线路交叉档两端的绝缘不应低于其邻档的绝缘。交叉点应尽量靠近上下方线路的杆塔，这样不仅能减少导线弧垂增大的影响，而且可降低雷击交叉档时交叉点上的过电压。

同级电压线路相互交叉或与较低电压线路、通信线路交叉时，两交叉线路导线间或上方线路导线与下方线路避雷线间的垂直距离，当导线温度为40℃时，不得小于表2—6所列数值。

表2—6　　　　　　　　　线路相互交叉时的交叉距离

系统标称电压（kV）	3~10	20~110
交叉距离（m）	2	3

第四节　防止内部过电压措施

→ 能防止分、合空载线路时产生过电压
→ 能防止开断空载变压器时产生过电压
→ 能防止电弧过电压
→ 能防止谐振过电压

一、防止分、合空载线路时的过电压

为了保证变配电系统及其设备的安全运行，工频过电压不应超过下列数值：

线路断路器的变配电所侧电压不超过1.3倍相电压，线路侧电压不超过1.4倍相电压；66 kV以下系统，一般分别不超过1.1$\sqrt{3}$倍相电压和$\sqrt{3}$倍相电压。

1. 防止线路合闸和重合闸过电压

空载线路合闸时，由于线路电感—电容的振荡将产生合闸过电压。线路重合时，由于电源电势较高以及线路上残余电荷的存在，加剧了电磁振荡过程，使过电压进一步提高。

限制这类过电压的最有效措施是在断路器上安装合闸电阻。安装于断路器的线路侧上的金属氧化物避雷器可将操作引起的线路对地过电压限制到要求值以下。

2. 防止空载线路分闸过电压

空载线路开断时，将产生操作过电压。防止此过电压的有效措施是选用操作机构稳定的断路器。

3. 防止隔离开关操作空载母线的过电压

隔离开关操作空载母线时，将会产生幅值可能超过2倍相电压的高频振荡过电压。其可能使电流互感器一次绕组进出线之间的套管闪络放电。防止此过电压的有效措施是装设金属氧化物避雷器。

二、防止开断空载变压器时的过电压

1. 开断空载变压器由于断路器强制熄弧（截流）产生的过电压，与断路器型式、变压器铁芯材料、绕组型式、回路元件参数和系统接地方式等有关。

（1）当开断具有冷轧硅钢片的变压器时，过电压一般不超过两倍相电压，可不采取保护措施。

（2）采用熄弧性能较强的断路器开断激磁电流较大的变压器，或并联电抗补偿装置产生的高幅值过电压，可在断路器的非电源侧装设阀式避雷器加以限制。保护变压器的避雷器可装在其高压侧或低压侧。但高低压侧系统接地方式不同时，低压侧宜装设操作过电压保护水平较低的避雷器。

2. 只带一条线路运行的变压器中性点消弧线圈上，宜用阀式避雷器限制消弧线圈上产生的过电压。

3. 空载变压器或并联电抗补偿装置合闸产生的操作过电压如果不超过2倍相电压，可不采取保护措施。

三、防止开断高压感应电动机时的过电压

在开断高压感应电动机时，因断路器的截流、三相同时开断和高频振荡等将产生过电压，后两种仅出现于真空断路器开断。采用真空断路器或少油断路器截流值较高时，宜在断路器与电动机之间装设金属氧化物避雷器或RC阻容吸收装置。高压感应电动机合闸的操作过电压一般不超过2倍相电压，可不采取保护措施。

四、防止开断并联电容过电压

防止操作并联电容过电压的措施有：选用操作机构稳定的断路器。对于需频繁投切

的补偿装置，按图 2—13a 装设金属氧化物避雷器 F1 或 F2，作为限制过电压的后备保护装置。在电源侧有单相接地故障时不要求进行补偿装置开断操作，宜装设 F1。断路器操作频繁且开断时可能发生触头弹跳现象时，按图 2—13b 装设金属氧化物避雷器 F1 及 F3 或 F4。F3 或 F4 用以限制电容器极间出现的过电压。当并联电容补偿装置配备的电抗器的电抗率不低于 12% 时，宜装设 F4。

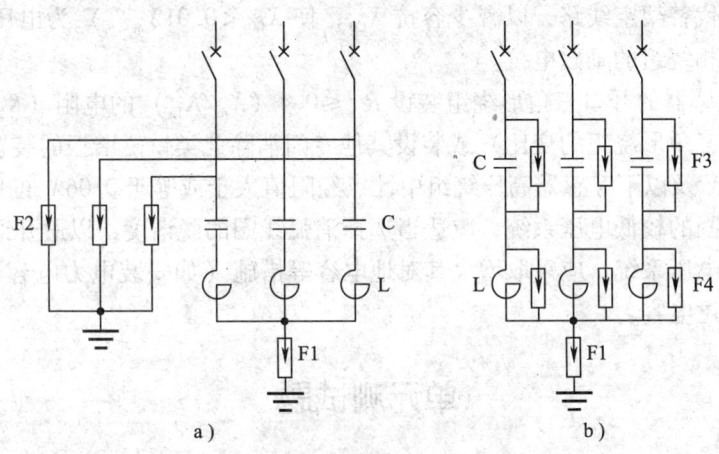

图 2—13　并联电容补偿装置的避雷器保护接线

五、防止电弧过电压

在中性点不接地的系统中，若出现间歇性电弧接地，在故障相和非故障相上将产生过电压，这种过电压称为电弧接地过电压。其幅值并不太高，但其持续时间较长，波及面广，对系统中绝缘较弱的设备有较大威胁，影响变配电系统的安全运行。

在 3～66 kV 系统应采用中性点非直接接地运行方式，经消弧线圈或自动调谐的消弧线圈接地，以限制过电压。

具有限流电抗器、电动机负荷，且设备参数配合不利的 3～10 kV 不接地系统，发生单相间歇性电弧接地故障时，可能产生危及设备绝缘的过电压。应根据负荷性质进行过电压预测，确定保护方案。

六、防止谐振过电压

谐振过电压，一般是由于操作不当或故障引起系统电容、电感元件参数出现不利组合而产生的。应采取措施避免出现谐振过电压的条件，或用保护装置限制其幅值和持续时间。铁磁谐振过电压是较常见的一种谐振过电压，谐振回路由带铁芯的电感元件和系统的电容元件组成。

1. 产生铁磁谐振过电压的条件

3～66 kV 不接地或经消弧线圈接地系统产生铁磁谐振过电压的主要条件如下：

（1）配电变压器高压绕组对地短路。

（2）送电线路一相断线且一端接地或不接地。

2. 防止谐振过电压的措施

3~66 kV 不接地系统或经消弧线圈接地系统可选取下列措施：

(1) 选用励磁特性饱和点较高的电磁式电压互感器。

(2) 减少同一系统中电压互感器中性点接地的数量，除电源侧电压互感器高压绕组中性点接地外，其他电压互感器中性点尽可能不接地。

(3) 个别情况下，在 10 kV 及以下的母线上装设中性点接地的星形接线电容器组或用一段电缆代替架空线路，以减少容抗 X_{C0}，使 $X_{C0} < 0.01 X_m$。X_m 为电压互感器在线电压作用下单相绕组的励磁电抗。

(4) 在互感器的开口三角形绕组装设 $R_\Delta \leq 0.4 (X_m/K_{13}^2)$ 的电阻（K_{13} 为互感器一次绕组与开口三角形绕组的变比）或装设其他专门消除此类铁磁谐振的装置。

(5) 10 kV 及以下互感器高压绕组中性点经阻值大于或等于 $0.06 X_m$ 的电阻接地。

有消弧线圈的较低电压系统，应适当选择消弧线圈的脱谐度，以避开谐振点。无消弧线圈的较低电压系统，应采取增大其对地电容等措施（如安装电力电容器等），以防止零序电压通过电容。

单元测试题

一、判断题（下列判断正确的打"√"，错误的打"×"）

1. 电气设备或线路上承受的电压超过正常运行电压，这种危及绝缘的电压称为过电压。（　　）

2. 如果雷云是正电荷，则大地也感应出正电荷。（　　）

3. 雷电过电压可分为直击雷过电压、感应雷过电压和球形雷过电压三种。（　　）

4. 外部过电压是由于电力系统操作故障等原因使系统参数发生变化，引起电磁能量的转化或传递而产生的高电压。（　　）

5. 杆塔顶部出现的高电位击穿绝缘子对导线放电，称为雷直击过电压。（　　）

6. 架空输电线路需架设避雷线和接地装置等进行防雷保护。（　　）

7. 工频过电压是由于断路器操作或发生短路故障，使电力系统经历过渡过程以后重新达到某种暂时稳定的情况下所出现的过电压。（　　）

8. 谐振过电压是由于进行断路器操作或发生突然短路而引起的衰减较快持续时间较短的过电压。（　　）

9. 雷电流指雷直击于低接地电阻的物体时流过该物体的电流。（　　）

10. 避雷针容易把设备上的残余电荷放入大地。（　　）

11. 避雷线一般采用截面积不小于 35 mm² 的镀锌钢绞线。（　　）

12. 雷闪直接击中输电线路在导线中形成迅速流动的电荷称之为雷电侵入波。（　　）

13. 火花间隙旁有并联电阻的 FZ 型的阀式避雷器，适于保护 10 kV 及以下中小型变配电所的电气设备。（　　）

14. 雷电压作用在阀式避雷器的阀片电阻上时，金刚砂颗粒间的小气隙被击穿，电

阻降低，雷电流容易通过。   （   ）
15. 排气式避雷器适用于室外架空线路上防雷保护。   （   ）
16. 保护间隙结构形式较多，但基本是由两个金属电极构成。 （   ）
17. 金属氧化物避雷器是一种有火花间隙的新型阀式避雷器。 （   ）
18. 避雷器绝缘电阻试验，绝缘电阻不符合要求，则需更换避雷器。（   ）
19. 变压器低压侧中性点以及金属外壳的接地属工作接地。   （   ）
20. 变配电所的 0.4～35 kV 配电变压器，其高低压侧均应装设阀式避雷器保护，以防止低压侧雷电侵入波击穿高压侧绝缘。 （   ）
21. 装设避雷线的线路无须考虑防止雷击档距中央反击导线。 （   ）
22. 安装于断路器的线路侧上的金属氧化物避雷器，可将操作引起的线路对地过电压限制到要求值以下。 （   ）
23. 谐振过电压，一般是由于操作不当或故障引起系统电容、电感元件参数出现不利组合而产生的。 （   ）
24. 有消弧线圈的较低电压系统，应采取增大其对地电容等措施。（   ）
25. 变压器的低压侧宜装设操作过电压保护水平较低的避雷器。（   ）

二、单项选择题（下列每题的选项中，只有 1 个是正确的，请将其代号填在横线空白处）

1. 架空配电线路多采用_____作为防雷保护。
   A. 避雷线   B. 避雷器
   C. 放电间隙   D. 避雷针
2. 具有非线性并联电阻的避雷器是_____避雷器。
   A. 氧化物   B. FZ 型
   C. FS 型   D. 电阻型
3. 避雷针的接地电阻一般不大于_____Ω。
   A. 4   B. 30
   C. 10   D. 15
4. 接地体埋深一般不宜小于_____m。
   A. 1   B. 0.5
   C. 1.2   D. 0.6
5. 高压感应电动机合闸的操作过电压不超过_____倍相电压时，可不采取保护措施。
   A. 2   B. 1.5
   C. 1.1   D. 1.0
6. 只带一条线路运行的变压器中性点消弧线圈上，宜用_____限制消弧线圈上产生的过电压。
   A. 放电间隙   B. 氧化物避雷器
   C. 阀式避雷器   D. 避雷线引线
7. 绝缘避雷线的放电间隙的间隙值，在海拔 1 000 m 以上的地区，间隙值应相应_____。
    A. 减小   B. 加大
    C. 不变   D. 无所谓

8. 采用熄弧性能较强的断路器，开断激磁电流较大的变压器产生的高幅值过电压，可在断路器的_____侧装设阀式避雷器加以限制。
    A. 非电源   B. 电源
    C. 两   D. 任意

9. 杆塔上两根避雷线间的距离不应超过导线与避雷线间垂直距离的_____倍。
    A. 2   B. 3
    C. 4   D. 5

10. 电压等级_____kV及以下线路，一般不沿全线架设避雷线。
    A. 10   B. 35
    C. 66   D. 110

11. 柱上变压器、变配电所、柱上开关设备、电容器设备的接地电阻测量至少_____一次。
    A. 每年   B. 每三年
    C. 每五年   D. 每两年

12. 避雷器应与保护设备_____，装在被保护设备的雷电波侵入侧。
    A. 串联间隙   B. 串联
    C. 并联   D. 并联间隙

三、多项选择题（下列每题的选项中，至少有2个是正确的，请将其代号填在横线空白处）

1. 内部过电压主要有_____。
    A. 工频过电压   B. 谐振过电压   C. 操作过电压   D. 大气过电压

2. 避雷器的主要类型有_____。
    A. 阀式避雷器   B. 排气式避雷器   C. 保护间隙   D. 金属氧化物避雷器

3. 电力系统中为防止过电压的危害，主要措施有_____。
    A. 避雷器   B. 保护接地   C. 避雷针   D. 避雷线

4. 避雷针主要由_____组成。
    A. 引下线   B. 接闪器   C. 大地   D. 接地体

5. 为了避免电气设备受直击雷过电压的危害，一般采用_____加以保护。
    A. 保护接地   B. 避雷器   C. 避雷针   D. 避雷线

6. 降低操作过电压的主要措施有_____。
    A. 中性点直接接地   B. 中性点经消弧线圈接地
    C. 装设避雷器   D. 选用灭弧能力强的断路器

7. 阀式避雷器预防性试验项目主要有_____。
    A. 测量绝缘电阻   B. 测量工频放电电压
    C. 检查密封   D. 测底座绝缘电阻

8. 避雷器的引下线截面_____。
   A. 铜线不应小于 16 mm²　　　　B. 钢线不应小于 35 mm²
   C. 铝线不应小于 25 mm²　　　　D. 绝缘电缆不应小于 10 mm²
9. 架空线路的雷电过电压保护方式，应根据_____等条件确定。
   A. 线路的电压等级　　　　　　B. 系统运行方式
   C. 负荷性质　　　　　　　　　D. 雷电强弱及地形地貌
10. 开断空载变压器，断路器产生过电压的大小，与_____等有关。
    A. 断路器型式　　　　　　　　B. 变压器铁心材料
    C. 绕组型式　　　　　　　　　D. 回路元件参数

四、技能题

题目：避雷器和接地装置的巡视

1. 操作准备

模拟现场运行的避雷器和接地装置。

2. 操作要求

个人工具齐备，设有监护人。

3. 技术标准

巡视检查现场运行的避雷器，不进行更换损坏避雷器操作。

4. 操作时限

操作时限为 15 min。

5. 配分及评分标准

序号	作业项目	考核内容	配分100分	评分标准	得分
1	准备工作	检查操作人员穿工作服，戴好安全帽	5	漏、错一项扣2～5分；无报告扣5分	
		检查望远镜合格	5		
2	检查避雷器	无裂纹、损伤、闪络痕迹	15	漏、错一项扣7～15分；无报告扣10分	
		表面是否脏污、固定是否牢固	15		
		各部附件是否锈蚀	10		
3	检查接地装置	接地引下线有无丢失、断股、损伤、锈蚀	15	漏、错一项扣7～15分；无报告扣10分	
		接地端焊接处有无开裂、脱落	15		
		接地引下线的保护管有无破损、丢失、固定是否牢靠	10		
		接地体有无外露、严重腐蚀，在埋设范围内有无土方工程	10		
4	否定项	手或身体接触接地引下线	本题考核不合格		

单元测试题答案

一、判断题

1. √ 2. × 3. √ 4. × 5. × 6. √ 7. √ 8. × 9. √ 10. ×
11. √ 12. √ 13. × 14. √ 15. √ 16. √ 17. × 18. √ 19. ×
20. √ 21. × 22. √ 23. √ 24. × 25. √

二、单选题

1. B 2. B 3. C 4. D 5. A 6. C 7. B 8. A 9. D 10. B
11. D 12. C

三、多选题

1. ABC 2. ABCD 3. ABCD 4. ABD 5. CD 6. ABCD 7. ABCD
8. AC 9. ABCD 10. ABCD

四、技能题

答案略。

第 3 单元

继电保护与自动装置的检查与故障处理

- 第一节　自动重合闸装置／76
- 第二节　备用电源自动投入装置／84
- 第三节　按频率自动减负荷装置／89
- 第四节　微机保护巡视检查与异常处理／93
- 第五节　微机监控系统／107

继电保护与自动装置是保证电网和电气设备安全稳定运行的重要装置。本单元分别介绍了电磁型和微机型自动重合闸装置、备用电源自动投入装置、按频率自动减负荷装置，并以 ISA 系列馈线微机保护测控装置为例，介绍了自动重合闸装置、备用电源自动投入装置、按频率自动减负荷装置的基本工作原理和动作过程。在此基础上介绍了继电保护、自动装置及其二次回路的运行检查和故障处理。

第一节 自动重合闸装置

培训目标
→ 能明确对自动重合闸装置的基本要求
→ 能进行单侧电源线路三相一次自动重合闸装置的动作分析
→ 能进行自动重合闸与继电保护配合的动作分析

一、自动重合闸装置（简称 AAR）的作用、基本要求和分类

1. 自动重合闸装置的作用

电力线路尤其是架空线路周边的环境复杂，发生故障的可能性最大。就其故障类型来说，线路单相接地故障占大多数；就其故障性质来说，大多数属瞬时性故障。常见的线路故障有：雷击过电压造成的绝缘子闪络、线路对树枝放电，大风引起的碰线、鸟害造成的短路等，诸如此类的故障占总故障次数 80%~90% 以上。

当系统出现故障时，继电保护动作使断路器跳闸，自动重合闸装置经短时间间隔后使断路器重新合闸。大多数情况下，线路故障是瞬时性的，断路器跳闸后线路的绝缘性能可以恢复，再次重合能成功，即可恢复供电，从而提高了电力系统的供电可靠性。

虽然电力线路的故障多数属于瞬时性故障，但也存在永久性故障的可能性，如倒杆、断线、绝缘子击穿等引起的故障。因此，若重合于瞬时性故障，则重合成功，恢复供电；若重合于永久性故障，断路器会再次被继电保护装置断开，不能恢复正常的供电，重合不成功。据运行资料统计，我国 35 kV 及以下的线路重合闸成功率为 50%~80%。

电力线路采用自动重合闸装置的主要作用有以下几点：

（1）大大提高了供电的可靠性，减少线路停电的次数，给电力系统带来了显著的技术经济效益。

（2）对于双侧供电的高压线路，采用 AAR 是提高电力系统暂态稳定性的重要措施之一。

（3）在电网的设计与建设过程中，有些情况下由于采用重合闸，可暂缓架设双回线路，以节约投资。

（4）可以纠正断路器本身由于机构不良，或继电保护误动作而引起的误跳闸。

由于自动重合闸装置的投资低廉、工作可靠，因此在我国各种电压等级的线路上获得了广泛的应用。通常，在 1 kV 及以上电压等级的架空线路或电缆与架空的混合线路上，只要装设断路器，一般应装设自动重合闸装置。但是，采用自动重合闸之后，当重合于永久性故障时，系统将再一次受到短路电流的冲击，严重时可能引起电力系统振荡。同时断路器在短时间内连续两次切断短路电流，对断路器本身不利。对于油断路器，其实际遮断容量将降低到额定遮断容量的 80% 左右。因而，在短路电流比较大的电力系统中，装设油断路的线路往往不允许使用重合闸装置。

2. 对自动重合闸装置的基本要求

（1）动作迅速。在满足故障点去游离（即介质恢复绝缘能力）所需的时间和断路器消弧室、断路器的传动机构准备好再次动作所必需时间的条件下，自动重合闸装置的动作时间应尽可能短。这样用户的停电时间就可以相应缩短，从而减轻故障对用户和系统带来的不良影响。重合闸动作的时间，一般采用 $0.5 \sim 1.5 \mathrm{~s}$。

（2）自动重合闸装置宜采用不对应方式启动。即当控制开关 SA 在合闸位置而断路器实际上处在断开位置的情况下启动重合闸。这样，可以保证无论什么原因使断路器跳闸以后，都可以进行自动重合闸。当由保护启动时，分相跳闸继电器相应的动合触点闭合，启动重合闸启动继电器动作，通过重合闸启动继电器的动合触点启动自动重合闸装置。

（3）不允许任意多次重合。自动重合闸装置动作次数应符合预先的规定。如一次重合闸就只应重合一次。当重合于永久性故障而断路器再次跳闸时，就不应再重合。因为自动重合闸装置多次重合于永久性故障，会使系统多次遭受冲击，还可能使断路器损坏，造成事故的扩大。

（4）动作后应能自动复归。当自动重合闸装置成功动作一次后，应能自动复归，准备好再次动作。对于雷击频率较高的线路，为了发挥 AAR 的效果，这一要求更是必要的。

（5）手动跳闸时不应重合。当变配电值班员手动操作或遥控操作使断路器断开时，属于正常运行操作，自动重合闸装置不应自动重合。

（6）手动合闸于故障线路不重合。当手动合闸于故障线路时，继电保护动作使断路器跳闸后，自动重合闸装置不应重合。因为在手动合闸前，线路上还没有电压，如果一合闸即已存在故障，一般都属于永久性故障。

3. 自动重合闸装置的分类

自动重合闸装置按变配电线路所连接的电源情况不同，可分为单电源线路自动重合闸装置和双电源线路自动重合闸装置。

自动重合闸装置按其功能的不同，可分为三相自动重合闸装置、单相自动重合闸装置和综合自动重合闸装置三种。其中三相自动重合闸装置又分为单侧电源线路的三相自动重合闸装置和双侧电源线路的三相自动重合闸装置。

自动重合闸装置按允许动作的次数多少不同，可分为一次动作的自动重合闸装置和两次动作的自动重合闸装置等。

自动重合闸装置按构成原理不同，可分为电磁型自动重合闸装置、晶体管型自动重合闸装置和微机型自动重合闸装置。

二、单侧电源线路的三相一次自动重合闸装置

在 35 kV 及以下变配电系统中，大多采用三相一次 AAR。所谓三相一次 AAR，是指不论在线路上发生单相接地短路还是相间短路，继电保护装置均将线路三相断路器一

起断开,然后 AAR 动作,将三相断路器一起合上。若故障为瞬时性的,则重合成功;若故障为永久性的,则继电保护装置再次将断路器三相一起断开,不再重合。

1. 自动重合闸装置的基本原理框图

自动重合闸装置的基本原理框图如图 3—1 所示。图中与门说明了重合闸的启动方式,当且仅当控制开关 SA 在合闸位置,同时断路器在分闸位置或者继电保护装置动作出口时,才能启动自动重合闸装置。经时间元件和重合闸出口元件,使断路器合闸并发出信号。

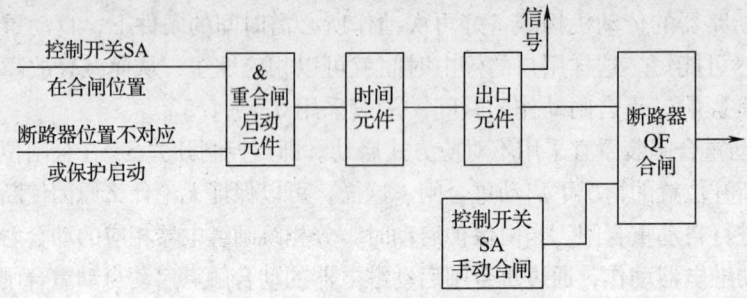

图 3—1　AAR 的基本原理框图

不对应启动方式的优点是简单可靠,即使断路器误碰误跳,也可以重合,具有较好的重合效果,是重合闸的基本启动方式;缺点是当断路器的辅助触点接触不良时,此方式将失效。

保护启动方式是不对应启动方式的补充。而且,单相重合闸回路的实现需要一个有保护启动的重合闸启动元件。其缺点是不能纠正断路器的误动作。

2. 三相一次自动重合闸装置

(1) 电磁型三相一次自动重合闸装置。下面以现场较常采用的 DH-2A 型重合闸继电器的三相一次自动重合闸装置接线为例,进行详细介绍。不对应启动方式、后加速的三相一次自动重合闸装置接线,如图 3—2 所示。

1) DH-2A 型重合闸继电器。该继电器由下列元件组成:

①时间继电器 KT,用以实现从自动重合闸启动,到闭合中间继电器 KM 电压线圈电路的延时。

②中间继电器 KM,用以接通断路器合闸线圈以及加速继电保护的动作。它有两个线圈,电压线圈由电容器 C 向它放电来启动,电流线圈用来自保持到断路器合闸。

③充电电阻 R4,用以限制向电容器 C 的充电速度,其所构成的时间回路可以保证手动合闸于故障线路时不致重合,以及正常重合不成功时自动重合闸不多次重合。

④附加电阻 R5,用来保证时间继电器 KT 的热稳定性。

⑤放电电阻 R6,当某些不允许进行重合闸的保护(如母线保护等)动作或手动跳闸时,电阻 R6 闭锁自动重合闸,电容器 C 经过它进行放电。

⑥信号灯 HL,用来监视控制开关和选择开关的触点是否接通,也可以监视中间继电器 KM 触点是否粘住。

⑦附加电阻 R17,用来降低信号灯 HL 的电压。

2) 图 3—2 中其他有关元件说明:

YC 是断路器的合闸接触器。

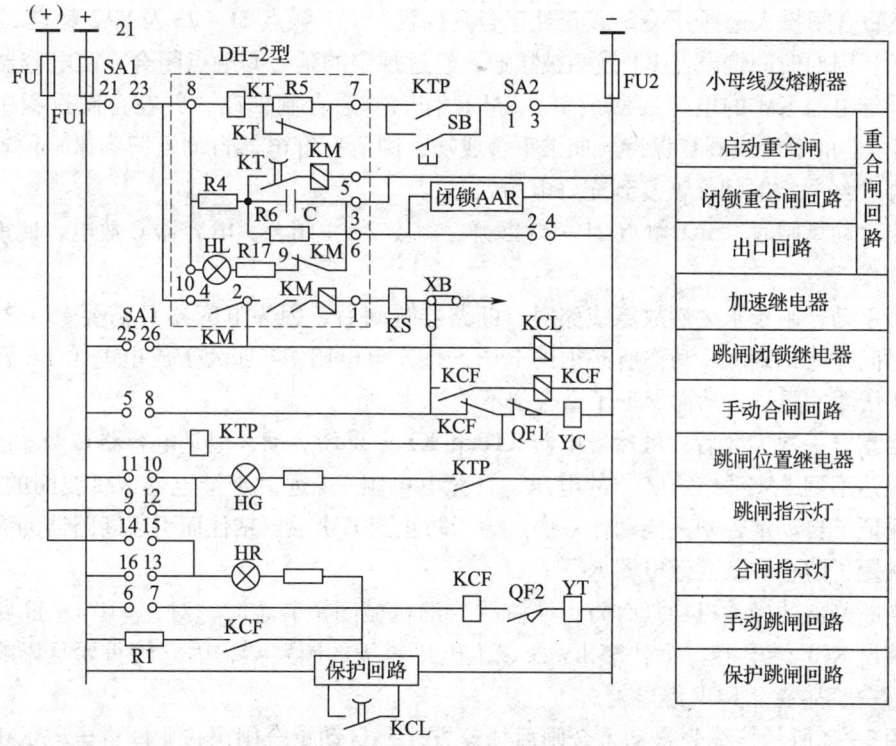

图 3—2　电磁型三相一次 AAR 接线图

YT 是断路器的跳闸线圈。

KCL 是重合闸后加速保护动作继电器，简称后加速继电器，它具有瞬时动作、延时返回的特点。

KCF 是断路器的跳跃闭锁继电器，简称防跳继电器。

KTP 是断路器跳闸位置继电器，当断路器处于跳闸位置时，由于其动断辅助触点接通，KTP 动作。因 KTP 线圈的阻抗足够大，合闸接触器 YC 经 KTP 线圈通电，却不会动作。

SA 是手动操作的控制开关，其触点通断状况见表3—1。×表示闭合，—表示断开。

表 3—1　　　　　　　　　　SA 触点通断状况

操作状态		手动合闸	合闸后	手动跳闸	跳闸后
SA 触点后	②－④	—	—	—	×
	⑤－⑧	×	—	—	—
	⑥－⑦	—	—	×	—
	㉑－㉓	×	×	—	—
	㉕－㉘	×	—	—	—

3）动作原理。如图3—2所示，自动重合闸是利用断路器跳闸位置继电器 KTP 启动的，但对于就地操作的线路可以直接利用断路器辅助触点来启动，而不增设 KTP 继电器。

自动重合闸的动作过程是：当断路器跳闸时，KTP 触点闭合。如果此时控制开关

SA1 及重合闸投入选择开关 SA2 正处于合闸位置，SA1 触点 21-23 及 SA2 触点 1-3 是闭合的，因而时间继电器 KT 线圈被接通，经过规定的延时其触点闭合，使电容器 C 通过中间继电器 KM 的电压线圈放电。KM 动作，接通合闸回路，并在合闸过程中利用 KM 继电器的电流线圈自保持。如果重合成功，则所有继电器自动复归到原来位置，而电容器 C 经一定时间又恢复到充好电的状态。

当手动跳闸时，SA1 触点 21-23 断开，触点 2-4 闭合，电容器 C 放电，使重合闸不能动作。

当手动合闸于永久性故障线路时，断路器跳闸后，因为电容器 C 需要 15~25 s 的充电时间才能达到 KM 动作所必须的电压，且充电电阻 R4 远大于放电电阻 R6 及继电器 KM 线圈的阻抗，从而保证了重合闸不动作。

当重合一次失败后，虽然继电器 KTP 和 KT 又重新启动，但是电容器 C 两端的电压此时仍达不到 KM 动作所必须的电压，且充电电阻 R4 远大于继电器 KM 线圈的阻抗，从而保证了自动重合闸只能动作一次。为了防止当 KM 触点粘住而引起断路器的多次重合，设置了防止跳跃的继电器 KCF。

当断路器的操动机构具有防止"跳跃"的机械闭锁装置时，对 3~10 kV 断路器一般不装设 KCF 继电器。而对 35 kV 及以上电压等级的断路器，因它较重要且影响范围较广，一般都装设 KCF 继电器。

图 3—2 所示接线为自动重合闸后加速方式，自动重合闸出口中间继电器 KM 的触点和 SA1 触点 25-26 并联启动 KAC 加速继电器，保证了手动合闸或自动重合闸于永久性故障时，后加速保护迅速动作切除故障。

自动重合闸装置的投入或断开是利用选择开关 SA2 进行切换的，按钮 SB 供试验自动重合闸装置用，但也可以不装设。

（2）微机型三相一次自动重合闸装置。微机型三相一次自动重合闸装置由启动元件、延时元件、一次合闸脉冲元件和控制开关闭锁回路四部分组成。重合闸功能是在线路保护的基础上，不增加任何硬件，采用软件方式来实现的。如图 3—3 所示为 ISA-351G 型馈线微机保护测控装置的重合闸程序逻辑框图，对应的符号说明见表 3—2。

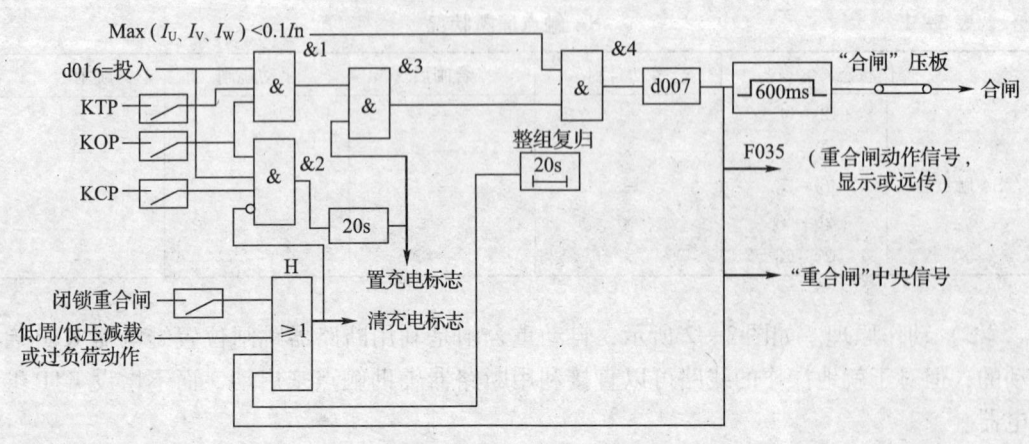

图 3—3 ISA-351G 型三相一次重合闸逻辑框图

表 3—2　　　　ISA-351G 型重合闸逻辑框图对应符号表

符号	含义	整定范围及步长
d016	三相一次不对应重合闸	投入为"1",退出为"0"
d007	重合闸时限	0.1~19.99 s,0.01 s
KTP	跳闸位置继电器	断路器在分位为"1",合位为"0"
KCP	合闸位置继电器	断路器在合位为"1",分位为"0"
KOP	合后状态继电器	断路器控制开关在合为"1",非合为"0"
F035	三相一次重合闸动作	

1) 重合闸的启动。重合闸的启动条件：①重合闸已充电；②断路器位置不对应（KTP=1，KOP=1，KCP=1）；③三相无电流。图3—3采用位置不对应启动重合闸方式。不对应启动方式是利用断路器跳闸位置继电器KTP和合后状态继电器KOP的动合触点同时闭合，作为不对应启动重合闸的启动判据。当不对应启动重合闸投入d016=ON及KTP动合触点和KOP动合触点同时闭合时，即位置不对应启动重合闸，&1输出"1"态，在没有闭锁重合闸的要求时，&2输出"1"态。重合闸充电时间为20 s，"充电"完成&3输出"1"态，断路器确已跳闸，三相无电流，Max(I_U、I_V、I_W)<$0.1I_n$，输入均为"1"态，使&4输出"1"态，重合闸启动将断路器重合。

2) 一次合闸脉冲原理。电磁型AAR是利用电容器充电延时15~20 s来构成一次合闸脉冲元件，从而防止了两次重合的可能。在微机保护中AAR是通过设置计数器延时20 s实现的。当延时20 s时间后，置充电标志位为"1"。在重合闸启动后或要求闭锁重合闸时，置充电标志位为"0"，表示不允许重合闸，以此为一次合闸脉冲元件来模拟电容器的充电和放电。在重合闸程序逻辑框图中为了方便起见，仍使用"充电"和"放电"来描述这个计数器的计数与清零。

在没有闭锁重合闸的要求时，或门H输出"0"，非门&2开放，于是计数器计数，经20 s后置充电标志为"1"，允许重合闸，&4门在满足重合闸条件后发出重合命令。在重合闸命令发出的同时清充电标志为"0"，并使或门H输出"1"，&2门被闭锁，禁止"充电"，以保证自动重合闸只能动作一次。

3) 闭锁重合闸。在手动合闸至故障线路或手动分闸及保护或自动装置要求不允许重合闸（如母线、变压器保护及低频减载动作）等情况下，闭锁重合闸的输入开关量触点接通，H输出"1"，非门&2输出"0"，计数器清零并禁止"充电"。非门&2被闭锁，即闭锁了重合闸。

4) 重合闸复归。&4输出"1"自保持的同时，还经重合闸复归时间d007的延时后，一方面解除&4门的自保持，另一方面使H门输出"1"，闭锁非门&2使计数器清零，从而使得重合闸复归。如重合闸成功，KCP=1，计数器又开始计时，20 s后置充电标志为"1"，从而准备好下一次重合闸。

三、自动重合闸装置与继电保护配合

为了能充分利用重合闸所提供的条件加速切除故障，需要继电保护与之配合，一般采用自动重合闸前加速（简称前加速）和自动重合闸后加速（简称后加速）两种方式。

1. 重合闸前加速保护

前加速保护是当线路上（包括相邻线路及以后的线路）发生故障时，靠近电源侧的保护首先无选择性地瞬时动作跳闸，而后借助自动重合闸装置来纠正这种非选择性动作。如图 3—4 所示，当任何一条线路上发生故障时，第一次都由保护 3 瞬时动作予以切除。如果故障是在线路 AB 以外（如 k1 点），则保护 3 的动作是无选择性的。但断路器 3 跳闸后，即启动自动重合闸装置重合闸恢复供电，从而纠正了上述无选择性的动作。如果此时的故障是瞬时性的，则在重合闸以后就恢复了供电。如果故障是永久性的，则故障由保护 1 或 2 切除；当保护 2 拒动时，则保护 3 第二次就按有选择性的时限 t_3 动作于跳闸。

（1）采用前加速的优点

1）能够快速地切除瞬时性故障。

2）可能使瞬时性故障来不及发展成永久性故障，从而提高重合闸的成功率。

3）能保证发电厂和重要变电站的母线电压在 0.6~0.7 倍额定电压以上，从而保证厂用电和重要用户的电能质量。

4）使用设备少，只需装设一套重合闸装置，简单、经济（对于非微机保护）。

（2）前加速的缺点

1）装设自动重合闸装置的断路器工作条件恶劣，动作次数较多。

2）重合于永久性故障上时，故障切除的时间可能较长。

3）如果自动重合闸装置或断路器 3 拒绝合闸，则将扩大停电范围。甚至在最末一级线路上发生故障时，都会使连接在这条线路上的所有用户停电。

实现重合闸前加速的原理接线如图 3—5 所示。1 KA 电流速断保护，2 KA 和 KT2 过流保护，时间继电器 KT1 动断触点串联接于速断 1 KA 出口回路，发生故障时，瞬时动作，延时返回。

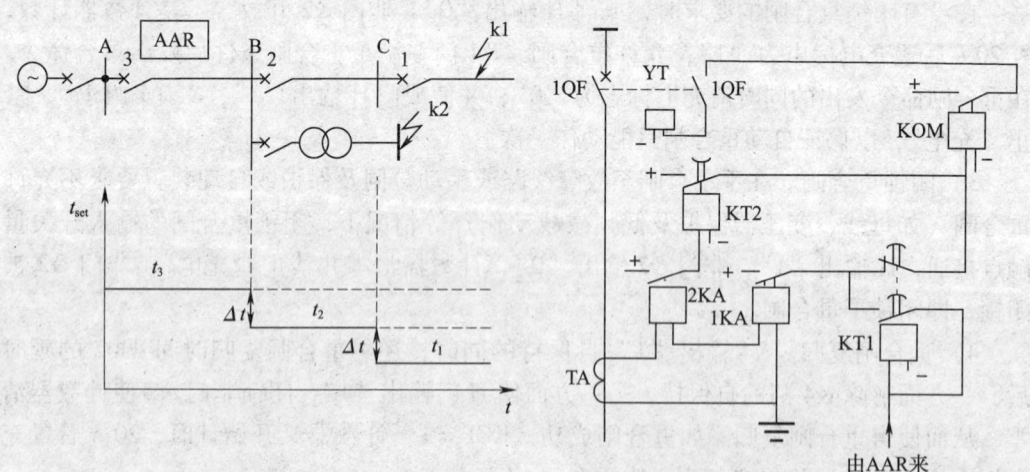

图 3—4　采用前加速保护的网络接线图　　图 3—5　前加速保护原理接线图

动作分析：当发生瞬时故障时，1 KA 动作动合触点闭合，经 KT1 闭合的动断触点启动出口 KOM，使 1QF 瞬时跳闸切除故障。由于是瞬时故障，随即自动重合闸装置动作重合 1QF 成功，同时启动 KT1 使其动断触点打开，动合触点闭合。

若为永久性故障,1 KA 再次动作,动合触点闭合,通过 KT1 闭合的动合触点使 KT1 自保持(KT1 动合延时断开),KT1 动断触点保持断开,使速断不经 KT1 去瞬时跳闸(将 1 KA 闭锁)。只有通过过流保护 2KA 启动 KT2,其延时触点闭合后,才能启动 KOM 去跳闸,保证了选择性。

2. 重合闸后加速保护

后加速保护就是当线路发生故障时,先由故障线路的选择性保护动作将故障切除,后由故障线路的 AAR 进行重合。瞬时故障,则重合成功,线路恢复正常供电;永久性故障,则加速保护不带延时的将故障再次切除。

后加速方式广泛应用于 35 kV 及以上的网络及对重要负荷供电的送电线路上。因为,在这些线路上一般都装有性能比较完善的保护装置,例如,三段式电流保护、距离保护等,因此,第一次有选择性地切除故障的时间(瞬时动作有 0.3~0.5 s 的延时)均为系统运行所允许,而在重合闸以后加速保护的动作,就可以更快地切除永久性故障。

(1)后加速保护的优点

1)第一次是有选择性地切除故障,不会扩大停电范围,特别是在重要的高压电网中,一般不允许保护无选择性地动作而后以重合闸来纠正(前加速的方式)。

2)保证了永久性故障能瞬时切除,并仍然是有选择性的。

3)和前加速保护相比,使用中不受网络结构和负荷条件的限制,一般说来是有利而无害的。

(2)后加速的缺点

1)每个断路器上都需要装设一套重合闸,与前加速相比较为复杂。但对于微机保护,则十分容易实现。

2)第一次切除故障可能带有延时。

实现重合闸后加速的原理接线如图 3—6 所示。将 KT2 的动合触点与过电流保护的电流继电器 KA 的动合触点 KA 串联。

动作分析:当发生瞬时故障时,KA 动作动合触点闭合,启动 KT1,KT1 动合触点延时闭合后,启动出口 KM,跳开 1QF 切除故障。随即 AAR 动作重合 1QF 成功,同时也启动 KT2,KT2 触点瞬时闭合。若重合于永久性故障,则 KA 再次动作,KA 经延时断开的 KT2 动合触点,瞬时启动 KM,使 1QF 再次跳闸。

3. 微机型重合闸后加速保护

无论是微机型前加速还是微机型后加速保护,都是在线路保护的基础上,不增加任何硬件,采用软件方式来实现其功能。如图 3—7 所示为 ISA - 351G 型馈线微机保护测控装置中,后加速保护逻辑框图。d207 是后加速投、退定值,d210 是后加速动作时限定值。当断路器在合位时 KCP 接

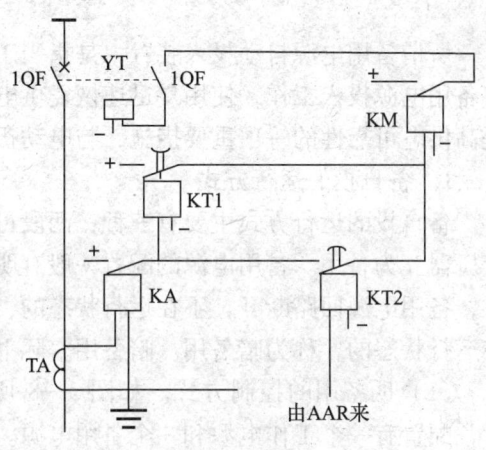

图3—6 后加速保护原理接线图

点将后加速自动投入,后加速段有效时间为 3 s,即在断路器由跳位变合位的 3 s 时间内,后加速保护均有效。

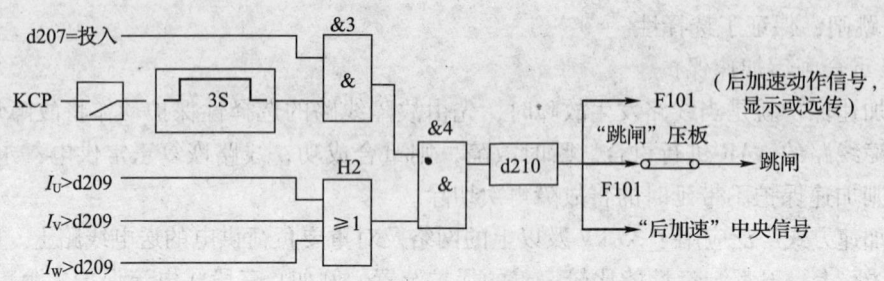

图 3—7 后加速保护逻辑框图

动作分析:当刚发生故障时,由定时限过流保护按时限配合,有选择的切除故障,具体分析见中级工教材相关内容。AAR 动作使断路器重合闸,d207 = 1,KCP = 1,为后加速保护做好准备。

若重合于永久性故障,短路电流使 H2 = 1 后加速即启动,&4 输入均为 1,所以输出也是 1,经 d210 延时,加速动作使断路器跳闸并发出信号。

第二节 备用电源自动投入装置

→ 能明确对备用电源自动投入装置的基本要求
→ 能进行备用电源自动投入装置的动作分析

一、备用电源自动投入装置的运行方式和作用

所谓备用电源自动投入装置,是指当工作电源因故障或其他原因被切断后,能自动将备用电源投入工作,使用户迅速恢复供电的装置,简称备自投(或 AAT)。备自投是提高供电可靠性的一项重要措施,与电动机自启动配合使用时,效果将更加显著。

1. 备自投的运行方式

备自投的运行方式主要有三种:两段母线电源互为备用、两条进线互为备用或两台变压器互为备用。备用电源的配置一般有明备用和暗备用两种基本方式。系统正常运行时,备用电源回路断开,不在运行状态的,称为明备用;系统正常运行时,备用电源也在运行状态的,称为暗备用。暗备用实际上是两个工作电源互为备用。

(1) 明备用的控制方式。如图 3—8 所示为明备用控制方式,两台变压器并列运行,配置有一个工作电源和一个备用电源。进线 1L 为工作电源,1QF 合上,2L 为备用电源,断路器 2QF 断开。备自投控制的是备用电源进线的断路器 2QF,即当变电所正常运行时，由1L进线供电，当1L因故障被切除即1QF跳开时，备自投进行断路器2QF自动合闸，保证变配电所的继续供电。

（2）暗备用的控制方式。有两个工作电源的变电所，两回进线同时对变配电所供电，有两种正常运行方式。

1）高压分段断路器3QF和低压分段断路器4QF均处于热备用状态。备自投控制的是高压母线分段断路器3QF，称为暗备用，如图3—9所示。当一个工作电源发生故障被切除后，例如，进线2L故障，

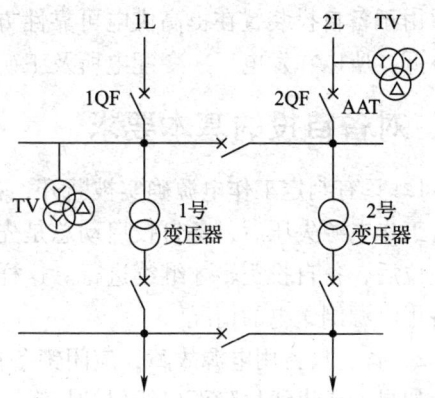

图3—8　备自投明备用的控制方式图

2QF跳开后，由备自投动作使高压母线分段断路器3QF合闸，由一个工作电源1L向变配电所供电。

2）高压分段断路器3QF处于运行状态，低压分段断路器4QF处于热备用状态。变电所正常运行时，其低压母线分段断路器是断开的，如图3—10所示，即低压侧Ⅰ段和Ⅱ段母线上的负荷分别由1号变压器和2号变压器供电，当两台主变压器中有一台发生故障而跳开时，备自投则发出控制指令，使低压母线分段断路器4QF合上，保证Ⅰ、Ⅱ段母线的负荷供电。这种备用电源的配置也属暗备用配置。

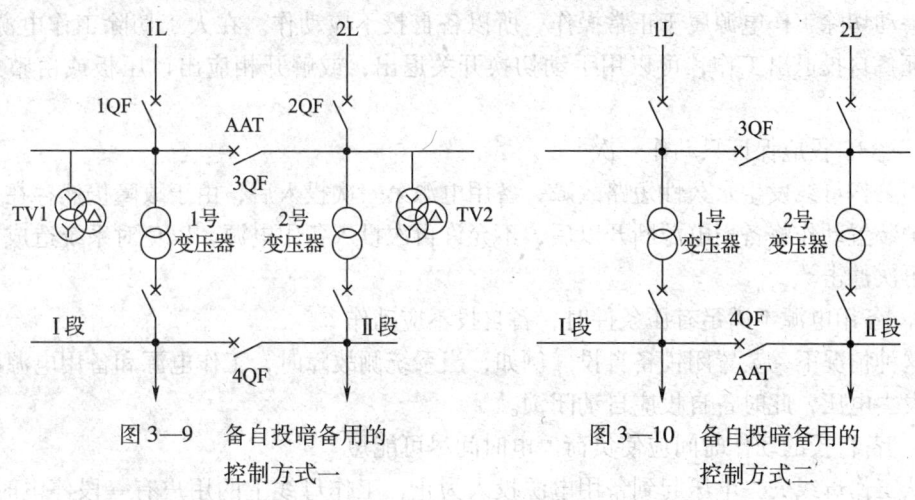

图3—9　备自投暗备用的控制方式一　　图3—10　备自投暗备用的控制方式二

2. 备用电源自动投入装置的作用

从上述工作情况的分析可以看出，备自投装置的主要作用有：

（1）提高用户供电可靠性。

（2）简化继电保护。采用备自投装置后，环形电网可以开环运行，变压器可以分列运行，继电保护的方向性等问题可不考虑。

（3）限制短路电流，提高母线残余电压。在受端变电所，如果采用变压器分列运行或环网开环运行，显然出现故障时短路电流要减小，供电母线残余电压相应会提高一些。这对保护电气设备、提高系统稳定性有很大意义。

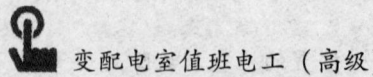

由于备自投装置在提高供电可靠性方面作用显著，装置本身接线简单、可靠性高、造价低，所以在发电厂、变配电所及工矿企业中得到了广泛的应用。

二、对备自投的基本要求

1. 只有判定工作电源确实被断开，备用电源才能投入

工作电源失压后，备自投启动总是先跳开原先在运行的进线断路器，确认该断路器在跳位后，备自投逻辑才继续进行。这样可防止备自投动作后，断路器合于故障元件上或备用电源倒送电的情况。

2. 备自投备用电源故障，应闭锁备自投

如果低压出线故障而出线保护拒动，引起主变后备保护动作切除主变，造成母线失压时，应闭锁低压侧分段备自投、变压器备自投；主变保护跳主变各侧时，应闭锁高压侧分段 AAT。

3. 备自投延时应大于最长的外部故障切除时间

备自投延时是为了躲开母线电压短暂下降，故备自投延时应大于最长的外部故障切除时间。但在某些情况下，可以不经延时直接跳开进线断路器。例如工作母线的进线断路器跳开而引起母线失压，且进线无重合闸功能时，可不经延时直接跳开断路器，以加速投入备用电源。

4. 手动切除工作电源时，备自投不应动作

手动切除工作电源属于正常操作，所以备自投不应动作。在人工切除工作电源前，应保证备自投退出工作，可以用手动切换开关退出，或解开相应出口压板或由整定退出。

5. 备自投应保证只动作一次

当工作母线发生永久性短路故障，备用电源第一次投入后，由于故障仍然存在，继电保护装置动作将备用电源断开以后，不允许再次投入备用电源，以免对系统造成不必要的再次冲击。

6. 备用电源不满足有压条件时，备自投不应动作

这种情况下，装置闭锁备自投。例如，当系统侧故障时，工作电源和备用电源可能同时失去电压，此时备自投应自动闭锁。

7. 备自投的动作时间应使负荷停电时间尽可能短

从工作母线失去电压起到备用电源投入为止，工作母线上的用户有一段停电时间，停电时间短，有利于用户电动机的自启动。但停电时间太短，电动机残压可能较高，备用电源投入时将产生冲击电流造成电动机的损坏。运行经验表明，备自投的动作时间以 $1 \sim 1.5$ s 为宜，低压场合可减小到 0.3 s。

三、备自投工作原理

从满足基本要求出发，备自投一般由两部分组成：低电压启动部分，当工作电源失压时，断开工作电源断路器；自动合闸部分，当工作电源断开后，将备用电源断路器合闸。

下面以母线分段断路器的备自投接线为例介绍其工作原理。

如图 3—11 所示为母线分段断路器自动投入的原理接线图（图中仅画出 T2 故障后自动投入母线分段断路器的接线）。各元件介绍如下：

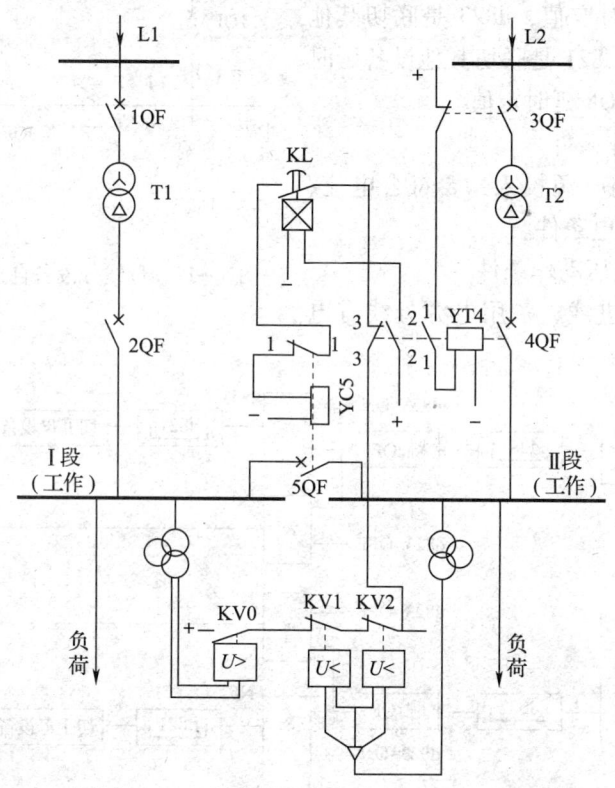

图 3—11　母线分段断路器 AAT 原理接线

KV0——Ⅰ段工作母线电压监视继电器；

KV1、KV2——Ⅱ段工作母线低电压继电器；

KL——保证一次合闸的闭锁继电器；

YT4——4QF 的跳闸线圈；

YC5——5QF 的合闸接触器。

正常运行时，L1 电源通过 T1 给工作母线Ⅰ段供电，L2 电源通过 T2 给工作母线Ⅱ段供电，母线分段断路器 5QF 断开。

T2 故障 4QF 跳闸时，KL 失磁，其动合触点延时断开，同时Ⅱ段母线失电，Ⅰ母线有电压，则 + →KV0 动合触点→KV1、KV2 动断触点→$4QF_{3-3}$ 触点→KL 延时触点→$5QF_{1-1}$ 触点→YC5→ - 为通路，YC5 励磁使 5QF 合闸，恢复Ⅱ段母线供电。5QF 合闸后，KL 触点打开，保证 5QF 只合闸一次。

四、微机型备自投

以两段母线互为暗备用的分段断路器备自投为例，介绍微机型备自投的基本工作原理。母线分段备自投主接线如图 3—12 所示。图中Ⅰ、Ⅱ段母线互为备用，即 3QF 热备用，1QF 和 2QF 运行。

如图3—13所示为ISA-358G型备自投的逻辑框图，图中d081是跳2QF延时定值，d082是跳1QF延时定值，d823是联切其他设备投、退定值，d821是联切其他设备延时定值，d294是合3QF延时定值。

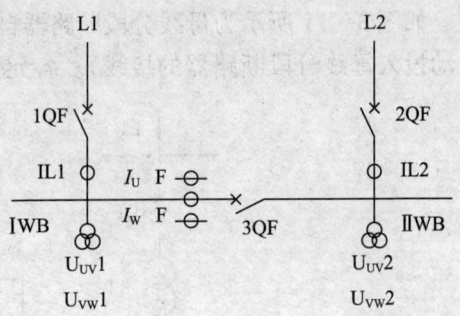

图3—12 母线分段备自投主接线示意图

1. 备自投动作条件

备自投将备用电源投入，要符合电流、电压动作条件和充电条件。

（1）电流、电压动作条件

1）备用电源进线、备用电源母线有电压。

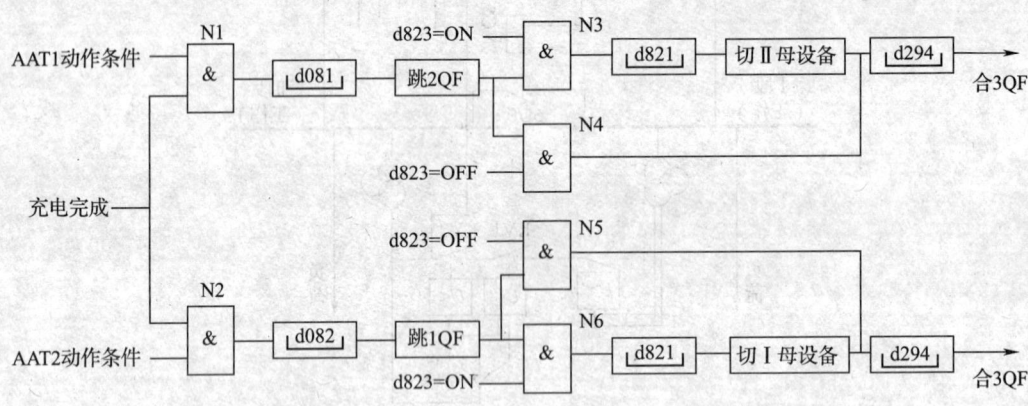

图3—13 ISA-358G型备自投的逻辑框图

2）工作母线无电压。

3）工作进线无电流。

（2）充电条件

1）备自投投入工作，即相应投退把手置"投入"位置。

2）工作电源和备用电源符合有压条件。

3）工作和备用断路器位置正常，即工作断路器合位且处于合后位置，备用断路器处于跳位。

4）未满足闭锁和放电条件。

所有充电条件均满足后经10 s的充电时间，备自投充上电，才有可能动作。

2. 动作分析

下面以ⅡWB暗备用（AAT2）为例进行介绍。当满足ⅡWB暗备用投退定值在"投入"，Ⅰ、ⅡWB均有电压，1QF和2QF均合位且处于合后，3QF跳位，无闭锁ⅡWB暗备用的输入，无放电条件时，备自投进行充电，经10 s延时充电完成后，为备自投动作做好准备。

1）当发生工作电源ⅠWB失压、L1进线无电流且ⅡWB有压，N2输入均为1，所以输出也是1，经d082延时发1QF跳闸命令，同时发"跳1QF动作"信号。

2）确认1QF跳开后，若联切其他设备投入d823输入为1，N6输入均为1，所以输出也是1，经启动切其他设备时限d821延时后，备自投发出切其他设备命令，同时发"备自投2联切Ⅰ母设备动作"信号，然后检查联切的设备是否跳开。若备自投判断出被联切的设备跳开，再经d294延时发3QF合闸脉冲，合上3QF使工作电源ⅠWB经ⅡWB恢复供电，并发"备自投合3QF动作"信号。

若联切其他设备不投入，N5输入均为1，所以输出也是1，经d294延时发3QF合闸脉冲，合上3QF使工作电源ⅠWB经ⅡWB恢复供电，并发"备自投合3QF动作"信号。

第三节 按频率自动减负荷装置

→ 能明确按频率自动减负荷装置的基本要求
→ 能进行按频率自动减负荷装置的动作分析

一、按频率自动减负荷装置的基本要求

电力系统的频率是反映电能质量的重要指标之一。电力系统正常运行时，负荷波动将导致频率变化，可以通过一次调频和二次调频使系统频率的变化在允许范围内。调频就是调整发电机输出的有功功率，维持系统的有功功率平衡。在电力系统发生事故时，会出现发电功率小于负荷功率（即出现有功功率缺额）的情况，当缺额量超出了正常旋转备用的调节能力时，会造成电力系统低频运行，影响电能质量，甚至破坏系统的稳定，引起系统的"频率崩溃"，导致大面积停电，造成巨大的经济损失。

按频率自动减负荷装置（简称低频减载或AFL）是电力系统发生事故，出现较大的有功功率缺额、频率大幅度降低时，自动切除一部分相对次要的负荷，保证系统稳定运行的一种安全自动装置。

对低频减载装置的基本要求如下：

1. 低频减载装置动作后，系统频率应回升到恢复频率范围内

事故情况下，低频减载装置装置动作后使系统频率恢复到一定值是为了防止事故扩大。一般要求系统频率恢复值f_{res}低于额定值f_N，剩下部分的恢复由变配电值班人员完成。由于系统事故时功率缺额差异较大，考虑装置本身误差，只要求系统频率恢复值到规定范围即可。

2. 为使低频减载装置充分发挥作用，应有足够负荷接于低频减载装置上

当系统出现最严重有功功率缺额时，低频减载装置配合负荷调节效应应该能使系统频率恢复到恢复频率f_{res}，以保证系统的安全运行。

3. 低频减载装置应根据系统频率的下降程度切除负荷

实际电力系统中每次出现的有功功率缺额不同，频率下降的程度也不同。为了提高供电可靠性，同时也为使低频减载装置动作后系统频率达到希望值，低频减载装置切负

荷宜采用分级切除、逐步逼近的方式。即当系统频率下降到一定值时，低频减载装置装置的相应级动作切除一定数量的负荷，如果仍然不能阻止频率下降，则低频减载装置装置下一级再动作切除一定数量的负荷，依此类推，直到频率不再下降。应当注意，在实现分级切除负荷时，应首先切除不重要负荷，必要时再切除部分较为重要的负荷。当低频减载装置装置动作完毕后，系统频率恢复到 f_{res}。

4. 低频减载装置各级动作频率的确定应符合系统要求

确定低频减载装置的动作频率，包括确定首、末级动作频率、动作频率级差及动作级数。

(1) 首级动作频率。从提高系统稳定性出发，低频减载装置首级动作频率 f_1 应确定得高一些，但过高不能充分发挥旋转备用的作用，对用户供电可靠性不利。兼顾两方面因素，AFL 的首级动作频率一般不高于 49.1 Hz。

(2) 低频减载装置的末级动作频率 f_n。它由系统允许的最低频率下限来决定，主要为保证发电厂各类发电机组的安全运行，应限制频率低于 47.0 Hz 的时间不超过 0.5 s，以避免事故进一步恶化。

(3) 动作频率级差。设 f_i 和 f_{i+1} 分别是 i 级和 $i+1$ 级动作频率，则动作频率级差为 $\Delta f = f_i - f_{i+1}$。

低频减载装置动作频率级差的确定有两种原则：

一是强调选择性，即要求低频减载装置前一级动作之后，频率继续下降，后一级才能动作。在这种情况下，动作频率级差要考虑低频减载装置测量元件——频率继电器的测量误差等因素。级差较大，低频减载装置的级数相应较少，每级切除负荷量较大，实际减负荷数不易与功率缺额量接近，易造成频率的过恢复或欠恢复，现已较少采用。

二是不强调选择性，即减小级差，前一级动作后，允许后一级或两级无选择性动作。这样由于级差减小，相应低频减载装置的级数增加，每级切除负荷数减少，使实际减负荷数与功率缺额逐步逼近，易达到最佳效果，一般 $\Delta f = 0.1 \sim 0.3$ Hz。

(4) 动作级数 N。由首级动作频率 f_1 和末级动作频率 f_n，以及动作频率级差 Δf 可以计算出低频减载装置的动作级数 N，即：

$$N = (f_1 - f_n) / \Delta f + 1 （N 取整数）$$

(5) 低频减载装置各级的动作时间要求。从低频减载装置的动作效果看，装置应尽量不带延时。但不带延时可能使低频减载装置在系统频率短时波动时发生误动作，故一般要求低频减载装置动作可带 0.15~0.3 s 延时。对于某些负荷，装置的动作时间可稍长，前提是保证电力系统安全运行。

5. 低频减载装置应设置附加级

一般来说，低频减载装置动作后应使系统稳定运行频率恢复到不低于 49.5 Hz。但在低频减载装置装置分级动作过程中可能会出现以下情况：第 i 级动作切除负荷后，系统频率稳定在恢复频率 49.5 Hz 以下，但又不足以使得第 $i+1$ 级动作，这样会使系统频率长时间停留在低于 f_{res} 以下运行，这是不允许的。为了消除这一现象，低频减载装置应设置较长延时的附加级，动作频率取 f_{res} 下限。当附加级动作后，应足以使系统频率回升到 f_{res}。由于附加级动作时，系统频率已比较稳定，其动作时限一般为 10~20 s

(约为系统频率变化时间常数的 2~3 倍)。必要时,附加级也可以分成若干级,各级的动作频率相同,用延时区分各级的动作顺序。

二、低频减载装置工作原理

1. 低频减载装置的配置

电力系统中装设低频减载装置,应根据电力系统的结构和负荷的分布情况,分散装设在电力系统中相关的发电厂和变配电所,如图 3—14 所示为电力系统低频减载装置的配置示意图。当系统频率下降到 f_i 时,全系统内所有的第 i 级低频减载装置均可动作,各自断开相应的负荷,使系统频率恢复到 f_{res}。

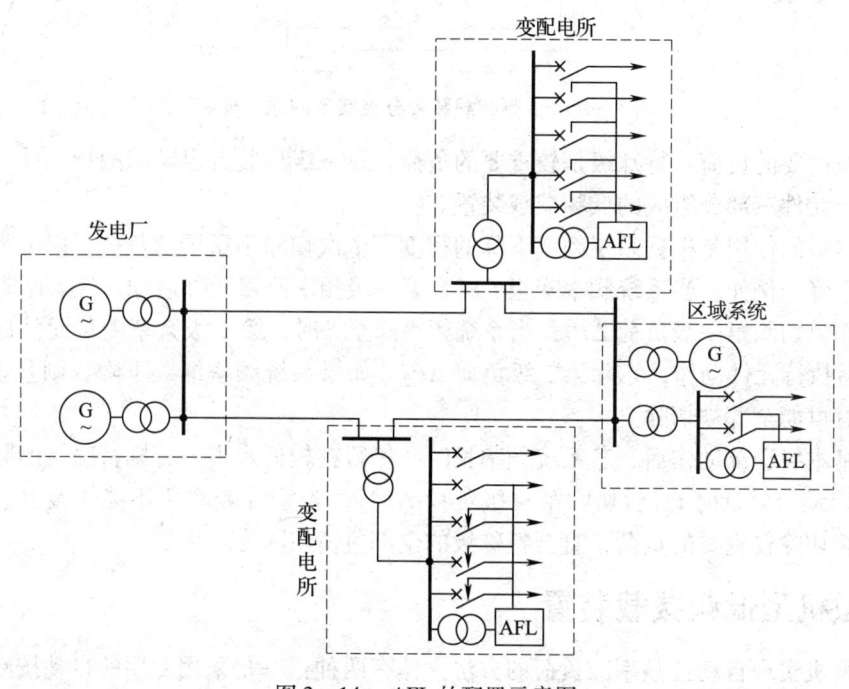

图 3—14 AFL 的配置示意图

2. AFL 基本工作原理

如图 3—15 所示为低频减载装置的原理接线图。接线由低频率继电器 KF、时间继电器 KT 及中间出口继电器 KM 组成。KF 反映频率降低而动作,是低频减载装置最主要的核心元件。KF 取用母线电压互感器二次侧电压来获得系统频率信息,当系统频率降低到 KF 的动作频率时,KF 动作,其动合触点闭合,启动时间继电器 KT,经整定时限后再启动出口中间继电器 KM,切除相应负荷。

如图 3—16 所示为整套低频减载装置分级实现的原理框图。图示变配电所馈电母线上有多条供配电线路,按电力用户的重要性分为 n 个基本级和 n 个特殊级。基

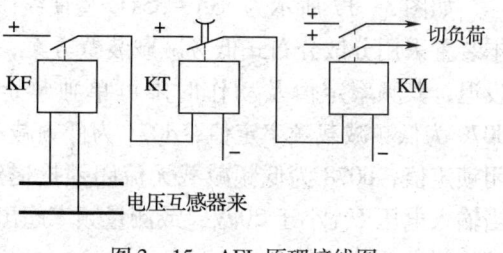

图 3—15 AFL 原理接线图

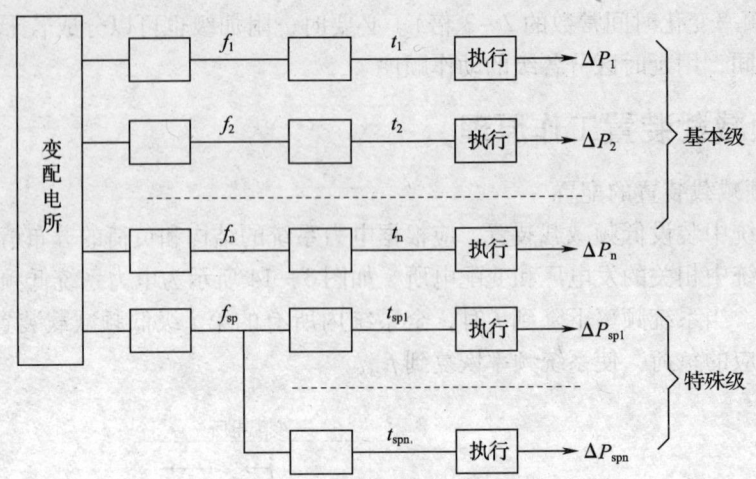

图 3—16 低频减载装置分级实现的原理框图

本级是较次要的负荷,特殊级是较重要的负荷,每一级均装有由频率测量元件、延时元件和执行元件三部分组成的低频减载装置。

基本级的作用是根据系统频率下降的程度,依次切除不重要的负荷,以限制系统频率继续下降。例如,当系统频率降至 f_1 时,第一级频率测量元件启动,经 t_1 延时后执行元件动作,切除第一级负荷 ΔP_1;当系统频率降至 f_2 时,第二级频率测量元件启动,经延时 t_2 后执行元件动作,切除第二级负荷 ΔP_2。如果系统频率继续下降,则基本级的 n 级负荷有可能全部被切除。

当基本级全部动作后,若系统频率长时间停留在较低水平上,则特殊级的频率测量元件 f_{sp} 启动,经延时 t_{sp1} 后切除第一级负荷 ΔP_{sp1};若系统频率仍不能恢复到接近 f_{res},则将继续切除较重要的负荷,直至特殊级的全部负荷切除完。

三、微机型低频减载装置

用微机实现自动按频率减负荷的方法大体有两种:一是采用专用的自动按频率减负荷装置实现,这种自动按频率减负荷的控制方式如前所述,将全部馈电线路分为 n 个基本级和 n 个特殊级,然后根据系统频率下降的情况去切除负荷;二是把自动按频率减负荷的控制分散设在每回馈电线路的保护装置中。目前微机保护装置几乎都是面向对象设置的,每回线路配一套保护装置,在线路保护装置中,增加一个测频环节,就可以实现自动按频率减负荷的控制功能了。这种控制方法容易实现,结构也简单。

如图 3—17 所示为 ISA-351G 型馈线微机保护测控装置的低频减载装置逻辑框图。本装置采用分散分布式低频减载装置方案,设滑差闭锁和无滑差闭锁两段,两段可独立投退,其频率定值及动作时限可单独整定。图 3—17 中 d072 为低频减载投退定值,d070 为低频减载频率定值,d071 为低频减载时限定值,d215 为低频减载滑差(df/de)闭锁定值,d078 为低频减载无流闭锁投退定值,d077 为低频减载无流闭锁电流定值。当输入电压 U_{UV} 小于 20 V,或测量频率超出 45~55 Hz 有效范围,视为频率测量回路异常,闭锁低频减载。

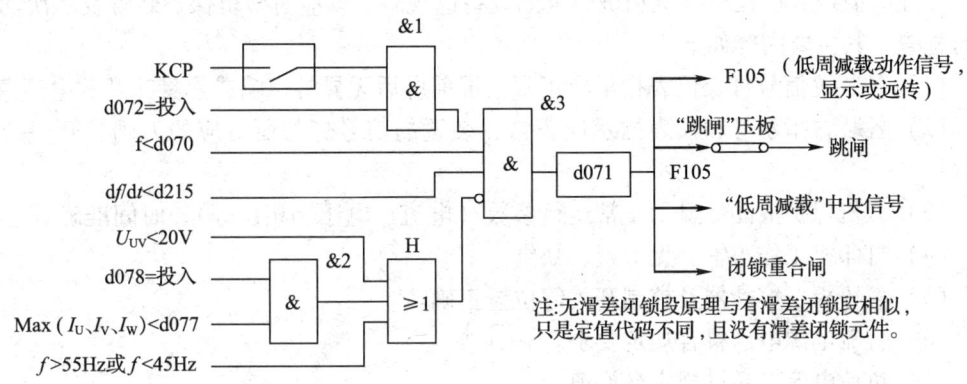

图3—17 滑差闭锁低频减载装置逻辑框图

1. 低频减载装置动作条件

(1) 频率降低到定值（$f<d070$），该条件为系统频率小于恢复频率。

(2) 频率缓慢地由大于频率定值变化到小于定值（$df/dt<d215$），该条件反映电力系统在有功功率缺额情况下频率变化的规律。

(3) 低频减载延时动作时限（d071一般为0.5 s）。

2. 低频减载装置闭锁条件

(1) 通过d078 = on投入电流闭锁，来鉴定三相电流均小于d077（无流闭锁定值），当满足Max（I_U、I_V、I_W）< d077条件时，闭锁低频减载装置防止电流和电压反馈引起的误动作。

(2) 当输入电压U_{UV}小于20 V，或测量频率超出45~55 Hz有效范围，视为频率测量回路异常，闭锁低频减载。

3. 低频减载装置动作分析

若断路器在合位，KCP输入1，低频减载投入定值d072为1，&1输出也是1。若没有出现闭锁问题，H输出为0，开放&3禁止门，为低频减载做好准备。

当系统出现低频且符合$f<d070$和$df/dt<d215$两条件，&3输入均为1，输出也是1，经过d071延时，切除相应的负荷。

第四节 微机保护巡视检查与异常处理

→ 能对微机继电保护与自动装置异常运行进行分析和判断
→ 能对二次回路的异常运行及故障进行分析和判断
→ 能正确进行微机保护压板的投退

一、微机保护巡视检查与压板投退

1. 微机保护巡视检查

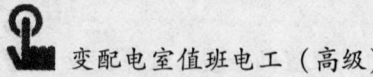

变配电值班人员在交接班和班内定期设备巡视时，均应对微机保护装置及二次回路进行检查，其主要内容如下：

（1）各装置信号灯及仪表指示应正常，屏前屏后无异常声响或焦臭味及放电现象。

（2）各装置指示灯和仪表指示应正常，装置的信号灯与所对应的刀闸、开关位置一致。

（3）微机保护液晶屏显示正常运行参数（电流、电压、相位等），时间准确。

（4）打印机工作正常，无卡纸、缺纸。

（5）各压板、熔断器及控制开关等位置正确。

（6）直流电源电压符合规定要求。

（7）负荷电流未超过规定允许值。

在以上检查中若发现可能使保护或自动装置误动作或拒动作等缺陷异常情况时，应及时与相关人员联系，并向调度汇报。紧急情况下可按规程先行将保护装置停用（解除压板），事后立即汇报。

2. 继电保护压板投退的一般规定

变配电值班人员应按规定对继电保护压板进行投退操作，继电保护压板管理的一般规定如下：

（1）所有继电保护装置的压板及切换片均应有明确的编号及名称，切换片、压板的各位置均应标明其功能。

（2）继电保护压板之间的距离应符合反措规定，其正电源输入的回路应接于压板上端且不与连接片固定端相连。

（3）继电保护装置压板的投入与退出，均应按调度的指令执行，没有值班调度员的指令，任何人不得擅自改变压板的运行位置。

（4）继电保护装置压板在投入运行前，值班人员应检查各装置无异常信号后，才允许操作。压板操作应单手进行。

（5）值班人员应定期巡视检查压板的位置是否符合要求，并检查压板的连接片接触是否处于拧紧状态。

（6）投入保护的出口压板前必须用高内阻的电压表测量保护压板触头两端是否有导通现象。对微机保护功能压板应检查或打印保护投退压板情况，远方投退压板应核对装置显示的压板状态。

变配电值班人员应熟悉装置的信号灯、液晶屏显示的含义；了解各种微机保护装置的定值、故障报告的打印方法，并掌握其打印信息说明；熟悉装置的按钮、切换开关、压板的作用及功能，按规定操作及监视，及时发现微机保护装置及二次回路的异常情况和缺陷，做好记录并及时汇报。

二、线路微机保护装置组成及运行注意事项

1. 变配电室线路微机保护装置的组成

微机保护装置品种繁多，但保护、测控、操作等功能基本类似，本节以 ISA-351G 微机保护装置为例介绍微机保护装置的应用，读者在实际应用中可以举一反三。

ISA-351G型保护装置为线路保护、测控一体化装置，由多种可独立配置的保护元件组成，实现输电线路的保护、测控、操作等功能。装置内设置有可独立投退的三段式电流保护、可选择前加速或后加速的相电流加速保护、带滑差/无滑差闭锁低频减载、带零序方向的零序过流保护，可兼容不同的接地方式、过负荷保护等。保护装置自带独立的操作回路并配置了可选择检同期与检无压方式的三相一次自动重合闸。同时，装置还具有闭锁重合闸功能的控制回路断线告警、闭锁与电压有关保护的母线TV断线告警以及外部开入保护。

ISA-351G型保护装置的主要元件见表3—3。可根据用户的需求，在出厂前装配需要的保护元件，实现要求的保护功能。装置出厂后若需要修改保护元件配置，在与厂家沟通确认可修改后，才允许更改配置，一旦改动需重新整定定值和重新配置保护出口。配置为退出的保护元件，与此保护相关的定值和出口将变为不可见，即在定值清单中将不会出现该元件的定值项。

表3—3　　　　　　　　　　ISA-351G型装置保护元件

保护元件	定值组别	保护元件	定值组别
相电流越限记录元件	过流保护	反时限过流保护元件	过流保护
瞬时电流速断保护元件	过流保护	零序过流跳闸保护元件	零序保护
限时电流速断保护元件	过流保护	零序过流加速保护元件	零序保护
定时限过流保护元件	过流保护	无滑差闭锁低频减载元件	减载
相电流加速段保护元件	过流保护	外部跳闸开入保护元件	非电量保护
不接地零序方向过流保护元件	零序保护	外部告警开入保护元件	非电量保护
滑差闭锁低频减载元件	减载	三相二次重合闸元件	重合闸
低压减载元件	减载	过负荷保护元件	过负荷保护
三相一次重合闸元件	重合闸	不接地系统接地选线试跳元件	
控制回路断线告警元件	告警		
母线TV断线告警元件	告警		

2. ISA-351G微机保护装置面板及信号灯识别

ISA-351G微机保护装置面板及信号灯如图3—18所示，各信号灯作用见表3—4，按键功能见表3—5。

表3—4　　　　　ISA-351G型微机保护装置面板上各信号灯说明

信号灯名称	说明
运行	装置正常运行时，绿灯点亮；该灯熄灭时，保护退出运行
动作	保护跳闸元件动作时，红灯点亮，正常时灯灭
告警	当保护退出/装置显示自检信息/装置显示未复归告警事件时，告警橙色灯点亮，即只有在装置保护投入、无自诊断信息且没有未复归告警事件时，告警灯灭
重合	保护动作重合闸出口时红灯点亮，正常时灯灭
合后	代替传统控制把手合闸后位置，开关在合闸状态时灯亮，"合后"灯为橙色
合位	开关在合闸状态时灯亮，"合位"灯为红色
跳位	开关在分闸状态时灯亮，"跳位"灯为绿色

表 3—5　　　　　　　ISA－351G 型保护装置面板上各按键说明

按键符号或名称	说明
"▲"键	光标上移一行或数值增加，或上翻一页
"▼"键	光标下移一行或数值减少，或下翻一页
"◀"键	光标左移一格，或上翻一页
"▶"键	光标右移一格，或下翻一页
"返回"键	退出某项菜单返回其上一级菜单，或取消某项修改
"确认"键	确认当前修改或执行当前选择，或进入下一级菜单
"F1"键	备用
"F2"键	复归中央信号、接点及数字信号及显示

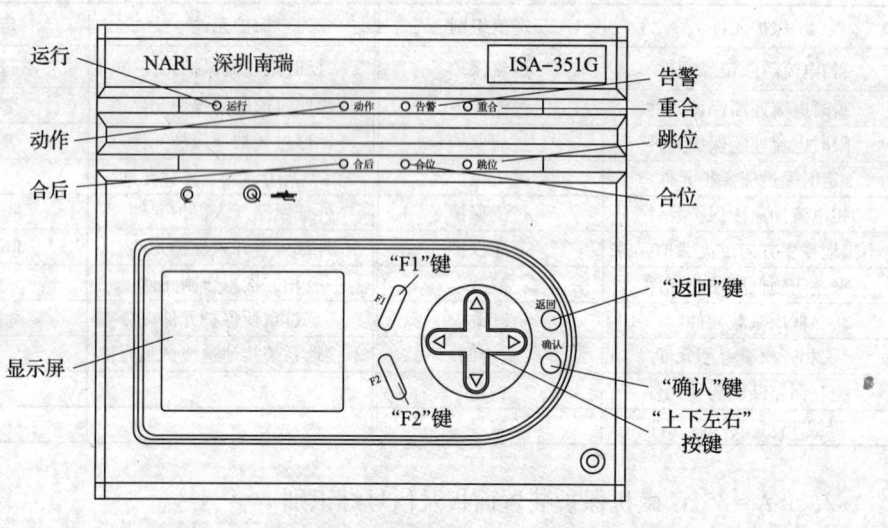

图 3—18　ISA－351G 型微机保护装置面板示意图

3. ISA－351G 微机保护装置液晶屏显示识别

（1）正常运行时显示说明。正常运行时屏幕显示如图 3—19 所示。在非菜单状态下，装置将处于循环显示状态。循环显示的信息依优先级由高至低排列分别为：自诊断信息、未复归保护事件信息、交流量。循环显示状态下，按"确认"键可进入主菜单。

（2）菜单界面显示说明。菜单界面显示如图 3—20 所示。装置正常运行时，按"确认"键进入主菜单。在任何菜单界面下，连续按"返回"键可回到主菜单。在主菜单界面按"▲""▼""◀""▶"键移动光标选择操作项，按"确认"键进入。

4. ISA－351G 微机保护装置压板投退说明

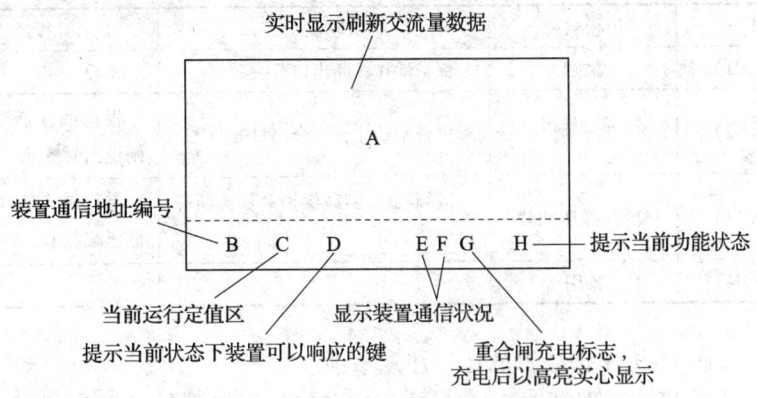

图 3—19 ISA-351G 微机保护装置正常运行显示说明

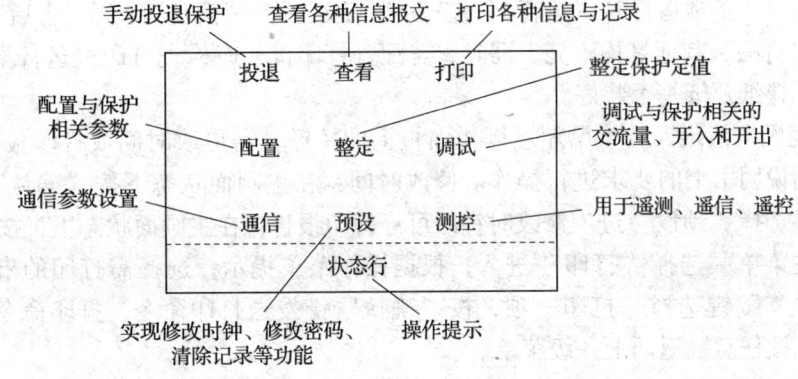

图 3—20 ISA-351G 微机保护装置主菜单显示说明

ISA-351G 线路微机保护装置共有四组出口继电器，如图 3—21 所示，其名称和对应出口压板功能及投退说明见表 3—6。

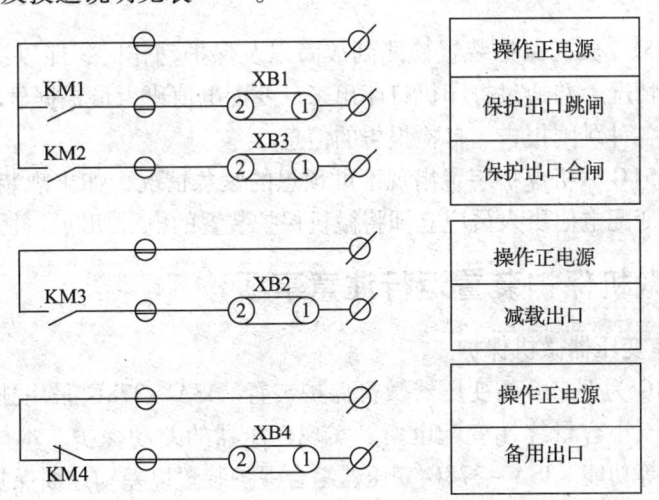

图 3—21 ISA-351G 线路微机保护装置出口

表 3—6　　　　ISA-351G 线路微机保护装置压板的投退说明

继电器名称	压板名称	功能	投退说明
保护跳闸（KM1）	跳闸	保护动作，断出口开关	常投
保护合闸（KM2）	重合闸	重合闸动作，闭合出口开关	根据调度命令投切，重合闸退出时解除
减载出口（KM3）	低频/低压减载	低频/低压减载保护动作，断开出口开关	根据调度命令投切，低频低压减载退出时解除
备用出口（KM4）	备用		

5. ISA-351G 微机保护装置的运行注意事项

（1）变配电值班人员巡视时，应检查 ISA-351G 微机保护液晶显示屏、各指示灯信号显示是否正常。正常运行时液晶屏显示主画面，若有启动报告显示，长按复归按钮可回到主画面，正常运行时"运行1"灯、"运行2"灯、"合位"灯、"合后"灯（开关已合上）灯亮，其他灯均不亮。同时，若配置打印机，应检查打印机运行是否正常，打印机是否缺纸及纸是否装好。

（2）变配电值班人员不得随意操作面板上的按键，需更改时间或打印报告时，应严格按使用说明书上的要求进行操作。修改时间：在主画面状态下按"确认"键可进入主菜单→选择"预设"进入修改时钟即可。打印报告：在主画面状态下，按"确认"键可进入主菜单→选择"打印"进入，根据操作菜单提示，选择需打印的事件序号，按"▲""▼"键选择"打印"项，按"确认"键发送打印命令，打印命令发出后，根据提示，按任意键返回上一级菜单。

（3）ISA-351G 微机保护装置在正常投入状态下不得更改保护定值。

（4）ISA-351G 微机保护装置动作跳闸后，变配电值班人员应准确记录装置的动作信号灯及液晶显示器上的内容，取出打印报告后，方可通过按保护屏上的"复归"按钮将信号复归。

（5）ISA-351G 微机保护装置检测到故障以及保护动作时，能以汉字显示出故障类型或保护动作情况，并通过打印机打印出来。变配电值班人员根据显示屏的内容或打印报告分析判断各种跳闸报告、自检报告的信息。

（6）ISA-351G 微机保护装置出现不可预想的紧急情况，如出现装置过热、烧焦、冒烟等情况时，变配电值班人员应立即将微机保护装置的电源切断，并及时汇报。

三、变压器微机保护装置运行注意事项

1. 变配电室变压器微机保护

以 ISA-378G 为例来介绍变压器微机保护装置。ISA-378G 采用独立双 CPU 系统技术，主要适用于小容量终端变配电所，实现变压器的差动保护、本体保护、后备保护、测控、操作等功能。ISA-378G 变压器综合保护装置以差动速断保护、复式比率差动保护、本体气体保护、有载气体保护和压力释放等作为主保护，以高压侧/低压侧各三段复合电压闭锁过流保护、三段过负荷保护等作为后备保护，同时还配置了 TA 断线

告警、两侧母线 TV 断线告警、母线接地告警和两侧断路器控制回路断线告警等告警功能。ISA-378G 保护元件配置见表 3—7。

表 3—7　　　　　　　　　ISA-378G 装置中的保护元件

元件名称	定值组别	元件名称	定值组别
差流越限记录元件	差动保护	高压侧过负荷告警元件	过负荷保护
二侧差 TA 断线告警元件	告警	高压侧过负荷启动风冷控制元件（发信可控）	
差动速断保护元件	差动保护		
二侧差比率差动保护元件		高压侧过负荷闭锁有载调压元件	
差流启动元件			
二侧差差流越限告警元件		两侧母线 TV 断线告警元件	告警
高压侧相电流越限记录元件	高压侧过流保护	两侧母线接地告警元件	
两侧电压复压元件	公用定值	两侧控制回路断线告警元件	
高压侧电流启动元件	高压侧过流保护	非电量 1 保护告警元件	非电量保护
高压侧 I 段复压过流保护元件		非电量 2 保护告警元件	
高压侧 II 段复压过流保护元件		本体轻瓦斯保护元件	
高压侧 III 段复压过流保护元件		有载轻瓦斯保护元件	
低压侧电流启动元件	低压侧过流保护	本体直接跳闸告警元件	
低压侧 I 段复压过流保护元件			
低压侧 II 段复压过流保护元件			
低压侧 III 段复压过流保护元件			

2. ISA-378G 微机保护装置压板投退

ISA-378G 微机保护装置可以按需要整定。保护压板投退说明见表 3—8，实际运行中保护压板按照调度定值单要求进行投退。

表 3—8　　　　　　ISA-378G 微机保护装置保护压板的投退说明

	压板名称	正常投退说明	功能
1	投差动	投入	差动保护（差动速断保护、比率差动保护）的功能压板，根据调度指令进行投退
2	投高压侧 I 段复压过流	投入	高压侧 I 段复压过流保护功能压板，根据调度指令进行投退
3	投高压侧 II 段复压过流	投入	高压侧 II 段复压过流保护功能压板，根据调度指令进行投退
4	投高压侧 III 段复压过流	投入	高压侧 III 段复压过流保护功能压板，根据调度指令进行投退

续表

	压板名称	正常投退说明	功能
5	投低压侧Ⅰ段复压过流	投入	低压侧Ⅰ段复压过流保护功能压板，根据调度指令进行投退
6	投低压侧Ⅱ段复压过流	投入	低压侧Ⅱ段复压过流保护功能压板，根据调度指令进行投退
7	投低压侧Ⅲ段复压过流	投入	低压侧Ⅲ段复压过流保护功能压板，根据调度指令进行投退
8	主变高压侧跳闸出口	投入	主变高压侧断路器跳闸出口压板，根据调度指令进行投退
9	主变低压侧跳闸出口	投入	主变低压侧断路器跳闸出口压板，根据调度指令进行投退
10	主变跳低压侧分段跳闸出口	投入	主变保护跳低压侧母分断路器的出口压板，当主变停役或主变保护做试验时应解除，正常运行时依调度指令投退
11	主变跳闸闭锁低压侧分段备自投	投入	主变低压侧后备保护动作时，同时提供一对触点去闭锁低压侧母分备自投，防止备自投动作，低压侧母分断路器再次合到故障母线上，依调度指令投退
12	本体重瓦斯启动跳闸	投入	主变本体重瓦斯启动跳闸出口，依调度指令进行投退。在主变滤油、加油以及打开各种阀门放气、放油、清理呼吸孔时应退出
13	有载重瓦斯启动跳闸	投入	主变有载重瓦斯启动跳闸出口，依调度指令进行投退。在主变滤油、加油以及打开各种阀门放气、放油、清理呼吸孔时应退出
14	压力释放启动跳闸	根据定值单进行投退	压力释放启动跳闸出口
15	非电量跳主变高压侧	投入	非电量保护跳主变高压侧断路器出口压板，根据调度指令进行投退
16	非电量跳主变低压侧	投入	非电量保护跳主变低压侧断路器出口压板，根据调度指令进行投退

此外，ISA-378G 主变微机保护装置的运行检查、操作以及装置常见故障处理与 ISA-351G 线路微机保护装置的注意事项类同，在此不再赘述。

四、继电保护及二次回路的故障处理

1. 微机保护装置异常运行及故障处理

微机保护装置具有很强的自诊断功能,对硬件各部分和程序(包括功能、逻辑等)不断进行自动检测,一旦发现异常就会发出警报。如果微机保护内部硬件出现故障,应更换微机保护的有关插件。如果硬件完好,对于已成熟的软件,只要程序和设计时完全一样,则保护装置的各种功能正常,否则应修改相应的程序。如果是保护整定值计算及调试中发生错误,造成故障时保护装置拒动或者保护装置误动,则应重新计算整定定值、修改有关参数、调试保护使之满足实际运行方式下的正常运行需要。微机保护装置常见故障现象及相应处理措施见表3—9。

表3—9　　　　　微机保护装置常见故障现象及相应处理措施

序号	故障现象	可能原因及处理措施
1	上电后"运行"灯不亮	面板上的灯及其回路可能有故障,与厂家联系解决
		CPU板程序没有正常工作,与厂家联系解决
2	"总告警"灯常亮	装置自检出错,界面上有错误信息提示,依编号【EXX】查看并处理
		装置处于调试状态,保护未投入,确认调试完成,投入保护
		装置处于整定状态,保护未投入,确认整定完成,投入保护
		动作条件满足,装置动作,界面上有"保护事件"或"告警"信息弹出
3	面板上其他指示灯异常	动作条件满足,装置动作,界面上有"保护事件"或"告警"信息弹出
		相应信号继电器有异常,与厂家联系
4	E00:RAM出错	
5	E01:EEPROM出错(写入失败)	
6	E02:A/D故障	装置相关的硬件部分可能有故障,与厂家联系解决
	E50:A/D故障(0 V基准错)	
	E57:A/D故障(-4 V基准错)	
	E62:A/D故障(转换时间过长)	
	E63:A/D故障(2.5 V基准错)	
	E32~E43:A/D故障(波形自检出错)	
7	E03:EPROM出错	
8	E08:启动继电器故障	
9	E30:电池不足	更换CPU板上的电池
10	E29:RAM定值自检出错	复位装置,若现象无法消除,相关硬件可能有问题,与厂家联系解决
	E21:EEP定值自检出错	重新设定定值
	E49:EEP中定值套数自检出错	

续表

序号	故障现象	可能原因及处理措施
12	E26：管理 CPU 与保护 CPU 通信中断	检查各 CPU 板是否插紧，观察各板件程序是否正常运行，若都正常与厂家联系解决
13	显示偏暗或偏亮	调节液晶显示旋钮，调整到适当的亮度和对比度
14	装置接有打印机但无法打印或打印出乱码	检查打印机接口线是否良好，打印机自检是否正常
		检查打印机电源是否打开
		接口线有异常，换一根使用（注意在关闭电源后操作）
		打印机是否设为串行打印方式，参数设置是否正确
		装置打印接口芯片或光耦异常，与厂家联系解决
15	装置接有后台但无法通信（除通信规约问题外）	通信接口线是否良好，后台软件是否正常工作
		接口线有异常，换一根使用
		装置通信接口芯片或光耦异常，与厂家联系解决

下面举几个例子说明保护装置由于自身存在缺陷引起的故障。

案例 3.1

【故障现象】某变电站某 10 kV 线路微机保护无故障跳闸。

【故障检查】按规定检查发现，造成保护误动的原因为微机保护电源插件中 5 V 电压降低，降低的原因是 5 V 输出电容老化，使 5 V 电源在带负载情况下，输出下跌，导致保护 CPU 运行不正常，程序出现混乱，保护误跳闸。

【防范措施】在 5 V 电源不正常时，发告警信号，并自动闭锁所有 CPU 及外部芯片的工作。

案例 3.2

【故障现象】某 35 kV 变电站多次因 10 kV 线路发生相间短路故障，出现越级主变压器两侧断路器跳闸的不正常现象。

【故障检查】首先怀疑主变压器复合电压过流保护整定值与 10 kV 线路保护整定值配合不当，经重新核算，发现整定值计算正确，时间配合也正确。再分别对主变压器复合电压过流保护进行试验，保护正确动作，两侧断路器可靠跳闸，无误动、拒动现象。对 10 kV 线路保护进行试验，当加入的试验电流由低于定值稳步上升至大于过电流定值时，过电流保护不动作；当突变加入大于过电流定值的试验电流时，过电流保护才能动作。保护动作后相应的断路器都能可靠跳闸。据此判断 10 kV 线路保护装置存在着电流越限时过流保护不能可靠动作的缺陷。

【原因分析】该变电站 10 kV 线路都为农网线路，并且线路中还有小水电。当线路发生由电弧经过渡电阻短路发展为相间直接短路时，因受到电弧电阻等因素的影响，使电流突变量偏小，短路电流再发展增大至超过过电流保护整定值时，由于其保护装置存在突变量启动值高、过电流越限不能可靠动作的缺陷而出现拒动，只能频繁地越级主变压器近后备复合电压过电流保护动作，使主变压器两侧断路器跳闸，才能将短路故障切除。另外，主变压器后备保护装置在设计中虽然有两段时限的整定，但装置却共用一个

"保护跳闸出口",无法以两段时限分跳两个断路器,使保护装置失去选择性。当低压侧发生短路故障,主变后备保护动作时,只得将两侧断路器同时跳闸,从而扩大了停电范围。

2. 二次回路的异常运行及故障查找

(1) 查找二次回路故障一般步骤。二次回路是一个具有多种功能的复杂网络,主要包括测量回路、控制回路、信号回路、调节回路、继电保护和自动装置回路以及电源回路等。二次回路的特点是接线复杂、点多面广、运行环境差等,这些问题造成了二次回路在运行中容易出现异常、发生故障。查找二次回路故障的一般步骤如下:

1) 根据故障现象分析原因。
2) 保持原状进行外部检查和观察。
3) 检查出故障可能性大的、易出现的问题。
4) 缩小故障查找范围。
5) 查明具体故障点并消除故障。

(2) 查找二次回路故障注意事项。在查找二次回路故障时,首先必须遵守行业标准《电业安全工作规程》和其他有关规程的规定,其次还应注意以下具体事项:

1) 必须按符合实际的图纸进行查找。
2) 在电压互感器二次回路上查找故障时,必须考虑对继电保护及自动装置的影响,防止因失去交流电压而使保护误动作。
3) 拔直流电源熔断器时,应同时拔掉正负极熔断器,以利于分析查找。
4) 带电用表测量查找回路故障时,必须使用高内阻电压表(或万用表),防止误动跳闸,禁止使用灯泡查找故障。
5) 防止电流互感器二次开路和电压互感器二次短路及接地。
6) 使用的工具必须合格并且绝缘良好,尽量使必须外露的金属部分减少(可包绝缘),防止发生接地或短路及人身触电。
7) 拆接二次接线端子,应先核对图纸端子标号,做好记录和明显标记,拆接线并核对无误,检查接触是否良好。
8) 不许触动继电器的机械部分。
9) 及时恢复站用变。
10) 交、直流回路,强、弱电回路不应相混合。

二次回路故障的查找重在分析判断,只有正确分析判断,才能正确处理少走弯路。先根据接线情况、故障特征、设备状态及信号等情况分析判断可能出现故障的范围,再用正确的方法、步骤检查,以缩小范围。

3. 二次回路的异常运行及故障处理

下面介绍几种常见二次回路异常现象和处理方法。

(1) 电压回路的异常处理。变配电站在运行中常发生交流电压二次回路断线的情况。这种情况如果不及时处理,将给继电保护的安全运行带来威胁,因为交流电压回路断线很容易造成接有阻抗元件的保护发生误动。遇到这种情况,应立即检查并采取相应措施防止保护误动,并汇报调度以便及时处理。

1）当出现"交流电压消失"信号或电压切换回路异常时，主要检查方法有：

①检查保护单元运行所挂母线的隔离开关辅助接点或电压互感器隔离开关的辅助接点接触是否良好。

②检查电压互感器二次或本线电压空气开关是否跳开。

③检查电压二次回路的接线有无松动、断相问题，接线相序有无接错等。

④检查保护装置内的交流电压切换回路是否有故障。

2）当变配电所具有两段母线，且电压互感器分别装在两组母线上，在运行中需要将两段母线电压互感器二次并列运行时，可利用公共电压切换（也称并列）回路，手动操作实现二次并列。也可以由母线分段隔离开关和断路器辅助接点控制中间继电器实现自动切换。在这种条件下，如果发生线路单元保护的电压切换回路故障，主要检查以下内容：

①检查母线分段开关或线路开关的母线侧隔离刀闸辅助接点接触情况。

②检查保护装置的切换继电器线圈是否烧坏或不动。

（2）检查电流回路的异常处理。继电保护装置在运行中出现保护装置采样电流断线或电流采样回路异常的情况，如不及时处理，很容易导致保护装置误动或拒动。遇到这种情况，应立即检查并采取相应措施防止保护误动或拒动，其主要检查内容如下：

1）首先可用钳形电流表测试保护用的电流回路二次电流值，与实际负荷进行比较，确认是外回路故障还是装置内部回路存在问题。

2）检查保护装置电流回路接线端子接触、端子的连接片连接情况。

3）检查保护装置内部交流插件及模数板是否存有故障。

4）检查定值单与实际电流互感器变比是否相符。

5）检查一次 TA 设备是否有异常响声，有无电流二次回路开路情况。

（3）控制回路的异常处理。控制回路是继电保护设备的核心，控制回路异常时，有些能从相关二次信号反映出来，有些属于比较隐蔽的缺陷，未能通过二次信号表现。一般控制回路的主要缺陷表现在：断路器未能正常分合闸操作，断路器控制回路发生短路，断路器控制回路断线等。

1）断路器拒动和误动的处理

①当设备有故障时，断路器拒绝分闸的可能原因如下：

a. 继电器故障。

b. 保护回路不通，如电流回路开路，保护连接片、断路器辅助接点、继电器接点等接触不良及回路断线等。

c. 电流互感器变比选择不当，故障时电流互感器严重饱和，不能正确反应故障电流的变化。

d. 保护整定值计算及调试中发生错误，造成故障时保护不能启动。

e. 直流系统多点接地，将出口中间继电器或跳闸线圈短路。

②当系统无故障，断路器保护装置未动作时，断路器误分闸的可能原因如下：

a. 直流系统多点接地，使得出口中间继电器或跳闸线圈励磁动作。

b. 运行中保护定值变化，使保护失去选择性。

c. 保护接线错误，或极性接反。

d. 保护整定值或调试不正确，如整定值过小，用户负荷增大过多。对双回路供电线，若其中一回停电，另一条线路运行，而保护未按规定改大定值等将造成误跳闸。

e. 保护回路工作的安全措施不当，如未断开应拆开的接线端子或联跳连接片，误碰、误触及、误接线等，使断路器误跳闸。

f. 电压互感器二次断线，如电压互感器的熔断器熔断，有些断线闭锁不可靠的保护可能误动，这种情况下，一般会有"电压互感器断线"信号，电压表指示不正确。

③当遇到继电保护装置异常、引起保护拒动或误动这类故障，应根据各级调度规程和事故处理规程的有关规定进行处理。如果故障是由于直流回路接地引起的，需要用拉路法查找接地点应得到调度同意，查找出接地点后将查找结果汇报调度及相关领导，经排除接地故障后汇报调度，并根据调度指令送电。如果故障是由于人员误碰、误接线引起的，应停止工作人员在保护及二次回路上工作，拉开其试验电源；纠正错误接线后，汇报调度并根据调度指令送电。如果是由保护装置本体原因（如整定值有误、接触不良、电源故障、元件损坏、调试不当等）引起的，应汇报调度及相关领导，待有关人员查明原因后方可根据调度指令恢复送电。

2）断路器控制回路发生短路的处理。控制回路发生短路时，熔断器熔体熔断，发出信号，此时应排除故障后更换熔断器熔体。如未排除故障点，熔断器熔体更换后会再次熔断。接点通过短路电流时会烧熔损坏，短路点会有电弧损伤现象。接点有烧伤的，该接点所控制的回路内可能有短路（因短路电流通过所致）。冒烟的线圈或烧坏的部件也可能是短路点。此外，还要查回路中各元件的接线端子、接线柱等有无明显碰落，有无异物落上造成短路及碰金属外壳现象。若发现某一接点烧伤，可进一步检查该接点所在回路中各元件，可测该回路电阻值是否较小，回路中各元件电阻值是否变小，有无损坏等。

若经上述检查未发现明显问题，当需查找的范围较大（回路分布较广）时，应采取措施缩小范围进行排查。

3）断路器控制回路断线的处理

①对于无"控制回路断线"信号的断路器，发现红灯不亮时，应检查灯泡及灯具是否完好，操作熔断器是否熔断或接触不良。若灯泡、附加电阻、熔断器及控制电源正常，断路器的油压、气压在合格范围，则可能为跳闸回路断线。此时，全部保护失去作用，必须及时处理。

②当"控制回路断线"信号发出时，先检查操作回路熔断器是否熔断或接触不良，再检查跳闸回路有无断线或接触不良问题。

(4) 重合闸回路的异常处理。重合闸回路是断路器故障跳闸后，保护根据故障实际情况实现重合闸功能的关键辅助设备，主要缺陷是重合闸监视回路缺陷，反映信号主要是重合闸电源监视灯或重合闸充电灯不亮。

1）电磁型重合闸回路，重合闸继电器的监视灯不亮的处理。重合闸电源监视灯的作用是，监视直流电源的完好性以及监视重合闸继电器线圈的完好性。重合闸电源监视灯不亮的问题处理步骤如下：

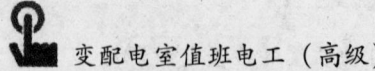

①检查监视灯灯泡是否烧坏，如烧坏应更换。
②检查控制回路熔断器是否熔断或空气开关是否跳开。
③检查重合闸继电器线圈或电容器是否损坏。

2) 微机型保护装置重合闸充电"CD"灯不亮处理。微机型保护装置重合闸充电"CD"灯不亮时，主要检查内容如下：

①检查相应的装置开入量，包括开关闭合后开入接点、操作箱跳位继电器开入接点、断路器压力闭锁接点、外部重合闸闭锁接点等是否正确。
②检查保护屏上的重合闸操作把手位置，应不在停用位置。
③检查保护装置闭锁重合闸连接片或沟通三跳连接片是否在投入位置。

下面举几个事故案例说明二次回路异常造成的影响。

案例3.3

【故障现象】某变电站改造投入运行以来，因10 kV线路故障，引起主变压器差动保护动作达十几次。

【故障查找】根据常规的故障查找方法，均未查出明显的问题，因此查阅了有关资料，认为既然差动保护装置各项检查都合格，只有对TA作进一步分析，看TA是否有问题。但从历史统计数据来看，差动保护从未因TA引起过误动，所以没有引起足够重视。但从故障性质进行分析，都是因为10 kV线路速断动作引起的。也就说明短路电流较大时，造成TA铁心饱和，产生二次不平衡电流。因此，又查阅了关于电流互感器的反事故措施。反事故措施中强调要适度增大主变压器电流互感器变比，以减小电流互感器大电流时的饱和度。目前常用的电流互感器的精度等级，0.2级用于实验室精密测量，0.5级用于计量，3级、10P级用于保护，D级用于差动保护。另外10P级又分为：10P/10、10P/15、10P/20等（10P/10型电流互感器，表示在10倍一次额定电流下，复合误差不超过10%）。

【故障分析处理】根据这一原则，对高低压TA进行了详细的排查，结果发现，10kV TA差动保护为10P级，35 kV断路器套管差动保护TA为0.2级。原因是这台断路器原来是线路断路器，变电站改造时，将其作为主变断路器。因TA变比过大，故进行更换，更换后厂家误更换为0.2级，而且没有更换铭牌，所以安装人员将其作为差动用TA。这样当外部产生较大的短路电流时，高低压侧TA的饱和状态和饱和程度不成正比，因此产生了较大的不平衡电流，造成差动保护动作。

问题分析确认后，将套管TA更换为10P/10级，差动保护误动作问题得到了有效的解决。

【结论】主变压器差动保护装置误动，主要因35 kV侧差动保护所用的断路器套管TA的精度等级选择不当，当外部故障短路电流较大时，两侧TA饱和度不成正比，出现不平衡电流，引起差动保护动作。

案例3.4

【故障现象】某变电所10 kV×开关，自1999年投运后，运行情况较好。随着供电负荷迅速上升，配变的容量不断增大。至2005年初，该开关出现拒合现象，即该开关在合闸时，发出连续的跳合声响，随后开关有时能合上，有时不能合上。

【故障查找】对该断路器的控制和保护回路进行了测试和检查,排除了"开关跳跃"的可能。对该开关进行试验和检查,没有发现异常;对开关的控制和保护回路进行检查,也没有发现问题。但该开关在恢复运行时,拒合现象仍然存在。

【故障分析处理】通过仔细分析现场情况,发现该故障可能与保护装置动作有关。因为在开关拒合时,发现过流信号掉牌,但变配电值班人员误认为掉牌是开关柜振动较大引起的,以前发现过类似现象。为此,重新检查控制和保护回路,最终发现该开关的过流保护没有时限。过电流保护时间继电器的延时闭合动合触点没有接入回路,而把瞬动动合触点接入了回路。

把时间继电器接点改接后,开关恢复运行,拒合现象消失。

【结论】通过分析认为应该是开关合闸时的冲击电流造成开关拒合。在该台开关刚投入运行时,虽然过电流保护回路接线错误,但由于该线路较短、负荷较小,合闸时的冲击电流启动不了过电流保护装置。但当供电负荷不断增加,配变容量不断增大,开关合闸时的冲击电流也随之增大,当该电流增至能启动过流保护装置时,开关在合闸时保护动作,将开关跳开,出现开关拒合。但随着运行方式的改变,合闸冲击电流减小,开关又能合上闸。当把回路改接后,定值虽然不能完全躲过合闸时的冲击电流,但从时限上,保护装置完全可以躲过该冲击电流。

第五节 微机监控系统

→ 熟悉变配电室微机监控系统的基本结构原理
→ 了解微机监控系统应具备的功能及要求
→ 能处理微机监控装置常见故障
→ 能对无人值守变配电所巡视检查和操作

一、变配电所微机监控系统

1. 变配电所微机监控系统的发展

变配电所微机监控是以计算机技术为核心,以现代电子技术、自动化技术、信号处理技术、通信技术等为基础,将变配电室原有的保护、仪表、中央信号、远动装置等信息数字化,通过各设备间的相互信息交换、数据共享,让变配电值班人员能在微机上实现对变配电室主要信号的监视和一次设备的操作控制。

随着上述各项技术的迅速发展,变配电所微机监控系统也得到了广泛的应用,其发展过程经历了以下几个阶段:

(1) 利用微处理机改进变电站的测量和信号系统阶段。此阶段的监控系统是在变电站内装设一套单主机的微机监测系统,不具备控制功能,协助变配电值班进行数据采集、显示、打印、顺序记录、模拟量越限报警等简单功能。

(2) 二次设备集中布置,装设双主机的阶段。此阶段的微机监控系统在中央信号上完全使用了微机,但保护、仪表等二次系统仍采用常规设计,依然存在用强电传输信息、数据误差大、电缆用量大、传输距离近等缺点。

(3) 二次设备分散布置,装设双主机的阶段。此阶段与上一阶段的不同之处主要在信息采集和传输方式上,简化了设备,双重配置增加了设备的可靠性。

(4) 综合自动化变电站阶段。此阶段的监控系统通过多台微型计算机、光缆和网络线,将变电站信息共享于计算机网络中,监控系统的功能大大增强,可以实现监视、远方控制、微机防误操作闭锁、继电保护、远动传输、故障录波等功能。简言之,变电站综合自动化技术是集保护、测量、控制、远动等功能于一体,通过数字通信及网络技术来实现信息共享的一套微机化的二次设备及系统。

微机监控系统发展到当前阶段,可以说已成为变电站综合自动化系统的一个子系统,但其实现原理、通信方式等是一致的。

2. 微机监控系统的结构原理和特点

(1) 微机监控系统的结构原理。采用综合自动化技术的微机监控系统,基本上采用分层分布式结构,下面介绍微机监控系统三层的组成和主要功能。

1) 间隔设备层。按断路器间隔划分,由各间隔的测量、控制和继电保护单元部件组成,这些独立的单元装置直接通过局域网络或串行总线等组成的通信网络层与变电站监控层联系,也可能设有数据采集管理机或保护管理机,分别管理各测控单元和保护单元,然后集中由数据采集管理机和保护管理机与变电站层联系。

2) 通信网络层。主要完成各种设备通信功能及各种智能设备、自动装置等通信接口功能。通信网络层采用现场总线或局域网,供监控层监控主机与间隔设备层之间交换信息。

3) 变电站监控层。设在主控室,主要完成变电站的遥控、遥信、遥测、遥调等功能。

35 kV 及以下电压等级的变配电所主要采用分散分布式结构,即每条馈线、变压器、电容器组等各单元设备,集保护、测量、控制功能于一体,设计在同一个机箱中。并将这些一体化的保护测控装置分散安装在各个开关柜中,然后由监控主机通过通信网络,对它们进行管理和信息交换。其结构框图如图 3—22 所示。

(2) 微机监控系统的特点。采用综合自动化技术的微机监控系统主要有以下特点:

1) 微机保护测控一体化装置采用分散式结构,在设备现场就地安装,节约了大量二次设备之间连接用的控制电缆,只需通过数字信号经现场总线与保护管理机交换信息。

2) 简化了变配电所的二次装置配置,缩小了控制室需要占用的面积。

3) 减轻了现场施工、设备安装和调试的工作量,施工、维护周期大大缩短。

4) 分散式结构组态灵活、可靠性高。分散式就地安装,较短的电缆线减小了电流互感器的二次负担;各装置与监控主机间通过通信网络层连接,抗干扰能力较强。

5) 分散式结构可以降低变配电站的总投资。

需要指出的是,与传统变配电站相比较,微机监控系统对通信网络的依赖性很强。当通信网络设备发生故障,不能对现场设备进行远方监控时,变配电值班人员若无法处理,应立即通知相关人员到场检修,在通信网络恢复正常前,应派专人到现场对一、二次设备进行监控。

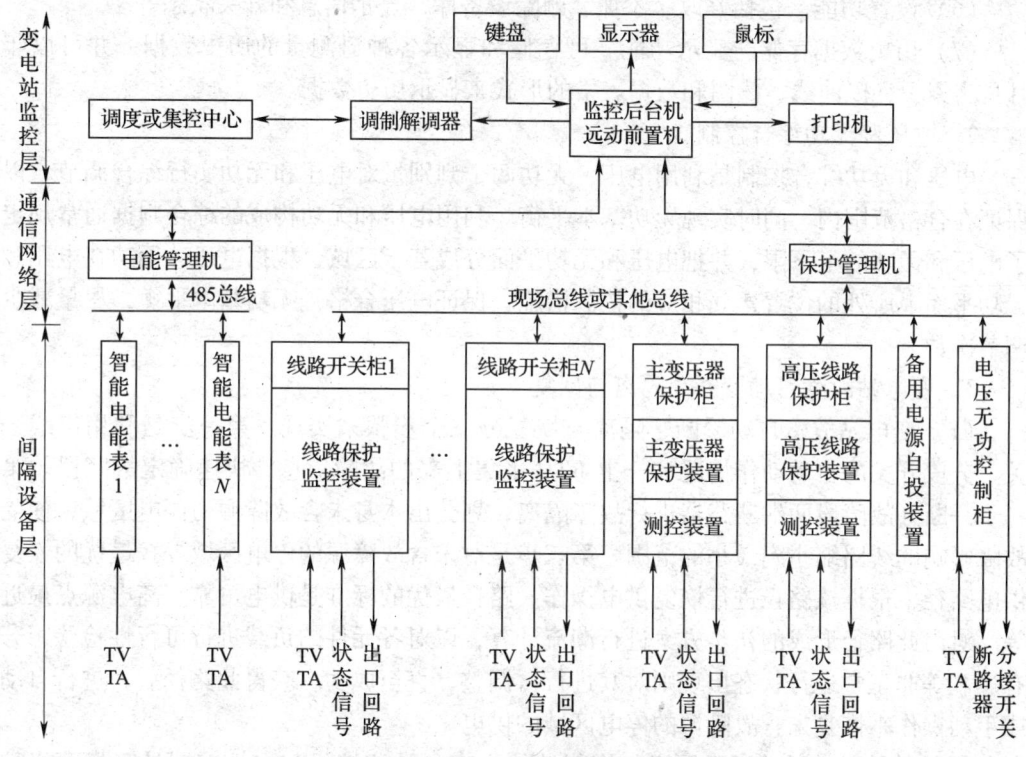

图3—22 分散与集中相结合的系统结构框图

二、变配电所微机监控装置的基本功能要求

变电站微机监控系统除具备传统变电站监控系统的采集功能和远动功能外，还具有遥测数据显示、遥信、开关状态显示、SOE事件监视、开关操作、变压器分接头调整、电容器的投切等当地监控功能，此外，还可实现无功-电压的综合调节、线路的故障诊断、隔离与供电恢复、远方抄表的数据采集及转发等功能。

1. 主要功能

（1）数据采集。从现场采集全部数据信息，包括各种状态量、模拟量、脉冲量、数字量和保护信号，并将这些采集到的数据去伪存真后存于数据库供计算机处理之用。

（2）SOE事件记录。可记录遥信变位、遥控开关、调节分接头等操作和故障信息等事件。

（3）诊断功能。可手动和自动检测远程终端单元（RTU）的通信状态，并可在故障后启动RTU的通信。

（4）控制功能。当地或远方遥控开关、调节分接头，可手动、自动进行电压和无功的综合控制，以及故障的自动诊断、隔离与供电恢复。

（5）显示功能。包括主接线图、开关状态、实时数据图形（包括曲线、棒图、饼图、表型图等）、实时遥测表格、实时遥信表格、开关状态表格、SOE记录表格和通信报文的显示。

(6) 设置功能。包括修改、添加、删除设备库，显示信息和开关状态等。

(7) 历史数据存储与显示功能。可存储和显示各种遥测量的历史数据，并可以年月日为索引，以曲线、棒图和数据表格的形式来显示历史数据。

2. 电压和无功综合控制

电压和无功综合控制是利用电压、无功两个判别量对电压和无功实行综合调节，以保证在合格范围内，同时实现无功基本平衡。利用电压和无功构成的综合判据通常规定了电压和无功的上下限，并把电压和无功平面分成若干区域，根据电压、无功在电压和无功平面上所处的位置建立相应的控制措施，保证电压合格，无功基本平衡，尽量减少调节次数。

3. 变电站故障自动诊断、隔离与恢复

(1) 变电站故障自动诊断、隔离与恢复分三个步骤来实现。第一步是利用出线开关、分段开关的自动动作情况和杆上 RTU 采集上来的故障信息，快速确定故障段。第二步是断开故障段两端断路器进行故障隔离，划分出本身未含故障源的停电区域，使受故障影响的线路缩小到最小的范围。第三步是对未含故障源的停电区域寻找最优的恢复供电路径，根据该路径进行恢复供电操作。路径最优的标准是供电可靠、离电源点最近等。对由此路径形成的初步方案进行潮流计算，以对各元件的负载进行可行性检验，若有过载等非正常运行状态出现则对其进行再调整，直至成功。获得此路径后，进行自动或手动操作来恢复未含故障源的停电区域的供电。

(2) 故障的自动诊断、隔离与恢复功能由变电站监控机与主站控制计算机两级控制来实现，这里主要介绍变电站这一级的实现方法。首先当故障发生后，由变电站监控机执行分站故障的自动诊断、隔离与恢复程序，判断分析是否只在该站内就可以达到故障的诊断、隔离与恢复。对于不能达到的则发出一个消息或事件给主站控制计算机，执行主站的故障自动诊断、隔离与恢复程序，再进行分析判断，实现对完好的线路段恢复供电。在获得最优的故障后恢复供电顺序后，可通过自动或手动两种方式来实现恢复供电。

1) 自动方式。程序确定最优恢复供电顺序后，将操作顺序、操作开关及其位置等信息以对话框的形式在计算机屏幕上显示出来，并按照操作顺序自动下达每一步操作命令，在操作结束时给出操作成功与否的提示信息。当操作成功时，系统图上的系统状态变为故障被隔离和恢复后的状态；不成功时则给出在哪一步操作时发生了故障，供系统操作员来参考分析。这样不仅减少了恢复供电所需的时间，同时也在一定程度上防止了调度员出现误操作等情况，因而大大减少了用户的停电时间，提高了城网自动化系统的可靠性。

2) 手动方式。当确定最优恢复供电顺序后，将操作顺序、操作开关及其位置等信息以对话框的形式在计算机屏幕上显示出来，操作员根据其操作顺序来恢复供电。

三、微机监控装置异常处理方法

采用微机监控装置的变配电所，运行可靠性较传统变配电所明显提高，且维护工作量较小，但因为设备采用的技术更新较快，对运行和维护人员的要求也在不断提高。除了前述的通信异常导致系统故障需及时判断并处理外，还应注意以下问题。

1. 微机监控系统的故障处理原则

（1）因变电站微机监控程序出错、死机及其他异常情况产生的软故障的一般处理方法是"重新启动"。

1）若监控系统某一应用功能出现软故障，可重新启动该应用程序。例如，五防服务出错，完全关闭五防服务程序后，重新启动五防服务应用程序即可（不必重新启动整台计算机）。

2）若监控系统某台计算机完全死机（操作系统软件故障等情况），必须重新启动该台计算机并重新执行监控应用程序。

3）变电站监控网络在传输数据时由于数据阻塞造成通信死机，必须重新启动传输数据的集线器（HUB）或交换机。

4）任何情况下发现监控应用程序异常，都可在满足必需的监视、控制能力的前提下，重新启动异常计算机。

（2）两台监控后台正常运行时以主/备机方式互为备用，"当地监控1"作为主机运行时，应在切换柜中将操作开关置于"当地监控1"，这样遥控操作定义在"当地监控1"上，"当地监控2"（备用机）上就不能进行遥控操作。当"当地监控1"发生故障时，"当地监控2"自动升为主机，同时应在切换柜中将操作开关置于"当地监控2"。

（3）某测控单元通信网络发生故障时，监控后台不能对其进行操作，此时如有调度的操作命令，值班人员应到现场进行就地手动操作，同时立即通知专业人员进行检查处理。

（4）微机监控系统中发生设备故障不能恢复时应将该设备从监控网络中退出，并汇报调度部门。

（5）通信中断的处理原则

1）应判断该装置通信中断是由保护装置异常引起的，还是由站内计算机网络异常引起的。

2）一般来说，若装置通信中断是由保护装置异常引起的，则该装置还同时会有"直流消失"信号。

3）对计算机网络异常引起的通信中断，处理时不得对该保护装置进行断电复位。

2. 微机监控装置常见故障判断处理

（1）遥测故障判断处理。微机监控系统遥测功能是将温度计、电压互感器、电流互感器等测量、变换设备变换到二次回路上的模拟信号，采集成系统能识别的数字信号，以正确反映变电站设备实时运行工况。

1）监控系统遥测故障。监控系统遥测故障主要有：电流、电压、有功功率、无功功率、功率因数、频率、直流母线电压数值异常，变压器绕组温度和上层油温等无显示或显示的数值不准确、数据不刷新等。这些故障的主要原因是：监控系统中电流和电压互感器变比与实际变比不一致、计算比例系数设置不正确、测控装置故障或死机、模拟量输入电路元件损坏或回路故障、电流和电压回路故障、温度（或压力）变送器损坏等。

2) 监控系统遥测故障判断。运行中可以采用计算流入、流出线路、母线、变压器的电流、功率是否平衡以及对比的方法来判断系统显示的模拟量数值是否准确。如计算流入、流出线路、母线、变压器的功率是否平衡可以判断各元件（如变压器、线路）的电流采样值和母线电压采样值是否准确；测量变压器上层油温与系统显示的变压器上层油温数值进行比较，可以判断系统变压器上层油温采样值是否准确。

3) 监控系统遥测故障检查处理。发现系统某元件模拟量无显示或显示的数值不准确时，应检查对应测控装置是否正常（屏后空气断路器是否跳开）、装置面板遥测量是否显示，是否正常；若是母线电压不准确，还可用万用表检查测控装置母线交流电压是否正常（屏后母线交流电压互感器空气断路器是否跳开）；若是电流不准确，检查TA回路是否正常（无开路或进入装置的电流回路是否被短接）；若是变压器上层油温不准确，还应检查变压器测温回路是否正常。经全面检查后，根据发现的异常现象及检查的结果上报缺陷，等待专业人员处理。

数据不刷新一般是由于测控装置故障或死机、模拟量输入电路元件损坏或回路故障所致。检查日负荷或电压报表时，如果某一间隔的所有报表数据一直都未改变过或某一间隔测控界面所有遥测不会更新，且站内的网络通信正常、系统支持程序运行正常、测控装置无告警信号，就有可能是该间隔测控装置死机所致。此时可试着重启测控装置一次，重启后若仍不正常，通知专业人员进行处理。

(2) 遥信故障判断处理。微机监控系统遥信具有采集开关的状态、隔离开关的状态、变压器有载调压分接头的位置、继电保护动作信号、运行告警信号等，对变电站设备运行状态进行监视的功能。

1) 监控系统遥信故障。运行中监控系统遥信的故障主要有：系统监控界面断路器的状态、隔离开关的状态、变压器有载调压分接头的位置与实际不一致或变位频繁；继电保护动作信号、运行告警信号误报警或不报警。

2) 监控系统遥信故障判断。系统未正确设置测控点参数、测控装置故障或死机、断路器和隔离开关的辅助接点接触不良、跳合闸位置继电器坏或接点接触不良、光耦损坏、开关量采集电路回路故障（如元件损坏、断线、回路绝缘不良、回路接触不良）、变压器有载调压分接头位置接点接触不良、切换开关接点接触不良、串口通信规约转换故障、测控及保护装置地址错误等，都可能导致系统监控界面断路器的状态、隔离开关的状态、变压器有载调压分接头的位置与实际不一致或变位频繁和继电保护动作信号、运行告警信号误报警或不报警。

3) 监控系统遥信故障检查处理。运行中监控系统遥信发生变位或发出遥信信号时，应认真进行分析判断，并对相应的一次和二次设备进行检查，检查现场装置和设备是否正常，是否为误发信号。如果现场保护装置、一次设备正常则属于误发信号，应上报缺陷并通知专业人员进行处理。在专业人员还未处理，又影响到变配电值班监视时，可利用系统置位功能进行强制置位，使设备状态与实际一致，待专业人员处理好后解除置位。如果信号正确，应根据保护动作、断路器跳闸、电流、电压指示和其他具体情况，按照现场运行规程进行处理。

(3) 遥控、遥调故障判断处理

1) 遥控、遥调故障及主要原因。微机监控系统可实现远方遥控分合断路器、隔离开关、软压板投退、信号复归等操作功能。运行中监控系统遥控的常见故障是无法进行遥控操作，其原因主要有：测控装置故障或死机、程序死循环、网络通信中断、遥控出口继电器损坏、测控装置地址出错、监控系统自身故障、五防闭锁（不满足五防操作条件，系统禁止操作）、不满足同期操作条件、测控屏上断路器"远方/就地"选择开关把手不在"远方"位置、测控屏上断路器遥控分、合闸压板未投入、断路器控制回路存在问题及故障（如断路器操作电源未送、SF_6压力低闭锁、断路器辅助接点接触不良、操作机构压力低闭锁或弹簧未储能、跳合闸线圈损坏、跳合闸回路接触不良、断路器操作机构自身故障）、间隔置检修状态（系统禁止操作）等。

2) 遥控、遥调故障检查处理。监控系统在进行遥控操作断路器失败时，应先检查监控系统自身运行是否正常，是否满足同期操作条件，网络通信是否正常，是否有"控制回路断线""操作机构闭锁（压力低闭锁或弹簧未储能）"信号，是否有"SF_6压力低闭锁"信号，断路器"远方/就地"把手是否在"远方"位置，若系上述原因则进行相应的处理；如果都正常再到测控屏检查测控屏上断路器遥控分、合闸压板是否投入，测控装置运行是否正常，测控装置是否死机，程序是否死循环，然后根据具体情况进行相应处理；如果上述检查都正常但仍然无法操作，可在现场测控屏上进行就地操作，断路器分、合操作结束后，通知专业人员处理远方无法操作的问题；如果现场测控屏上仍无法进行就地操作，则汇报调度并通知专业人员进行处理。

变压器分接开关的遥调操作实际上就是遥控操作。微机监控系统无法调整变压器分接开关挡位时，可参照上述方法处理。

四、无人值守变配电所的巡视检查

1. 无人值守变配电所的巡视检查规定

随着变电站综合自动化技术的发展，无人值守成为一种新的变配电所运行管理模式。这种管理模式下对设备巡视检查和操作的有关规定、要求与有人值守模式略有不同，但原则和方法不变。

无人值守变配电所从属集控中心管辖，集控中心每值均设监控中心和操作队两个班组，操作队负责无人值守变配电站的现场操作、巡视、定期轮换和日常维护，监控中心负责无人值守变配电站的单一操作、系统电压和无功的调整及一、二次运行设备的远方监视。在无人值守模式下，对变配电所设备巡视检查规定如下：

（1）监控中心人员对所辖无人值守变配电所实行负荷实时监控，对监控机上数据采集与监视控制系统（SCADA）和事件顺序记录系统（SOE）上出现的历史事件实施即时检查，对一次设备的母线电压、主变和运行断路器的电流、直流系统运行情况、运行和备用变电压情况、防火防盗系统工作情况每小时巡查1次，将检查结果做详细记录，利用远方遥视系统对变配电站内设备等情况巡查1次。发现异常或缺陷，及时记录并汇报。

（2）操作班班员对管辖的变配电站进行设备日常巡视，至少每值一次（时间间隔

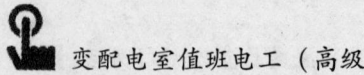

不应超过两天);集控中心班长每周对管辖下各变配电站进行全面巡视检查一次。

(3) 遇有下列情况,应进行特殊巡视,巡视次数按有关现场运行规程规定进行:设备过负荷,或负荷有显著增加时;特殊运行方式时;设备经检修、改造或长期停用后重新投入系统运行,新安装设备加入系统运行时;设备缺陷近期有发展;恶劣气候、事故跳闸和设备运行中有异常现象;法定节假日及上级通知有重要供电任务期间。

(4) 设备巡视周期:根据无人值守管理模式、设备运行状况、车辆配置和交通道路等情况综合考虑,定期巡视周期至少每周两次。

2. 无人值守变配电所的巡视检查要求

(1) 对设备巡视人员的基本要求。巡视人员要具备较强的责任心,充分认识到设备巡视工作的重要性,在巡视中富有耐心、做到细心、专心,确保设备巡视不遗漏。同时要有较强的判断能力,在发现设备缺陷时能够进行正确的分类,甄别轻重缓急,及时准确上报。当发现重大设备缺陷时,迅速、果断采取有效措施,隔离或切除缺陷设备,限制缺陷的进一步发展,从而避免故障或事故的发生。

必须经过安全知识教育,熟悉掌握《电业安全工作规程》及有关技术规范的相关规定,并经考试合格,持证上岗。正确使用安全工器具和仪器仪表,保持与带电设备足够的安全距离,不得随意移开或越过遮栏进行工作。

巡视人员必须熟悉电气设备。变配电设备有许多种类,而一种设备又可能有不同的型号,即使是同一种型号的设备由于投运时间、负荷大小、所处环境的不同,其运行状况也是千差万别。因此巡视人员不但要熟悉电气设备一般的巡视要求,更要对所辖设备的基本运行参数了如指掌,有针对性、有重点的进行设备巡视,避免走马观花式,提高设备巡视的效率与质量。

(2) 设备巡视程序格式化。为确保设备巡视不遗不漏,除在变配电站内标示清晰合理的巡视路线外,也要在各运行设备区间设置巡视记录卡,并将巡视记录内容格式化,以打"√"形式完成各设备巡视内容,并将重要设备参数记录在卡内,如主变油温、气体开关压力以及开关机构气体压力和油压力、蓄电池电压、直流母线电压等。要求巡视人员必须在记录卡内签名确认,保证巡视到位和巡视质量。主管负责人应进行跟踪检查,实现闭环管理,实行责任追究考核制度。

(3) 设备巡视记录规范化。每次巡视记录中应填写当日日期、气象、气温、湿度和巡视人员姓名,有异常或缺陷情况应及时报告,不需装设安全措施且工程量很小的缺陷即行处理并记录和报告,危及设备和人身安全的隐患及故障应当立即采取果断措施予以处理,然后报告。设备缺陷要求记录,及时报告,及时消缺,跟踪处理,实现闭环式管理。

3. 无人值守变配电所的巡视检查内容

无人值守变配电所的巡视检查主要内容包括:

(1) 主变压器声响、油位、油温是否正常,外壳是否清洁、有无渗漏油、瓷套管有无破损,气体继电器应充满油,防爆管有无裂纹,冷却系统是否正常等。

(2) 所有变压器、电压互感器、电流互感器、油断路器等充油设备有无渗漏油和瓷套管破损现象。

(3) 所有高压设备的电气设备连接有无过热和放电现象，熔断器熔管及熔断器是否完好正常。

(4) 全站继电保护装置、自动装置、直流系统、蓄电池组、通信和自动化系统、五防装置以及全站照明系统和事故照明系统是否正常。

(5) 全站场地清洁、杆构架接地引下线、警示牌和编号牌、消防设施、安全工具、防盗设施、电缆沟盖板等都应巡视。

五、无人值守变配电所的操作

1. 无人值守变配电所的操作规定

无人值守变配电所都设置了"远方""就地"两种操作方式。正常情况下，运行或热备用状态下的断路器，均置于"远方"位置，由监控中心值班员进行远控。冷备用和检修状态下断路器放在"就地"位置，供现场人员操作。监控的主要操作任务是无人值班变配电所的电容器投切、有载调压主变的分接头调整及正常运行方式和事故情况下的拉合断路器的单一操作。所有远方操作都必须由两人完成，一人操作，一人监护。当发生远方拉合断路器和有载调压调整拒动时，汇报调度，根据调度指令再操作 1 次，仍不成功则作为缺陷汇报，由专业人员处理。对检修的设备在操作前后应及时准确布置安全措施，并做详细记录。

2. 无人值守变配电所的操作要求

无人值守变配电所电气操作的基本要求与有人值守变配电所基本相同：

(1) 电气操作应根据调度或集控中心值班负责人的命令执行。

(2) 电气操作应由两人进行，其中一人对设备较为熟悉者作为监护人，另一人为操作人。

(3) 电气操作必须有合格的操作票，操作时严格按操作票顺序执行。

(4) 事故处理可不用操作票，但应根据调度或集控中心值班负责人的命令正确执行。

(5) 尽量不影响或少影响系统的正常运行和对用户的供电。

(6) 万一发生事故，影响的范围要尽量小。

(7) 在交接班、系统出现异常、事故及恶劣天气情况下尽量避免操作。

单元测试题

一、**判断题**（下列判断正确的打"√"，错误的打"×"）

1. 微机保护装置中，电压形成回路除了起电量变换作用外，还起隔离作用。

（   ）

2. 计算机监控系统的基本功能就是为运行人员提供站内运行设备在正常和异常情况下的各种有用信息。

（   ）

3. 变压器在运行中补充油，应事先将重瓦斯保护改投信号位置，以防止误动跳闸。

（   ）

4. 单相重合闸是指线路上发生单相接地故障时，保护动作只跳开故障相的开关并单相重合；当单相重合不成功或多相故障时，保护动作跳开三相开关，不再进行重合。因其他任何原因跳开三相开关时，也不再进行重合。（　）

5. 自动重合闸有两种启动方式：断路器控制开关位置与断路器实际位置不对应启动方式和保护启动方式。（　）

6. 采用计算机监控系统进行远方操作时，需解除五防闭锁功能。（　）

7. 微机保护的软件更新版本时，只要硬件没有变化，功能也不会发生变化。（　）

8. 变压器过负荷保护只用一个电流继电器，接于任一相电流之中，经延时作用于信号。（　）

9. 按频率自动减负荷装置的动作没有时限。（　）

10. 系统正常运行时，工作电源和备用电源都在运行状态的备自投配置方式称为明备用。（　）

11. 工作电源和备用电源同时失去时，备自投装置应自动闭锁。（　）

12. 备自投装置动作时应不经延时直接跳开断路器。（　）

13. 电力系统低频运行会影响电能质量，但不会对系统稳定造成影响。（　）

14. 当按低频装置动作自动减负荷时，重合闸可以不动作。（　）

15. 低频继电器反映频率降低而动作，它取用母线电压互感器二次侧电压获得系统频率信息。（　）

16. 自动按频率减负荷可以采用专用的自动按频率减负荷装置实现，也可以把自动按频率减负荷的控制分散在每回馈线保护装置中。（　）

17. 继电保护装置压板正电源输入的回路接于压板的下端。（　）

18. 微机保护装置可以在正常运行中更改保护定值。（　）

19. 只要不影响保护正常运行，交、直流回路可以共用一根电缆。（　）

20. 采用单相重合闸可以提高电力系统的静态稳定性。（　）

二、单项选择题（下列每题的选项中，只有1个是正确的，请将其代号填在横线空白处）

1. 单侧电源线路的自动重合闸装置必须在故障切除后，经一定时间间隔才允许发出合闸脉冲，这是因为_____。

　　A. 需与保护配合

　　B. 故障点要有足够的去游离时间以及断路器及传动机构的准备再次动作时间

　　C. 防止多次重合

　　D. 断路器消弧

2. 对采用单相重合闸的线路，当发生单相接地故障时，保护及重合闸的动作顺序是_____。

　　A. 三相跳闸不重合

　　B. 单相跳闸，单相重合，后加速跳三相

　　C. 三相跳闸，三相重合，后加速跳三相

D. 单相跳闸，后加速跳三相

3. 全线敷设电缆的配电线路，一般不装设自动重合闸，这是因为_____。
   A. 电缆线路故障几率少
   B. 电缆线路故障多系永久性故障
   C. 电缆线路不允许重合
   D. 电缆配电线路是低压线路

4. 以下不属于备用电源自动投入装置作用的是_____。
   A. 提高用户供电可靠性
   B. 简化继电保护
   C. 限制短路电流，提高母线残压
   D. 减少一次设备投资

5. 检查线路无电压和检查同期重合闸，在线路发生瞬时性故障跳闸后_____。
   A. 先合的一侧是检查同期侧
   B. 先合的一侧是检查无电压侧
   C. 两侧同时合闸
   D. 两侧按开关分合闸速度决定

6. 按频率自动减负荷装置动作首先切除的是_____。
   A. 基本级第一级负荷
   B. 基本级负荷
   C. 特殊级第一级负荷
   D. 特殊级负荷

7. 下列_____不是监控中心值班人员的操作任务。
   A. 电容器的投退
   B. 有载调压主变分接头的调整
   C. 正常运行方式下隔离开关的分合
   D. 正常运行方式下断路器的分合

8. 下列符合无人值班变配电站操作要求的是_____。
   A. 电气操作可以由单人进行
   B. 电气操作可以不用操作票
   C. 电气操作根据调度或集控中心值班负责人的命令执行
   D. 事故处理可以不用操作票，且自行处理无需按调度指令执行

9. 按频率自动减负荷装置在_____发挥作用。
   A. 线路发生接地故障，电压降低时
   B. 线路发生接地故障，重合闸装置动作时
   C. 系统发生事故，出现较大的有功功率缺额时
   D. 系统电压低于正常值时

10. 线路带电作业时重合闸应_____。
    A. 退出   B. 投入   C. 改时限   D. 不一定

三、多项选择题（下列每题的选项中，至少有2个是正确的，请将其代号填在横线空白处）

1. 关于自动重合闸装置的设置，下列说法正确的是_____。
   A. 自动重合闸装置在装置的某些元件损坏以及断路器触点粘住或拒动等情况下，均不应使断路器多次重合
   B. 断路器处于不正常状态不允许实现自动重合闸时，应将自动重合闸装置闭锁
   C. 3 kV及以上的架空线路和电缆与架空的混合线路，当用电设备允许且无备用电源自动投入时应设置自动重合闸装置

D. 旁路断路器和兼作旁路的母联或分段断路器应设置自动重合闸装置
2. 对于自动重合闸装置，下列各项符合要求的是_____。
   A. 手动或通过遥控装置将断路器断开或将断路器投入故障线路上而随即由保护装置将其断开时，自动重合闸均不应动作
   B. 自动重合闸装置在装置的某些元件损坏以及断电器触点粘住或拒动等情况下，均应使断路器多次重合
   C. 当断路器处于不正常状态不允许实现自动重合闸时，应将自动重合闸装置闭锁
   D. 自动重合闸装置可采用一侧无电压检定，另一侧同步检定的重合闸
3. 微机型备自投装置的动作条件有_____。
   A. 备用电源进线、备用电源母线有电压   B. 工作母线无电压
   C. 工作进线无电流   D. 进线断路器在跳位
4. 下列对备自投装置表述正确的是_____。
   A. 备自投装置启动后先跳开原先在运行的进线断路器，确认工作电源确实被断开后，备用电源才投入
   B. 主变后备保护动作切除主变低压侧断路器造成母线失压时，低压侧分段备自投应动作
   C. 手动切除工作电源时，备自投不应动作
   D. 备自投可以动作两次
5. 下列对继电保护压板投切规定正确的是_____。
   A. 投入压板前，应检查装置无异常告警信号
   B. 压板操作应双手进行
   C. 投入保护出口压板前应检测压板触头两端无异极性导通现象
   D. 投退压板应根据现场要求自行操作，无需按调度指令执行
6. ISA系列线路微机保护装置正常运行（断路器在合闸位置）时，装置面板显示正确的是_____。
   A. "运行"灯亮   B. "重合"灯亮
   C. "合位"灯亮   D. "合后"灯亮
7. _____情况应将主变压器本体重瓦斯保护由跳闸改投信号。
   A. 主变滤油、放油、加油   B. 打开气阀放气
   C. 清理呼吸器孔   D. 主变大量漏油
8. 运行中出现"交流电压消失"可能的原因有_____。
   A. 电压互感器隔离开关辅助接点接触不良
   B. 电流互感器严重饱和
   C. 保护定值有误
   D. 电压互感器二次侧电压空气开关跳开

四、问答题
1. 在微机保护中，当需要单独退出某保护中的某一段（如距离Ⅱ段），而不能将

其压板（距离压板）退出，用何种方式可实现？

2. 备用电源自动投入装置有哪些基本要求？

3. 在什么情况下要将断路器的重合闸退出运行？

4. 在监控机上不能对一次设备进行操作时，如何检查处理？

五、绘图题

1. 试画出 DH-2A 型重合闸继电器的三相一次自动重合闸装置接线原理图，并分析其动作过程。

2. 母线分段断路器的备自投原理接线如图 3—23 所示，试分析 T2 故障后自动投入母线分段断路器的动作过程。

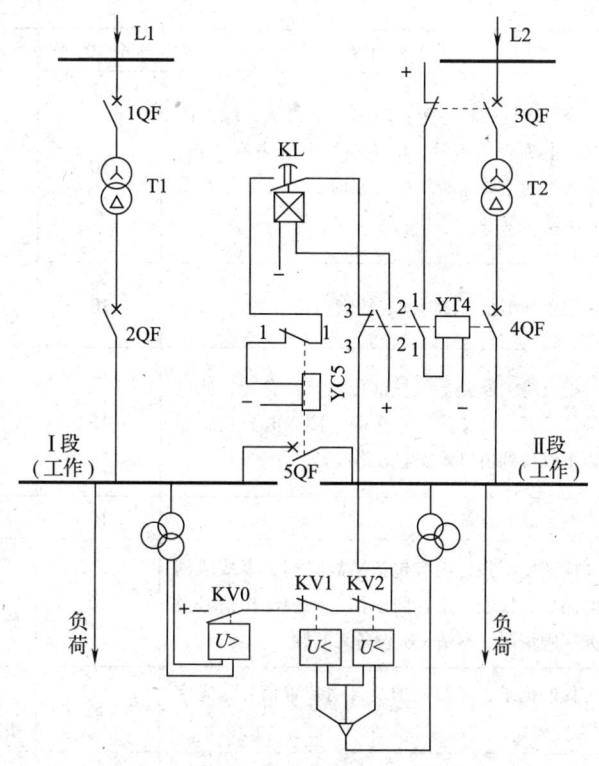

图 3—23 备自投原理接线图

六、技能题

1. 10 kV××线路永久相间短路事故处理

（1）操作准备

1）在仿真机上操作处理，设置故障为 10 kV××线路永久相间短路。

2）遵守仿真机使用规定，仿真机工作人员配合。

3）若无上述条件，可采用笔试，准备空白纸若干张、笔一支。

（2）操作要求

1）故障判断。

2）原因分析。

3）故障处理。

4）应穿工作服、绝缘鞋，戴绝缘手套。

(3) 操作时限。笔试操作填写时限为 30 min，实际操作为 1 h。

(4) 技术标准

1）根据故障现象判断故障。发现 10 kV ×× 线路断路器红灯灭，绿灯闪光，电流表无指示，电流表、电压表有冲击；出现该断路器速断保护（限时）动作信号和重合闸动作信号。

2）判定故障为 10 kV ×× 线路永久性相间故障，重合闸不成功。

3）对故障范围内设备进行检查，将故障设备隔离，申请检修。

(5) 配分及评分标准

序号	作业项目	考核内容	配分100分	评分标准
1	故障判断	查看表计、信号等；断路器红灯灭，绿灯闪光，电流表无指示，电流表、电压表有冲击；出现该断路器速断保护（限时）动作信号和重合闸动作信号	10	未查看每项扣2分
		记录并汇报故障时间、故障现象	10	未记录、未汇报每项扣2分
2	现场检查	检查跳闸断路器机械部位良好，瓷套、油色油位良好，位置指示器正确；检查电流互感器以下设备到出口无放电短路现象	12	查看不完整每项扣3分
		判定故障设备	10	判定不正确扣10分
3	处理过程	向调度汇报，内容包括事故时间、事故跳闸断路器、仪表、重合闸动作、保护动作信号及光字牌情况，本站一次设备无问题	10	未录、未汇报每项扣2分
		做好记录，复归保护及自动装置信号、光字牌	8	未复归扣8分；复归不完整扣4分
		联系调度送电，调度令强送电，可以立即强送电一次，失败不能再强送电，应汇报调度通知人员巡试	10	未操作扣10分；操作不正确扣5分
		将故障设备隔离，10 kV ×× 线路转检修，申请检修	10	未操作扣10分；操作不正确扣5分；未联系检修扣3分
4	安全文明生产	穿工作服、绝缘鞋，戴绝缘手套	10	未穿戴扣10分
		使用安全用具和工器具	10	安全用具和工器具使用不规范每处扣2分
5	否定项	违反《电力安全工作规程》有关规定		出现违反《电力安全工作规程》现象，本题按0分处理

2. 35 kV 线路断路器机构分闸闭锁操作处理

(1) 操作准备

1) 在仿真机上操作处理,设置故障为 35 kV××线路断路器机构分闸闭锁操作。

2) 遵守仿真机使用规定,仿真机工作人员配合。

3) 若无上述条件,可采用笔试,准备空白纸若干张、笔一支。

(2) 操作要求

1) 故障判断。

2) 原因分析。

3) 故障处理。

4) 应穿工作服、绝缘鞋,戴绝缘手套。

(3) 操作时限。笔试操作填写时限为 30 min,实际操作为 1 h。

(4) 技术标准

1) 根据故障现象判断故障。该线路断路器红绿灯全灭,线路电流表正常,"合闸闭锁""分闸闭锁"光字牌亮,液压机构处压力表指示降低,低于分闸闭锁压力值。

2) 判定故障为 35 kV××线路断路器机构分闸闭锁。

3) 对故障范围内设备进行检查,将故障设备隔离,申请检修。

(5) 配分及评分标准

序号	作业项目	考核内容	配分100分	评分标准	得分
1	故障判断	查看表计、信号等,发现 35 kV××线路断路器红绿灯全灭,线路电流表正常,"合闸闭锁""分闸闭锁"光字牌亮	10	未查看每项扣2分	
		记录并汇报故障时间、故障现象	10	未记录、未汇报每项扣2分	
2	现场检查	检查跳闸断路器机械部位良好,本体、瓷套良好;液压机构处压力表指示降低,低于分闸闭锁压力值;红、绿灯指示全灭	10	查看不完整每项扣2分	
		判定故障设备	8	判定不正确扣8分	
3	处理过程	将机械闭锁卡死,断开油泵电源;断开开关控制回路直流熔断器	12	操作不完整扣6分	
		汇报调度:异常时间,故障断路器、指示灯灭、仪表、光字牌情况及断路器机构情况	10	未汇报扣10分;汇报不完整每项扣2分	
		联系调度停电,隔离故障断路器	20	未操作扣20分,操作不正确扣10分	

续表

序号	作业项目	考核内容	配分100分	评分标准	得分
4	安全文明生产	穿工作服、绝缘鞋，戴绝缘手套	10	未穿戴扣10分	
		使用安全用具和工器具	10	安全用具和工器具使用不规范每处扣2分	
5	否定项	违反《电力安全工作规程》有关规定		出现违反《电力安全工作规程》现象，本题按0分处理	

3. 10 kV××线路断路器跳闸回路故障线路出口三相短路事故处理

（1）操作准备

1）在仿真机上操作处理，设置故障为10 kV××线路断路器跳闸回路故障线路出口三相短路。

2）遵守仿真机使用规定，仿真机工作人员配合。

3）若无上述条件，可采用笔试，准备空白纸若干张、笔一支。

（2）操作要求

1）故障判断。

2）原因分析。

3）故障处理。

4）应穿工作服、绝缘鞋，戴绝缘手套。

（3）操作时限。笔试操作填写时限为30 min，实际操作为1 h。

（4）技术标准

1）根据故障现象判断故障。10 kV××线路断路器红绿灯全灭，主变压器10 kV侧断路器绿灯闪光，所接母线电压表指示为零，有10 kV××线路速断、过流保护动作信号，有主变压器10 kV侧过流动作信号。

2）判定故障为10 kV××线路故障，开关拒动，主变压器过流动作切10 kV侧断路器，越级跳闸扩大事故。

3）对故障范围内设备进行检查，将故障设备隔离，申请检修。

4）对无故障设备恢复送电。

（5）配分及评分标准

序号	作业项目	考核内容	配分100分	评分标准
1	故障判断	查看表计、信号等，发现10 kV××线路断路器红绿灯全灭未跳，过流动作，断路器拒动，主变压器10 kV侧过流切10 kV侧断路器，越级跳闸扩大事故	6	未查看每项扣2分
		记录并汇报故障时间、故障现象	4	未记录、未汇报每项扣2分

续表

序号	作业项目	考核内容	配分100分	评分标准
2	现场检查	检查跳闸主变压器10 kV侧断路器,10 kV××线路断路器机构,控制熔断器、跳闸线圈等回路,电流互感器以下设备到出口	10	查看不完整每项扣2分
		判定故障原因	10	判定不正确扣10分
3	处理过程	将故障设备隔离:10 kV××线路断路器两侧隔离开关拉开;失压母线上各断路器拉开	20	未操作扣20分,操作不正确扣10分
		无故障设备恢复送电:用主变压器10 kV侧断路器对失压母线充电;无故障线路恢复送电	20	未操作扣20分,操作不正确扣10分
		汇报并记录	5	未记录、未汇报每项扣5分
		申请事故抢修	5	未申请检修扣5分
4	安全文明生产	穿工作服、绝缘鞋,戴绝缘手套	10	未穿戴扣10分
		使用安全用具和工器具	10	安全用具和工器具使用不规范每处扣2分
5	否定项	违反《电力安全工作规程》有关规定		出现违反《电力安全工作规程》现象,本题按0分处理

单元测试题答案

一、判断题

1. √ 2. × 3. √ 4. √ 5. √ 6. √ 7. × 8. √ 9. × 10. ×
11. √ 12. × 13. × 14. × 15. √ 16. √ 17. × 18. × 19. ×
20. ×

二、单项选择题

1. B 2. B 3. B 4. D 5. B 6. A 7. C 8. C 9. C 10. D

三、多项选择题

1. AB 2. AC 3. ABC 4. AC 5. AC 6. ACD 7. ABC 8. AD

四、问答题

答案略。

五、绘图题

1. 答:

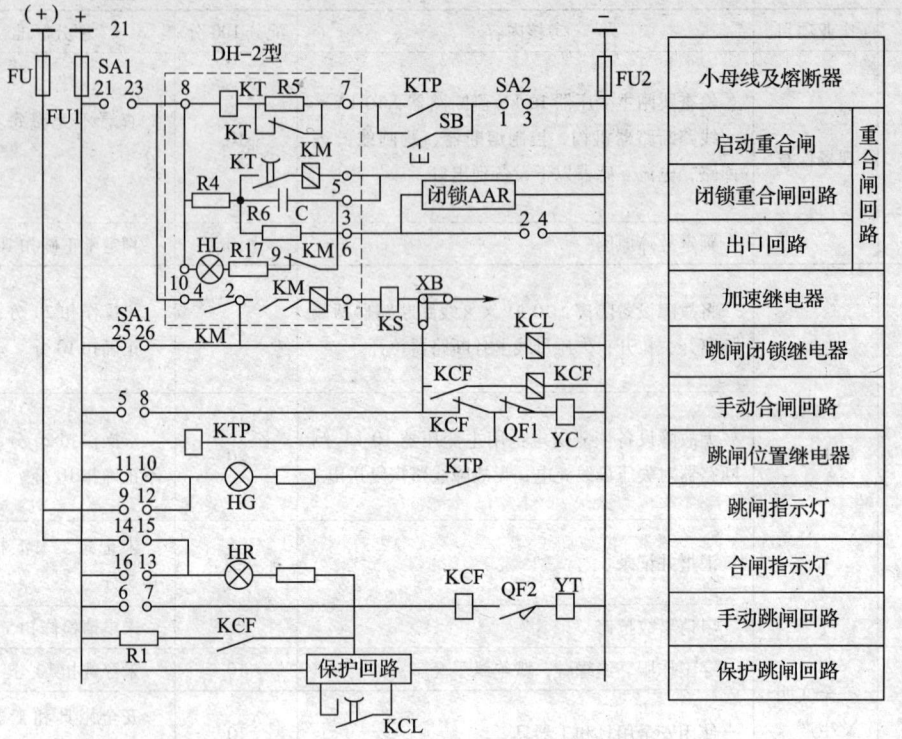

自动重合闸的动作过程是：当断路器跳闸时，KTP触点闭合。如果此时控制开关SA1及重合闸投入选择开关SA2正处于合闸位置，SA1触点21-23及SA2触点1-3是闭合的，因而时间继电器KT线圈被接通，经过规定的延时其触点闭合，使电容器C通过中间继电器KM的电压线圈放电。KM动作，接通合闸回路，并在合闸过程中利用KM继电器的电流线圈自保持。如果重合成功，则所有继电器自动复归到原来位置，而电容器C经一定时间又恢复到充好电的状态。当重合一次失败后，继电器KTP和KT又重新启动，但是电容器C两端的电压此时仍达不到KM动作所必须的电压，且充电电阻R4远大于继电器KM线圈的阻抗，自动重合闸不会再次动作。

2. 答：T2故障4QF跳闸时，KL失磁，其动合触点延时断开，同时Ⅱ母线失电，Ⅰ母线有电压，则+→KV0动合触点→KV1、KV2动断触点→$4QF_{3-3}$触点→KL延时触点→$5QF_{1-1}$触点→YC5→-为通路，YC5励磁使5QF合闸，恢复Ⅱ母线供电。5QF合闸后，KL触点打开，保证5QF只合闸一次。

六、技能题

答案略。

母线停送电操作

- 第一节　单母线带旁路母线停送电操作／126
- 第二节　双母线停送电操作／131
- 第三节　运行方式的编制／140

本单元是在初级工、中级工关于电气设备倒闸操作课程的基础上，更深入地介绍电气设备倒闸操作，是整个电气设备倒闸操作课程的重要组成部分。学习本单元时应注意查阅初级工、中级工关于电气设备倒闸操作的相关内容。

本单元主要介绍了旁路母线接线、双母线接线涉及的常见操作以及这些操作的基本原则、操作程序和注意事项，并以线路断路器旁代操作、双母线倒母线操作为例，详细介绍了倒闸操作过程。

另外，本单元第三节详细介绍了变配电所运行方式编制的相关知识，以进一步拓宽学生关于电气设备倒闸操作的知识领域。

第一节 单母线带旁路母线停送电操作

→ 能掌握单母线带旁路接线有关操作的相关知识
→ 能正确进行单母线带旁路母线停送电倒闸操作

一、单母线带旁路母线停送电倒闸操作步骤

1. 单母线带旁路母线接线

下面以如图4—1所示的单母线带旁路母线接线为例，讲述断路器旁代操作，这种接线不常见，分析如下：

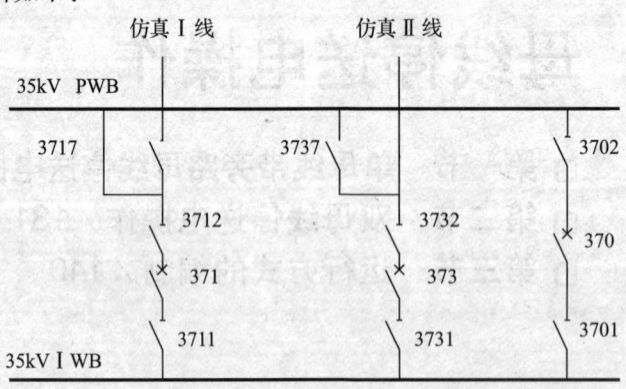

图4—1 单母线带旁路母线接线图

（1）优点。当某线路断路器需要停运时，以仿真Ⅰ线371断路器为例，仿真Ⅰ线线路可以通过旁路断路器370单元、旁路母线PWB、旁路隔离开关3717继续供电。因此，这种接线提高了供电的可靠性。另外，当371断路器运行中故障无法操作时，可以通过旁路断路器370单元、旁路母线PWB、隔离开关3717、隔离开关3712、断路器371、隔离开关3711、Ⅰ段母线构成闭合环路后，断开隔离开关3711、3712把故障断路器371从系统中隔离出来，避免系统存在断路器371拒动的危险。

(2)缺点。投资费用比较高,需要建设一旁路断路器单元和旁路母线,而且每个单元还要增加一旁路隔离开关。PWB 一般连接在一回比较不重要或经常被旁代的线路上运行,PWB 的故障仍然将影响该线路;如果 PWB 不连接在线路上运行,则 370 断路器旁代某线路操作时,需对 PWB 试充电。

(3)主要运用。此种接线只运用于 35 kV 及以上重要变配电所。

(4)常用运行方式。旁路 370 断路器热备用,随时做好旁代其他断路器的准备;PWB 一般连接在一种回路比较不重要或经常被旁代的线路上运行。

(5)操作注意事项。旁路断路器旁代线路时,由于各线路的长度等参数不一样,旁路保护应相应地进行切换,避免保护失配。PWB 如果是连接在一线路上运行,则 PWB 是该线路的一部分,应视同该线路一样重要,若该线路故障,PWB 也是检查内容之一。

2. 单母线代旁路母线接线的常见操作

(1)旁路母线由接一线路运行改接另一线路运行。如上所述,旁路母线一般连接在一种回路比较不重要或经常被旁代的线路上运行。这主要是考虑如果旁路母线故障,它影响的是不重要的线路,或经常被旁代的线路可能是因为该线路断路器技术性能较差,运行中出故障异常的状况较多,旁路母线接在该线路运行旁代操作较为简单。但是,环境因素会变化,旁路母线也常会由接一线路运行改接另一线路运行。这类的操作,一般要求旁路断路器要在热备用状态,否则操作可能被闭锁。另外,线路旁路隔离开关的操作要遵循"先断后合"的原则,避免把两线路旁路隔离开关同时合上,造成线路电流互感器无法正确反应线路的真实电流,影响电量计量和电流监测,甚至导致零序保护误动。

两线路旁路隔离开关同时合上的电流分布如图 4—2 所示。

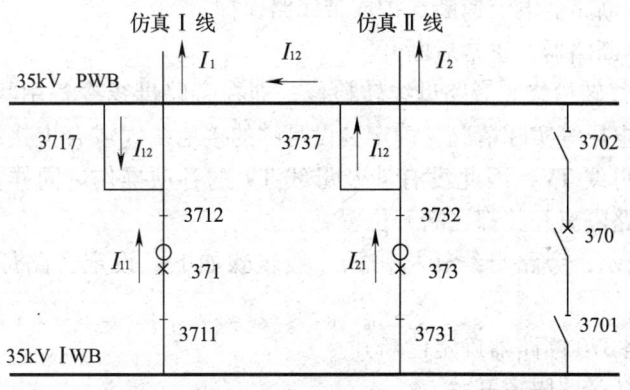

图 4—2 两线路隔离开关同时合上的电流分布示意图

$$I_1 = I_{11} + I_{12}$$
$$I_2 = I_{21} - I_{12}$$

可见,各线路电流互感器反映的电流不是流经线路的真实电流,两条线路通过旁路隔离开关构成新的电流通道,相互支援,造成潜在的电流测量错误,从而影响电量计量和电流监测的准确性。另外,由于三相电路电阻存在差异,图中 I_{12} 三相电流并不相等,从式可以看出，I_{12}三相电流不相等将导致I_1、I_2电流不平衡，因而极限情况下，可导致零序保护误动。

所以，旁路母线由接一线路运行改接另一线路运行时，不应使得两条线路旁路隔离开关同时合上。一般操作步骤如下（设3717隔离开关原来在合闸位置）：

1）将旁路370断路器转至热备用。
2）断开仿真Ⅰ线旁路3717隔离开关。
3）合上仿真Ⅰ线旁路3717隔离开关。

（2）旁路母线冷备用送电。虽然旁路母线PWB一般连接在一回比较不重要或经常被旁代的线路上运行，但这样旁路母线PWB的故障将连累该线路，因此旁路母线PWB在不旁代线路开关的时候，可以置冷备用状态，特别是旁路母线环境比较差或自身可靠性不高的情况下，这样可以避免连累线路的正常运行。但在需要旁路母线旁代线路开关运行时，由于旁路母线长时间不带电，其可用性如何不得而知，显然，直接合上线路旁路刀闸使旁路母线带电是不合适的。因此，如图4—1所示，如果旁路母线PWB不连接在线路上运行，370断路器旁代某线路断路器操作时，则需对旁路母线PWB试送电。

旁路母线试送电时，必须投入370断路器的速断保护。一般370断路器配有专用的电流速断保护，在一般情况下，试送电时母线电流很小，而母线有故障时，电流很大。因此，370断路器专用的电流速断保护，可以整定得很灵敏，动作速度很快，保护简单、可靠。给旁路母线试送电时，应优先考虑选用该保护。如果370断路器没有专用的电流速断保护，也可以采用旁代线路保护，这时如果旁路母线有故障，旁代线路保护会认为是手动合于近区故障的线路，动作速度也是很快的。

旁路母线冷备用送电一般步骤如下：

1）将旁路370断路器转至热备用。
2）投入370断路器电流速断保护或带线路保护。
3）合上370断路器，正常后断开。

（3）旁路母线转检修。旁路母线转检修，即在旁路母线冷备用状态时，根据母线长度和有无感应电压等实际情况，确定装设足够的接地线（或合上接地刀开关）。一般旁路母线不装设母线TV，因此没有涉及母线TV的各项操作。同样，装设接地线前，应确认各间隔旁路隔离开关都在断开位置。

如图4—1所示，旁路母线转检修的一般步骤如下（设定旁路母线接371线路运行）：

1）检查旁路370断路器确定已断开。
2）断开3717旁路隔离开关。
3）将旁路370断路器转至冷备用。
4）检查3727旁路隔离开关确定已断开。
5）在旁路母线上装设接地线。

（4）断路器单元旁代操作。如图4—1所示，以仿真Ⅰ线371断路器为例，当371断路器需要停下来检修而371线路需继续供电时，仿真Ⅰ线线路可以通过旁路断路器370单元、旁路母线PWB、旁路隔离开关3717继续供电，这就是一种370断路器旁代

371断路器的操作。旁代操作分为三个阶段：

1）旁路母线准备阶段。旁路母线平时可能接在某条线路运行，也可能处于热备用状态。不管什么状态，旁代操作前，均应通过操作或复查的方式来确认旁路母线已接在即将被旁代的线路，旁路断路器处于热备用状态。

2）旁代保护准备阶段。旁路母线已接在即将被旁代的线路，旁路断路器处于热备用状态后，应根据被旁代线路投入正确的代线路保护。旁路断路器可以旁代所有线路运行，包括主变压器线路。一旦线路被旁代时，370断路器的代线路保护就是线路的保护，线路故障将由370断路器切除。

由于各线路的长度等参数不一样，各线路的保护方式和定值不尽相同。为了使线路被旁代时保护不失配，旁路保护一般具有定值切换功能，特别是微机保护，它可以同时整定多套定值，每套定值存在一个定值区，每个定值区存放不同线路的保护定值。

当确定即将旁代某条线路时，投入保护出口压板前，应把旁代保护切换到旁代线路相应的定值区并使之生效（如按下微机保护的复位按钮），然后再投入代线路保护的出口压板。

3）旁路切换阶段。旁路母线和旁代保护准备完毕后，就可以进行旁代切换。旁代切换应先合上旁路断路器370，后断开被旁代的线路断路器。这个过程不宜持续太长时间，但也要观察三相电流切换正常。正如之前所述的旁代切换过程，旁路断路器370和被旁代线路断路器同时合上期间，线路电流是由流经线路断路器和旁路断路器的电流构成的，这时流经两个断路器的电流不一定平衡，零序保护可能误动。在一些电气线路调度规程中，旁代操作时，要求线路保护和代线路保护在两个断路器切换阶段退出零序保护。

(5) 断路器单元旁代恢复操作。旁路断路器是所有其他断路器的后备，旁路断路器在旁代运行时，其他断路器有故障就无法得到旁代的保障。因此，被旁代的线路断路器一旦恢复正常，就应考虑及时投入运行，使旁路断路器处于备用状态，以供其他断路器的不时之需。断路器单元旁代恢复操作就是断路器单元旁操作的逆过程，如图4—1所示，以仿真Ⅰ线371断路器为例，当371断路器检修结束可以投入运行时，仿真Ⅰ线可以结束旁路断路器370单元的旁代，切回至371断路器的正常运行方式，这就是一种371断路器旁代恢复的操作。旁代恢复操作同样分为三个阶段：

1）旁路切换阶段。其要求同上所述。

2）旁代保护退出阶段。旁路断路器恢复备用状态，旁代保护可以退出运行，也可以根据安排投入另外一套保护定值。保护投入方式，可根据如何提高今后旁代其他开关的方便程度进行安排。

3）旁路母线运行方式安排阶段。旁路断路器恢复备用状态，可以恢复冷备用或热备用；旁路母线可用恢复为接某条线路运行，也可以恢复为冷备用或热备用，其控制原则如上所述。

(6) 隔离故障的线路断路器。运行中线路断路器可能因为灭弧室SF_6气体泄漏、断路器操作机构等故障导致断路器无法操作，这时如果线路发生故障，断路器将无法跳闸，导致停电范围扩大。因此，无法操作的断路器应尽快修复或退出运行。

对于无法断开的断路器，两侧的隔离开关将无法操作，如果没有旁路断路器，那只能停掉断路器两侧的电源后，方能用断路器两侧的隔离开关将故障断路器隔离出来，这样将涉及较多的停电。现以 371 断路器拒动为例，有了旁路断路器，就可以通过旁路断路器 370 单元、旁路母线 PWB、隔离开关 3717、隔离开关 3712、断路器 371、隔离开关 3711、Ⅰ段母线构成闭合环路后，断开隔离开关 3711、3712 把故障断路器 371 从系统中隔离出来。

这种操作就如同断路器单元旁代操作，同样涉及三个阶段。但不同的是旁路断路器合上后，拒动的 371 断路器无法断开，而是采用断开 3711、3712 隔离开关的方法把断路器从系统中隔离出来。

断开 3711、3712 隔离开关时，先断开的隔离开关在断开前会有部分负荷电流，但隔离开关断口一旦分离，由于断口间电位相等，不会产生拉弧，因此，这种操作不属于带负荷拉合隔离开关。

但是，断开 3711、3712 隔离开关时依然存在危险。在断开先断开的隔离开关时，如果线路发生故障，旁路断路器将会发生跳闸，故障电流将全部从 371 断路器单元流过，这时断开的隔离开关将发生用隔离开关隔离短路电流的严重事故。同样，在断开先断开的隔离开关时，如果任何原因导致 370 断路器误跳，也将发生带负荷拉合隔离开关事故。为此，在断开 3711、3712 隔离开关前，应取下 370 断路器的直流控制电源，确保 370 断路器在合闸位置。

另外，当 371 断路器在合闸位置，3711、3712 隔离开关可能因为"五防"闭锁无法操作，因此，操作隔离开关前，应当解除 371 断路器单元的操作闭锁。

二、操作实例

1. 操作题目

35 kV 旁路 370 断路器旁代仿真Ⅰ线 371 断路器运行，371 断路器转检修。

2. 主接线

主接线如图 4—1 所示，35 kV 单母线带旁路母线接线图。

3. 运行方式

35 kV Ⅰ段母线接仿真Ⅰ线 371、仿真Ⅱ线 373 断路器运行，旁路 370 断路器热备用，旁路母线接仿真Ⅱ线运行。

4. 设备基本情况

（1）35 kV 系统为不接地系统，线路没有零序保护。

（2）370 断路器代线路保护投入仿真Ⅱ线的定值，保护出口压板退出。

（3）所有断路器的操作均为远方控制，隔离开关均为就地手动操作。

5. 操作注意事项

（1）旁路母线应先改接 371 线路运行。

（2）两个断路器合解环时，应检查电流是否正常。

6. 操作步骤

（1）检查 370 断路器确认已断开。

(2) 断开仿真Ⅱ线3737旁路隔离开关,检查确认已断开。

(3) 闭合仿真Ⅰ线3717旁路隔离开关,检查确认已闭合。

(4) 将旁路370断路器代线路保护定值由代373线路改为代371线路并投入。

(5) 投入370断路器代线路保护出口压板。

(6) 闭合旁路370断路器。

(7) 检查370断路器确认已合上。

(8) 检查370三相电流确认正常。

(9) 断开仿真Ⅰ线371断路器。

(10) 检查371断路器确认已断开。

(11) 断开仿真Ⅰ线3712隔离开关,检查确认已断开。

(12) 断开仿真Ⅰ线3711隔离开关,检查确认已断开。

(13) 在371断路器与3711隔离开关之间验电,检查确认无电压后即装设一组接地线。

(14) 在371断路器与3712隔离开关之间验电,检查确认无电压后即装设一组接地线。

(15) 断开371断路器直流控制电源空开。

第二节 双母线停送电操作

→ 能掌握双母线接线有关操作的相关知识
→ 能正确进行双母线倒母线倒闸操作

一、双母线停送电倒闸操作步骤

1. 双母线接线

双母线接线的示例如图4—3所示,仿甲线、仿乙线、仿丙线、#1主变、#2主变通过两个母线侧隔离开关(如3711、3712)接在ⅠWB、ⅡWB两段母线上,两段母线通过母联37M断路器联络。各线路可以通过母线侧两个隔离开关有选择地接入运行,运行灵活性增强。

相对前面已经介绍过的各主接线方式,双母线接线有如下特点:

(1) 优点。母线或母线隔离刀开关故障或检修时,其他单元断路器可倒到另一段母线上继续运行。

(2) 缺点。投资加大,每个单元增加一套隔离开关,一般还应增加一套母线差动(简称母差)保护,相应运行管理要求提高。线路断路器有问题无法运行时,该线路也将无法接入。

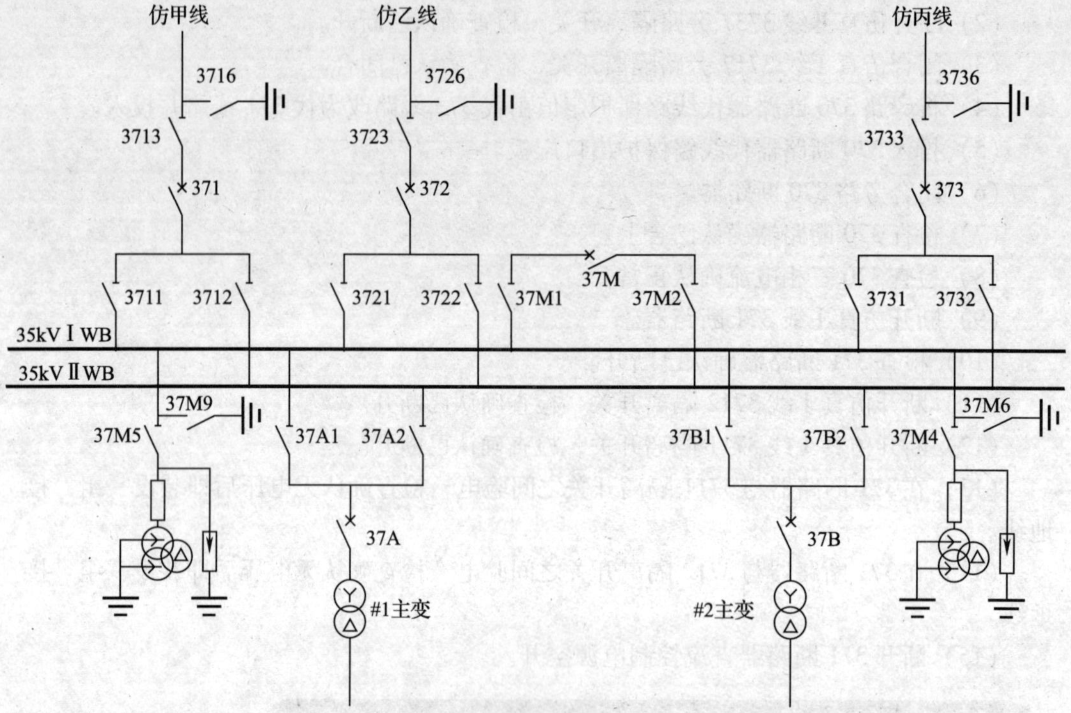

图 4—3 双母线接线图

（3）主要运用。35 kV 及以上变配电所。

（4）常用运行方式。电源和引出线适当分配在两组母线上、母联断路器闭合或断开。

（5）运行注意事项。避免母差保护长时间处于单母差方式运行；运行单元倒母线操作时应确保母联单元可靠连接，母差保护处单母差方式运行；操作时避免两路电源非同期并列；母联断路器闭合时应投入变压器复合电压过流第一时限出口母联保护或母联过流保护（如有），以便在母线故障发生时减少影响范围，降低短路容量。

2. 双母线接线常见操作

（1）断路器单元停送电操作

1）断路器的四种状态规定

①运行状态。断路器及其两侧隔离开关均在闭合位置。对双母线接线的，母线侧的两个隔离开关只有一个闭合。有旁路隔离开关的，其位置与断路器状态无关。

②热备用状态。断路器在分闸位置，其两侧隔离开关均在闭合位置。对双母线接线的，母线侧的两个隔离开关只有一个闭合。

③冷备用状态。断路器及其两侧隔离开关均在断开位置。

④检修状态。冷备用状态下，在断路器两侧装设接地线或闭合接地隔离开关，在两侧各隔离开关操作把手上悬挂"禁止合闸，有人工作"标示牌；断开断路器控制电源和闭合电源。

对手车开关，冷备用状态对应手车试验位置，检修状态应取下断路器的航空插头，将断路器拉出至柜外并悬挂"在此工作"标示牌，柜门关闭并悬挂"止步，高压危险"标示牌。

2) 双母线接线断路器停送电操作顺序

①停电操作顺序。先断开断路器，接着断开负荷侧隔离开关，最后断开母线侧隔离开关，并检查另一母线侧隔离开关确认已断开。

②送电操作顺序。刚好与停电顺序相反，即先闭合母线侧隔离开关，接着合上负荷侧隔离开关，最后闭合断路器。

③停电转检修时操作。必须在断路器、两侧隔离开关完全断开，验明断路器两侧确已无电压后方可在断路器两侧装设接地线或闭合接地开关。断开断路器控制电源和合闸电源的操作在验电装设接地线前、后皆可。

④检修状态的送电操作。必须在断路器两侧接地线完全拆除或接地开关完全断开、合上断路器控制电源和合闸电源后方可按上述送电操作顺序进行送电操作。

(2) 运行状态断路器单元倒母线。如图4—3所示的双母线接线，如果母联37M断路器在运行状态，则35kV母线ⅠWB、ⅡWB电压相同，可视为同一电源，电气上两段母线合并为一段母线。以仿甲线371单元为例，如图4—4所示，3711、3712隔离开关接在同一电源上。这样，仿甲线的负荷可以通过3711或3712隔离开关接在母线上；当然，3711、3712隔离开关同时闭合，也可对仿甲线正常供电。这就创造了仿甲线可以通过3711、3712隔离开关在负荷不间断的情况下有选择地接到两段母线上的条件，利用这个条件，可以让仿甲线371断路器在运行状态下进行倒母线操作，这就是运行状态断路器单元倒母线。

母线年检可以采用倒母线的方式轮流停下两段母线。将接在ⅠWB上运行的断路器单元都倒到ⅡWB上，然后把ⅠWB转检修进行年检作业。同样，ⅠWB检修后，也可以把接在ⅡWB上运行的断路器单元都倒到ⅠWB上，然后把ⅡWB转检修进行年检作业。ⅡWB检修后，再把原来接在ⅠWB上运行的断路器单元都倒回到ⅠWB，恢复原来的运行方式。这样，通过轮流倒母线，实现了母线设备年检作业的同时对外供电不间断，提高了供电可靠性。

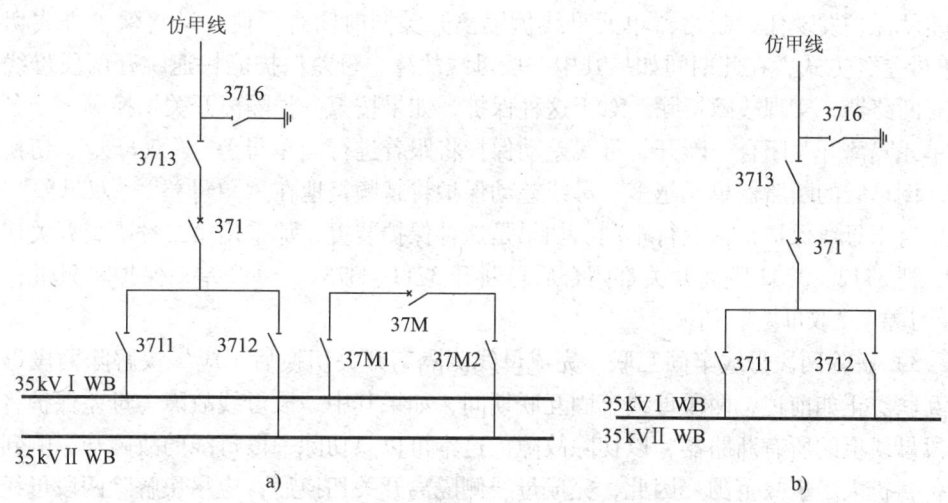

图4—4 双母线倒母操作过程示意图

a) 母联37M断路器在运行状态，35 kV母线ⅠWB、ⅡWB可视为同一电源

b) 将同一电源的两段母线合为一段母线

当然，倒母线不只用在母线年检对外供电不间断上，还可以利用倒母线方便地根据两段母线的负荷均衡情况调整线路接入哪段母线。因此，通过倒母线，可以提高运行方式安排的灵活性。

运行状态断路器单元倒母线包括三个步骤：

1）使两段母线牢固互联。使两段母线牢固互联，是实现电气上两段母线可合并为一段母线的前提。以如图4—3所示双母线接线为例，35 kV两段母线牢固互联，就是要重新确认母联37M断路器、37M1、37M2隔离开关确已合上，同时断开37M断路器控制电源，让37M无法被操作，从而确保两段母线就如同被一导线简单连接。

如果有母线差动保护，应将母线差动保护切至"单母差"保护方式，因为母联37M断路器没有了控制电源，两段母线实质上已经变成同一段母线，其中一段母线故障，母差保护最终总是要跳开两段母线上的所有断路器，因此，这时应将母线差动保护切至"单母差"保护方式。一般母线差动保护设有"手动互联"压板或"投单母差"压板，以方便操作。

2）进行运行状态断路器单元倒母线。使两段母线牢固互联后，就可以进行运行状态断路器单元倒母线。以仿甲线371断路器从接Ⅰ段母线运行改接Ⅱ段母线运行为例，应先合上3712隔离开关，再断开3711隔离开关。这样就把371断路器从接Ⅰ段母线运行改成接Ⅱ段母线运行，注意这个顺序不得颠倒。其他断路器单元的倒母线操作依此类推。

如果同时有多个断路器单元要倒母线，以仿甲线371断路器、仿丙线373断路器从接Ⅰ段母线运行改接Ⅱ段母线运行为例，可以采用上述方法逐个断路器单元进行倒母线，也可以将3712、3732隔离开关都合上后再断开3711、3731。

有些母线差动保护没有专设"手动互联"压板或投"单母差"压板，"单母差"方式只能靠母线差动保护根据各断路器单元母线侧隔离开关是否同时闭合来判断，当母线差动保护发现任一断路器单元母线侧隔离开关同时闭合，便自动将保护方式切换为"单母差"方式，在此期间如果其中一段母线故障，母差保护能快速跳开两段母线上的所有断路器，实现故障切除。对于这种保护，如果按第一种隔离开关切换顺序，各断路器单元隔离开关闭合、断开，母线差动保护将跟着进行"单母差""双母差"切换，这样，倒母线的断路器单元越多，母线差动保护将越频繁地在"单母差""双母差"间切换，对于母线保护正常运行不利。如果是这种保护装置，那采用第二种隔离开关切换顺序，把3712、3732隔离开关都闭合后再断开3711、3731，母线差动保护将只进行一次"单母差""双母差"切换。

3）解除两段母线牢固互联。完成母线侧隔离开关切换后，应尽快解除两段母线牢固互联。正如前述，两段母线牢固互联期间，如果其中一段母线故障，母差保护将跳开两段母线上的所有断路器，以切除故障。这本可以只切除一段母线的故障却影响到其他设备，扩大了事故范围。因此，完成母线侧隔离开关切换后，应尽快解除两段母线牢固互联，回避风险。

解除两段母线牢固互联包括闭合母线37M断路器控制电源，如果有母线差动保护，将母线差动保护切至"双母差"保护方式。

注意：两段母线在倒母线期间必须牢固互联，否则各断路器单元母线侧隔离开关切换时，可能发生带负荷拉合隔离开关事故。如图4—5所示，假设373断路器倒母线前通过37M向#2主变供电。

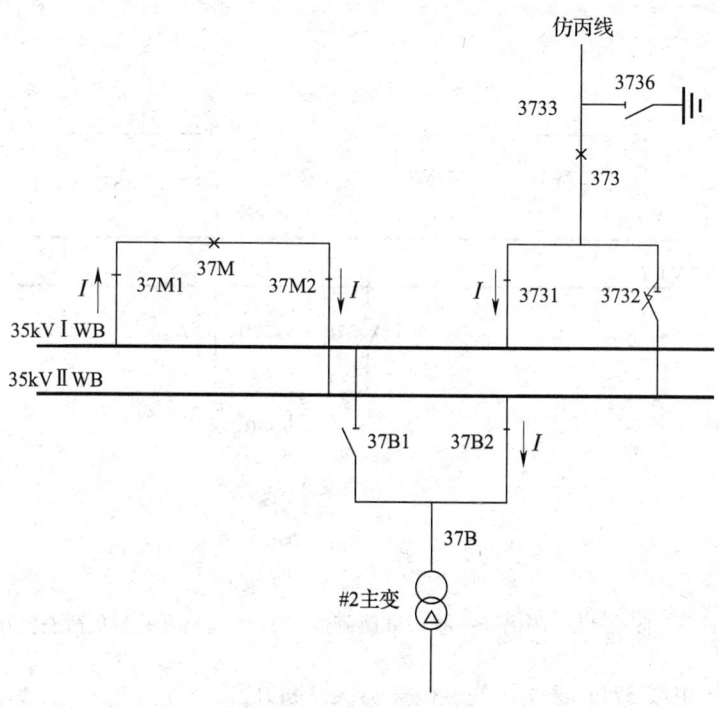

图4—5　373断路器倒母线前通过37M向#2主变供电

若要将373断路器从接ⅠWB运行倒至接ⅡWB运行，如果在闭合3732隔离开关前没有将37M断路器控制电源断开，且37M断路器在3732隔离开关闭合操作时发生跳闸，如图4—6所示。闭合3732隔离开关时，主变的负载电流将从3732隔离开关的断口通过，造成3732隔离开关带负荷闭合隔离开关事故。

同理，在断开3731隔离开关时也存在类似风险，学员可以自行分析。由此可见，两段母线在倒母线期间必须牢固互联，37M断路器的控制电源必须断开。

（3）热备用状态断路器单元倒母线。热备用状态断路器单元也可能需要倒母线操作。比如，371断路器接在ⅠWB上热备用，若ⅠWB要转检修，那么371断路器可以倒至ⅡWB上继续处于热备用状态。

热备用状态断路器单元倒母线操作与运行状态断路器单元倒母线不同，因为断路器是断开的，闭合、断开母线侧隔离开关不会造成带负荷拉合隔离开关。所以，热备用状态断路器单元倒母线操作与母联断路器无关，也不存在需要两段母线在倒母线期间必须牢固互联的要求。

热备用状态断路器单元倒母线包括三个步骤，以如图4—3所示的仿甲线371断路器由接ⅠWB热备用倒至ⅡWB热备用为例说明如下：

1）检查仿甲线371断路器确认已断开。

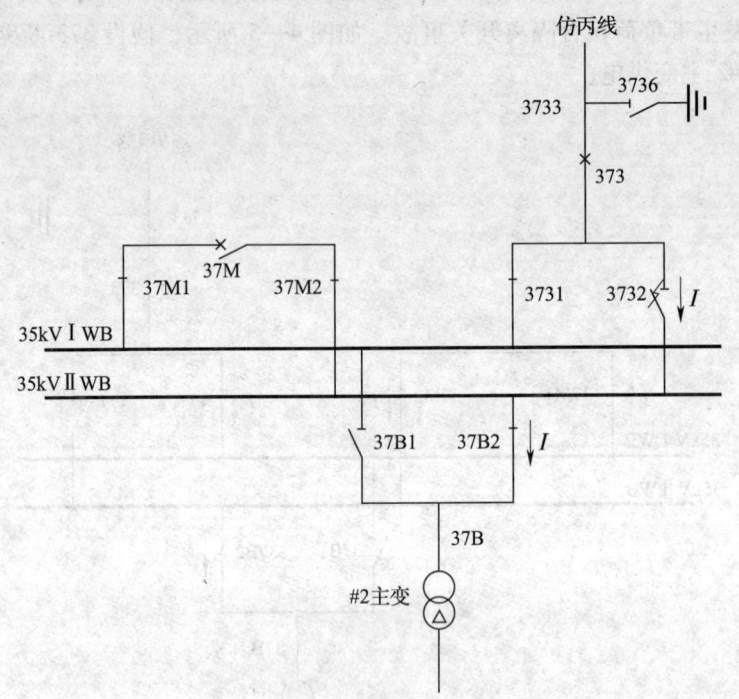

图4—6 闭合3732隔离开关前37M跳闸造成3732隔离开关带负荷隔离开关

2) 断开仿甲线3711隔离开关,检查确认已断开。

3) 闭合仿甲线3712隔离开关,检查确认已闭合。

需要注意的是,上述2)、3)步骤不能相反,这与运行状态断路器单元倒母线正好相反。因为热备用倒母线没有要求两段母线牢固互联,而且两段母线可能是分列运行的。

如果两段母线分列运行,如图4—7所示,两路电源分别接在ⅠWB、ⅡWB上,母联37M断路器处在断开位置,371断路器热备用倒母线时,如果先合上3712隔离开关,则电源一和电源二将通过3711、3712隔离开关并列,两路电源并列的环路电流将从3712隔离开关经过。如果两路电源是同期的,3712隔离开关两侧的电压相等,闭合该隔离开关时断口间不会产生电弧,闭合后也不会产生环流;相反,如果两路电源是不同期的,3712隔离开关两侧的电压不相等,闭合该隔离开关时断口将产生电弧,两路电源的环流必会产生,3712隔离开关发生带负荷合隔离开关。因此,上述2)、3)步不能相反。

(4) 母联断路器串代方式断开线路的故障断路器。运行中当线路断路器由于灭弧室SF_6气体泄漏、断路器操作机构故障等导致断路器无法操作时,如果线路发生故障,断路器将无法跳闸,导致扩大停电范围,因此无法操作的断路器应尽快修复或退出运行。上一节介绍了有旁路母线的接线,可以采用旁路断路器旁代方式将故障断路器从系统中隔离出来。对于双母线接线,也可以采用类似的方法隔离故障断路器。现以371断路器故障为例说明,371断路器故障前的运行方式如图4—8所示。

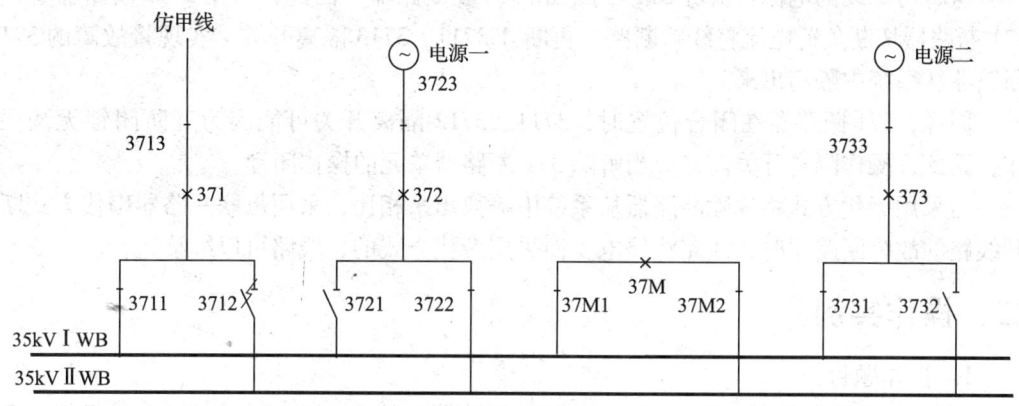

图4—7　371断路器热备用倒母线时同时闭合3711、3712造成两电源误并列

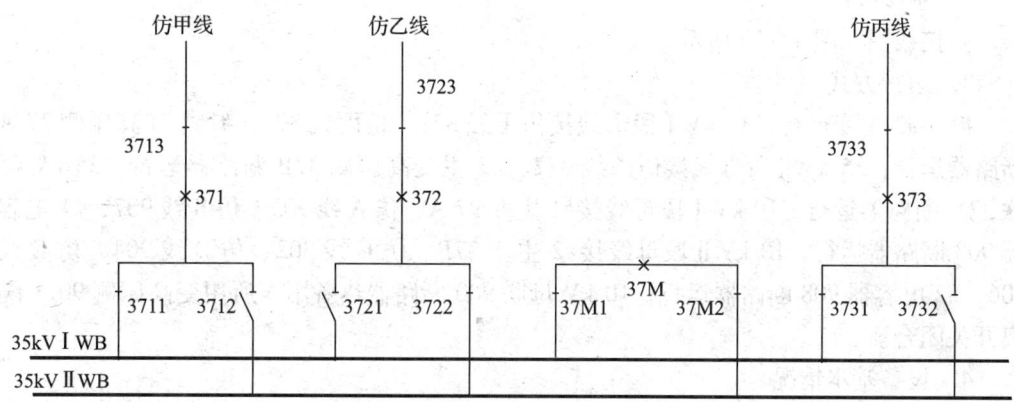

图4—8　371断路器故障前运行方式

由于371断路器发生无法操作的故障，为了将其隔离，将仿丙线373断路器单元由接ⅠWB运行改接ⅡWB运行，则ⅠWB只剩仿甲线一个线路单元运行，如图4—9所示。

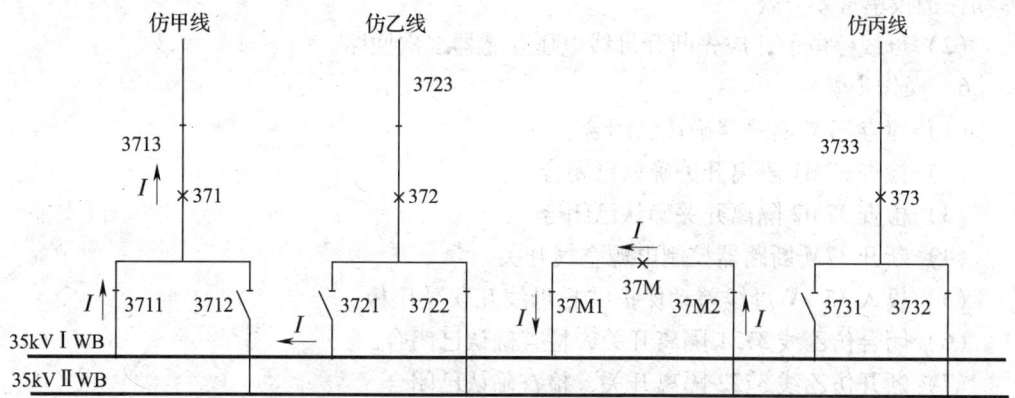

图4—9　用母联断路器串代故障371断路器示意图

这时仿甲线的电流将流经371断路器和37M断路器，因此，可用37M断路器替代371断路器切断负荷电流将线路断路，再断开3711、3713隔离开关，实现将故障的371断路器从系统中隔离出来。

同样，371断路器在闭合位置时，3711、3712隔离开关可能因为五防闭锁无法操作，因此，操作隔离开关前，应当解除371断路器单元的操作闭锁。

与采用旁代方式将故障断路器从系统中隔离出来相比，采用母联断路器串代方式断开线路的故障断路器时，线路将停电，而采用旁代方式的，线路可以继续运行。

二、操作实例

1. 操作题目

35kV仿乙线372断路器、#2主变37B断路器由接ⅡWB运行改接ⅠWB运行，ⅡWB转检修。

2. 主接线图

主接线图如图4—10所示。

3. 运行方式

#1、#2主变运行，35 kVⅠ段母线接仿甲线371、仿丙线373，#1主变高压侧37A断路器运行；35 kVⅡ段母线接仿乙线372、#2主变高压侧37B断路器运行；35 kV母联37M断路器运行。10 kVⅠ段母线接#1主变97A、仿A线905、仿B线907，#1电容器903断路器运行；10 kVⅡ段母线接#2主变97B、仿C线902、仿D线904、仿E线906，#2电容器908断路器运行；10 kV母联900断路器热备用，所用变高压侧9011隔离开关闭合。

4. 设备基本情况

（1）所有断路器的操作均为远方控制，隔离开关均为接地手动操作。

（2）35 kV母线差动保护有"投母线互联"压板。

5. 操作注意事项

（1）倒母线前，应先确保母联单元在运行状态，母联断路器控制电源断开，母线差动保护投单母差方式。

（2）母线停电前，应先断开母线电压互感器二次回路。

6. 操作步骤

（1）检查37M断路器确认已闭合。

（2）检查37M1隔离开关确认已闭合。

（3）检查37M2隔离开关确认已闭合。

（4）断开37M断路器控制电源空气开关。

（5）投入35 kV母线差动保护"投母线互联"压板。

（6）闭合仿乙线3721隔离开关，检查确认已闭合。

（7）断开仿乙线3722隔离开关，检查确认已闭合。

（8）闭合#2主变37B1隔离开关，检查确认已闭合。

（9）断开#2主变37B2隔离开关，检查确认已闭合。

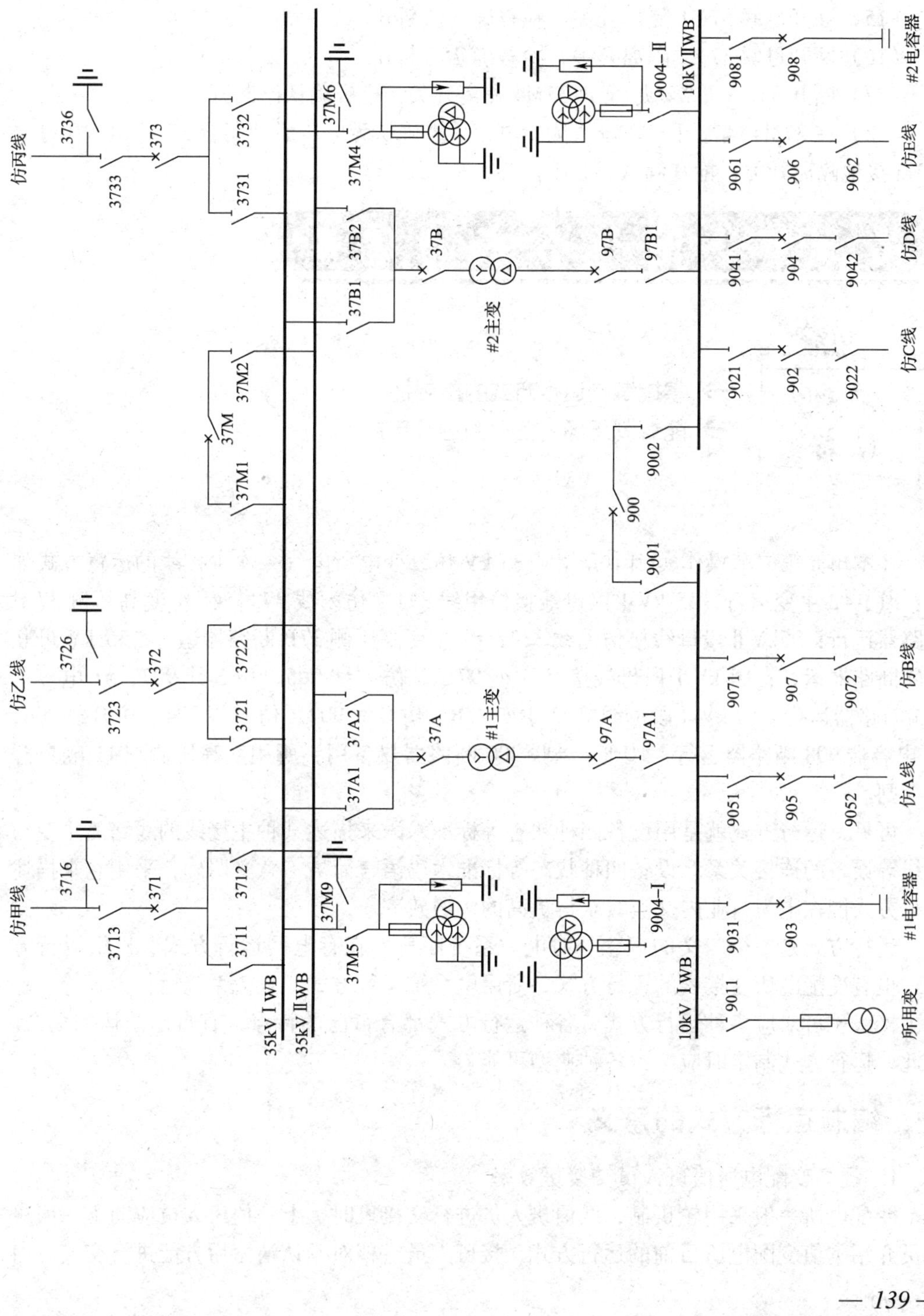

图 4—10　35 kV 仿真变电所电气一次主接线图

(10) 解除 35 kV 母线差动保护"投母线互联"压板。
(11) 闭合 37M 断路器控制电源空气开关。
(12) 断开 35 kV ⅡWB 母线 PT 二次空气开关。
(13) 断开 35 kV 母线 37M 断路器。
(14) 检查 37M 断路器确认已断开。
(15) 断开母联 37M1 隔离开关,检查确认已断开。
(16) 断开母联 37M2 隔离开关,检查确认已断开。
(17) 断开 35 kV ⅡWB 母线 PT37M4 隔离开关,检查确认已断开。
(18) 在 37M4 隔离开关靠母线侧验电,检查确认无电压后即闭合 35 kV ⅡWB 母线 37M6 接地隔离开关,检查确认已合上。

第三节 运行方式的编制

→ 掌握编制运行方式的重要性
→ 能编制正确、合理的运行方式

在本单元第二节操作实例中介绍了 35 kV 仿真变电所电气一次主接线的运行方式如下:#1、#2 主变运行,35 kV Ⅰ段母线接仿甲线 371、仿丙线 373,#1 主变高压侧 37 A 断路器运行;35 kV Ⅱ段母线接仿乙线 372,#2 主变高压侧 37B 断路器运行;35 kV 母联 37M 断路器运行;10 kV Ⅰ段母线接#1 主变 97 A、仿 A 线 905、仿 B 线 907,#1 电容器 903 断路器运行;10 kV Ⅱ段母线接#2 主变 97B、仿 C 线 902、仿 D 线 904、仿 E 线 906,#2 电容器 908 断路器运行;10 kV 母联 900 断路器热备用,所用变高压侧 9011 隔离开关合闸。

可见,运行方式就是用设备四种状态等标准术语来描述某种主接线的线路、主变与母线等设备的连接关系。设备四种状态等标准术语语言简洁、意义明确,采用它来描述运行方式能在电力行业内交流时获得更高的沟通效率。

运行方式是一个广义的概念。对电力系统而言,它有电网运行方式、机组运行方式,也有变配电所主接线的运行方式、所用电系统运行方式、直流系统运行方式等。一种主接线也可对应多种运行方式,各种运行方式都有自己的特点,有自己的运用场合。因此,运行方式制定时应考虑各种典型可能。

一、编制运行方式的意义

1. 提高变配电所值班人员交接班效率

变配电所一般采用轮班制,两值班人员进行交接班时,上一值班人员应向下一值班人员介绍本值变配电所目前的运行方式,接班人员应核对确认清楚后方能进行交接。由于变配电所需要交接的设备比较多，如果不事先用设备四种状态等术语在标准的编制模版将本所运行方式编制出来，凭着值班人员的记忆逐个设备描述分合闸状态，难免疏漏或记忆不清。因此，编制本所运行方式，能在交接班时准确传递设备运行状态信息，获得更高的交接班效率。

2. 充分挖掘同一个主接线可能的不同接线方式，提高主接线适应不同环境的能力

每种主接线都充分考虑兼顾建设成本、运行灵活性和可靠性，都有它的优点和缺点。在前面的几个单元中，介绍了单母线接线、单母线分段接线、双母线接线、双母线带旁路接线等，并对各种接线的适用性、优点、缺点进行了比较，也给出了常用的运行方式和运行注意事项，这足以说明各种主接线的在环境变化时调整运行方式并使之最适应的必要性。因此，一座变、配电所建成后，应充分挖掘同一个主接线可能的不同接线方式，考虑本变、配电所所处的正常外部环境及外部环境可能的变化情况，有针对性地制定相应的主接线运行方式以及种种运行方式下本所变、配继电保护、自动装置的投入方式、运行注意事项，确实做到提高主接线适应不同环境的能力。

3. 提高各种运行方式下运行的可靠性，避免运行方式变化时出现新的问题

每座变、配电所，特别是较大规模的变、配电所，其一二次设备多，设备本身行为复杂，设备之间的行为关系更复杂。因此，运行方式一旦发生变化，变、配电所内所有设备能否适应，设备之间的行为关系是否正确，必须事先制定。所以，在应充分挖掘同一个主接线可能的不同接线方式、提高主接线灵活性的同时，也应提高各种运行方式下运行的可靠性。这些均应事先考虑制定并组织学习，以避免运行方式变化时出现新的问题。

4. 编制运行方式是变配电所供电安全、优质、经济的保证

根据主接线编制各种运行方式，在提高主接线灵活性和可靠性的同时，应该充分考虑本变、配电所的设备负载能力，在设备不发生损坏或过载的前提下，合理发挥本变、配电所设备供电能力，最大限度满足负荷需求，最大限度保证供电质量，最大限度保证运行的经济性。因此，编制运行方式也是变、配电所供电安全、优质、经济的保证。

二、运行方式的编制原则

制定变配电所运行方式时主要考虑以下原则：

1. 保证电网的安全经济运行和连续可靠供电

电能在输送、转换过程中总会出现损耗，损耗占总输送电量的比重越大，表明这种运行方式越不经济。因此，编制运行方式时应根据具体接线和负荷情况制定损耗最小、最经济的模式。

以如图4—10所示"35 kV仿真变电所电气一次主接线"为例，如果本所的负荷很小，则应考虑安排一台变压器运行带所有负荷、另一台变压器备用的运行方式，这样可以减少一台主变压器的空载损耗；如果两台变压器负载很不平衡，一台接近满载运行，另一台负荷很小，则应考虑两台变压器并列运行，可使两台主变负荷均分且在经济运行点附近运行，避免变压器均运行在变压器转换效率较低的轻载和重载区段。

2. 潮流分布合理，电气元件不过载

要使电源和负荷功率均匀地布置在两组母线上（双母线并列运行时），或分配在母

线的不同分段上（单母线分段时），这样流过母联断路器或分段断路器的电流最小，可避免设备过负荷或限制出力，而且当部分电源及负荷发生故障时，还可尽量少地影响其他系统的正常运行，提高对用户（包括所用电）供电的可靠性。

3. 便于事故处理，便于限制事故范围，避免扩大事故

如遇 35 kV 或 10 kV 系统发生单相接地时，为便于寻找接地点，缩小接地系统的故障范围，可将母线联络断路器或分段断路器短时解列。由于电源和负荷的功率均匀地分布在两组母线上或两分段母线上，故当母联断路器或分段断路器断开时，可减少对用户的影响，从而提高了供电的可靠性及灵活性。

4. 满足继电保护和自动装置的运行要求

当电气主接线运行方式改变时，系统参数发生变化，继电保护及自动装置的整定值可能得进行必要的调整。因此，制定运行方式时，均应考虑各运行方式下继电保护整定值是否合适，以免在运行方式发生变化时，继电保护失配，从而给系统埋下保护误动、拒动的可能。

然而，并不是所有运行方式的变化都得修改整定值。但是，一旦某种运行方式下整定值确实失配，应在编制运行方式时强调说明。另外，制定运行方式时应尽量避免频繁改变整定值。

5. 短路容量不超过电网内各设备所允许的规定值

每个设备（如断路器、隔离开关等）均有其允许流过的最大短路电流及持续时间，超过这个限值，设备可能损坏。对某个具体设备，其安装位置发生短路故障时，短路电流的大小与变、配电所所在电网的运行方式以及本所的运行方式有关，而且，随着电网的发展壮大，该点的短路容量也将发展变化。因此，在编制运行方式时，应结合变、配电所外部电网的状况，合理制定或改变本所运行方式，确保短路故障发生时短路容量不超过各设备所允许的规定值。

6. 使电力系统的电能质量符合规定标准

电能质量是供电的一项重要指标，电力系统的主要目的也是为客户提供充足、优质的电能。变、配电所运行方式制定的同时，应考虑各级母线的电压水平及电压控制策略，如制定各级母线在各负荷时段的电压水平以及如何通过主变有载调压和电容器投切等无功调节装置来实现电压水平的控制，使电力系统的电能质量符合规定标准。

7. 保证所用电的可靠性

所用电是变、配电所最重要的负荷，一旦发生故障，就会危及整个变、配电所的正常运行，如蓄电池可能因长时间得不到补充电而无法继续给继电保护等设备供电，导致继电保护停运，这将危及系统安全。另外，主变压器、室内设备等需要通风、冷却，一旦没有所用电，这些通风、冷却设备将无法工作，主变压器、室内设备工作时发出的热量也就无法散发出去，热量累积到一定程度，设备就可能因此被迫停运，从而扩大事故。

如果变、配电所有两个电源，而变、配电所又是采用双母线接线方式或单母线分段接线方式时，应将所用电接在与电网联系较强的一段母线上。

8. 要满足防雷保护

电力系统设备多数在室外，并且多数爬山越岭，或是建在荒山野岭，遭受雷击在所难免。因此电力系统建设时，均应充分考虑雷击防护。一般架空线采用架空避雷线保护线路避免遭受雷击，变、配电所采用避雷针保护站内设备免遭雷击。但是，由于雷电活动的不确定性，或是这些保护措施没有达到技术要求，电力设备依然会遭到雷击。为此，在线路上及变、配电所仍然需要装设一定数量的避雷器，一则防止意外雷击；二则在系统发生内部过电压时可以保护设备安全。这些避雷器的安装位置也有一定的配合关系，变、配电所运行方式改变时，应保证各设备仍能满足防雷保护要求。现举例如下：

如图 4—11 所示，假设仿甲线 371 断路器在冷备用状态，仿甲线线路遭到雷击。如果线路绝缘水平较高，雷电波将延线路入侵到本变、配电所。由于 371 断路器在冷备用状态，3713 隔离开关断开，雷电波行至 3713 隔离开关将发生反射，反射雷电波与入侵雷电波叠加使 3713 隔离开关极易发生故障。同理，如果 371 断路器在热备用状态，雷电波行至 371 断路器时将发生反射，反射雷电波与入侵雷电波叠加使 371 断路器也极易发生故障。为避免此类故障发生，一般要求线路侧要安装避雷器，使得入侵波在行进至线路避雷器时即引入大地，避免损害设备。因此，对此类线路没有安装线路避雷器的线路，在安排运行方式时，应考虑避免断路器长期处在冷备用或热备用状态。

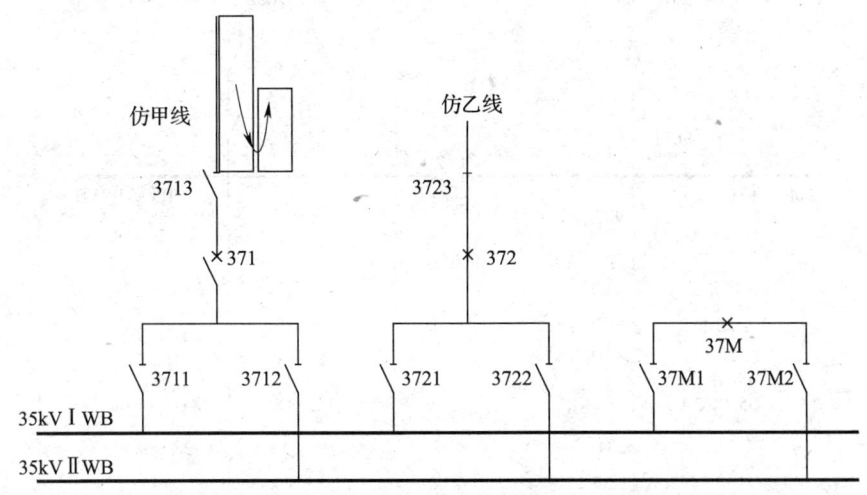

图 4—11　线路入侵雷电损坏变、配电站设备示意图

对于雷电活动特别频繁的地区，线路遭到连续雷击的可能性较大，如果线路遭到第一个雷击，断路器断开，线路绝缘即刻恢复，但在断路器重新闭合之前，线路遭到第二个雷击且延线路入侵本变、配电所，由于断路器尚在断开位置，如同上述，断路器极易损坏并发生母线故障。对这种地区，线路侧安装避雷器的必要性更大。

同样，对线路侧没有安装避雷器的变、配电所，则母线避雷器不得单独退出运行。曾经有一座变电所在母线避雷器退出运行时遭遇线路入侵雷电波，发生了变压器高压套管闪络事故。因此，在安排变配电所运行方式时，应充分考虑本所的防雷保护是否正确，以免发生事故。

9. 保证对用户的供电可靠性

对重要用户要保证连续供电，因此这类用户应由两个独立电源供电（双回路供电），即当两个电源中的一个电源受到破坏或故障时，不影响另一个电源的工作。其电源应布置在双母线的不同母线上，或布置在单母线分段接线的两个分段上。若变、配电所与电网连接有两条联络线时，亦应将联络线分配在不同的母线上或不同的分段母线上，即分配在不同的电源上。这样，当变、配电所发生故障引起停电事故时，可由电网分别向两路联络线送电，以保证对用户的连续供电，提高对用户供电的可靠性。

三、运行方式编制的举例分析

如图 4—12 所示为一座 10 kV 配电所主接线。

这是《变配电室值班电工（初级）》教材中曾经举例的主接线。10 kV 为隔离开关分段的单母线接线，0.4 kV 为断路器分段的单母线接线。该所有两路 10 kV 电源进线，两台变压器，四路 0.4 kV 出线；两台电容器，用于本所无功就地平衡；一台发电机，提供电网电源断电时本所的保安应急供电。

针对如图 4—12 所示的主接线，可考虑编制如下几种典型运行方式：

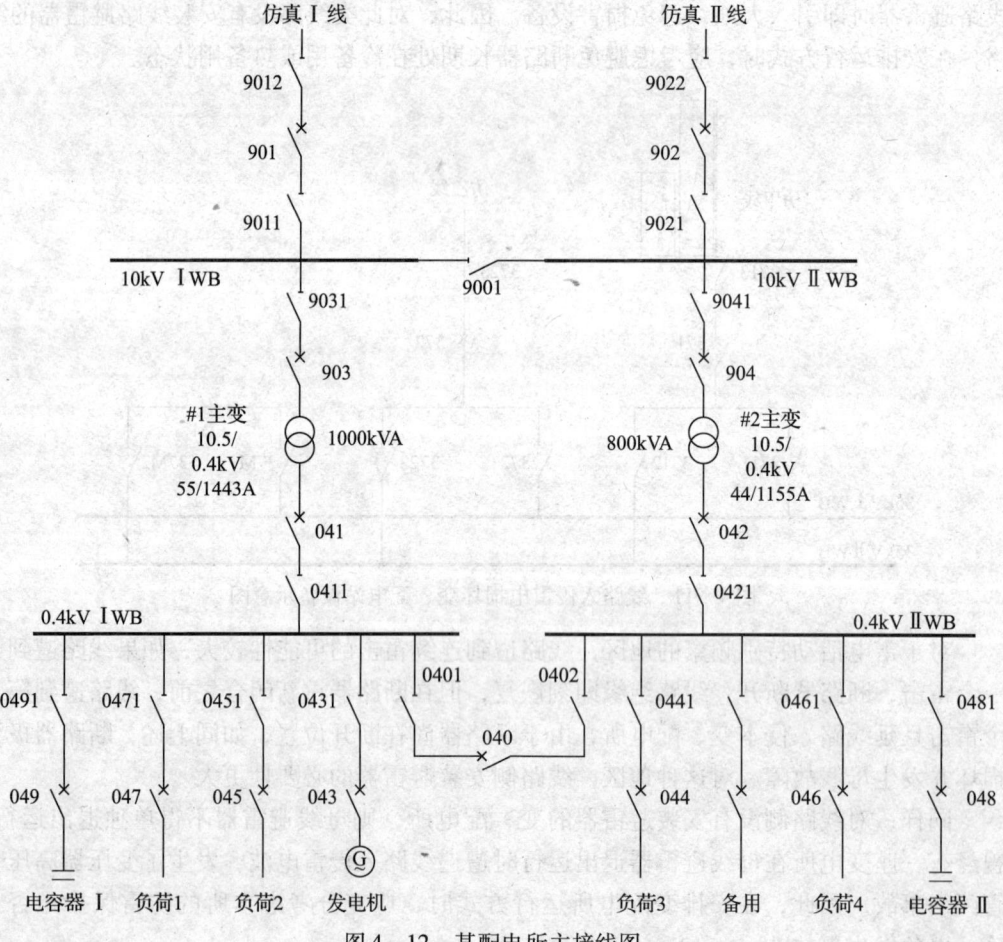

图 4—12 某配电所主接线图

1. 一电源进线供两台变压器，两台变压器分列运行

以仿真Ⅰ线 901 运行为例，运行方式具体描述如下：#1、#2 主变运行，10 kV Ⅰ

WB带901、903断路器运行，10 kV Ⅱ WB带904断路器运行，9001刀开关闭合上，902断路器热备用；0.4 kV Ⅰ WB带041、045、047、049断路器运行，0.4 kV Ⅱ WB带042、044、046、048断路器运行，040、043断路器热备用。

这是这座配电所最为典型的运行方式，适用于本所负荷适中的情况。两台变压器各带自己的低压母线负荷时正处在变压器经济运行点附近，一路电源进线可以带两台主变所有负荷的情况。

这种运行方式的优点如下：

（1）供电可靠性高。体现在以下两点，一是两路10 kV进线电源一路供电、另一路备用，如两路电源装有备用电源自动投入装置，则在一路工作电源故障失压的情况下，备自投切除901断路器后闭合902断路器，重新恢复本所供电；如果两路电源没有装备自投，则手动切除901断路器后闭合902断路器，重新恢复本所供电依然很方便快速。二是0.4 kV两段母线分别受电两台变压器，如0.4 kV母联断路器040装有备自投，则在一台变压器故障失压的情况下，备自投切除该变压器低压侧断路器后合低压母联040断路器，重新恢复失压母线供电；如果低压母联040断路器没有装备自投，则手动切除故障变压器低压侧断路器后低压母联040断路器闭合，重新恢复本所供电依然很方便快速。

可见，这种运行方式具有较高的供电可靠性。当然，如果10 kV两路电源和0.4 kV母联040断路器均装有备自投，应考虑两套装置的配合问题。一般是10 kV线路备自投的动作较0.4 kV母联040断路器快，以便在10 kV工作电源消失时，10 kV线路备自投动作把备用电源投入本所，这时，0.4 kV母联断路器040备自投因母线电压已经恢复而不动作，这样能继续保持两台变压器运行的运行方式。

（2）没有变压器并列带来的损耗。两台变压器并列运行，由于变压器参数的差异，在两台变压器之间或多或少存在环流。这个环流的存在将在该环路上产生损耗，也占用了变压器的容量，使得变压器运行损耗增加，带负荷能力下降。

可见，这种运行方式避免了变压器并列带来的损耗。另外，变压器分列运行低压母线发生短路故障，其短路电流仅由一台变压器提供，短路电流比两台变压器并列时小，有利于切除故障，也可以降低短路电流对故障设备的损伤程度。

（3）没有"同一变、配电所"有两种电源所带来的低压侧管理风险。一般认为10 kV两路电源来自不同的电源点，其同期性难以保证。由于外部电网接线复杂多变，单从变配电所管理角度出发，无法实时掌握两路电源是否同期，因此，一般认为10 kV两路电源不同期，运行当中应确保两路电源不在高低压侧发生并列。

可见，这种运行方式能确保站内只有一个电源，只要变压器满足并列运行条件的，则来自不同线路、不同母线的低压电源均是同期的，这将大大降低一些环路供电的网络的运行风险。

2. 一电源进线供两台变压器，两台变压器并列运行

以仿真Ⅰ线901运行为例，运行方式具体描述如下：#1、#2主变运行，10 kV Ⅰ WB带901、903断路器运行，10 kV Ⅱ WB带904断路器运行，9001刀开关闭合上，902断路器热备用；0.4 kV Ⅰ WB带041、045、047、049断路器运行，0.4 kV Ⅱ WB带

042、044、046、048断路器运行，040断路器运行，043断路器热备用。

这是该座配电所另一典型运行方式，适用于本所负荷适中且两台变压器负荷不均或供电可靠性要求更高的情况。如果两台变压器的阻抗、电压相等，则在这种运行方式下，两台主变将按容量比共同承带两段低压母线所有负荷，两台主变正处在变压器经济运行点附近。这种方式要求一路电源进线可以带两台主变所有负荷的情况。

相对第一种运行方式，这种运行方式供电可靠性更高，体现在以下两点：一是两路10kV进线电源一路供电、另一路备用，分析同上；二是 0.4 kV 母联断路器是闭合的，如果一台变压器故障，变压器切除后低压母联040断路器能继续对其低压母线供电。

由此可见，这种运行方式具有更高的供电可靠性。当然，这种运行方式也有其缺点：

（1）变压器并列运行，将存在一定的电能损耗。

（2）低压母线发生短路故障，其短路电流由两台变压器提供，短路电流比两台变压器分列时大，不利于切除故障，也增加了短路电流对故障设备的损伤程度。

3. 一台变压器带全所负荷，另一台变压器检修或备用

以仿真Ⅰ线901、#1主变运行为例，运行方式具体描述如下：#1主变运行，10 kV Ⅰ WB 带901、903断路器运行，10 kV Ⅱ WB 运行，9001 刀开关闭合，902 断路器热备用，#2主变及904、042断路器检修；0.4 kV Ⅰ WB 带041、045、047、049断路器运行，0.4 kV Ⅱ WB 带044、046、048断路器运行，040断路器运行，043断路器热备用。

这是该座配电所第三种典型运行方式，适用于本所负荷较小，或是供电可靠性要求不高，或是两台主变轮流停电检修的情况。

至于这种运行方式的优缺点，读者可自行分析列举。

4. 两电源进线各带一台变压器

该种运行方式具体描述如下：#1、#2 主变运行，10 kV Ⅰ WB 带901、903断路器运行，10 kV Ⅱ WB 带902、904断路器运行，9001 刀开关断开；0.4 kV Ⅰ WB 带041、045、047、049断路器运行，0.4 kV Ⅱ WB 带042、044、046、048断路器运行，040、043断路器热备用。

这是该座配电所第四种典型运行方式，适用于本所负荷较大且进线电源容量不足的情况。

电源进线如果不是本所专线，则线路上可能存在多用户的情况，电源进线的负载水平可能已经很高，如果本所负荷也较大且用一电源进线带全站负荷，则电源进线可能过载，这种情况应当考虑采用这种运行方式。

这种运行方式最需要注意的是避免两路电源在9001隔离开关或040断路器处发生并列。正如前面所述，一般认为10 kV 两路电源不同期，运行当中应确保两路电源在高低压侧不发生并列。

同样，这种运行方式该所内有了两个电源，不管两台变压器是否满足并列运行条件，两台变压器都不得并列运行，更不能把040断路器闭合。来自不同低压母线的电源也是不同期的，对一些环路供电的网络，其联络开关应检查确认已断开。

5. 两电源进线停电，本所发电机供应急负荷

假设负荷2中的045线路为应急负荷，则运行方式具体描述如下：#1、#2 主变热

备用，10 kV Ⅰ WB、10 kV Ⅱ WB、901、902、903、904 断路器热备用，9001 刀开关断开；0.4 kV Ⅰ WB 带 043、045 断路器运行，0.4 kV Ⅱ WB、041、042、040、047、049、044、046、048 断路器热备用。

这种运行方式也许不常见，但它是本所的应急供电方式，必须掌握并定期进行切换演练。这主要考虑外部电源全部消失的情况下，本所发电机以最快速度发电供给本所一些重要负荷，避免因停电发生次生灾害的情况，如发生人群恐慌、产品报废、毒气泄漏等情况。

发电机发电前 043 断路器应在热备用状态，043 断路器闭合前，应先断开 0.4 kV Ⅰ WB 各断路器，特别是 041、040 这些可能来电的断路器。043 断路器闭合后，视发电机负荷能力逐步给各应急负荷送电。

不建议发电机与系统电源并列运行，不建议母线带负荷情况下直接闭合 043 断路器。在系统电源完全消失时，严禁发电机通过变压器向系统送电，严禁发电机发电时闭合电容器进行无功补偿。

另外，本所低压母线均配有电容器，运行方式安排时，应根据母线电压控制策略在不同的负载时段投入数量合适的电容器。

单元测试题

一、判断题（下列判断正确的打"√"，错误的打"×"）

1. 如果 PWB 不连接在线路上运行，则旁路断路器旁代某线路操作时，需对 PWB 试充电。（   ）
2. 旁路断路器旁代线路时，不管旁代哪条线路，旁路保护整定值都一样。（   ）
3. 热备用状态断路器单元倒母线操作与运行状态断路器单元倒母线操作相同。（   ）
4. 热备用状态断路器单元倒母线操作与母联断路器无关，也不存在需要两段母线在倒母线期间必须牢固互联的要求。（   ）
5. 设备四种状态标准术语语言简洁、意义明确，采用它来描述运行方式能在行内交流时获得更高的沟通效率。（   ）
6. 运行方式不是一个广义的概念，它仅指电网运行方式。（   ）
7. 一种主接线只能对应一种运行方式。（   ）
8. 所有运行方式的变化都得修改继电保护整定值。（   ）
9. 随着电网的发展壮大，短路点的短路容量也将发展变化。（   ）

二、单项选择题（下列每题的选项中，只有 1 个是正确的，请将其代号填在横线空白处）

1. 在一些调度规程中，旁代操作时，要求线路保护和代线路保护在两个断路器切换阶段退出零序保护，其目的是_____。
    A. 零序保护可能失效　　　　B. 零序保护可能投入
    C. 零序保护可能误动　　　　D. 零序保护可能拒动
2. 对双母线接线，通过轮流倒母线，可以实现_____。

A. 带电作业检修母线
B. 不停电作业检修母线
C. 母线设备年检作业的同时对外供电不间断
D. 两条母线设备同时年检作业却对外供电不间断

3. 电能在输送、转换过程中总会出现损耗，损耗占总输送电量的比重越大，表明这种运行方式越_____。
A. 不经济　　　B. 不可靠　　　C. 不存在　　　D. 不得使用

4. 对某个具体设备，其安装位置发生短路故障时，短路电流的大小与变配电站所在电网的运行方式以及_____有关系。
A. 本站设备新旧程度　　　B. 本站设备抗短路电流能力
C. 本站所处海拔　　　D. 本站的运行方式

5. _____是本变电所最重要的负荷，一旦发生故障，就会危及整个变电所的正常运行。
A. 所用电　　　B. 排风机　　　C. 照明　　　D. 客户专线

三、多项选择题（下列每题的选项中，至少有2个是正确的，请将其代号填在横线空白处）

1. 关于"PWB如果是连接在一线路上运行"说法正确的有_____。
A. PWB是该线路的一部分
B. 应视同与该线路一样重要，该线路故障，PWB也是检查内容之一
C. 重要性与该线路不一样，该线路故障，PWB不必检查
D. PWB故障时线路断路器跳闸
E. PWB故障时线路保护不动作
F. PWB故障时线路保护动作

2. 旁代操作分为三个阶段，即_____。
A. 旁路母线准备阶段　　　B. 旁路切换阶段
C. 断路器单元旁代恢复操作　　　D. 母线互联阶段
E. 母线侧刀闸切换阶段　　　F. 投"单母差"阶段

3. 关于"双母线接线运行注意事项"说法正确的有_____。
A. 倒母线操作前退出零序保护
B. 避免母差保护长时间处于单母差方式运行
C. 运行单元倒母操作时应确保母联单元可靠连接，母差保护处单母差方式运行
D. 操作时避免两路电源非同期并列
E. 母联断路器合上时应投入变压器复压过流第一时限出口母联保护或母联过流保护（如有）
F. 严禁热备用断路器倒母操作

4. 断路器的四种状态是_____。
A. 试验状体　　　B. 实验状态　　　C. 热备用状态
D. 备用状态　　　E. 检修状态　　　F. 运行状态

5. 运行状态断路器单元倒母线包括三个步骤_____。
   A. 倒母线操作前退出零序保护
   B. 母差保护处单母差方式运行
   C. 断开母线断路器控制电源
   D. 使两段母线牢固互联
   E. 进行运行状态断路器单元倒母线
   F. 解除两段母线牢固互联

6. 确认两段母线牢固互联包括_____。
   A. 断开母联断路器控制电源
   B. 如果有母线差动保护，将母线差动保护切至"单母差"保护方式
   C. 重新确认母联断路器及其两侧隔离开关确定已闭合
   D. 退出零序保护
   E. 投入变压器复压过流第一时限出口母联保护或母联过流保护（如有）
   F. 投入零序保护

7. 运行方式是一个广义的概念。对电力系统而言，它有_____。
   A. 电网运行方式
   B. 机组运行方式
   C. 变配电站运行方式
   D. 所用电系统运行方式
   E. 直流系统运行方式
   F. 值班运行方式

8. 编制运行方式的意义包括_____。
   A. 实现不必培训而每个人都会运行值班
   B. 提高变配电站运行人员交接班效率
   C. 充分挖掘同一个主接线可能的不同接线方式，提高主接线适应不同环境的能力
   D. 提高各种运行方式下运行的可靠性，避免运行方式变化时出现新的问题
   E. 是变、配电站供电安全、优质、经济的保证
   F. 寻找本站唯一的设备状态

四、绘图题

1. 试画图说明为什么旁路母线由接一线路运行改接另一线路运行时，不应使得两条线路旁路隔离开关同时闭合。

2. 两段母线在倒母线期间必须牢固互联，否则各断路器单元母线侧隔离开关切换时将发生带负荷拉合隔离开关事故，试画图说明。

五、技能题

题目：35 kV 旁路 370 断路器旁代仿真Ⅱ线 373 断路器运行，373 断路器转检修。

1. 运行方式

35 kV Ⅰ段母线接仿真Ⅰ线 371、仿真Ⅱ线 373 断路器运行，旁路 370 断路器热备用，旁路母线接仿真Ⅱ线运行。

2. 补充说明

（1）35 kV 系统为不接地系统，线路没有零序保护。

（2）370 断路器代线路保护投入仿真Ⅱ线的定值，保护出口压板退出。

（3）所有断路器的操作均为远方控制，隔离开关均为接地手动操作。

3. 操作准备

(1) 准备如图4—1所示的35 kV单母线带旁路母线接线图。

(2) 准备空白纸若干张、空白操作票若干张、笔一支。

(3) 准备"以下空白"印章一个,"作废"印章一个。

4. 操作要求

(1) 按倒闸操作要求正确填写操作票。

(2) 文字表述、正式操作票填写应符合操作票的相关规范。

5. 操作时限

操作填写时限为30 min。

6. 技术标准

根据题目和运行方式填写操作票,不进行操作。

7. 配分及评分标准

序号	作业项目	考核内容	配分	评分标准
1	按要求填票	顶格	2	未顶格每处扣1分
		错、漏字修改	2	错、漏字和修改不符合要求每处扣1分
		时间填写	2	未填写时间扣2分
		印章使用	2	未正确使用每处扣1分
2	用规范描述方式写票	双重名称	5	操作断路器、隔离开关没有使用双重名称每处扣5分
		装拆接地线描述	2	描述不规范每处扣2分
		熔断器操作描述	2	描述不正确每处扣2分
3	运用操作术语写票	断路器、隔离开关的操作术语	2	术语错误每处扣2分
		装设接地线的术语	2	术语错误每处扣2分
		取下熔断器的术语	2	术语错误每处扣2分
4	按操作票填写原则写票	操作隔离开关之前已断开断路器	15	未断开断路器每处扣15分
		断路器操作后的检查应另起一操作项目	5	未另起一项扣5分
		隔离开关操作应先断开线路侧后断母线侧	10	未按顺序操作扣10分
		检查3737隔离开关已闭合	5	未检查确认扣5分
		检查代线路保护整定值正确	5	未检查确认保护定值扣5分
		投入代线路保护	10	未投入保护出口压板扣10分
		370闭合后检查三相电流正常	4	未检查确认电流正常扣4分
		在断路器两侧装设接地线	15	没有装设接地线扣15分
		取下断路器的直流操作熔断器	4	没有取下熔断器扣4分
		取下断路器的闭合电源熔断器	4	没有取下熔断器扣4分
5	否定项	(1) 发生带负荷操作隔离开关 (2) 发生带电装设地线 (3) 线路无保护运行 离题		本题考核不合格

单元测试题答案

一、判断题

1. √ 2. × 3. × 4. √ 5. √ 6. × 7. × 8. × 9. √

二、单项选择题

1. C 2. C 3. A 4. D 5. A

三、多项选择题

1. ABDF 2. ABC 3. BCDE 4. CDEF 5. DEF 6. ABC 7. ABCDE
8. BCDE

四、绘图题

1. 如图 4—13 所示。

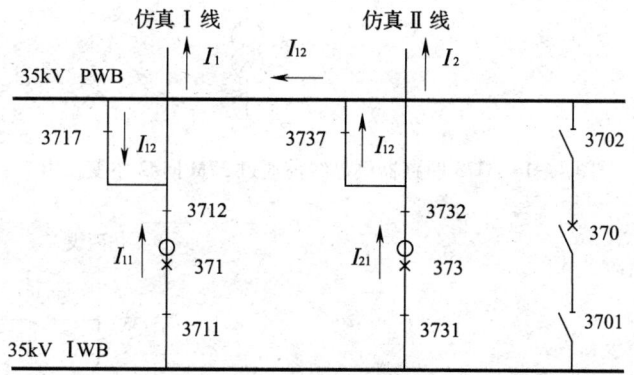

图 4—13 两线路隔离开关同时闭合的电流分布式示意图

$$I_1 = I_{11} + I_{12}$$
$$I_2 = I_{21} - I_{12}$$

可见，各线路电流互感器反映的电流不是流经线路的真实电流，两条线路通过旁路隔离开关构成新的电流通道，相互支援，造成潜在的电流测量错误，从而影响电量计量和电流监测的准确性。另外，由于三相电路电阻存在差异，图中 I_{12} 三相电流并不相等，从上面等式可以看出，I_{12} 三相电流不相等将导致 I_1、I_2 电流不平衡。极限情况下，可导致零序保护误动。

所以，旁路母线由接一线路运行改另一线路运行时，不应使得两条线路旁路隔离开关同时闭合。

2. 如图 4—14 所示，假设 373 断路器倒母线前通过 37M 向#2 主变供电。

要把 373 断路器从接ⅠWB 运行倒至ⅡWB 运行，如果在合上 3732 隔离开关前没有将 37M 断路器控制电源断开且 37M 断路器在 3732 隔离开关合闸操作时发生跳闸，如图 4—15 所示，闭合 3732 隔离开关时，主变的负载电流将从 3732 隔离开关的断口通过，造成 3732 隔离开关带负荷合隔离开关事故。

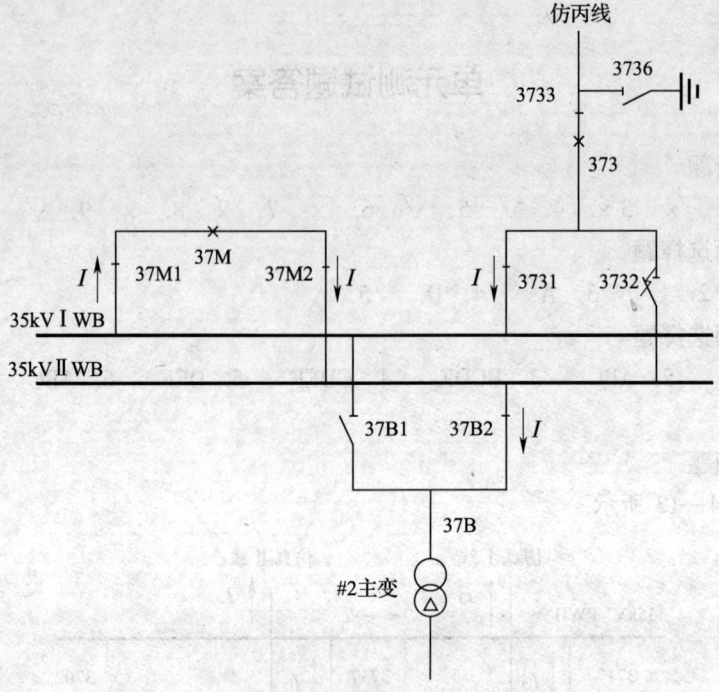

图4—14　373断路器倒母线前通过37M向#2主变供电

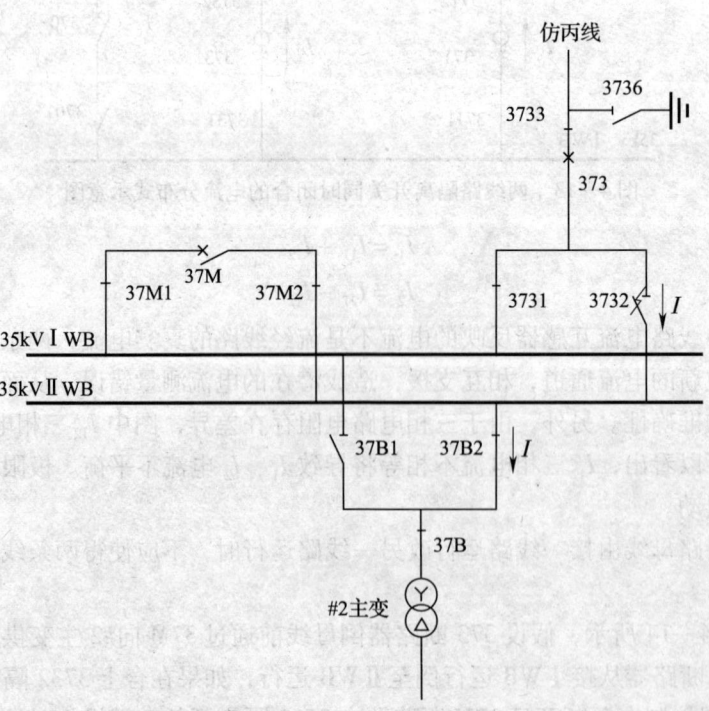

图4—15　闭合3723隔离开关前37M跳闸造成3732隔离开关带负荷闭合隔离开关事故

同理,在断开3731隔离开关时也存在类似风险,大家可以自行分析。由此可见,两段母线在倒母线期间必须牢固互联,370断路器的控制电源必须断开。

五、技能题

填写操作票的操作步骤如下：

1. 检查 3737 隔离开关确认已闭合。
2. 检查旁路 370 断路器代线路保护整定值已为代 373 线路并投入。
3. 投入 370 断路器代线路保护出口压板。
4. 闭合旁路 370 断路器。
5. 检查 370 断路器确认已闭合。
6. 检查 370 三相电流确认正常。
7. 断开仿真Ⅱ线 373 断路器。
8. 检查 373 断路器确认已断开。
9. 断开仿真Ⅱ线 3732 隔离开关，检查确认已断开。
10. 断开仿真Ⅱ线 3731 隔离开关，检查确认已断开。
11. 在 373 断路器与 3731 隔离开关之间验电，检查确认无电压后即装设一组#接地线。
12. 在 373 断路器与 3732 隔离开关之间验电，检查确认无电压后即装设一组#接地线。
13. 断开 373 断路器直流控制电源空开。
14. 断开 373 断路器合闸电源空开。

第5单元

变配电设备异常与事故处理

- 第一节 断路器的故障处理／156
- 第二节 互感器的异常与事故处理／167
- 第三节 线路故障断路器拒动的处理／177
- 第四节 线路故障保护拒动的处理／180
- 第五节 变、配电所所用电消失的处理／183
- 第六节 变、配电所全所停电／188

变配电设备出现异常运行和故障，可能造成全部线或部分线路停电，所以必须尽早查出异常运行和故障地点和原因，消除事故隐患，缩小事故停电范围，减少供、用电企业双方的经济损失。本单元主要介绍了变配电设备异常运行及事故的分析和处理，通过学习，学生应掌握变配电设备异常运行和事故处理的基本方法。

第一节 断路器的故障处理

培训目标

→ 能正确进行断路器液压、气动、弹簧等常见操作机构的异常处理
→ 能正确进行 SF_6 断路器、真空断路器等断路器常见灭弧机构的异常处理
→ 能正确分析处理断路器拒绝分、合闸
→ 能正确分析处理断路器自动分、合闸
→ 能正确进行断路器的事故处理

一、断路器操动机构的异常处理

1. 断路器液压操作机构异常的分析处理

运行中断路器液压操作机构异常主要包括渗漏油、储压筒氮气（N_2）泄漏、液压压力下降、打压频繁与超时等。

（1）机构渗漏油。液压操作机构渗漏油从油压力大小分为常压油渗漏和高压油渗漏，而高压渗漏油又可以分为外漏和内漏。

发生常压油渗漏时，常压油筒的油量将逐渐减少。在常压油筒上一般设有油量观察窗，在观察窗上刻有最高（MAX）油位和最低（MIN）油位标示，液压机构常压油筒油位指示如图5—1所示。

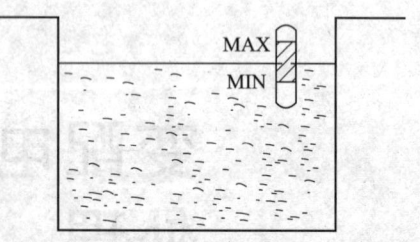

图5—1 液压机构常压油筒油位指示示意图

值班人员日常巡视应观察常压油筒的油位是否处在"MAX"与"MIN"之间。一旦发生常压油泄漏，值班人员应根据渗漏油速度，提前补油，避免油位降至"MIN"以下。一般情况下，油位偏高、偏低并没有设置报警，因此应巡视到位。油位偏低，可能导致油泵工作时进油不足，空气吸入油泵进入高压油系统，影响断路器正常工作。

高压油外漏，可导致油泵频繁启动打压或打压不停、常压油筒的油量逐渐减少。外漏油量太大，可能导致常压油不足，空气吸入油泵进入高压油系统，影响断路器正常工作；外漏严重，油泵补充压力不及的，可导致断路器合闸闭锁或分合闸闭锁。

高压油内漏，往往是油泵逆止阀等内部器件密封故障造成的，可导致油泵频繁启动打压或打压不停。一般情况，泄漏的油又回到常压油筒，因此常压油筒油量不会减少。内漏油量太大，可能导致油泵频繁启动、长期工作不停，由于部分储能电机按短时间工作设计，因此可导致油泵电动机烧毁；内漏严重，油泵补充压力不及的，可导致断路器分闸闭锁或合闸闭锁，同时可以看到常压油筒油位异常升高。

发现少量高压油渗漏，应找机会安排停电检修，必要时补充常压油，使油位保持较高位置；发现高压油渗漏较快，应通过调度尽快安排停电检修，如果油泵电动机可长期工作，切忌切断油泵电机电源，以延缓高压油的压力下降，必要时在压力下降至断路器分断闭锁前经调度同意把断路器断开；发现内漏严重，一般是断路器压力已经降至"零压"，油泵补油失效，此时应及时断开油泵电源，实施断路器放慢分措施，与调度配合尽快将断路器从系统中隔离。

（2）氮气泄漏。当断路器氮气泄漏信号告警时，变配电值班人员应到现场检查储压筒有无异常泄漏和机构箱压力表的指示情况。如果发现储压筒氮气确有明显的泄漏，机构箱压力表指示异常或压力异常告警时，应及时汇报调度，根据调度命令处理；如果氮气储压筒无明显泄漏，机构箱压力表指示正常或无异常压力告警，且油泵未运转，则有可能是误发信号，可到现场断路器控制箱复归信号。如无法复归，应申请专业人员来判断处理，同时，根据调度命令，采取必要的措施。

必须指出，有些液压机构的储能介质可能采用碟簧取代氮气，这种操作机构没有氮气泄漏的问题；但是，液压机构的其他问题依然存在。

（3）液压压力下降

1）液压压力下降，致使分闸或合闸闭锁，应立即检查是否液压系统严重漏油，从而使油泵不能维持油压。

2）如果液压系统无明显漏油现象（也可能是内部漏油）时，变配电值班人员应检查压力表指示压力是否确已下降，如果压力下降而油泵未启动，应检查油泵电源及控制回路是否完好，在油泵电源恢复后，油泵应能启动打压至正常值。如油压无法恢复正常，应汇报调度，申请停电检修。

（4）打压频繁与超时。打压频繁即机构频繁启泵。若正常情况下同类机构一天启泵补压一次，而某台机构监视到一天油泵启动数次，即属该机构打压频繁。打压频繁一般属高压油系统密封不良、存在渗漏油或启泵、停泵整定时间值不当所致。由于高压油渗漏较其他机构快，为维持机构压力，油泵启泵补压次数将增加。这种渗漏受环境温度、油质、元器件稳定性等因素影响较大，其补压次数可能不稳定，也容易发展为快速泄漏。另外，油泵频繁启动，对油泵运行不利。因此，运行中发现此类现象，应找机会尽早停运处理。启泵、停泵整定值不当，如压力差偏小，则每次补压时间短，压力下降至启泵的时间也短，油泵启动次数将相应增加。如发现此类现象，应重新整定合适的启泵、停泵时间。

打压超时即油泵一次补压时间超过标准值。当液压机构压力下降至启泵压力时，油泵启动进行补压。如果油泵压缩效率相同，在相同使用条件下，每台机构的每次补压所需时间大致相同。由于油泵元件磨损、传动带松弛、电机电压偏低或缺相等因素，油泵打压时间可能延长以致打压超时。油泵打压时间偏长，可导致油泵电机长时间运转，可能烧毁电动机。另外，对断路器有一个 O—CO—3 minCO（O：OPEN 分；C：CLOSE 合；CO：分合）的基本要求，油泵打压时间长于 3 min 的，断路器可能无法完成"3 minCO"的动作。因此，液压机构一般设有"油泵打压超时"信号，用于监测油泵压缩效率的同时保护电动机。运行中发现打压超时，如果电动机不允许长时间运行的，一般会伴随停泵。这种情况应让电动机动间歇数分钟，待电动机温度降低后再次启动、观察。如果电动机允许长时间运行，除非压力一点都不上升，否则应让机构补足压力再做观察。确认油泵补压效率下降所致时，应找机会尽快停运检修。

如果打压频繁与打压超时同时出现，在不烧毁电动机的前提下，应优先确保机构有足够的压力，同时尽快通过调度在断路器分闸闭锁之前将断路器停运；否则，断路器在保护动作时无法分断，扩大事故范围，危及系统安全。

2. 断路器气动操作机构异常的分析处理

(1) 漏气。正常情况下，气动操作机构的储气筒存有压缩空气，以提供断路器的合闸能量。气动操作机构漏气，就是指压缩空气泄漏。储气筒本身一般不易发生漏气，通常是和它连接的管道、阀门、接头以及压力监测系统容易发生破损而泄漏。压缩空气泄漏，可导致空气压缩机启动频繁；漏气严重的，空气压缩机补气不足，储气筒的空气压力下降，可能导致"压力低报警"，甚至"合闸闭锁"。

压缩空气泄漏一般可以听到漏气声，如果只是导致空气压缩机启动频繁，应加强观察，同时尽快找机会停电处理。如果已经出现"压力低报警"，压缩机运转不停，应通知调度安排断路器停运，同时保持压缩机继续补气。如果出现"合闸闭锁"，应退出断路器的重合闸装置，确保断路器在线路故障时不重合。

(2) 打压频繁。和液压机构类似，气动机构打压频繁即空气压缩机频繁启动，如正常情况下同类机构一天启动补压一次，而某台机构监视到一天空气压缩机启动数次即属打压频繁。打压频繁一般属压缩空气系统密封不良、存在漏气或空气压缩机启动、停止压力整定值不当所致。由于漏气较其他机构快，为维持机构压力，空气压缩机启动补压次数将增加。空气压缩机频繁启动，对空气压缩机运行不利，将加快传动带损坏和曲轴箱润滑油的消耗，同时储气筒内的积水也将增加。因此，运行中发现此类现象，应找机会尽早停运处理。空气压缩机启动、停止压力整定值不当，如压力差偏小，则每次补压时间短，压力下降至启泵的时间也短，油泵启动次数将相应增加。

(3) 排水多。空气压缩机把常压空气压缩后进入储气筒，空气中的水分也将进入储气筒。压缩空气进入储气筒后，温度下降，储气筒内将出现凝露并积累在储气筒底部。为避免储气筒底部积水过多，应定期给储气筒排水，一般情况下一个星期排水一次即可。旋开储气筒底部的排水阀，可以看到积水排出。如果每星期排水一次，排水量与季节有关，春夏季排水量大于秋冬季。

相比同类设备发现排水量大，说明系统压缩空气泄漏率较高，应加强观察，检查该机构是否存在漏气，空气压缩机是否频繁启动等，必要时停运断路器进行检修处理。

(4) 气泵曲轴箱缺油。气泵曲轴箱润滑油是确保压缩机曲轴和活塞正常运转的重要物质。在曲轴箱下部有一个油位观察窗，通过观察窗可以看到润滑油的油位。一般情况下，每星期给储气筒放水的时候，也应进行油位检查。气泵曲轴箱缺油，可能是曲轴箱漏油所致，这可以通过观察底部是否积油进行判断；也可能是油气分离系统故障，排水检查时或许可以见到部分油样。气泵曲轴箱缺油应及时加油，如果明显看到缺油造成气泵运转异常或油位已经看不见了，应将气泵电动机电源断开，避免损坏气泵并尽快安排补油。

3. 断路器弹簧操作机构异常的分析处理

弹簧操作机构在运行中主要体现为机械故障拒绝断路器分闸、合闸或弹簧储能系统有问题等。

若在闭合后立即出现光字牌"弹簧未储能",变配电值班人员应进行如下处理:

(1) 到现场检查弹簧指示器所指示的位置,确认是否误发信号。

(2) 检查电动机交流电源开关是否断开,若在断开位置,可以试送一次。

(3) 电动机电源开关若在闭合位置或试送一次后仍断开,则气泵电动机可能故障,应检查机构箱内是否有异常、烧损、焦味等现象,检查电动机是否烧毁,并将情况汇报调度,申请退出断路器重合闸,按调度命令进行断路器停运操作。

4. 断路器电磁操作机构异常的分析处理

电磁操作机构结构相对简单,但其合闸时合闸电流很大,因此,其异常主要集中在直流闭合电源回路。一旦发现无法合闸,应做如下检查:

(1) 检查合闸熔断器完好。合闸熔断器可能在断路器端子箱内,也可能在直流屏上。如果检查没有问题,本断路器合闸电源回路的上级熔断器也应检查。如果发现有熔断器熔断,应取同型号熔断器进行更换,进行试送。如再次发生熔断,不得再试送。

(2) 检查合闸母线电压是否正常。由于电磁操作机构采用蓄电池瞬间放电直接提供合闸能量,因此,合闸母线电压的太低,瞬间放电能力不足,也可能无法合闸。可以通过调整闭合母线电压使其在合格范围。

(3) 检查合闸线圈是否正常。如出现合闸线圈有焦味、冒烟等,这可能是合闸线圈长时间带电所致,应尽快断开合闸电源,避免引发直流系统事故,同时申请断路器停运检修。

二、断路器灭弧机构的异常处理

1. SF_6 断路器压力降低的分析处理

SF_6 断路器气体压力下降可分为缓慢下降和突然下降,应分别给予处理:

(1) SF_6 断路器气体压力缓慢下降的处理。气体压力缓慢下降可能是由于各密封件逐渐老化所致。压力下降可以通过一段时间记录、观察、比较得知。一般情况下断路器 SF_6 气体年泄漏率要求小于1%,这样的泄漏,通过上述方法难于发现。但密封件老化,泄漏率将逐步增加,通过同一断路器历史记录的比较或通过同类型断路器的比较,可以得出是否泄漏的结论。变配电值班人员一方面应善于发现 SF_6 气体泄漏,确保断路器运行安全;另一方面应掌握 SF_6 气体压力降低的处理方法。发现 SF_6 压力缓慢下降,应及时汇报调度,由检修人员进行检查,确定泄漏点并及时修复。一时没有查出泄漏点的,可在"SF_6 压力低报警"之前补充 SF_6 气体。如果已经出现"SF_6 压力低报警",补气前应加强监视,必要时,应在断路器出现"SF_6 压力低闭锁操作"前通过调度将断路器退出运行;切忌出现"SF_6 压力低闭锁操作"后还强制操作。

SF_6 气体被密闭在一个固定的空间里,因此,SF_6 气体压力与环境温度有关。一般断路器均装有 SF_6 气压表,气压表如果经过环境温度补偿,则该气压表的读数将与环境温度变化没有关系,可以直接反映 SF_6 密度;相反,气压表如果未经过环境温度补偿,则在不同环境温度下读到的压力不同，在日夜温差较大时，这个压力相差非常明显，变配电值班人员应注意甄别，避免误判。

（2）SF_6断路器气体压力突然下降的处理。SF_6断路器气体压力突然下降，可能是密封失效，或管道、瓷件破裂所致。SF_6气体压力突然下降时，通常伴随"SF_6压力低报警""SF_6压力低闭锁操作"和断路器"控制回路断线"出现，断路器无法操作。一旦出现上述现象，应做好以下几点：

1）汇报调度。出现"SF_6压力低闭锁操作"表示继电保护出口该断路器的分闸、合闸回路被切断，如果这时相关设备发生故障，断路器将拒动，系统面临更大风险。因此，"SF_6压力低闭锁操作"一旦出现，应立即汇报调度，以便调度安排新的系统运行方式，规避风险。

2）采取措施避免断路器分闸、合闸。出现"SF_6压力低闭锁操作"表示断路器没有了灭弧能力，断路器分闸、合闸造成断路器灭弧室爆炸的可能性极大，因此，应立即采取避免断路器动作的措施。当然，"SF_6压力低闭锁操作"信号发出的同时，断路器控制回路也被切断，保护出口该断路器的分闸、合闸回路已经切断。为了预防切断保护出口该断路器分闸、合闸回路的触点被粘住，应断开断路器控制电源。

3）到现场应做好防护。SF_6断路器气体压力突然下降，说明SF_6泄漏严重，为确保变配电值班人员人身安全，进入SF_6断路器室前应充分通风，如开启排风扇通风15 min。由于SF_6容易在低洼处集聚，因此应注意避免进入电缆沟等处。

4）考虑断路器退出运行策略。正如上述，断路器无法分闸、合闸，系统将面临较大风险，断路器应尽快退出运行。

2. 真空断路器异常的分析处理

运行中真空断路器常见异常为灭弧室真空度下降。真空度下降，灭弧室的绝缘和灭弧能力将下降，不及时发现和处理可能造成爆炸。真空断路器使用材料气密情况不良、金属波纹管密封质量不良等，均可导致真空度下降。

正常巡视检查真空断路器的真空管时，要注意屏蔽罩的颜色应无异常变化、断路器无异常声音。断路器分断时电弧呈淡蓝色，若有真空度下降则变为橙红色。

发现断路器真空度下降，应立即安排断路器停运，更换真空管。

3. 油断路器异常的分析处理

油断路器运行时，应巡视检查断路器油位、油色是否正常。油断路器的主要异常包括：

（1）断路器缺油。油断路器漏油，或油位看不见，可能导致断路器缺油。断路器油位偏低，应通过调度尽快安排补油；相反，断路器油位偏高，应放油。

如果断路器漏油严重，且油位看不见，则断路器为严重缺油，必须禁止断路器一切操作，以防断路器爆炸。碰到这种情况，应做好以下几方面工作：

1）采取措施避免断路器分闸、合闸。断路器严重缺油，断路器可能没有了灭弧能力，断路器若进行分闸、合闸操作，造成断路器灭弧室爆炸的可能性极大，因此应立即采取措施避免断路器动作。而且，断路器缺油并没有告警信号，也不会自动切除断路器控制回路，保护出口该断路器的分闸、合闸回路依然畅通。为此，及时断开断路器控制电源非常必要。

2）汇报调度。由于已经将断路器控制电源断开，断路器已经无法执行操作命令，继电保护出口该断路器的分闸、合闸命令将失效，如果这时相关设备发生故障，断路器拒动，系统将面临风险。因此，应及时把这情况汇报调度，以便调度安排新的系统运行方式，规避风险。

3）考虑断路器退出运行策略。正如上述，断路器无法分闸、合闸，系统将面临较大风险，断路器应尽快退出运行。

（2）断路器油色发黑。断路器切断故障电流或多次操作，可导致断路器油色逐渐发黑。一旦发现，应尽快安排停电检修。为避免出现这种情况，断路器除安排正常巡视外，在断路器切断故障电流后，应安排油色检查。

（3）油断路器着火事故。断路器发生着火事故时，值班人员应沉着冷静、迅速果断地将故障断路器与带电部分隔离，切断着火断路器的各侧电源然后灭火，同时将现场情况汇报调度及有关部门，并拨打火警电话。如果火势较大时，应通知调度将可能波及的设备及直接连接的设备与电源隔离。若断路器着火，已造成母线失压，应先将故障隔离，进行灭火。灭火时应用干粉或 1211 灭火器灭火。对室外断路器灭火，断路器内的油流出会引起火灾蔓延，除用灭火器灭火外，还应用沙子和土来压盖淌出的油火，灭火时要防止火势危及临近设备或带电设备。对开关室内灭火，应注意通风排烟，灭火和操作人员进入开关室时应戴好防毒面具。

4．其他断路器灭弧机构异常的分析处理

其他断路器灭弧机构主要是以空气为绝缘的负荷开关和空气断路器。这些断路器除同样具备快速操作机构外，一般断口辅以吹弧措施提高其灭弧能力。由于断路器灭弧机构处在空气之中，运行中触头发热氧化是此类灭弧机构的主要问题。触头在运行中不良发热将加剧触头的氧化，触头的氧化将使触头接触电阻加大，发热问题更为严重。如此反复，最终将烧毁触头。因此，正常运行中，应注意巡视触头的发热情况，可以借助红外测温设备进行触头温度测量，也可通过断路器外壳发热情况进行定性判断。发现触头发热，应加强跟踪，必要时停电检修，避免造成不可修复性故障。

三、断路器拒绝分闸、合闸的分析处理

1．断路器自身原因造成的拒绝分闸、合闸

（1）操作机构储能不足。多数断路器操作都需要通过操作机构存储足够的操作能量后才可以操作，如弹簧操作机构通过压缩弹簧来储能、液压操作机构通过液压油压缩氮气或碟簧来储能、气动操作机构通过压缩空气来储能等。储有足够的能量，操作机构才能快速分闸、合闸断路器；否则，断路器可能在分闸、合闸时发生爆炸。出于这种考虑，操作机构在没有足够储能时，将强制切断断路器控制回路，避免继电保护、自动装置或其他远方命令分闸、合闸断路器。因此，操作机构储能不足可导致断路器拒绝分闸、合闸。

当然，部分操作机构在储能消失的时候，操作机构分断弹簧在断路器合闸时存储的能量是可以正常断开断路器，但是，这时断路器的分合闸控制回路已经被切断，分断操作只能在断路器本体上进行手动分断。一般不推荐这种做法，手动分断前应确认断路器

无其他异常。

另外，电磁操作机构或手动操作机构没有储能装置，不存在上述问题。但电磁操作机构拒绝合闸，也可能是因为合闸母线电压太低，这也可以归类为储能不足。

出现操作机构储能不足造成断路器拒绝分闸、合闸闸，属操作机构异常，其原因、现象、处理方法可参照本节第一点，在此不再重复。

（2）灭弧室SF_6压力不足。灭弧室SF_6压力不足使断路器灭弧能力下降，这时断路器分闸、合闸，可能造成断路器灭弧室爆炸，出于断路器自身安全考虑，灭弧室SF_6压力降到一定压力时，断路器控制回路将被切断，导致断路器拒绝分闸、合闸。

需要指出，其他灭弧室异常，如油断路器油位偏低、油色发黑，真空断路器的真空度下降等，均不会闭锁断路器操作回路，只能通过巡视来发现和避免事故。

灭弧室SF_6压力不足的异常处理在前面已经叙述过，这里不再介绍。

（3）分闸、合闸线圈烧坏。分闸、合闸闸线圈烧坏使电气控制命令无法通过分闸、合闸线圈铁心触发断路器分闸、合闸动作。分闸、合闸线圈烧坏，将一般伴随直流系统负极失地报警，在断路器机构箱处可以闻到烧焦味，再次分闸、合闸断路器操作时，分闸、合闸线圈的铁心没有动作。线圈烧坏可能是线圈通电时间过长所致，也可能是线圈本身绝缘破坏线圈短路所致。发现分闸、合闸线圈烧坏，应按以下处理：

1）断开断路器操作控制电源。
2）汇报调度停用断路器。
3）检查确认直流系统失地消失。
4）联系断路器检修。

（4）机械故障。断路器机械故障主要是机构卡涩所致。由于断路器分闸、合闸控制机械结构复杂，各部件配合关系紧密，稍有某个部件工作不正常，将可能导致机构卡涩，无法分闸、合闸。在排除上述故障的情况下，如果操作得当，则可以判断为断路器机械故障。断路器发生机械故障，应通知调度尽快隔离断路器，安排检修处理。

2. 断路器外部原因造成的拒绝分闸、合闸

断路器本身之外原因造成拒绝分闸、合闸，主要问题在操作控制回路上。

（1）直流负极两点失地。图5—2所示为断路器控制回路负极两点失地示意图，分闸、合闸线圈两端同时失地。当断路器操作时，由于线圈被A、B两个失地点经大地旁路，分闸、合闸线圈没有得电，断路器拒动。

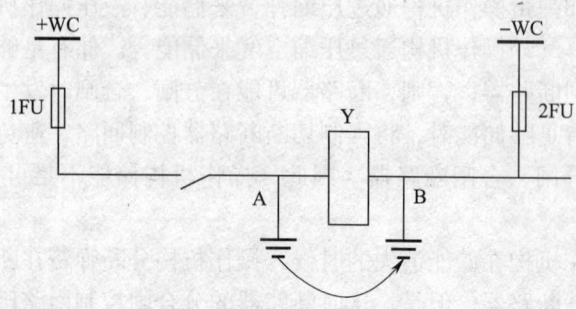

图5—2 断路器控制回路负极两点失地示意图

因此，在有直流系统负极失地时，发现断路器拒绝分闸、合闸，就有可能是发生了此类故障。此时可以拉开这台断路器控制电源，查看失地是否消失。

图5—2中，如靠近2FU侧失地点发生在其他回路负极，如果该失地点至蓄电池负极回路电阻很小，也可能发生上述断路器拒绝分合闸的情况，读者可自行分析、处理。

(2) 控制回路熔断器熔断。从图5—2可以看出，一般每台断路器控制回路均配有熔断器1FU、2FU，当控制回路发生短路时切除故障。发生熔断器熔断，控制回路没有电源，断路器将拒绝分闸、合闸。

熔断器熔断将一般伴随"控制回路断线"信号，断路器分闸、合闸状态信号灯灭。这时断路器没有了分闸、合闸能力，应尽快检查恢复。

检查为熔断器熔断后，可以换上同型号、同规格的熔断器，再试送电一次。如果再次熔断，不得再送，应汇报调度申请断路器停电处理。

(3) 控制回路触点不良。实际的断路器控制回路两点失地不会像图5—2所示那么简单。正如前述，断路器自身操作机构储能不足、SF_6压力降低等均可能造成断路器拒动，其实现方式就是在控制回路中串入一反映这些闭锁量的继电器触点，条件满足时该继电器的触点接通，否则触点断开，实现闭锁。另外，断路器闭合回路中串有断路器动断触点，当断路器合闸到位时及时切断合闸回路，能避免合闸线圈长时间带电；断路器合闸回路中串有断路器动合触点，当断路器合闸到位时能及时切断合闸回路，避免合闸线圈长时间带电等，断路器控制回路任一触点接触不良，控制回路就如同被操作闭锁，断路器无法操作。

当然，断路器控制回路可能设计有断线监视功能，一旦发生上述情况，可发出"断路器控制回路断线"报警，但并不是所有触点不良均可以监视得到。因此，如果没有任何异常信号又无法进行断路器分闸、合闸时，问题可能就是触点接触不良所致。

触点接触不良虽没有报警信号，但却已经潜在断路器拒动，一经发现应立即向调度申请断路器停运处理。

3. 操作不当造成的拒绝分闸、合闸

若已排除断路器自身原因和外部原因造成的断路器拒绝操作，那问题可能就在操作者本身，如操作步骤是否正确？操作方法是否得当？归纳起来，可能有以下几种情况：

(1) 操作把手返回太快。操作把手返回太快，回路自保持继电器尚未动作到位，或操作把手根本没有操作到位，断路器不会动作。可以再试操作一次，确保操作把手转动到位并保持1 s左右。

(2) 同期回路没有正确投入。断路器两侧可能都有电源的线路，断路器闭合一般需要检查同期性，两个电源不满足同期要求，断路器不能闭合。在断路器闭合回路中串有同期继电器的触点，同期继电器检查断路器两侧电源同期性，如果满足同期要求，触点闭合，断路器可以合闸，否则触点断开，尽管操作断路器合闸，但合闸命令无法下达，达到闭锁断路器合闸的目的。

早期有主控屏的变配电所，多个断路器共用一台同期检查继电器，断路器合闸操作前，要先通过转换开关把本断路器两侧的电源电压引入到同期继电器，把同期继电器触点串入断路器合闸操作回路，达到闭合时检查同期的目的；操作中，往往没有正确切换这些转换开关，特别在处理事故较为紧张的情况下，这几个转换开关的配合更是需要熟练掌握。操作时若发现断路器合不上，应检查一下同期检查回路切换是否正确。

如果断路器两侧电源不满足同期闭合条件，同期继电器将切断断路器合闸控制回路，包括断路器两侧电源没有同时有电压的情况。为解决这个问题，同期继电器一般设有同期解除转换开关，当调度确认可以合闸或断路器两侧电源没有同时有电压时，应解除同期继电器的同期检查功能，以免出现无法合闸情况。另外，同期继电器还有自动同期合闸或手动同期合闸方式选择。自动同期合闸在操作者发出合闸命令后，同期继电器自动捕捉断路器两侧电源满足同期合闸条件的时刻并将断路器合上；手动同期合闸要求操作者根据同期表的指示判断断路器两侧电源是否满足同期要求并手动发出合闸命令将断路器合上。

如果发现断路器操作得当又没有任何异常报警信号，应仔细检查这些转换开关位置是否正确。需要指出，由于同期装置是公用设备，操作完成后应将这些转换开关恢复原状，避免下次其他断路器闭合时出状况。

计算机测控装置出现后，这些状况大有改观。对每个断路器单元配有测控装置的变、配电所，每台测控装置可以设有同期检查功能，而且可以自动判断。如果断路器两侧不是同时有电压则解除同期检查，甚至同期装置可以一直投入，任何时候断路器合闸，同期装置均会做出正确的判断。这样，断路器合闸前就不再需要切换同期继电器相关回路。

（3）小车断路器没有正确推入到运行位置。小车断路器没有正确推入到运行位置，断路器的控制回路是断开的，这时候操作断路器合闸将失败，这是由开关柜电气闭锁关系决定的。手车断路器没有推入到运行位置，手车断路器运行位置指示灯不亮，一般还伴随断路器"控制回路断线"报警。发现这些信号，应检查手车开关的到位情况。

（4）计算机防误钥匙没有插入或微机防误逻辑不满足。当前，很多变配电所配有微机防误系统。计算机防误系统实际上也是串入断路器控制回路的一个触点，这个触点在计算机防误系统判断为可以操作时合闸，实现了操作步骤是否正确的控制。多数计算机防误系统采用计算机防误钥匙，在操作断路器前插入操作控制回路的钥匙座，因此钥匙与钥匙座的接触如果不良将导致操作失败。另外，钥匙插座位置或钥匙控制逻辑有问题，钥匙内的触点没有合闸，也将导致断路器操作失败。

因此，发现断路器操作失败，如果其他设备没有异常，则可能是计算机防误钥匙使用上的问题，可以重新插拔一次钥匙，查看计算机防误钥匙上的提示以确定问题所在。

四、断路器自动分闸、合闸的分析处理

1. 失压脱扣与电容器失压断开

有些低压断路器带有失压脱扣功能，当电压消失，断路器将自动断开，这是断路器自动断开的一种情况。失压脱扣对避免再次来电时，电源承受过大电流具有重要意义。比如某电源带有很多电动机或变压器，当电源恢复供电时，这些电动机将同时启动，由于电动机启动电流大、启动时间长，电源将可能承受一个长时间的过载，甚至发生电源开关断开，送电失败。因此，对电动机较多的回路，应考虑失压后断路器自动断开，避

免影响电源的顺利恢复。当然，如果电源送电发生过负荷断开，应考虑是否有此类回路没有断开。

电容器失压跳闸主要是防止空载变压器与电容器组同时闭合产生的工频过电压和振荡过电压对电容器的危害。当母线电压降低到额定值的 60% 左右时，低电压保护动作于断路器断开，使电容器组切除，以避免母线电压再次恢复时造成上述故障。发生母线失压，应查看电容器组是否在断开位置，如果还在合闸位置，应手动切除并检查没有断开的原因。母线电压恢复前应确保电容器断路器已经断开，母线电压恢复后根据母线电压水平或无功需求情况考虑投入合适数量的电容器。

2. 振动超标与机构故障造成断路器自动分闸、合闸

振动超标造成断路器自动分闸、合闸，可能是保护屏附近有较大振动，继电保护或自动装置分闸、合闸继电器触点闭合造成，也可能是断路器附近作业伴有较强振动，合闸维持支架和分闸锁扣维持不住等造成断路器自动断开。首先应减少在这些设备周边安排有强烈振动的作业，如爆破或使用冲击钻，如果真需要安排，有条件时应考虑将断路器转冷备状态使用。如果发生振动跳闸，应立即停止相关作业，恢复断路器原来状态并汇报调度。

机构故障造成断路器自动分闸、合闸，主要有以下几种情况：

（1）合闸维持支架和分断锁扣维持不住等造成断路器自动断开。

（2）液压机型中分断一级阀和逆止阀处密封不良、渗漏时，本应由合闸保持孔供油到二级阀上端以维持断路器在合闸位置，但当漏的油量超过补充油量时，在二级阀上下两端的压强将不同，当二级阀上部的压力小于下部的压力时，二级阀会自动返回，而二级阀返回会使工作缸闭合腔内高压油泄漏，从而使断路器断开。

（3）弹簧操作机构的储能弹簧锁扣不可靠，在有振动情况下，锁扣可能自动解除，造成断路器自行合闸。

3. 直流失地造成断路器自动分闸、合闸

直流失地造成断路器自动分闸、合闸如图 5—3 所示。从图上可以看出，如果 A、B 两点同时失地，则直流电源正极绕过断路器分合闸控制触点，直接使分闸、合闸线圈得电，断路器发生误分闸、合闸。

当然，如果 B 点发生在其他回路正极失地，如果该失地点至蓄电池正极回路电阻很小，也可能发生上述断路器自行分闸、合闸的情况，读者可自行分析、处理。

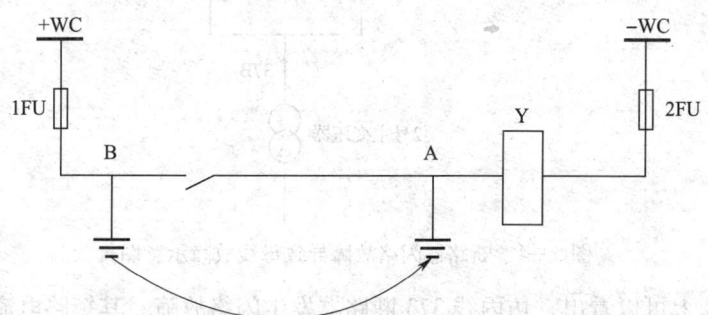

图 5—3 断路器控制回路正、负极两点失地示意图

4. 误操作造成断路器自动分闸、合闸

误操作包括值班电工误操作和其他人员误操作，如值班电工操作断路器时走错间隔，误分闸、合闸了其他断路器，也有可能不小心触碰断路器控制开关，或误碰了断路器紧急分断按钮，都可以造成断路器误操作。

其他人员误操作主要是检修人员、实习人员或参观人员误操作。检修人员一般对设备比较熟悉，检修过程需自行反复试分闸、合闸断路器，有时难免出错。

发生误操作，一般没有太多信号。如果不是在控制屏上操作造成的，控制屏上的控制开关 SA 可能发闪光。发生误操作应立刻汇报值班长，尽快安排把断路器恢复为原来方式。

五、断路器的事故处理

1. 断路器外绝缘闪络故障

断路器外绝缘闪络可能是由于断路器表面积灰严重、空气湿度较大、外绝缘爬电击穿造成。积灰严重又下着毛毛细雨时更容易发生闪络。如果某地区时有闪络事故，说明该地区污染严重，原有的外绝缘设计水平已经不适应该地区污染程度，应适当提高设备外绝缘的防污等级。现有设备可以采用外绝缘清扫或涂用 RTV（室温硫化橡胶）来减少表面积灰，或进行调整增大外绝缘的爬电距离。

变、配电所断路器外绝缘闪络时，一般伴随母线故障和线路故障，如图 5—4 所示为断路器闪络故障导致母线故障示意图。

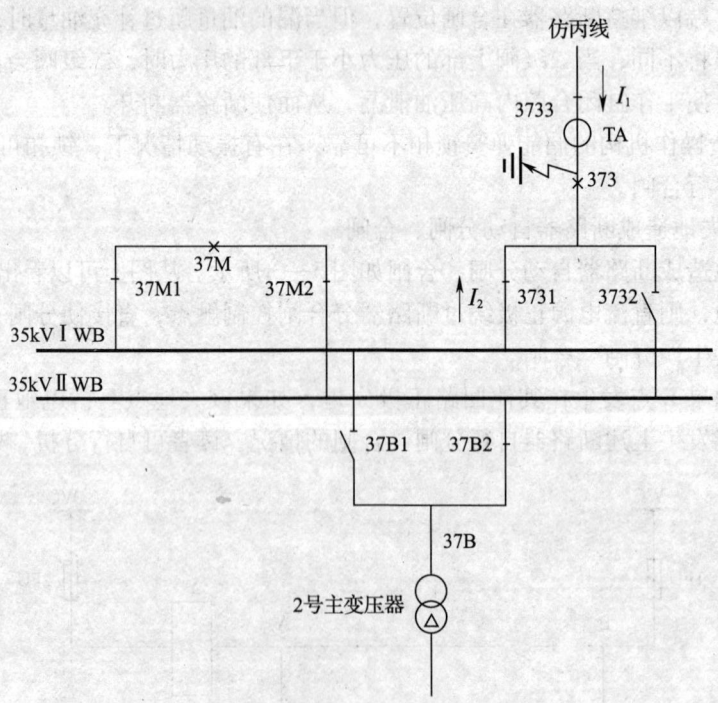

图 5—4　断路器闪络故障导致母线故障示意图

从图 5—4 上可以看出，仿丙线 373 断路器发生闪络故障，其短路电流 I_1 和 I_2 分别由仿丙线和 35 kV I WB 提供。对 35 kV I WB 母线保护而言，它就是母线故障，母差保

护动作断开 35 kV IWB 上的所有断路器（373、37M）；然而，从仿丙线来的故障电流依然存在，这个电流只能由仿丙线对侧线路断路器切除。可见，断路器外绝缘闪络，一般伴随母线故障和线路故障。

发生断路器外绝缘闪络故障时，本所线路保护不一定也会动作。如图 5—4 所示，尽管 373TA 有故障电流流过，但这个故障电流对本线路保护而言是反向故障，带有方向判断的保护不动作。由于不带方向的电流保护动作时间长，对侧把故障切除了，本侧线路保护还没有动作。

对没有母线保护的变、配电所，一般是 10 kV 及以下系统，断路器发生闪络故障只能靠电源侧断路器切除故障。

现场检查发现断路器发生外绝缘闪络故障时，应将断路器隔离检修。

2. 断路器灭弧室开裂或爆炸

断路器灭弧室开裂或爆炸。使断路器灭弧室遭到致命破坏，断路器没有了灭弧能力和绝缘能力，应将断路器隔离，断开断路器操作电源，此时严禁操作断路器。

SF_6 断路器发生灭弧室开裂将有 SF_6 泄漏，SF_6 断路器可能发生灭弧室爆炸，将有多种剧毒分解物产生。因此，接近设备时要防止气体中毒，应尽量选择从"上风"部位接近设备。对室内设备应先开启排气设备通风 15 min 以上方可进入。为更好预防中毒，应戴防毒面具，穿防护服。

油断路器灭弧室开裂或爆炸，可能伴随断路器着火。灭火时应将断路器隔离后进行，切忌断路器没有脱离电源即行灭火。如果火势较大，还应尽快停用相邻运行单元，避免进一步扩大事故。必要时，报火警电话求助。

第二节 互感器的异常与事故处理

→ 能正确分析处理电压互感器异常与事故
→ 能正确分析处理电流互感器异常与事故

一、电压互感器异常与事故处理

1. 电压互感器本体故障处理

（1）电压互感器爆炸。电压互感器爆炸一般伴随接地故障。电压互感器爆炸时的高温碎片或高温油落到地上可能引起草坪等易燃物起火。电压互感器爆炸时，现场可以听到巨大的响声。

1）有安装母线保护的母线电压互感器爆炸的处理

①故障现象。事故蜂鸣器响，母线保护动作，该母线上的所有断路器断开，母线电压表指示为零。

②处理方法。汇报调度；检查记录保护动作情况；检查现场，隔离故障电压互感器，如有着火，应组织灭火；检查电压互感器周边设备是否受到损伤，如有，一并隔离；检查切除过短路电流的断路器是否正常；汇报调度检查处理情况；根据调度命令恢复无故障设备送电；汇报上级处理故障电压互感器。

2）没有安装母线保护的母线电压互感器爆炸的处理

①故障现象。事故蜂鸣器响，主变压器保护动作，主变压器断路器跳闸，电容器断路器失压断开，母线电压表指示为零。

②处理方法。处理方法同上。

3）线路电压互感器爆炸的处理

①故障现象。事故蜂鸣器响，线路保护动作，线路断路器断开。

②处理方法。汇报调度；检查记录保护动作情况；检查现场，隔离故障电压互感器，如有着火，应组织灭火；检查电压互感器周边设备是否受到损伤，如有，一并隔离；检查切除线路断路器是否正常；汇报调度检查处理情况；根据调度命令将线路转检修；汇报上级处理故障电压互感器。如果是电源进线的电压互感器爆炸，一般本侧线路不装设保护，则故障时对侧变配电所断路器分断，本侧可能没有保护动作和断路器断开，应注意处理。

电压互感器爆炸伴随着火时，灭火前应将电压互感器电源断开后进行，切忌电压互感器没有脱离电源即行灭火。如果火势较大，还应尽快停用相邻运行单元，避免进一步扩大事故。必要时，报火警电话求助。

电压互感器爆炸时，其碎片可飞到几十米之外，如撞击到其周边的设备，可导致其瓷质破坏等故障。因此，应注意检查爆炸电压互感器周边的设备，特别是瓷质物件外观是否完好。另外，如果电压互感器装在开关柜内，由于开关柜空间狭小，电压互感器短路爆炸时可能进一步导致开关柜爆炸，冲开开关柜防爆装置，甚至冲开柜门或导致开关柜变形，影响相邻开关柜等，应注意检查。

(2) 电压互感器冒烟、着火、喷油或膨胀变形。电压互感器由于内部过热，累积一定时间可导致喷油、冒烟、着火或膨胀变形。出现这种情况，电压互感器十分危险，随时可能发生爆炸，值班人员应尽快远离电压互感器，并立即断开电压互感器的电源，使其不带电压。

为了尽快使电压互感器脱离电源，值班人员可以直接断开与此电压互感器有关的所有电源，而不必考虑调度下令以及变压器停电顺序要求等，甚至为了更快断开相关电源断路器，可以直接解锁防误闭锁进行操作。当然，操作后应立刻向调度汇报，并妥善处理后续操作。

严禁使用电压互感器隔离开关直接断开有故障的电压互感器；电压互感器停电后短时内不要靠近，因为电压互感器依然有爆炸危险。

(3) 电压互感器瓷套裂纹。电压互感器瓷套裂纹有可能由外力损伤造成。

电压互感器瓷套裂纹一般不会立即造成电压互感器损坏，但瓷套裂纹会使电压互感器的有效爬距变小，可能导致电压互感器闪络事故。同时，瓷套损坏会使互感器电场分布不均匀，长久运行，易导致互感器内部元件故障。因此，发现电压互感器瓷套裂纹时，应尽快申请停运，没有停运之前，应加强观察；有条件的应采用红外测温设备检测电压互感器外表的温度分布，如有温度分布发生变化应立即申请停运。

(4) 电压互感器过热。电压互感器过热可能是互感器内部故障或负载太大等原因所致。互感器过热可通过三种途径发现：

1) 红外测温设备测温发现。红外测温设备可以直接测得物体表面的温度，因此，可利用红外测温设备测量电压互感器的温度，判断互感器是否过热。电压互感器是电压致热型设备，流经本体的电流很小且与系统负荷大小无关；温升不高，三相同部位温差很小。使用红外设备对电压互感器进行测温时应仔细比较，在排除仪器测量误差和环境因素影响后，测温结果应该符合规定。一旦发现三相同部位温差超过5℃，应视为故障，必须安排停运检查。

2) 外壳油漆颜色变化发现。油漆受热容易变色，利用这一点可粗略判断是否过热。如果发现相同运行条件下油漆颜色不同，可怀疑变颜色的电压互感器有过热可能，应使用其他手段加以核实，如利用红外测温设备核实等。电压互感器发热导致外壳油漆颜色变化者，互感器发热程度可能较高，应尽快安排停运检查处理。

3) 示温蜡片发现。示温蜡片贴在设备导体上，当导体温度达到示温蜡片的熔点温度时，示温蜡片融化、脱落。通过示温蜡片是否脱落，可以判断互感器是否过热。示温蜡片有不同熔点品种，在电压互感器接头粘上温度合适的示温蜡片，即可监视电压互感器是否过热。另外，室外使用的电压互感器如果存在过热，在小雨天气可能见到水蒸气。

若采用以上三种手段发现电压互感器有发热现象，说明互感器发热程度已经相当严重，应尽快停运，安排检查处理。

(5) 电压互感器闪络。电压互感器闪络可能已经导致故障分断。闪络后电压互感器外绝缘可能恢复正常。电压互感器发生闪络检查时，应当可以发现闪络痕迹。

电压互感器闪络造成设备停电的，应按相应设备故障处理程序进行处理。找到发生闪络的电压互感器后，应立即隔离并恢复其他设备供电。

2. 电压互感器一、二次回路故障处理

母线电压互感器接线比较复杂，这里以母线电压互感器一、二次回路故障处理为例进行阐述，线路电压互感器接线简单，读者可自行仿照分析。

(1) 一次回路熔断器熔断。图5—5所示为典型电压互感器一、二次侧接线示意图。

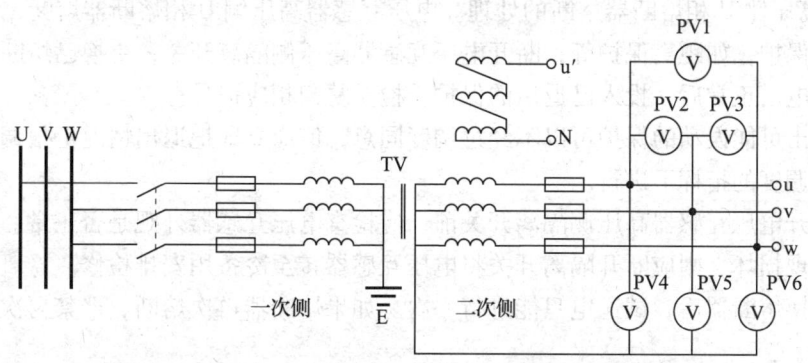

图5—5 典型电压互感器一、二次接线示意图

电压互感器一般由三只独立磁路的单相互感器构成，一次侧按 Y_0 方式接线。运行中若高压熔断器熔断，以 U 相为例，则 U 相电压互感器高压侧没有电压，低压侧也没有了电压。

1）高压侧 U 相熔断器熔断的分析。如图 5—5 所示，接有电压表的电压互感器二次回路，正常运行时的电压向量图如图 5—6 和图 5—7 所示。从图上可以看出，$U_u = U_v = U_w =$ 相电压，$U_{uv} = U_{vw} = U_{wu} =$ 线电压，开口三角电压为零。

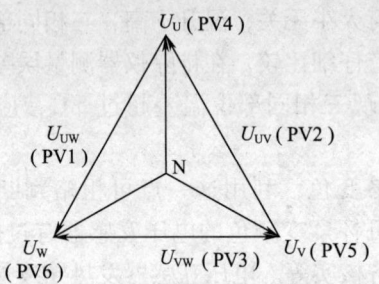
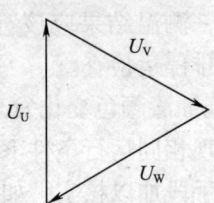

图 5—6　正常时，电压互感器二次侧　　　图 5—7　正常时，电压互感器二次侧
　　　　（Y_0 接线）电压向量图　　　　　　　　　　　（开口三角）电压向量图

当发生 U 相高压熔断器熔断时，二次侧电压向量图则如图 5—8 和图 5—9 所示。从图上可以看出，$U_u = 0$，$U_v = U_w =$ 相电压，$U_{uv} = U_{wu} \approx$ 相电压，$U_{vw} =$ 线电压，开口三角电压等于相电压。

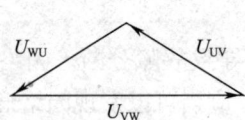
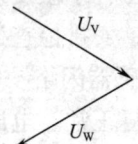

图 5—8　U 相高压熔断器熔断时，电压互感器　　图 5—9　U 相高压熔断器熔断时，电压互感器
　　　　二次侧（Y_0 接线）电压向量图　　　　　　　　　　二次侧（开口三角）电压向量图

2）高压侧 U 相熔断器熔断的现象。从上述分析可以看出，电压互感器高压侧 U 相熔断器熔断时，熔断相电压指示降低至 0，与熔断相相连的线电压将降低至相电压，同时可能出现接地报警信号，一些保护和自动装置出现"电压断线"报警。

3）高压侧 U 相熔断器熔断的处理。电压互感器高压侧 U 相熔断器熔断，应退出可能误动的保护，如距离保护等；断开电压互感器高压侧隔离开关，更换已熔断的熔断器后恢复送电。正常后，投入已退出的保护，检查复归相应信号。

①退出可能误动的保护可以不经过调度同意，但应立即把退出情况汇报调度；投入操作应在调度的指挥下进行。

②断开电压互感器高压侧隔离开关前，应检查电压互感器外观是否正常。如果电压互感器出现损坏，则应断开隔离开关将电压互感器转至冷备用安排检修。

③更换熔断器后，试送电只能进行一次。如果熔断器再次熔断，严禁再次更换熔断器试送。

④在没有取下本电压互感器二次侧熔断器之前，严禁将电压互感器并列，严禁倒母

线操作；否则将使正常运行的电压互感器二次线路也出现故障，可能造成一、二次侧熔断器熔断，也可能造成电压互感器损坏。

4）注意事项。电压互感器高压侧 U 相熔断器熔断与一次侧不接地系统 U 相失地的现象容易混淆。系统 U 相失地时，二次侧电压向量图如图 5—10 和图 5—11 所示。从图上可以看出，$U_U \approx 0$，$U_V = U_W \approx$ 线电压，V、W 相电压升高了；$U_{uv} = U_{vw} = U_{wu} \approx$ 线电压，线电压没有下降现象；开口三角电压大于线电压，电压更高了，这可导致接地报警出现。

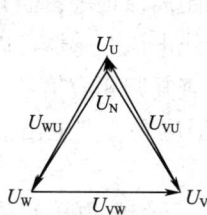

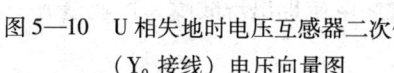

图 5—10　U 相失地时电压互感器二次侧　　图 5—11　U 相失地时电压互感器二次侧
（Y_0 接线）电压向量图　　　　　　　　（开口三角）电压向量图

另外，有些电压互感器是三相五柱或三相三柱式，三相磁路互通，在发生高压熔断器熔断时，熔断相依然会有一定电压。这种互感器不常用，读者可自行分析。高压熔断器也可能同时多相熔断，读者也可仿照上述方法分析处理。

（2）二次侧熔断器熔断。如图 5—5 所示为运行中低压熔断器熔断，以 Y_0 方式接线 U 相为例，则电压互感器低压侧 U 相电压小母线没有电压。

1）低压侧 U 相熔断器熔断的分析。当发生低压侧 U 相低压熔断器熔断时，二次侧电压向量图如图 5—8 和图 5—9 所示，与高压熔断器熔断相同。不同的是高压熔断器熔断时，该相二次侧所有绕组电压为零；而低压熔断器熔断时，仅 Y_0 方式接线的 U 相小母线电压为零，开口三角电压没有变化。

2）低压侧 U 相熔断器熔断的现象。从上面分析可以看出，电压互感器低压侧 U 相熔断器熔断时，熔断相电压指示降低至 0，与熔断相相连的线电压将降低至相电压，一些保护和自动装置出现"电压断线"报警。这种情况一般不会出现接地报警信号。

3）低压侧 U 相熔断器熔断的处理。电压互感器低压侧 U 相熔断器熔断，应退出可能误动的保护，如距离保护等；更换已熔断的熔断器后恢复送电。正常后，投入已退出的保护，检查复归相应信号。

①退出可能误动的保护可以不经过调度同意，但应立即把退出情况汇报调度；投入操作应在调度的指挥下进行。

②更换熔断器前，应检查电压互感器外观是否正常。如果电压互感器出现损坏，则应断开隔离开关将电压互感器转至冷备用安排检修。

③更换熔断器后，试送电只能进行一次。如果熔断器再次熔断，严禁再次更换熔断器试送电，应查找二次回路的问题。

④在没有取下本电压互感器二次熔断器之前，严禁将电压互感器并列，严禁进行运行状态断路器倒母线操作。

4）注意事项。电压互感器低压侧 U 相熔断器熔断与一次侧不接地系统 U 相失地的现象容易混淆，注意仿照"电压互感器高压侧 U 相熔断器熔断"的有关分析进行区分。

另外，低压熔断器也可能同时多相熔断，学员也可仿照上述方法自行分析处理。

（3）一、二次侧线圈断线。如图 5—5 所示，一次侧线圈断线，一次线圈没有电流通过，电压互感器没有了励磁电流，二次侧没有电压。这与电压互感器高压熔断器熔断相似，其分析、现象参照高压熔断器熔断有关内容。

发现一次线圈断线，应退出可能误动的保护，如距离保护等；断开电压互感器高压侧隔离开关，将电压互感器转检修等待处理。如果母线电压互感器可以并列运行，应将母线电压互感器并列，正常后投入已退出的保护，检查复归相应信号。

1）退出可能误动的保护可以不经过调度同意，但应立即把退出情况汇报调度；投入操作应在调度的指挥下进行。

2）在没有取下本电压互感器二次侧熔断器之前，严禁将电压互感器并列，严禁倒母线操作；否则将使正常运行电压互感器二次侧电压也出现故障，可能造成一、二次侧熔断器熔断，也可能造成电压互感器损坏。

3）二次线圈断线其现象和处理方法类似，只是电压互感器二次绕组可能不止一组，因此，一组二次线圈断线时，另一组能正常工作。

4）电压互感器线圈断线故障比较隐蔽，熔断器熔断可以通过熔断器熔断指示器简单进行判断，也可以使用万用表进行测量鉴别。但一次线圈断线是看不见的，应在确认各熔断器没有熔断、高压侧隔离开关、高压熔断器确在合位的情况下，使用万用表在低压熔断器靠互感器侧测量电压，如果本相互感器没有电压输出而其他相正常，可以判断互感器线圈断线。而区分到底是一次线圈断线还是二次线圈断线，可以根据是否二次回路电压都受影响进行判断。

5）注意事项。电压互感器低压侧 U 相熔断器熔断与一次侧不接地系统 U 相失地的现象容易混淆，可参照"电压互感器高压侧 U 相熔断器熔断"的有关分析进行区分。

（4）二次回路断线（注意与单相失地的比较）。电压互感器二次回路几乎延伸至本所所有继电保护、自动装置、测量与计量设备，回路中任何连接松动均可导致二次回路断线，因此二次回路断线可以分为全部断线和局部断线。

图 5—12 所示为电压互感器二次回路断线位置与受影响设备示意图，假设三个断线点分别在 O、P、Q 处。

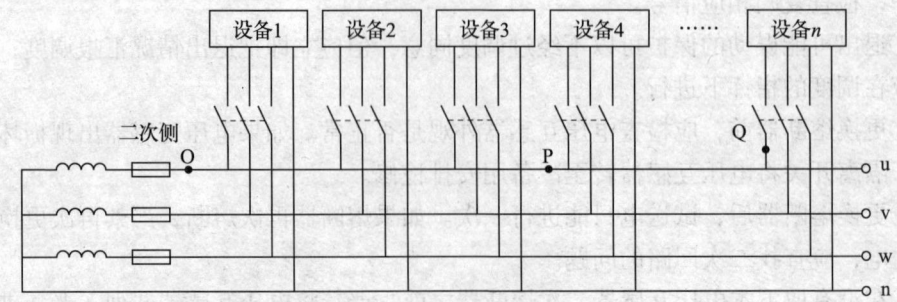

图 5—12　电压互感器二次回路断线位置与受影响设备示意图

1）电压互感器二次回路断线的现象

①如果在 O 点断线，则所有设备都受影响，各设备的表现和电压互感器低压侧熔断器熔断相同。但经检查低压侧熔断器没有熔断，且用万用表在熔断器靠电压互感器侧测得电压正常。

②如果在 P 点断线，则设备4至设备n受影响，这些设备的表现和电压互感器低压侧熔断器熔断相同。但经检查低压侧熔断器没有熔断，设备1至设备3工作正常，且用万用表在熔断器靠电压互感器侧测得电压正常。

③如果在 Q 点断线，则只有设备n受影响，表现和电压互感器低压侧熔断器熔断相同。但经检查低压侧熔断器没有熔断，其他设备工作正常。

2）电压互感器二次回路断线的处理。电压互感器二次回路断线，应退出可能误动的受影响保护，如距离保护等；使用万用表测量相对地电压，确定断线相别和断线点。处理断线后恢复送电，投入已退出的保护，检查复归相应信号。

如果经简单处理无法恢复送电，可以通过倒母线操作将受影响设备倒至另一段母线运行。断线点待检修部门处理。

退出可能误动的保护可以不经过调度同意，但应立即把退出情况汇报调度；投入操作应在调度的指挥下进行。

（5）二次回路短路。图5—13所示为电压互感器二次回路短路位置示意图，电压互感器可视为一台小型变压器，二次回路可视为一个供电网络。

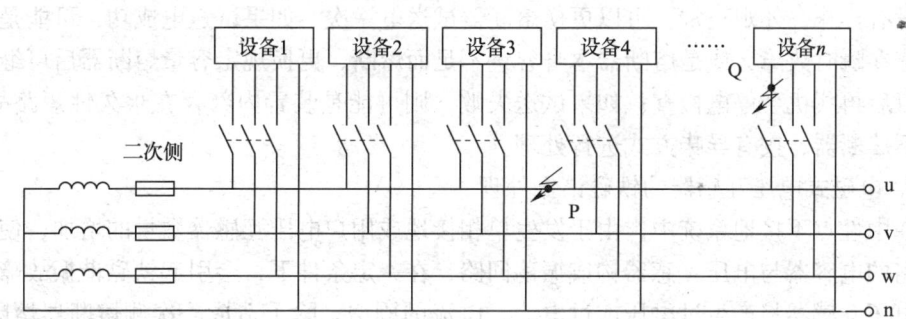

图5—13　电压互感器二次回路短路位置示意图

这个网络各设备的用电负荷很小，总电源出线处及各用电设备进线处均装设有过电流保护，且二者保护有保护配合关系，支路发生短路故障，由支路开关断开切除故障；母线发生短路故障，由总电源熔断器熔断切除故障。

图5—13中P点、Q点发生短路时的分析处理如下：

1）P点发生短路。P点发生短路，属电压小母线短路，互感器低压侧U相熔断器应当熔断，其现象请参照"低压侧熔断器熔断"的有关叙述。

P点发生短路，应退出可能误动的受影响保护，如距离保护等。按以下要求进行判断处理：

①原则上，互感器低压侧熔断器熔断，可以更换熔断器试送电一次，如果试送电成功，可能是二次回路存在瞬时故障，或是熔断器本身容量不足而熔断，更换后可继续运

行；如果试送电失败，则可能是二次回路存在永久性短路故障，应取下低压侧熔断器，对互感器二次回路，特别是小母线进行全面检查。

②二次回路短路故障检查时，应同时注意二次回路经过的屏柜是否有烧焦的异味。如果能找到短路点，对可以隔离的，隔离后将受影响的线路倒母线到另一母线运行；如果无法隔离，严禁进行运行状态断路器倒母线操作，避免事故扩大。

③如果电压小母线没有查到故障，应全面检查网络中各设备的进线熔断器是否熔断、内部是否有异味。如果有异味而进线熔断器没有熔断，可能是该设备内部故障而进线熔断器选择不当造成越级熔断上级熔断器，应取下该进线熔断器后试送互感器，恢复其他设备运行；如果进线熔断器已熔断，则可能是该设备内部故障而进线熔断器选择不当造成上级熔断器同时熔断，应取下该进线熔断器后试送互感器，恢复其他设备运行。

④如果二次回路没有查出明显故障，建议停用该电压互感器，将本来接在该母线上的断路器转热备用后进行倒母线恢复运行。注意，这时应重新投入已退出的受电压影响的保护。

2) Q 点发生短路。Q 点发生短路属网络内设备 n 故障，设备 n 进线 U 相熔断器应当熔断，其现象是报警本设备"电压回路断线"，其他设备正常。

Q 点发生短路，应退出设备 n 可能误动的保护，如距离保护等。按以下要求进行判断处理：全面检查设备 n 内部是否有异味，如果有异味，则是该设备内部故障引起的，应立即取下该设备进线熔断器，考虑线路旁代运行或线路停运，以停运保护进行检修；如果没有异味，外观正常，可以更换熔断器试送电一次，如果试送电成功，可能是保护内部存在瞬时故障，或是熔断器本身容量不足而熔断，更换规定容量熔断器后可继续运行，以后再找机会停电检查；如果试送失败，则可能是装置内部存在永久性短路故障，应取下熔断器，按有异味方式进行处理。

3. 电磁式电压互感器的铁磁谐振处理

在中性点不接地系统中，由于发生单相接地或用户电压互感器数量的增加，使母线或线路的电容器与电压互感器构成振荡回路，在一定条件下，会引起铁磁谐振故障。这时，电压互感器将产生过电压或过电流。电流的剧增，除了造成一次侧熔断器熔断外，还经常导致电压互感器烧毁事故。此外，在个别情况下，还会使变压器或断路器的瓷套发生闪络和损坏，避雷器爆炸。

为了限制谐振过电压，防止发生事故，可在电压互感器开口三角形两端并接 50 ~ 60 Ω、500 W 左右的阻尼电阻器，或在电压互感器高压侧中性点串接 9 kΩ、150 W 电阻器。当电压互感器中性点电压偏差超过一定值时，可用零序过电压继电器将电阻器投入。当电阻器投入后因电压互感器容量不够而造成过负荷时，可采取阻尼电阻器投入 30 s 后自动切除的方法解决。

电压互感器相电压中的高次谐波可通过中性点与对地电容形成回路。当高次谐波中的某一频率与电网的自振频率相合时，便会出现谐振现象，即分频谐振。当发生分频谐振时启动电磁开关，自动将电压互感器辅助绕组瞬时短接，在 0.04 s 内便可有效地消除分频谐振。此外，在倒闸操作中，应采用临时措施，事前破坏产生谐振的条件。

二、电流互感器异常与事故处理

1. 电流互感器本体故障处理

(1) 电流互感器爆炸。电流互感器爆炸一般会伴随接地故障。线路电流互感器爆炸将导致线路故障和母线故障,母联电流互感器爆炸将导致母线故障,变压器套管电流互感器爆炸将导致主变故障。电流互感器爆炸时的高温碎片或高温油落到地上可能引起草坪等易燃物起火。

电流互感器爆炸时,现场可以听到巨大的响声。其处理如下:

1) 有安装母线保护的母联电流互感器爆炸的处理

①故障现象。事故蜂鸣器响,双母线保护动作,母线上的所有断路器断开,母线电压表指示为零。

②处理方法。汇报调度;检查记录保护动作情况;检查现场,隔离故障电流互感器,如有着火,应组织灭火;检查电流互感器周边设备是否受到损伤,如有,一并隔离;检查切除过短路电流的断路器是否正常;汇报调度检查处理情况;根据调度命令恢复无故障设备送电;汇报上级处理故障电流互感器。

2) 没有安装母线保护的母联电流互感器爆炸的处理

①故障现象。事故蜂鸣器响,所有电源进线对侧保护动作,断路器断开。如果电源为本所主变压器,主变压器保护动作,母联断路器跳闸,与母线电流互感器同侧的主变本侧断路器断开、母线电压表指示为零。

②处理方法。与有安装母线保护的母联电流互感器爆炸的处理相同。

3) 线路电流互感器爆炸的处理

①故障现象。事故蜂鸣器响,母线保护、线路保护动作,该母线上所有断路器断开,母线电压表指示为零。

②处理方法。汇报调度;检查记录保护动作情况;检查现场,隔离故障电流互感器,如有着火,应组织灭火;检查电流互感器周边设备是否受到损伤,如有,一并隔离;检查切除过短路电流的线路断路器是否正常;汇报调度检查处理情况;根据调度命令将断路器单元转检修;汇报上级处理故障电流互感器。

如果是电源进线的电流互感器爆炸,一般本侧线路不装设保护,则故障时对侧变、配电所保护动作,断路器断开,本侧可能没有线路保护动作,应注意处理;如果本所该母线没有装设母线保护,则故障时没有母线保护动作信号,也不会出现该母线所有断路器断开。

4) 主变瓷套电流互感器爆炸的处理

①故障现象。事故蜂鸣器响,主变差动保护动作,主变各侧断路器断开。

②处理方法。汇报调度;检查记录保护动作情况;检查现场,隔离故障变压器,如有着火,应组织灭火,必要时开启主变事故放油阀,避免主变烧坏;检查电流互感器周边设备是否受到损伤,如有,一并隔离;检查切除过短路电流的断路器是否正常;汇报调度检查处理情况;根据调度命令将主变转检修;汇报上级处理故障电流互感器。

电流互感器爆炸伴随着火时,灭火前应将电流互感器断开电源,切忌电流互感器没有脱离电源即行灭火。如果火势较大,还应尽快停用相邻运行单元,避免进一步扩大事故。必要时打火警电话求助。

电流互感器爆炸时,其碎片可飞到几十米之外,如撞击到其周边的设备,可导致其瓷质物破坏等故障。因此,应注意检查爆炸电流互感器周边的设备,特别是瓷质物件外观是否完好。另外,如果电流互感器装在开关柜内,由于开关柜空间狭小,电流互感器短路爆炸时可能进一步导致开关柜爆炸,冲开开关柜防爆装置,甚至冲开柜门或导致开关柜变形,影响相邻开关柜等,应注意检查。

(2) 电流互感器冒烟、着火、喷油或膨胀变形。电流互感器由于内部过热,累积一定时间可导致喷油、冒烟、着火或膨胀变形。出现这种情况,电流互感器十分危险,随时可能发生爆炸,值班人员应尽快远离电流互感器,立即断开电流互感器的电源,使其不带电压。

为了尽快使电流互感器脱离电源,值班人员可以打破常规操作要求直接断开此电流互感器的断路器,而不必考虑调度下令、不必考虑变压器停电顺序要求等,甚至为了更快断开相关电源断路器,可以直接解锁防误闭锁进行操作。当然,操作后应立刻向调度汇报,并妥善处理后续操作。如果线路有电压,严禁使用隔离开关断开电流互感器,而应立即汇报调度断开对侧变、配电所的断路器。

电流互感器停电后短时内不要靠近,因为电流互感器依然有爆炸危险。如果感器着火,灭火前应将电流互感器断开电源,切忌电流互感器没有脱离电源即行灭火。如果火势较大,还应尽快停用相邻运行单元,避免进一步扩大事故。必要时打火警电话求助。

(3) 电流互感器瓷套裂纹。见本节电压互感器的相关部分。

(4) 电流互感器过热。电流互感器过热,可分为接头、换流板发热和内部发热。内部发热可能是互感器内部故障或负载太大等原因所致。电流互感器过热检查处理方法与电压互感器过热检查处理方法相同。

(5) 电流互感器闪络。电流互感器闪络就如同互感器爆炸,可能已经导致母线、线路或变压器故障跳闸,当然也有可能闪络后绝缘回复正常。电流互感器发生闪络检查时,应当可以发现闪络痕迹。如果闪络后已经造成相应设备停电,应按相应设备故障要求进行处理。找到发生闪络的电流互感器后,立即隔离并恢复其他设备供电。

2. 电流互感器二次回路开路处理

(1) 电流互感器二次回路开路时的现象

1) 电流互感器内部有"嗡嗡"的异常响声。

2) 开路点出现异常的高电压,可伴有火花放电声、冒烟和烧焦等现象。

3) 由负序、零序电流启动的继电保护和自动装置频繁动作,但不一定出口断开,有些继电保护则可能自动闭锁,同时在主控室中监控后台机也会出现这些信息。

4) 计算机保护可能出现 TA 断线告警;电流差动保护,如母差保护、主变压器差动保护、线路电流纵差保护等将告警、闭锁;线路保护可能出现"线路断线"报警。

5) 在监控后台机上的有功功率、无功功率、三相电流、电能计量等实时数据显示不正常。

(2) 电流互感器二次回路开路的处理。应查明开路位置并设法将开路处进行短接；如果不能进行短接处理或一时没有查到开路点，但电流互感器却反映有明显的开路现象，应立即向调度申请断开电流互感器，将电流互感器停电等候处理。

在进行短接处理过程中，必须注意安全，应注意二次回路的开路带有异常高电压，操作时应戴绝缘手套，使用合格的绝缘工具，并在严格监护下进行。

变配电值班人员在处理电流互感器二次开路的故障完毕后，必须请有关的专业人员到现场对电流互感器和二次开路点及有关回路设备进行进一步的检查处理，防止留有隐患。如果是电流互感器因二次回路开路而停电退出运行，则应由专业人员来进行检查处理。

对于故障退出的电流互感器，应进行必要的电气试验检查和处理。

第三节 线路故障断路器拒动的处理

→ 能正确分析断路器拒动的现象
→ 能正确处理断路器拒动

造成断路器拒动可能有多种原因，在前面已经详细介绍。线路断路器如果拒动，当线路发生故障时，即便线路保护正确动作，故障也无法切除，其结果是导致越级断开，造成事故扩大，甚至可能酿成系统解列或系统振荡等系统事故。

一、线路断路器拒动的现象

线路故障时线路断路器拒动现象可以分为三类：

1. 有线路保护动作信号

线路有故障，线路保护应当动作。在主控室可以听到事故蜂鸣器响，看到"线路保护动作信号"，但没有重合闸动作信号。

2. 有母线失压现象

因为线路断路器无法断开，线路故障一直存在，接在该母线上的电源将全部切除，母线最终要失压。因此，应有母线失压现象，如"母线电压消失""母线电压异常"，电压表指示为零等。

3. 可能有切除母线电源的保护动作信号

正如上述，接在该母线上的电源将全部切除，情况如下：

(1) 如果该电压等级装有断路器失灵保护，则失灵保护启动，断开该母线的所有断路器，包括所有电源进线。这种情况，可以见到"失灵保护动作"信号和该母线上所有断路器断开信号。

(2) 如果该母线是本所变压器低压侧提供电源，则变压器后备保护将动作断开母联断路器和本侧断路器或两侧断路器，可见"主变后备保护动作"信号。

（3）如果该母线取自外来电源，则该外来的对侧保护动作，切除故障，本所可能看不到电源切除的保护信号。

二、线路故障断路器拒动的处理

当判断是线路故障而线路断路器拒动时，应按以下原则进行处理：
1. 尽快隔离拒动断路器。
2. 恢复母线运行及其他没有故障的设备运行。
3. 将拒动断路器及线路转检修，等候检查处理。

三、故障实例

1. 实例主接线图

某 35 kV 仿真变电所电气一次侧主接线如图 5—14 所示。

2. 运行方式

#1、#2 主变运行，35 kV Ⅰ 段母线接仿甲线 371，仿丙线 373，#1 主变高压侧 37 A 断路器运行；35 kV Ⅱ 段母线接仿乙线 372，#2 主变高压侧 37B 断路器运行；35 kV 母联 37M 断路器运行。10 kV Ⅰ 段母线接#1 主变 97 A、仿 A 线 905、仿 B 线 907，#1 电容器 903 断路器运行；10 kV Ⅱ 段母线接#2 主变 97B、仿 C 线 902、仿 D 线 904、仿 E 线 906，#2 电容器 908 断路器运行；10 kV 母联 900 断路器作母联运行；所用变高压侧 9011 隔离开关闭合。

3. 故障假设

设仿 A 线 905 线路故障，905 断路器拒动。

4. 故障现象

事故蜂鸣器响，主控室出现"905 线路保护动作""#1 主变后备保护动作""#2 主变后备保护动作"信号，900、97 A、37 A 断路器断开，10 kV Ⅰ WB 母线电压指示为零。

5. 简要处理步骤

（1）停止事故蜂鸣器声响，记录事故信号，将以上简要情况汇报调度。

（2）检查 905 线路保护动作情况，记录保护动作信号后复归。假设保护动作情况为"速断保护动作""过流保护动作"。

（3）检查#1 主变、#2 主变保护动作情况，记录保护动作信号后复归。假设#1 主变保护动作情况为"后备第一时限跳母联断路器""后备第二时限跳两侧断路器"，#2 主变保护动作情况为"后备第一时限跳母联断路器"。

（4）将保护检查情况详细汇报调度，初步判断 905 线路近端故障，断路器拒动造成#1 主变、#2 主变后备保护动作断开 900、97 A、37 A 断路器。

（5）隔离 905 断路器。可以采用电动操作或手动操作方法再次试分 905 断路器。如果断路器可以断开，则将断路器转至冷备用；如果断不开，可以采用解锁操作将断路器两侧的隔离开关断开。

（6）检查切除过短路电流断路器（37 A、97 A、900）确定正常后，根据调度指令

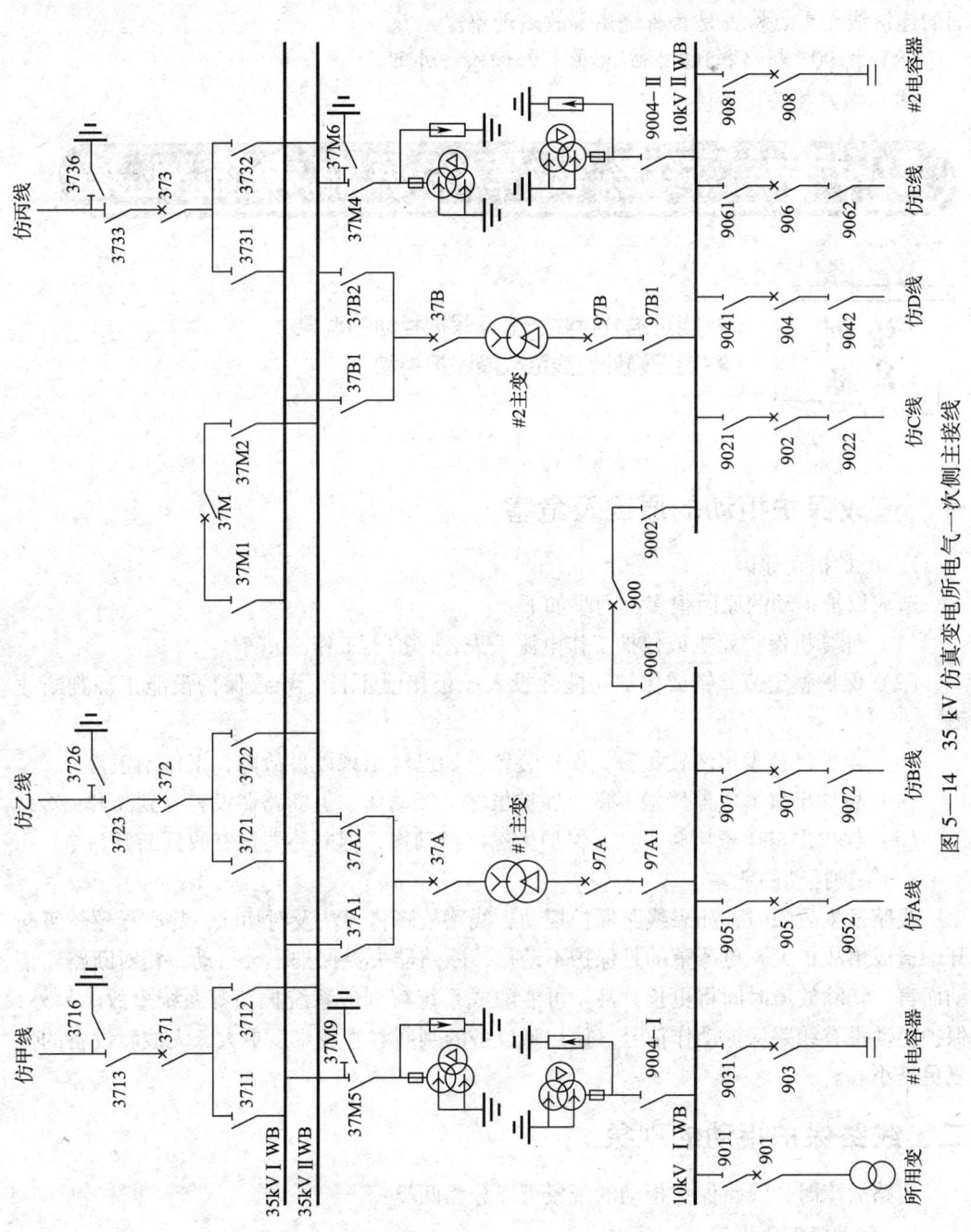

图5—14 35 kV仿真变电所电气一次侧主接线

逐步恢复主变运行，恢复运行 10 kV 母线及没有故障的线路。

（7）检查本所仿 A 线 905 线路保护范围内的设备，即从仿 A 线 905 电流互感器开始往线路方向检查，主要包括电流互感器、9052 隔离开关、905 电缆头以及这些设备之间的连接线。重点检查是否有烧焦等故障现象。

（8）将 905 断路器和线路转检修，等候检查处理。

（9）做好相关记录。

第四节 线路故障保护拒动的处理

→ 能正确分析线路故障保护拒动的现象
→ 能正确处理线路故障保护拒动

一、造成保护拒动的原因及危害

1. 保护拒动原因

造成保护拒动的原因很多，列举如下：

（1）计算机保护死机或保护工作电源丢失，保护不工作。

（2）保护整定值差错或保护功能性投入压板接触不良，导致保护没能正确判断故障。

（3）保护已经发出闭锁报警，保护装置可能已经出现硬件故障，工作不正常。

（4）保护出口继电器接触不良，保护虽然已经动作，但断路器没有收到断开命令。

（5）保护出口压板接触不良，保护虽然已经动作，但断路器没有收到断开命令。

2. 保护拒动的危害

线路发生故障时，如果线路保护拒动，线路故障将无法及时切除，势必导致越级断开，造成事故扩大。更严重的是保护不动作，断路器失灵保护不会启动，相对断路器拒动而言，切除故障时间将更长，甚至可能酿成系统解列或系统振荡等系统事故。另外，保护拒动没有线路保护动作信号，使故障设备的判断和查找难度更大，无故障设备的恢复更需小心。

二、线路保护拒动的现象

线路故障时，线路保护拒动的现象可以分为两类：

1. 有母线失压现象

因为线路保护拒动，断路器无法断开，线路故障一直存在，接在该母线上的电源将全部切除，母线最终要失压。因此，应有母线失压现象，如"母线电压消失""母线电压异常"，电压表指示为零等。

2. 可能有切除母线电源的保护动作信号

接在该母线上的电源将全部切除，情况如下：

（1）如果该母线是本所变压器低压侧提供电源，则变压器后备保护将动作断开母联断路器和本侧断路器或两侧断路器，可见"主变后备保护动作"信号。

（2）如果该母线取自外来电源，则该外来的对侧保护动作，切除故障，本所可能看不到电源切除的保护信号。

三、线路故障保护拒动的处理

1. 处理原则

当判断是线路故障而线路保护拒动时，应按以下原则进行处理：

（1）尽快隔离保护拒动线路。

（2）恢复母线运行及其他没有故障的设备运行。

（3）将保护拒动的线路转检修，等候检查处理。

判断到底是那条线路保护拒动是一件很不容易的事，这与断路器拒动的判断不同。

2. 处理方式

上述五种保护拒动形式中，除保护出口继电器接触不良和压板接触不良在线路故障时有保护动作信号，可以按断路器拒动流程处理外，其他形式的保护拒动都比较复杂，分述如下：

（1）如果该母线是本所变压器低压侧提供电源，则变压器后备保护将动作切除母联断路器和本侧断路器或两侧断路器，可见"主变后备保护动作"信号。其处理方式如下：

1）断开各失压线路断路器。

2）检查本所"主变后备保护"范围内的所有设备。

3）如果本所发现故障，则将故障隔离，恢复其他设备运行。

4）如果本所未发现故障，条件允许应派人巡视各线路查找故障。

5）如果巡视线路发现故障，则将故障线路隔离，恢复其他设备运行。

6）如果查不到明显故障，可以考虑试送电查找故障。试送电一般考虑优先采用外来电，并优先采用零始升压。

7）先试送母线，再逐一试送其他各线路，注意每送一线路均要检查是否正常。

8）试送电时再次发生故障，则说明故障在该线路上。将该线路隔离后恢复其他设备运行。

9）如果试送电一切正常，这说明故障是瞬时的，可以继续运行，但应派人继续查找故障。

（2）如果该母线取自外来电源，则该外来的对侧保护动作，切除故障，本所可能看不到电源切除的保护信号。其处理方式如下：

1）断开各失压线路断路器。

2）询问调度电源消失原因。如果是对侧变、配电所上一级电源故障或送电至本所的电源线路近端故障跳闸引起，则按调度安排等候再次来电或调整本所运行方式，确保本所运行方式最优；否则应检查本所失压范围内的所有设备。

3）如果本所发现故障，则将故障隔离，恢复其他设备运行。

4）如果本所未发现故障，则处理同询问调度电源消失原因。

5）如果都查不到明显故障，调度可能考虑试送电查找故障，应按调度命令执行试送电。

6）一般是先对对侧电源线路试送电，正常后对母线试送电，再逐一对其他各线路试送电。注意，每一线路试送电均要检查是否正常。

7）试送电时，若再次发生故障，则说明故障在该线路上。将该线路隔离后恢复其他设备运行。

8）如果试送电一切正常，这说明故障是瞬时的，可以继续运行，但应派人继续查找故障。

四、故障实例

1. 实例主接线图

参见图5—14　35 kV仿真变电所电气一次侧主接线图。

2. 运行方式

#1、#2主变运行，35 kVⅠ段母线接仿甲线371、仿丙线373，#1主变高压侧37A断路器运行；35 kVⅡ段母线接仿乙线372，#2主变高压侧37B断路器运行；35 kV母联37M断路器运行。10 kVⅠ段母线接#1主变97A、仿A线905、仿B线907，#1电容器903断路器运行；10 kVⅡ段母线接#2主变97B、仿C线902、仿D线904、仿E线906，#2电容器908断路器运行；10 kV母联900断路器作母联运行，所用变高压侧9011隔离开关合闸。

3. 故障假设

设仿A线905线路隐性永久故障，905线路保护拒动。

4. 故障现象

事故蜂鸣器响，主控室报"#1主变后备保护动作""#2主变后备保护动作"，900、97A、37A断路器断开，10 kVⅠWB母线电压指示为零。

5. 简要处理步骤

（1）停止事故蜂鸣器声响，记录事故信号，简要将以上情况汇报调度。

（2）检查#1主变、#2主变保护动作情况，记录保护动作信号后复归。假设#1主变保护动作情况为"后备第一时限跳母联断路器""后备第二时限跳两侧断路器"，#2主变保护动作情况为"后备第一时限跳母联断路器"。

（3）将保护检查情况详细汇报调度，初步判断为#1主变后备保护范围内设备故障，可能是#1主变本身、主变低压母线桥、10 kVⅠ段母线故障，也可能是10 kVⅠ段母线某线路故障而线路保护拒动造成#1主变、#2主变后备保护动作跳开900、97A、37A断路器。

（4）检查本所"#1主变后备保护"范围内的所有设备，没有找到故障点（例题已假设故障在905线路上）。

（5）检查切除过短路电流断路器（37A、97A、900）确定正常后，根据调度指令逐步恢复主变运行，恢复 10 kV 母线及没有故障的线路运行。

（6）若条件允许，应派人巡视各线路查找故障。没有找到故障点（例题已假设是隐性故障）。

（7）考虑试送电查找故障。如采用#1 主变试送电，应将#1 主变后备保护整定值改为 0 s 断开。

（8）试送电后主变正常、试送电后母线正常，逐一对其他各线路试送电。注意，对每一线路试送电均要检查是否正常。

（9）当试送电至 905 线路时，故障再次发生（例题已假设是永久故障）。

（10）将该线路隔离后，恢复其他设备运行。

（11）将 905 线路转检修，等候检查处理。

（12）做好相关记录。

第五节 变、配电所所用电消失的处理

→ 能正确分析变、配电所所用电消失的现象
→ 能正确处理变、配电所所用电的消失

一、变、配电所所用电消失的处理

所用电系统能否正常供电关系到本变、配电所的安全运行，甚至关系到系统的安全可靠，因此所用电在变配电所运行中占有重要地位。人们一直在探讨好的所用电系统接线方式，寻求有效的运行管理办法，并在异常和事故处理过程中始终把所用电系统恢复作为重要步骤优先安排执行。

所用电消失的处理原则是：设法恢复所用电系统的供电，密切关注受影响设备的运行状况，避免影响主设备的完好和系统事故的发生。

所用电系统最常见的故障是 380 V 母线电压消失，即所用电消失。其原因和处理方法有如下四种情况：

1. 上一级电源同时消失造成所用电消失

（1）上一级电源同时消失造成所用电消失的原因

1）系统故障，变配电所所处的系统均停电。

2）终端变进线线路故障，本所失去电源。

3）终端主变故障断开，所用电变压器将可能同时失压。

（2）上一级电源同时消失造成所用电消失的处理

1）经调度确认系统故障造成所用电消失，所用电一时无法恢复，本所在做好等待系统来电准备的同时，重点做好蓄电池放电控制。

2）终端变进线线路故障造成所用电消失，应在断开所在主变低压母线（如10 kV母线）所有断路器后，尽快向调度申请通过10 kV外来电给主变低压母线倒送电，以恢复所用电的运行；如果380 V母线有外来电源，也可以通过380 V外来电源恢复所用电。

3）终端变主变故障跳闸造成所用电消失的处理方法与终端变进线线路故障造成所用电消失的处理方法相同。

2. 380 V备用电源自动投入失败造成所用电消失

（1）380 V备用电源自动投入失败造成所用电消失的原因。所用电一般取自两路电源进线，以如图5—15所示的所用电主接线图为例。

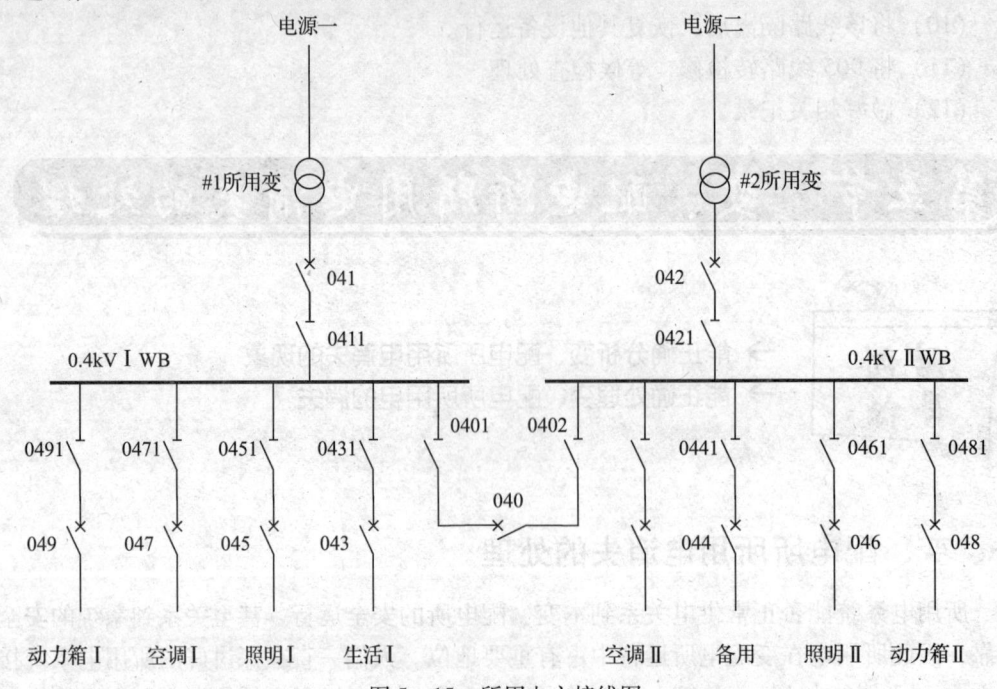

图5—15 所用电主接线图

当本所至少有10 kV两段不同母线接在不同电源上（如两台主变）时，"两个不同的电源点"一般指10 kV两段不同母线；否则，"两个不同的电源点"一般指一台所用变压器接在10 kV母线上，另一台所用变压器接在10 kV外来电线路。

两台所用变压器分别接在两个不同的电源点，两台所用变压器各带一段0.4 kV母线，两段0.4 kV母线用一母联断路器040连接，母联断路器装有备自投装置。

这种接线是变配电所所用电系统最常见的方式，它一般是两台所用变压器分别接在两个不同的电源点，两台所用变压器各带一段0.4 kV母线，两段0.4 kV母线分列运行，母联断路器备自投投入。当上一级电源发生故障时，母联备自投动作进行补救。

然而，母联备自投正确动作与很多因素有关。040断路器的备自投动作需要同时满足失压母线电压消失、另一段母线电压正常、失压母线进线断路器已断开才能闭合上040断路器，有些备自投还要确认失压母线进线电流为零、失压母线无故障等，任何一个原因不满足都将造成备自投失败。

（2）380 V备用电源自动投入失败造成所用电消失的处理。一般而言，所用变压器故障或上一级电源消失，备自投未动作，可能是备自投没有投入或没有正确动作。如确认备自投未动作，则应手动操作补救，及时恢复所用电供电。注意这时应断开失压变压器的进线断路器。

3. 低压母线故障造成所用电消失

母线绝缘设备受潮、小动物进入引起的短路等原因，都可能导致低压母线故障。低压母线故障，母线无法恢复运行，该母线原来所带的负荷无法恢复，应注意通过低压环路网路等方式调整供电方式，保证设备的正常运行。

4. 馈线开关拒动越级断开造成所用电消失

若 380 V 供电线路故障，而断路器未能断开造成越级母线进线断开将导致所用电消失，这可能是因为该供电线路断路器失灵造成的。

如属 380 V 供电线路故障，断路器未能断开造成越级断开，则应隔离该线路后恢复所用电供电。

由于所用电接线方式很多，在此不一一叙述，不论何种原因使所用电消失、受冲击，值班人员在进行上述处理的同时，尽快安排如下检查：

（1）检查主变压器冷却器和直流系统的运行情况，保证它们的正常运行。

（2）若一时无法恢复所用电时，则应采取以下措施：

1）报告调度，并严密监视主变压器油温及线圈温度的变化，若上述温度不断上升，则要求调度采取措施降低主变压器负荷确保主变压器的油温和线圈温度在允许范围内；同时参照主变压器冷却器全停处理原则进行处理。

2）严密监视直流母线的电压，控制事故照明等直流负荷，采取措施确保直流母线电压在允许范围内。

3）可能引起断路器的油泵（气泵）等电动机电源消失，若此时有断路器的液压（气压）等压力低告警信号，应立即报告调度采取应急措施，必要时进行手动储能。

4）如有不间断供电电源（UPS），应严密监视 UPS 装置的运行情况。

二、直流失地的处理

1. 直流失地的原因

直流系统供电范围很广，几乎涉及变、配电所大多数一二次设备，如断路器跳、合闸线圈、断路器辅助接点、隔离开关辅助接点等。因此，直流系统是一个庞大的供电系统，其接线复杂而运行环境却很不确定，有一些设备运行在空调环境中，有些却要终年在室外经受风吹雨淋。在室外运行的直流线路，其受潮、积灰的机会很多，日积月累，直流系统绝缘将逐步下降，从而常常导致直流系统失地现象；也有接线盒、端子的接头等部位进水、积水、进小动物等，也易形成直流失地。

当直流线路发生一点接地时，无短路电流流过，熔断器不会熔断，所以可以继续运行。但当另一点接地时，可能引起信号回路、继电保护等不正确动作。为此，直流系统应设绝缘监察装置，以便及时发现查处直流失地。

当前，查找直流失地主要有两种方法：一是在直流系统安装计算机直流系统绝缘监察装置，在直流系统失地时，绝缘监察装置能自动检查并报告失地所在的支路；二是采用手工拉路法，在计算机绝缘监察装置失灵或没有安装计算机绝缘监察装置时，采用手工拉路进行失地查找。由于计算机绝缘监察装置较为简单，本节仅介绍手工拉路。

2. 直流失地的查找原则

(1) 发现直流失地后，应先查明是否因回路上有人工作而引起的。

(2) 在查找时应两人进行。

(3) 当发生直流失地时，首先根据计算机绝缘监察装置查明是哪一条馈线接地，再分别寻找并设法消除或将接地点缩小到最小范围，并通知专业人员消除。

(4) 当计算机绝缘监察装置故障时，手动查找直流失地采用的是类似"10 kV 母线失地查找"的拉路法，拉路原则为：

先室外，后室内；先次要，后重要；先可疑性大的，后可疑性小的；先照明、信号回路，后控制、保护回路；从负荷端向电源端依次查找。具体操作参考如下顺序进行：

1) 备用电源、照明电源。

2) 二次回路有人工作的电源。

3) 继电保护试验电源。

4) 逆变载波机电源。

5) 控制回路电源。

6) 保护回路电源。

(5) 用断开、闭合熔断器的方法查找直流失地时，应先断开正极熔断器，后断开负极熔断器，装熔断器时则反之。

(6) 用手工拉路法查找接地馈线时，应确认该馈线接有哪些直流负荷，其中是否有在直流电源消失时，可能会误动的保护（如高频保护，电压断线闭锁动作的距离保护等）；若有，在手工拉路前，应先向该保护所属的调度申请退出该保护。

(7) 经过上述方法查找不到故障点时，可对母线设备或蓄电池进行检查，同时考虑是否直流系统多处绝缘降低。

3. 直流失地的处理要点

(1) 找到失地点应及时消除故障，如不能马上消除，应报告调度值班员，必要时将该设备退出运行进行处理。

(2) 若失地点确定在蓄电池组上，对于有两组蓄电池组的直流系统，可将失地蓄电池组退出运行，并按一组蓄电池组停用进行直流系统运行方式调整。

(3) 若失地点确定在充电设备上，停止该设备进行检查处理。若直流系统只有一套充电设备，直流电源由蓄电池进行供电，此时应注意蓄电池的放电电流和电压，必要时限制放电电流或改变直流系统运行方式。

三、直流电压消失的处理

1. 熔断器熔断导致直流电压消失

(1) 熔断器熔断原因

1) 存在短路故障，出现短路电流导致熔断器熔断。

2) 熔断器容量不足，负荷较大时熔断器熔断。

3）上、下一级熔断器容量不匹配，下一级回路故障时，越级熔断本级熔断器。

（2）直流系统出现熔断器熔断时的处理。直流系统出现熔断器熔断时，在排除熔断器容量不足和上、下一级失配的情况下，分以下三种情况进行处理：

1）蓄电池总熔断器的熔断器熔断，充电装置断开，应重点检查母线上的设备，找出故障点，设法消除，更换熔断器后试送电一次，如再次熔断或断开，通知专业人员处理。

2）某直流分屏电源消失，应检查直流分屏上的设备有无故障，消除后试送电一次，如果故障点依然存在，通知专业人员处理。在没查出故障点或电源消失原因前，禁止用任何方式对其供电。

3）直流熔断器熔断或空气开关断开，经外部检查无异常现象和气味，可更换熔断器或闭合上空气开关试送电一次。操作注意事项同手工拉路法。

2. 表计故障导致直流电压消失

表计故障导致直流电压消失将伴随该回路供电范围内设备的直流电源故障报警。如果该回路电压表指示为零而所有设备运行正常，则应当怀疑表计故障的可能。

在直流系统中，表计回路一般装有熔断器，在表计回路发生短路时可以切除故障。因此，发现上述情况，应检查电压表回路的熔断器是否正常，必要时更换熔断器。

如果熔断器正常，可以使用万用表测量该回路电压是否正常。如果正常则说明是表计故障导致，应及时通知专业人员进行处理，同时加强直流系统运行情况的监视。

四、故障实例

1. 实例接线图

以如图 5—16 所示的直流系统接线示意图为例，该直流系统有两段直流母线，两台充电机。两段母线通过 QS1、QS2、QS3 构成母联，也可以选择是否由蓄电池供电；充电机通过 QS4、QS5 选择给蓄电池充电还是直接给母线供电。

2. 直流接线运行方式

QS1、QS2、QS3 开关闭合，QS4 投蓄电池、QS5 断开；母线各馈线闭合。现场没

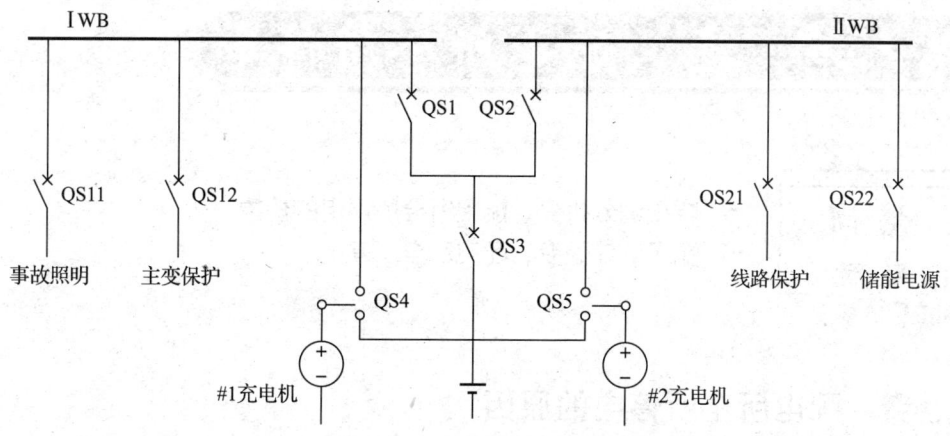

图 5—16 直流系统接线示意图

有工作班组在施工，本所没有计算机绝缘监察装置。

3. 故障点设置

主变保护回路正极失地。

4. 故障信号

该故障显示"直流母线失地"。

5. 处理步骤

(1) 记录时间，确认失地信号，通过绝缘监察装置判断失地极（正极失地）。

(2) 将 QS4 改投母线运行，断开 QS1 使直流母线分段，通过绝缘监察装置确认哪段母线失地（Ⅰ WB 正极失地）。

(3) 采用拉路法按以下原则查找失地线路：先室外，后室内；先次要，后重要；先可疑性大的，后可疑性小的；先照明、信号回路，后控制、保护回路；从负荷端向电源端依次查找。具体操作可参考如下顺序进行：

1) 备用电源、照明电源。

2) 二次回路有工作的电源。

3) 继电保护试验电源。

4) 逆变载波机电源。

5) 控制回路电源。

6) 保护回路电源。

(4) 用瞬时停电法对次要馈线进行手工拉路操作，查找失地馈线（没有发现失地线路）。本接线图上只有两路示意接线，事故照明回路属次要馈线。停电时间一般不超过 3 s，每次停电应检查失地信号是否消失。

(5) 继续用瞬时停电法对重要馈线进行拉路操作，查找失地馈线（发现失地线路在主变压器保护回路上）。本接线图上只有两路示意接线，主变压器保护回路属重要馈线。此类馈线手工拉路前应经调度许可，并进行必要的操作（如退出计算机保护出口压板等）后方可进行。

(6) 汇报调度及有关领导，安排失地线路检查处理。

第六节　变、配电所全所停电

→ 能正确分析变、配电所全所停电的现象

→ 能正确处理变、配电所全所停电

一、变、配电所全所停电的原因

变、配电所主变压器各电压等级所有母线失压即为变、配电所全所停电。对于没有母线的变配电所,指该电压等级各电源进线断路器断开。全所停电并不排除电源进线线路侧有电压。

1. 系统故障造成全所停电

每座变配电所都是系统中的一个节点,系统发生故障,可能导致送至变配电所的电源线路断开,使变配电所失去电源,造成全所停电。

2. 本所故障造成全所停电

本所故障将造成全所停电将有以下几种接线:

(1) 单母线接线。如图 5—17 所示单母线接线。

当 I WB 故障时,电源对侧断路器断开,本所失去电源,全站停电。

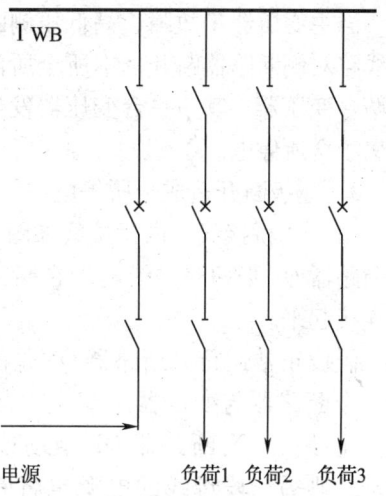

图 5—17 单母线接线

(2) 用隔离开关分段的单母线接线。用隔离开关分段的单母线接线如图 5—18 所示。

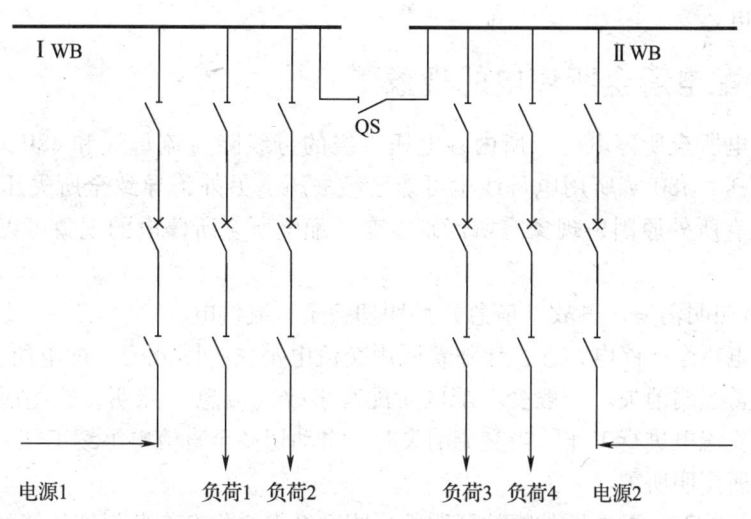

图 5—18 用隔离开关分段的单母线接线

当母联隔离开关 QS 合上运行时,发生母线故障,则电源对侧断路器断开,本所失去电源,全站停电。如果母联隔离开关 QS 断开运行,其中一段母线发生上述故障,则不属于全所停电。

(3) 线路变压器单元接线。线路变压器单元接线如图 5—19 所示。假定本所只有一台变压器,变压器高压侧与线路共用一个断路器。

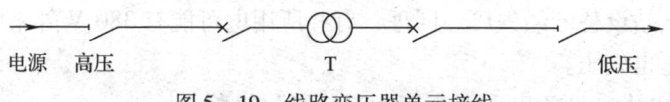

图 5—19 线路变压器单元接线

当主变压器 T 故障，高低压侧断路器断开或电源线路对侧断路器断开，本所全所停电。如果本所有两台变压器，其中一台变压器发生上述故障，则不属于全所停电。

3. 越级断开造成全所停电

（1）内桥接线。内桥接线如图 5—20 所示。母联断路器 QF 把两路进线电源在断路器与变压器之间连接起来。

假设正常运行时断路器 QF 是闭合的，如果其中一个断路器与变压器之间发生故障，或主变压器发生故障，而断路器 QF 拒动或主变压器保护拒动，则另一段母线的电源也将断开，于是出现全所停电。

（2）单母线接线。单母线接线如图 5—17 所示。如果负荷 1 线路发生故障而负荷 1 断路器拒动或负荷 1 线路保护拒动，都将导致电源线路断开，出现全所停电。

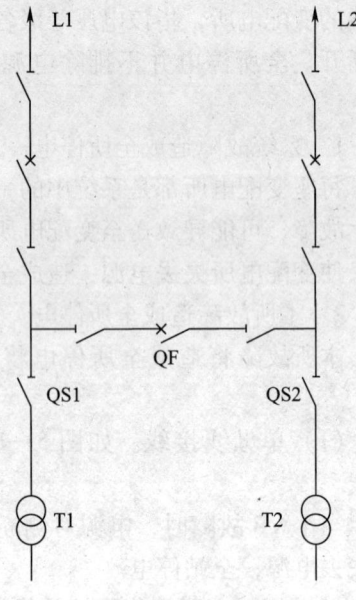

图 5—20　内桥接线

二、变、配电所全所停电的现象

变、配电所全所停电时，所内各电压等级的母线除直流母线和 380 V 所用电外，其他全部失压，380 V 所用电母线也可能已经失压。另外，导致全所失压的原因有所内原因，也有所外原因，现象有所区别。变、配电所全所停电的现象可以分为以下几种：

1. 正常照明消失，事故（应急）照明切换至直流供电

变、配电所全所停电，往往伴随着所用交流电消失，因此变、配电所全所停电时，往往伴随正常照明消失。一般变、配电所配有事故（应急）照明，这些照明设备正常情况下取用交流电进行工作，当交流消失时，自动切换至直流电继续工作，以确保控制室等重要场所照明所需。

当然，目前变、配电所的事故照明的形式已经多样化，有些保留传统的事故照明装置，有些改用直接由蓄电池供电等，但发生全所停电时，现象基本相同。

2. 各级母线电压为零

可以很明显看到各个电压等级的母线电压表指示为零。但是，有些电源线路如果仅仅是本侧断路器断开，如上述内桥接线母线故障或主变故障，母联断路器 QF 拒动造成全所失压情况，由于是主变压器保护切断进线电源断路器，对侧断路器没有断开，因此线路可能还有电压，如果装有线路电压监测，则有电压指示。故障处理时应特别注意，不要盲目认为全站设备已经失压。同理，有些所用电可能有 380 V 外来电，本所全所失压不等于外来电也失压。

3. 各所用电供电设备出现"交流电源消失"报警

有很多所用电供电的重要设备,如主变压器冷却器、充电机、UPS等,一般装有"市电"监视装置,当交流电故障或消失时,这些装置将发出报警,提醒变配电值班人员处理。全所停电时,这些装置将同时发出"交流电源消失"告警信号。

4. 各保护出现交流电压异常报警

有些保护需要采集母线电压,当一次设备在运行状态却没有电压量,保护将判其为异常状态,从而发出报警信号,提醒变配电值班人员处理交流电压异常事件。

5. 可能没有任何保护动作信号

有些全所失压属系统故障引起,如上述系统故障造成全所停电、单母线接线(ⅠWB故障)、隔离开关分段的单母线接线的故障等,本所没有任何保护动作信号。当然,如果出现保护拒动越级断开造成全所停电者,也将可能没有任何保护动作信号。因此,变配电值班人员应留意本所全所停电却没有任何保护动作信号的可能。

6. 也可能有保护动作,但对应的断路器没有断开

上述介绍的内桥接线、单母线接线(负荷1线路发生故障而负荷1断路器拒动)故障形式,就有保护动作信号。这种情况一般会伴随着相应断路器的故障信号,如控制回路断线报警等,说明是断路器拒动引起的。

三、变、配电所全所停电的处理

1. 汇报调度全所停电

汇报调度各母线失压情况、保护动作情况、开关跳闸情况。如果所用电也消失,应向调度申请送所用外来电。

2. 恢复所用电

对此应视情况而定。如果是本所断路器拒动越级断开造成全所失压的,可及时隔离拒动断路器和故障设备后,恢复其他设备运行,进而恢复所用电;否则,应考虑尽快恢复所用外来电,以利于事故处理所需照明,避免蓄电池过度放电。当然,如果改由外来电供电很方便的话,一旦出现全所失压,应首先由外来电供电恢复所用电。

恢复所用电或所用电切换时,应注意避免反送电至主变压器,避免送电至故障设备。

如果所用电一时无法恢复,如系统故障,应考虑避免蓄电池过度放电,极力保持蓄电池的电量,并可通过减少不必要的照明、避免断路器频繁操作、关闭不必要的自动装置甚至保护等手段,来减少直流电量的消耗。

3. 隔离故障恢复供电

确定故障点后将故障点隔离,并根据调度命令恢复设备运行,恢复所用电的正常运行方式。

四、故障实例

1. 实例主接线图

参见图5—14 35 kV仿真变电所电气一次主接线图。

2. 运行方式

#1、#2主变运行，35 kV Ⅰ段母线接仿甲线371、仿丙线373，#1主变高压侧37A断路器运行；35 kV Ⅱ段母线接仿乙线372、#2主变高压侧37B断路器运行；35 kV母联37M断路器运行。10 kV Ⅰ段母线接#1主变97A、仿A线905、仿B线907，#1电容器903断路器运行；10 kV Ⅱ段母线接#2主变97B、仿C线902、仿D线904、仿E线906，#2电容器908断路器运行；10 kV母联900断路器作母联运行；所用变高压侧9011隔离开关闭合。

本所配有35 kV母线保护；仿甲线、仿乙线是电源进线，仿丙线是负荷出线；有380 V所用外来电，平时不带电运行，没有备自投装置。

3. 故障假设

35 kV Ⅰ段母线37M5隔离开关靠母线侧发生瓷绝缘子闪络，37M断路器分闸线圈断线拒动。

4. 故障现象

事故蜂鸣器响，主控室出现信号"35 kV Ⅰ段母线保护动作""37M断路器控制回路断线"，直流系统报"所用电故障"，主变冷却系统报"电源故障""冷却器全停"；37A、371断路器断开，35 kV、10 kV所有母线电压表、各馈线电流表及功率表指示为零；所用电电压指示为零，所内一片漆黑，仅剩事故照明。

5. 简要处理步骤

（1）停止事故蜂鸣器响，记录事故信号，把本所所有失压断路器断开。

（2）简要将全所失压情况汇报调度。

（3）向调度申请给所用电外来电送电，恢复所用电供电。

（4）检查35 kV Ⅰ段母线保护动作情况，记录保护动作信号后复归。

（5）将保护检查情况详细汇报调度，初步判断为35 kV Ⅰ段母线发生故障，37M断路器拒动，仿丙线对侧断开，造成全所失压。

（6）检查35 kV Ⅰ段母线保护范围内的设备，发现37M5隔离开关靠母线侧发生瓷绝缘子闪络断落。检查37M断路器本体，发现分断线圈有焦味。

（7）鉴于37M5隔离开关无法隔离，就将37M断路器和35 kV Ⅰ段母线转冷备用，隔离故障设备。

（8）根据调度指令逐步恢复35 kV Ⅱ段母线、#2主变运行，恢复10 kV Ⅰ段母线、Ⅱ段母线及各线路运行，将仿丙线倒至Ⅱ段母线恢复运行。

（9）停止所用外来电，改用1号所用电恢复所用电正常运行，检查各所用电供电设备确认运行正常。

（10）检查切除过短路电流断路器（371）确认正常，将37M断路器和35 kV Ⅰ段母线转检修，并通知检修部门处理。

（11）做好相关记录。

单元测试题

一、**判断题**（下列判断正确的打"√"，错误的打"×"）

1. 正常情况下，气动操作机构的储气筒存有压缩氮气，以提供断路器的闭合能量。（ ）
2. 气动操作机构的储气筒压缩空气泄漏，一般可以听到漏气声。（ ）
3. 出现"SF_6压力低闭锁操作"，继电保护出口该断路器的分断、闭合闸回路被切断。（ ）
4. 少油断路器缺油会有油位低告警信号。（ ）
5. 发生母线失压，应查看电容器组是否在断开位置，如果还在闭合位置，应手动切除并检查没有断开的原因。（ ）
6. SF_6断路器发生灭弧室爆炸，没有剧毒分解物产生。（ ）
7. 油断路器灭弧室爆炸着火，可不经隔离即行灭火。（ ）
8. 在异常和事故处理过程中，始终把所用电系统恢复作为重要步骤优先安排执行。（ ）
9. 直流系统是一个庞大的供电系统，其接线复杂而运行环境却很不确定。（ ）
10. 直流系统发生一点接地时，其相应回路的熔断器将会熔断。（ ）

二、**单项选择题**（下列每题的选项中，只有1个是正确的，请将其代号填在横线空白处）

1. 气动操作机构漏气，就是指_____泄漏。
   A. 压缩氮气　　　B. SF_6气体　　　C. 压缩空气　　　D. 氢气
2. 为避免储气筒底部积水过多，应定期给储气筒排水。一般情况下_____排水一次即可。
   A. 一天　　　B. 一星期　　　C. 一个月　　　D. 一季度
3. 手车断路器没有推入到运行位置，手车断路器运行位置指示灯不亮，一般还伴随断路器"_____"报警。
   A. 弹簧未储能　　B. SF_6压力低　　C. 控制回路断线　　D. 打压超时
4. 有些低压断路器带有失压脱扣功能，当电压消失，断路器将_____。
   A. 断开控制电源　B. 断开储能电源　C. 断开信号电源　D. 自动跳闸
5. 系统故障，变、配电站所处的系统均停电，将同时出现_____。
   A. 保护电源消失　B. 所用电消失　C. UPS电源故障　D. 直流系统瘫痪
6. 经调度确认系统故障造成所用电消失，所用电一时无法恢复，本站在做好等待系统来电准备的同时，重点做好蓄电池_____。
   A. 电压调整　　B. 电流调整　　C. 报警消除　　D. 放电控制
7. 变配电所夜间值班时应开启控制室的_____，在发生全所停电等可导致所用电消失事故时，切至直流供电提供重要照明。
   A. 日光灯　　　B. 事故照明　　C. 排风扇　　　D. 装饰灯

单元 5

8. 主变冷却器、充电机、UPS 等，一般装有"_____"监视装置，当交流电故障或消失时，这些装置将发出报警，提醒运行值班人员处理。
   A. 电压　　　　　B. 电流　　　　　C. 输出故障　　　　D. 市电
9. 如果站用电系统切至外来电供电很方便，一旦出现全所失压，应首先恢复_____。
   A. 自流供电　　　B. 所用电　　　　C. 高压电　　　　　D. UPS 供电

三、多项选择题（下列每题的选项中，至少有 2 个是正确的，请将其代号填在横线空白处）

1. 运行中液压操作机构异常主要包括_____。
   A. 渗漏油　　　　　　　B. 液压压力下降　　　　　C. 打压频繁
   D. 打压超时　　　　　　E. 储压筒 N_2（氮气）泄漏　F. 积水过多
2. 储气筒本身一般不易发生漏气，但是和它连接的_____容易发生破损而泄漏。
   A. 电动机　　　　　　　B. 管道　　　　　　　　　C. 阀门
   D. 接头　　　　　　　　E. 压力监测系统　　　　　F. 压缩机
3. 断路器气动机构气泵曲轴箱缺油，可能是_____所致。
   A. 年久失修　　　　　　B. 传动带松弛　　　　　　C. 油气分离系统故障
   D. 漏气　　　　　　　　E. 曲轴箱漏油　　　　　　F. 压力闭锁
4. SF_6 断路器气体压力突然下降，可能是_____所致。
   A. 密封失效　　　　　　B. 管道破裂　　　　　　　C. 瓷件破裂
   D. 气温骤降　　　　　　E. 氮气泄漏　　　　　　　F. 油泄漏
5. 断路器自身原因造成的拒绝分断、闭合，主要包括以下几个方面_____。
   A. 油位偏低　　　　　　B. 温度太高　　　　　　　C. 灭弧室 SF_6 压力不足
   D. 分闸、合闸线圈烧坏　E. 接头发热　　　　　　　F. 真空度下降
6. 造成拒绝分闸、合闸的操作不当可能有_____。
   A. 操作把手返回太快
   B. 同期回路没有正确投入
   C. 小车断路器没有正确推入到运行位置
   D. 计算机防误钥匙没有插入或计算机防误逻辑不满足
   E. 监护人代操作
   F. SF_6 压力太低
7. 所用电消失的处理原则是_____。
   A. 设法恢复所用电系统的供电
   B. 密切关注受影响设备的运行状况
   C. 如有状况，及早采取措施，避免影响主设备的良好和系统事故的发生
   D. 站用电并不重要，最后恢复
   E. 紧急调拨发电机组发电
   F. 拨打 95598 电话寻求帮助
8. 造成所用电系统 380 V 母线失压的四种情况分别如下：_____。

A. 馈线开关断开 B. 上级电源同时消失
C. 380 V 备用电源自动投入失败 D. 低压母线故障
E. 馈线负荷太大 F. 馈线开关拒动越级断开

9. 直流系统发生一点接地时，_____。
A. 无短路电流流过 B. 有短路电流流过 C. 无负荷电流流过
D. 有负荷电流流过 E. 正负极电压异常 F. 正负极电压正常

四、绘图题

1. 试画图分析直流负极两点失地造成断路器拒绝分、合闸。
2. 试画图分析直流失地造成断路器自动分、合闸。

五、技能题

题目：10 kV 的#1 段电容器进线电缆头爆炸，电容器保护拒动故障处理。

1. 运行方式

#1、#2 主变运行，35 kV Ⅰ 段母线接仿甲线 371、仿丙线 373，#1 主变高压侧 37 A 断路器运行；35 kV Ⅱ 段母线接仿乙线 372、#2 主变高压侧 37B 断路器运行；35 kV 母联 37M 断路器运行。10 kV Ⅰ 段母线接#1 主变 97 A、仿 A 线 905、仿 B 线 907、#1 电容器 903 断路器运行；10 kV Ⅱ 段母线接#2 主变 97B、仿 C 线 902、仿 D 线 904、仿 E 线 906，#2 电容器 908 断路器运行；10 kV 母联 900 断路器作母联运行；所用变高压侧 9011 隔离开关合闸。

2. 故障现象

10 kV 配电区传来一声巨响，事故蜂鸣器响，主控室出现"#1 主变后备保护动作""#2 主变后备保护动作"，900、97 A、37 A 断路器断开，10 kV 母线电压指示为零。

3. 操作准备

（1）准备如图 5—14 所示的 35 kV 仿真变电所电气一次主接线图。

（2）准备空白纸若干张、笔一支。

4. 操作要求

（1）按故障处理原则，正确处理故障。

（2）文字表述应符合专业术语规范。

5. 操作时限

操作时限为 30 min。

6. 技术标准

根据故障写出处理的步骤。

7. 配分及评分标准

序号	作业项目	考核内容	配分	评分标准
1	检查现象	记录故障时间	5	未记录扣 5 分
		检查表计、信号等	5	未检查扣 5 分
		初步判断故障	10	判断故障不正确扣 10 分

续表

序号	作业项目	考核内容	配分	评分标准
2	汇报调度	互报站名、姓名	2	未报站名、姓名扣2分
		汇报故障时间并核对汇报时间	2	未报故障时间扣2分
		汇报故障现象	6	未报故障现象扣6分
3	现场检查一、二次设备	检查二次设备保护动作情况	4	未检查扣4分
		复归保护信号	3	未复归保护信号扣3分
		带好绝缘靴、安全帽、钥匙等	3	未佩戴齐全扣3分
		一次设备的检查	20	检查内容每少一项扣1分
4	处理过程	确认故障点并自行对故障设备进行隔离	20	（1）未查到故障点扣20分 （2）查到故障点没有自行隔离扣10分
		向调度汇报检查结果和故障隔离情况	5	未正确汇报扣5分
		在调度配合下逐一恢复无故障设备的送电	5	未在调度配合下恢复送电扣5分
5	处理结束	汇报调度故障原因及隔离情况	5	未汇报扣5分
		填写相关记录	3	未填写扣3分
		交回安全用具、钥匙等	2	未交回扣2分
6	否定项	导致故障面扩大或停电范围扩大		本题不得分

单元 5

单元测试题答案

一、判断题

1. √ 2. × 3. √ 4. × 5. √ 6. × 7. × 8. √ 9. √ 10. ×

二、单项选择题

1. C 2. B 3. C 4. D 5. B 6. D 7. B 8. D 9. B

三、多项选择题

1. ABCDE 2. BCDE 3. ACE 4. ABC 5. CD 6. ABCD 7. ABC 8. BCDF 9. ADF

四、绘图题

1. 答：见本单元图5—2断路器控制回路负极两点失地示意图，跳闸（或合闸）线圈两端同时失地。当断路器操作时，由于线圈被A、B两个失地点经大地旁路，跳闸（或合闸）线圈没有得电，断路器拒动。

2. 答：见本单元图5—3直流失地造成断路器自动分闸、合闸示意图。从图上可以看出，如果A、B两点同时失地，则直流电源正极绕过断路器分闸、合闸控制触点，直接使分闸、合闸线圈得电，断路器发生误分闸、合闸。

五、技能题

本技能题的操作步骤如下：

1. 停止事故蜂鸣器响，记录事故信号，简要将以上情况汇报调度。

2. 检查#1 主变、#2 主变保护动作情况，记录保护动作信号后复归。假设#1 主变保护动作情况为"后备第一时限跳母联断路器""后备第二时限跳两侧断路器"，#2 主变保护动作情况为"后备第一时限跳母联断路器"。

3. 将保护检查情况详细汇报调度，初步判断为#1 主变后备保护范围内设备故障，可能是#1 主变本身、主变低压母线桥、10 kV Ⅰ段母线故障，也可能是 10 kV Ⅰ段母线某线路故障而线路保护拒动造成#1 主变、#2 主变后备保护动作跳开 900、97 A、37 A 断路器。由于在事故发生时听到 10 kV 配电区传来一声巨响，故障点在站内的可能性很大。

4. 检查本站"#1 主变后备保护"范围内的所有设备。当检查到#1 段电容器时，闻到强烈的烧焦味，并在#1 段电容器进线电缆头处找到故障点（电缆头爆炸）。

5. 将 1 号段电容器转冷备用，汇报调度。

6. 试送电主变正常、试送电母线也正常，然后逐一向其他各线路试送电，恢复对外供电，并通过主变调挡保持母线电压正常。

7. 将 903 线路转检修，等候检查处理。

8. 做好相关记录。

第6单元

电气试验

- 第一节 电气试验基础／200
- 第二节 测量绝缘电阻／203
- 第三节 直流泄漏及直流耐压试验／206
- 第四节 介质损耗因数试验／215
- 第五节 工频交流耐压试验／224

为保证电气设备乃至电力系统的安全、可靠地运行，必须恰当地选择各种电力设备的绝缘，并使绝缘在运行中保持良好的状态。电气设备的绝缘系统是电力设备的关键部位，也是易发生故障的部位，因此电气设备在安装后投入运行前要进行交接试验，在运行中还要定期进行绝缘的预防性试验，这是判断设备能否投入运行、预防设备损坏、保证安全运行的重要措施。

本单元具体介绍了电气设备的试验项目，除其工作原理、接线和试验方法外，还论述了影响试验结果的因素和对实测结果进行分析判断的方法。

第一节　电气试验基础

→ 熟悉电气试验的基本知识
→ 了解电气试验的一般流程
→ 熟悉在电气试验中应注意的事项

电气试验一般分为出厂试验、交接试验、大修试验和预防性试验。出厂试验是电力设备生产厂家根据有关标准和产品技术条件规定的试验项目，对每台产品进行的检查试验。交接试验、大修试验是指安装部门、检修部门对新投运设备、大修设备按照有关标准及产品技术条件或《电力设备交接、预防性试验规程》（以下简称"规程"）规定进行的试验。预防性试验是指设备投入运行后，按一定周期由运行部门或有关部门进行的试验，目的在于检查运行中的设备有无绝缘缺陷或其他缺陷。

电气试验一般分为非破坏性试验和破坏性试验两大类。非破坏性试验是指在较低电压下，用不损伤设备绝缘的办法来判断绝缘缺陷的试验，如绝缘电阻吸收比试验、介质损失正切角试验、泄漏电流试验、油色谱分析试验等。而破坏性试验是指用较高的电压来考验设备绝缘水平的试验，如交流耐压试验和直流耐压试验。破坏性试验的优点是容易发现设备的集中性缺陷，缺点是有可能给设备的绝缘造成一定的损伤。破坏性试验必须在非破坏性试验合格之后进行，以避免对绝缘的无辜损坏乃至击穿。

一、电气试验流程

电气试验流程一般包括以下内容：

1. 设备停电并装设临时接地线，办理工作许可手续

设备停电并装设临时接地线是在现场工作时为保证人员和设备安全必须执行的步骤。设备停电接地后，需得到变配电值班人员许可并办理完工作许可手续后才能开始工作。

2. 对被试设备进行外观检查

外观检查的内容包括：瓷件有无破损、充油设备是否缺油、与被试设备的连接线是否全部拆除、设备本身有无异常现象等。

3. 登记被试设备铭牌数据

凡试验一台设备，必须将设备铭牌数据完整地登记下来，这是试验的要求，也是填写试验报告、建立试验台账的需要。

4. 记录环境状况并填写试验日期

记录的环境状况包括天气状况、环境温度、设备温度及大气气压等。将试验数据换算到标准条件下的数据，以便进行比较。同时还要填写试验日期及开始试验的时间。

5. 准备好放电接地线

准备好对设备进行放电的接地线。接地线应牢固可靠，保证一定的截面积，一端与接地体相连，另一端与干燥的接地棒相连。

6. 连接好试验设备及仪器仪表

根据试验项目，按照经批准的试验方案，连接好试验设备及仪器仪表，合理整齐地布置现场。试验器具应处于试验人员视线之内，并在允许范围内尽量靠近被试品。

7. 连接试验电源

根据试验项目，确定试验电源。将电源线与刀开关连接好，并将刀开关断开。

8. 检查试验接线是否正确

试验接线应由试验工作负责人进行检查。检查内容有：接线是否正确，试验导线连接处是否牢靠，试验设备及仪器是否在起始位置，仪表是否已调到零位等。

9. 设围栏、挂标示牌

在被试设备及试验设备周围应装设封闭式遮栏或围栏，悬挂"止步、高压危险"标示牌，标示牌的字应朝外，并要有专人看守，以防其他人员进入试验区。如被试品两端不在同一地点，另一端也应派人看守。

10. 被试设备进行放电

由于静电感应或停电后在设备上留有残余电荷，所以需要进行充分放电。

11. 进行试验

高压试验工作人员不得少于2人，操作时，应由一人操作，另一人监护并作记录，填写好试验项目及测量的数据。操作者的活动范围应满足与带电部位的最小安全净距。试验时，应随时注意试验数据，做好降压、限流或断电的准备，当发现异常现象时应立即断电。电源确已断开后，进行接地放电、检查设备和分析异常，然后再确定是否继续进行试验。若试验正常，试验完毕后，应初步分析试验数据，并记录下试验结束的时间。

12. 放电

试验结束后，应先断开试验电源，然后对被试设备进行放电，再拆除与其连接的导线。

13. 拆除电源线及试验设备

先拆电源线，后拆试验设备。把所使用的工具、材料整理好，清理现场。

14. 拆除围栏

取下标示牌，将遮栏或围栏拆除并整理好，连同试验设备一起放好。

15. 办理工作终结手续

向工作许可人报告工作终结，并在工作票上分别签字。

16. 填写试验报告

试验报告应由试验人员填写，需要进行计算的应算出结果。根据试验报告，对照试验标准作出结论，并在试验报告"试验人员"一栏中由试验负责人签字。

17. 审核试验报告

审核试验报告应由既有理论基础又有实践经验的负责人员担任。审核后，应在"审核人员"一栏内签字。如试验后发现设备有问题，则应及时报告相关领导安排处理。

18. 填写试验台账

将试验结果填入试验台账，以备今后试验时作为对比的依据。

上述程序仅是一个试验小组在现场工作的试验程序，若遇到特殊试验项目要分两个试验小组时，应有通信手段，以便两个小组在试验过程中进行通信联系。总之，要根据试验项目的需要，恰当组织试验工作，确定试验程序。

二、电气试验注意事项

1. 按照接线图接好线后，由专人认真检查接线和仪器设备，当确认无误时方可通电及升压。

2. 在升压过程中，应密切监视被试设备、试验回路及有关表计。微安表的读数应在升压过程中按规定分阶段进行，且需要有一定的停留时间，以避开吸收电流。

3. 在试验过程中，若有击穿、闪络等异常现象发生时，应马上降压，断开电源，查明原因，并详细记录，待妥善处理后再继续测量。

4. 试验完毕且降压、断开电源后，均应对被试设备进行充分放电。放电前，先将微安表短接，并先通过有高阻值电阻的放电棒放电，然后直接接地，否则会将微安表烧坏。对电缆、变压器、发电机的放电时间，可按其容量大小由 1 min 增至 3 min，电力电容器可长至 5 min。此外，还应注意附近设备有无感应静电电压的可能，必要时也应进行放电或预先短接。

5. 若是三相设备，同样应进行其他两相的测量。

6. 按照规定的要求进行详细记录。

三、电气试验人员应具备的素质

1. 具有全面熟练的试验技术

电气试验工作本身既是一种繁重的体力劳动，又是一种复杂的脑力劳动。一个合格的电气试验人员，应当达到以下要求：

（1）了解各种绝缘材料、绝缘结构的性能、用途，了解各种电气设备的型式、用途、结构及工作原理。

（2）熟悉变配电站电气主接线及系统运行方式。熟悉电气设备，了解继电保护及电气设备的控制原理及实际接线。

（3）熟悉各类试验设备、仪器、仪表的工作原理、结构用途及使用方法，并能排除一般故障。

（4）能正确完成试验室及现场各种试验项目的接线操作及测量，熟悉各种影响试验结果的因素及消除方法。

2. 具有严肃认真的工作作风

严肃认真的工作作风是保证安全、正确完成试验任务的前提。电气试验人员应当做到：

（1）试验前要进行周密的准备工作，根据设备及试验项目，准备齐全完好的试验设备及仪器、仪表、工器具等，不要漏带仪器、设备及工器具。

（2）安全合理布置试验场地，做好安全措施，与带电部分保持足够的安全距离。测量、控制及操作装置应在就近处放置，以便于操作及读数。

（3）必须正确无误地接线、操作。

（4）记录人员应详细记录被试设备的编号、试验项目、测量数据、使用仪器编号，以及试验时的温度、湿度、日期、试验人员等，整理好试验报告。

（5）对于测试数据反映出的设备缺陷应及时向负责人及领导汇报，并填写有关记录。

第二节 测量绝缘电阻

→ 熟悉绝缘电阻测试原理
→ 掌握绝缘电阻表的使用及测量数据的分析判断方法

测量电气设备的绝缘电阻是检查其绝缘状态最简便的辅助方法，在现场普遍用绝缘电阻表测量绝缘电阻。由于测绝缘电阻有助于发现电气设备中影响绝缘的异物、绝缘受潮、绝缘脏污、绝缘油严重劣化、绝缘击穿和严重热老化等缺陷，因此测量绝缘电阻是电气检修、运行和试验人员都应掌握的基本技能。

一、绝缘电阻、吸收比和极化指数

1. 绝缘电阻

绝缘电阻是指在绝缘体的临界电压以下，施加的直流电压为 U 时，测量其所含的离子沿电场方向移动形成的电导电流 I_g，应用欧姆定律所确定的比值，即：

$$R_x = \frac{U}{I_g}$$

式中 R_x——绝缘电阻，Ω；
U——直流电压，V；
I_g——电导电流，A。

如果施加的直流电压超过临界值，就会导致产生电子电导电流，使绝缘电阻急剧下降。这样，在过高电压作用下绝缘就遭到了损伤，甚至可能击穿。所以，一般绝缘电阻表的额定电压不太高，使用时应根据不同电压等级的绝缘选用。

对于单一的绝缘体（如瓷质或玻璃绝缘子、塑料、酚醛绝缘板材料及棒材等），在直流电压作用下，其电导电流瞬间即可达稳定值，所以测量这类绝缘体的绝缘电阻时，可以很快得到稳定值。

但在高压工程上用的设备的内绝缘，大部分是夹层绝缘（如变压器、电缆、电机等）。夹层绝缘在直流电压作用下，会产生多种极化，并且从极化开始到完成，需要相当长时间，通常用夹层绝缘的绝缘电阻随时间变化的关系来作为判断绝缘状态的依据。

当在夹层绝缘体上施加直流电压后，其中便有三种电流产生，即电导电流、电容电流和吸收电流。

在直流电压作用下，夹层绝缘体的等效电路如图 6—1 所示。R 支路中的电流代表电导电流 i_1，C1 支路中的电流代表电容电流 i_2，r、C 支路中的电流代表吸收电流 i_3。这三种电流值的变化能反映出绝缘电阻值的大小，即随着加压时间的增长，这三种电流的总和下降，而绝缘电阻值相应地增大。对于具有夹层绝缘的大容量设备，这种吸收现象就更明显。因为总电流随时间衰减，经过一定时间后，才趋于电导电流的数值，所以通常要求在加压 1 min（或 10 min）后，读取绝缘电阻表指示的值，才能代表比较真实的绝缘电阻值。

2. 吸收比和极化指数

（1）吸收比。不同的绝缘设备，在相同电压下，其总电流随时间下降的曲线不同。即使对同一设备，当绝缘受潮或有缺陷时，其总电流曲线也要发生变化。当绝缘受潮或有缺陷时，电流的吸收现象不明显，总电流随时间下降较缓慢，达到的稳定值较大，即绝缘电阻较小，因此在相同时间内电流的比值就不一样。由图 6—2 所示曲线 1 中的 i_{15}/i_{60} 大于曲线 2 的 i_{15}/i_{60} 即可说明，所对同一绝缘设备，根据 i_{15}/i_{60} 的变化就可以初步判断绝缘的状况。通常以绝缘电阻的比值表示，即：

$$K_1 = \frac{R_{60}}{R_{15}}$$

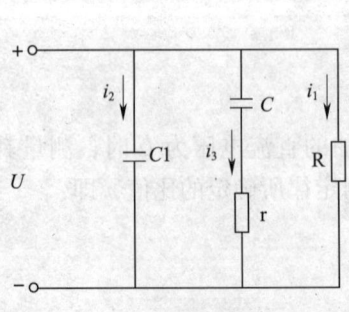

图 6—1　夹层绝缘体的等效电路

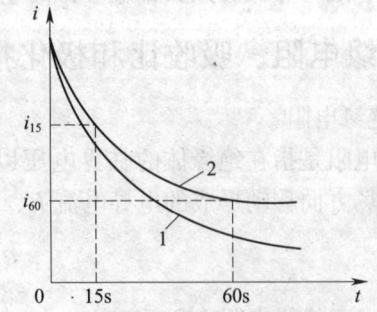

图 6—2　总电流 i 随时间 t 的变化曲线
1—绝缘良好　2—绝缘受潮

式中 K_1——吸收比；

i_{15}、R_{15}——加压 15 s 时的电流和相应的绝缘电阻，即 $R_{15} = \dfrac{U}{i_{15}}$；

i_{60}、R_{60}——加压 60 s 时的电流和相应的绝缘电阻，即 $R_{60} = \dfrac{U}{i_{60}}$。

一般将 60 s 和 15 s 时绝缘电阻的比值 R_{60}/R_{15} 称为吸收比，测量这一比值的试验叫做吸收比试验。绝缘受潮时 K_1 下降，K_1 的最小值为 1。变压器绝缘要求 K_1 值大于 1.3。吸收比试验与温度及湿度有关，必要时可进行温度换算，即：

$$R_2 = R_1 \times 1.5^{(t_1-t_2)/10}$$

式中 R_1、R_2 分别为温度 t_1、t_2 时的绝缘电阻值。

（2）极化指数。对于吸收过程较长的大容量设备，如变压器、电机、电缆等，有时用 R_{60}/R_{15} 吸收比值尚不足以反映绝缘介质的电流吸收全过程。为了更好地判断绝缘是否受潮，可采用较长时间的绝缘电阻比值进行衡量，称为绝缘的极化指数，即：

$$K_2 = \dfrac{R_{10\,\mathrm{min}}}{R_{1\,\mathrm{min}}}$$

式中 K_2——极化指数；

$R_{10\,\mathrm{min}}$——加压 10 min 时测的绝缘电阻；

$R_{1\,\mathrm{min}}$——加压 1 min 时测的绝缘电阻。

极化指数测量加压时间较长，测定的电介质吸收比率与温度无关，变压器极化指数 K_2 一般应大于 1.5，绝缘较好时其值可达到 3~4。

二、影响绝缘电阻测量的因素和分析判断

1. 温度的影响

温度对绝缘电阻的影响很大，一般绝缘电阻是随温度上升而减少的。其原因在于当温度升高时，绝缘介质中的极化加剧，电导增加，致使绝缘电阻值降低。绝缘电阻与温度变化的程度与绝缘材料的性质和结构等有关，可结合具体被试品进行换算。因此测量时，必须记录温度，以便将其换算到同一温度进行比较。

2. 湿度的影响

湿度对表面泄漏电流的影响较大，绝缘表面吸收潮气，瓷套表面形成水膜，常使绝缘电阻显著降低。此外，由于某些绝缘材料有毛细管作用，当空气中的相对湿度较大时，会吸收较多的水分，增加了电导，也使绝缘电阻值降低。

3. 放电时间的影响

每测完一次绝缘电阻后，应将被试品充分放电，且放电时间应大于充电时间，以便将剩余电荷放尽。否则，在重复测量时，由于剩余电荷的影响，其充电电流和吸收电流将比第一次测量时小，因而造成吸收比减小，绝缘电阻值增大的虚假现象。

4. 测量结果分析判断

（1）所测的绝缘电阻应等于或大于一般容许的数值（见被试品有关规定）。

（2）将所测的绝缘电阻换算至同一温度，并与出厂、交接、历年大修前后和耐压

前后的数值进行比较；与同型设备、同一设备相比较。比较结果均不应有明显的降低或较大的差异；否则应引起注意，对重要的设备必须查明原因。

(3) 对电容量比较大的高压电气设备，如电缆、变压器、电机、电容器等的绝缘状况，主要以吸收比值和极化指数的大小为判断的依据。如果吸收比和极化指数有明显下降者，说明绝缘受潮或油质严重劣化。

第三节　直流泄漏及直流耐压试验

→ 熟悉直流泄漏及直流耐压试验的基本知识
→ 能正确进行直流泄漏及直流耐压试验
→ 了解其影响因素并能对试验结果进行分析

一、直流泄漏电流及直流耐压试验的特点

直流泄漏电流试验与直流耐压试验的接线及工作原理相同，多同步进行。泄漏电流测量与绝缘电阻测量的工作原理基本相同，不同之处是：直流泄漏试验的电压一般比绝缘电阻测量的电压高，并可任意调节，因而它比绝缘电阻测量发现缺陷的有效性高，能灵敏地反映瓷件绝缘的裂纹、夹层绝缘的内部受潮及局部松散断裂、绝缘油劣化、绝缘的沿面炭化等。

直流耐压试验与泄漏电流的测量虽然方法一致，但其作用不同，前者是考验绝缘的耐压强度，其试验电压较高；后者是用于检查绝缘状况，试验电压相对较低。因此，直流耐压试验对于发现某些局部缺陷更有特殊意义，目前在高压电机、电缆、电容器的预防性试验中被广泛采用。它与交流耐压试验相比主要有以下一些特点。

1. 试验设备轻便

直流耐压试验设备比较轻便，便于在现场进行预防性试验，例如，对于油浸、充油电缆线路，如果做交流耐压试验，每公里的电容电流将达数安培，需要较大容量的试验设备；而做直流耐压试验时，稳定后只需供给绝缘泄漏电流（最高只达毫安级）。

2. 能同时测量泄漏电流

直流耐压试验可以在逐步升压的同时，通过测量泄漏电流，更有效地反映绝缘内部的集中性缺陷。图6—3所示为发电机绝缘在做直流耐压试验过程中泄漏电流变化的一些典型曲线。对于良好的绝缘，泄漏电流随电压增大而直线上升，而且电流值较小，如曲线1所示。如果绝缘受潮，

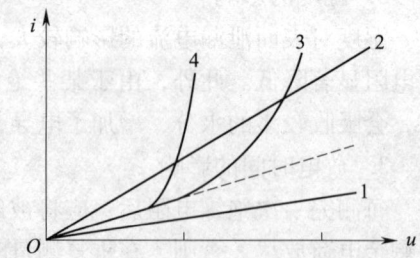

图6—3　发电机的典型泄漏电流曲线
1—绝缘良好　2—绝缘受潮
3—绝缘中有集中性缺陷
4—绝缘中有危险的集中性缺陷

那么电流数值加大，如曲线 2 所示。曲线 3 表示绝缘中有集中性缺陷存在。当泄漏电流超过一定标准时，应尽可能找出原因加以消除。如果 0.5 倍 U_N（额定电压）附近泄漏电流已经迅速上升，如曲线 4 所示，那么这台发电机在运行时（不计及过电压）有击穿的危险。

对油浸、充油电力电缆进行直流耐压试验时，通常也利用泄漏电流的读数来寻找缺陷，例如，当测到三相泄漏电流相差过大或者泄漏电流增长较快时，就可以根据具体情况酌量提高试验电压或者是延长耐压的持续时间来发现缺陷。

3. 对绝缘损伤较小

直流高压对被试品绝缘的损伤较小，当直流作用电压较高以至于在气隙中发生局部放电后，放电产生的电荷所感应的反电场将使在气隙里的场强减弱，从而抑制了气隙内的局部放电过程。如果是交流耐压试验，由于电压不断改变方向，因而如气隙发生放电后，每个半波里都要发生局部放电，这种放电往往会促使有机绝缘材料的分解、老化变质，降低其绝缘性能，使局部缺陷逐渐扩大。因此，直流耐压试验在一定程度上还带有非破坏性试验的特性。

与交流耐压试验相比，直流耐压试验的缺点是：由于交、直流下绝缘内部的电压分布不同，直流耐压试验对绝缘的考验不如交流耐压接近实际。因此，对于交联聚乙烯电缆，不主张用直流耐压试验。

直流耐压试验电压值的选择也是一个重要的问题，它是参考绝缘的工频交流耐压试验电压和交、直流下击穿强度之比，并主要根据运行经验来制定的。例如，对发电机的定子绕组，现取 2~2.5 倍额定电压；对于 3 kV、6 kV、10 kV 的电缆，取 5~6 倍额定电压，20 kV、35 kV 的电缆取 4~5 倍额定电压。直流耐压试验的时间可以比交流耐压试验长一些，所以发电机试验时是以每级 0.5 倍额定电压分阶段地升高，每阶段停留 1 min，以观察并读取泄漏电流值。电缆试验时，在试验电压下持续 5 min，以观察并读取泄漏电流值。

二、试验方法

1. 半波整流试验接线

试验回路一般是由自耦调压器、试验变压器、高压二极管和测量表计组成半波整流试验接线，根据微安表在试验回路中所处的位置不同，可分为以下两种基本接线方式：

（1）微安表接在高压侧。微安表接在高压侧的试验原理接线如图 6—4 所示。由图 6—4 可见，试验变压器 T1 的高压端接至高压二极管 V（硅堆）的负极，由于空气中负极性电压下击穿场强较高，为防止外绝缘闪络，因此直流试验常用负极性输出。由于二极管的单向导电性，在其正极就有负极性的直流高压输出。选择硅堆的反峰电压时应有 20% 的裕度。如用多个硅堆串联时，应并联均压电阻器，电阻值可选约 1 000 MΩ。为减小直流电压的脉动，在被试品 Cx 上并联滤波电容器 C，电容值一般不小于 0.1 μF。对于电容量较大的被试品，如电缆等，可以不加稳压电容器。

半波整流时，试验回路产生的直流电压为：

$$U_d = \sqrt{2}U_2 - [I_d/(2Cf)]$$

式中 U_d——直流电压平均值，V；
C——滤波电容，F；
f——电源频率，Hz；
I_d——整流回路输出直流电流，A。

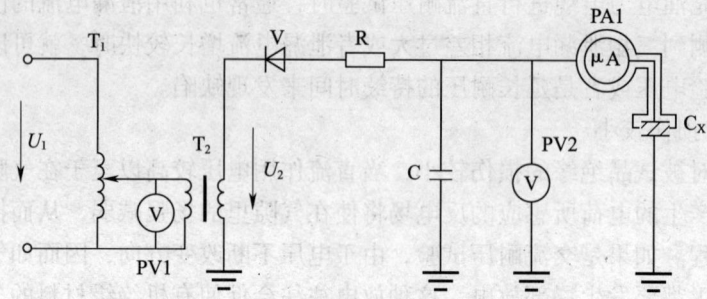

图6—4 微安表接在高压侧的试验原理接线

PV1—低压电压表 PV2—高压静电电压表 R—保护电阻 T1—自耦调压器 PA—微安表
T_2—升压试验变压器 U_2—高压试验变压器二次输出电压 V—高压二极管 C—滤波电容器

当回路不接负载时，直流输出电压即为变压器二次输出电压的峰值。因此，现场试验选择试验变压器的电压时，应考虑到负载压降，并给高压试验变压器输出电压留一定的裕度。

这种接线的特点是微安表处于高压端，不受高压对地杂散电流的影响，测量的泄漏电流较准确，但微安表及从微安表至被试品的引线应加屏蔽。由于微安表处于高压，故给读数及切换量程带来不便。

（2）微安表接在低压侧。微安表接在低压侧的接线图如图6—5所示。这种接线微安表处于低电位，具有读数安全、切换量程方便的优点。

当被试品的接地端能与地分开时，宜采用图6—5a的接线。若不能分开，则采用图6—5b的接线，由于这种接线的高压引线对地的杂散电流将流经微安表，从而使测量结果偏大，其误差随周围环境、气候和试验变压器的绝缘状况而异。所以，一般情况下，应尽可能采用如图6—5a所示的接线方案。

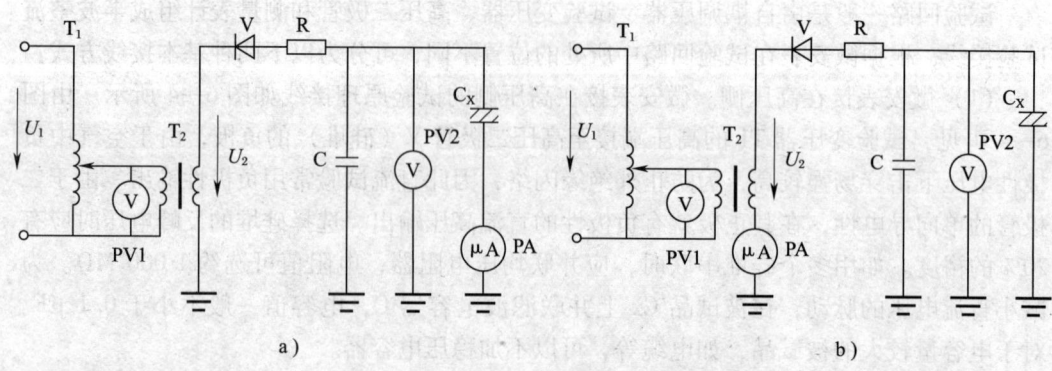

图6—5 微安表接在低压侧时的试验原理接线
a）被试品通过微安表接地 b）被试品直接接地

2. 直流高压电源的获得

(1) 倍压整流直流电源。前述的简单整流电路中，最大直流输出只能接近试验变压器的峰值电压 U_{max}，欲获得更高的直流电压，常用倍压整流来实现。

图 6—6 所示是一种全波倍压整流线路，输出电压接近试验变压器高压侧峰值电压的 2 倍，适合于一端接地的被试品。这种线路要求高压试验变压器 T 高压绕组的两个引出端对地绝缘，一个端头对地能承受试验变压器的最大峰值电压 U_{max}（端头 2），另一个端头对地承受 $2U_{max}$（端头 1）。

图 6—7 所示为另一种更为常用的倍压整流线路，这种线路不仅可输出对地为 $2U_{max}$ 的直流电压，而且可采用一端接地的变压器。

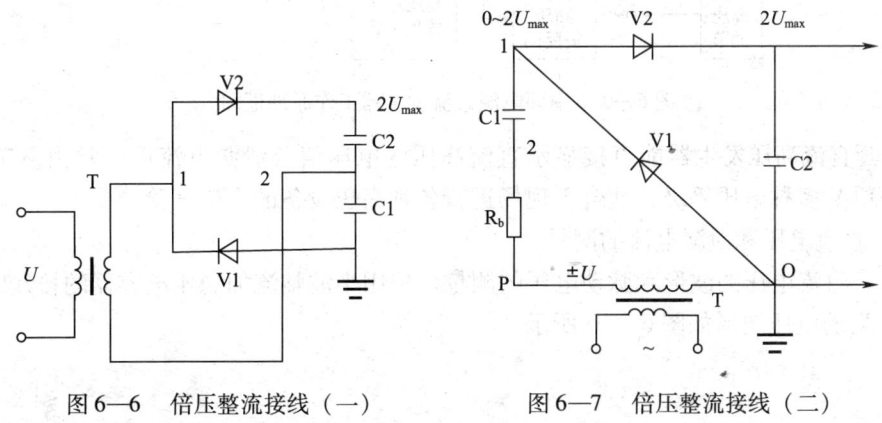

图 6—6 倍压整流接线（一）　　　图 6—7 倍压整流接线（二）

(2) 多级串接直流电源。当需要较高的直流电压而倍压线路又不能满足要求时，可用多级串接线路，图 6—8 所示是一台三级串接整流的电路。

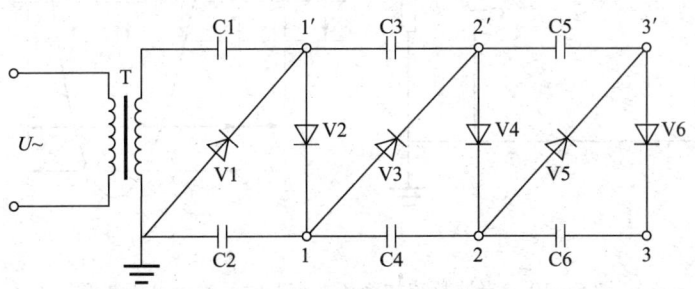

图 6—8 三级串接整流电路图

(3) 中频电源直流发生器。由于串接整流的接线太多，因而现场一般采用成套的中频电源直流发生器。成套直流发生器采用脉冲宽度调制（PWM）方式调节直流高压，这是目前较新的直流电压调节方式。它有下列优点：节能；电压调节线性度好，调节方便、稳定；输出直流电压纹波非常小。由于采用了高频率开关脉冲宽度调制，可选用较小数值的电感、电容进行滤波，滤波回路时间常数减小，这有利于自动调节回路的品质、输出波形的改善以及减小体积，其工作原理框图如图 6—9 所示。

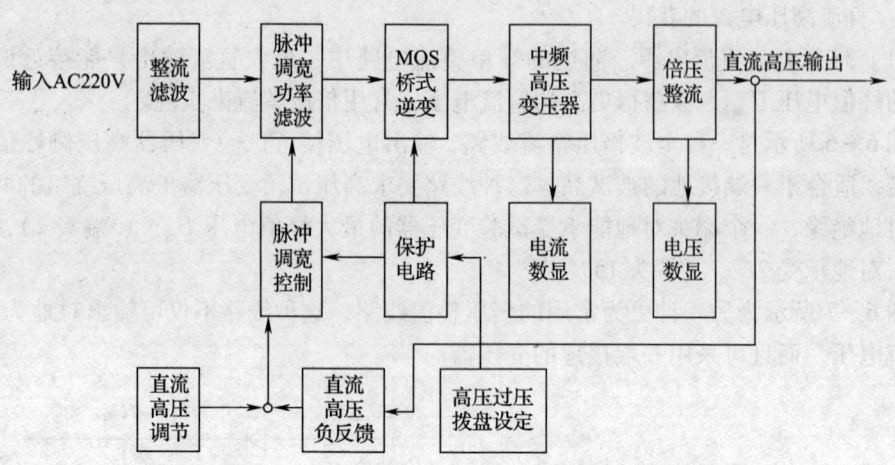

图6—9 中频电源直流发生器工作原理框图

成套直流高压发生器能直接显示直流高压的电压值及泄漏电流值,常由多节构成60～600 kV多种电压等级,适合于现场进行各种高压设备的直流试验。

3. 直流电压和泄漏电流的测量

(1) 直流电压的波形和脉动电压的测量。采用半波整流加稳压电容器的接线时,被试品上 R_x 的电压波形如图6—10所示。

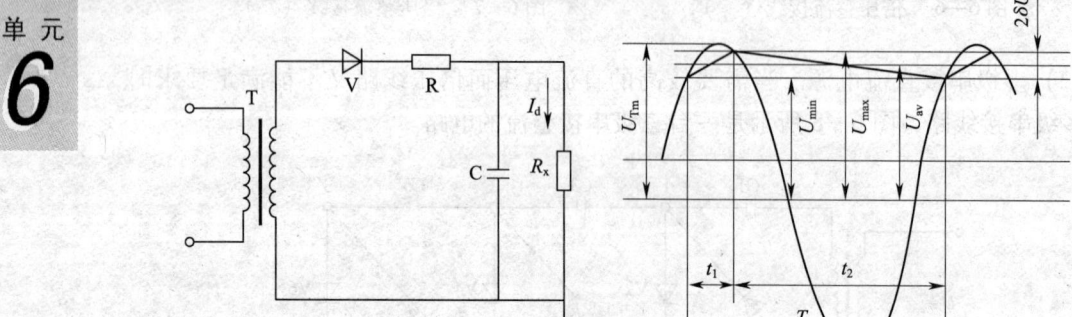

图6—10 半波整流加稳压电容器时的输出电压波形
a) 电路图 b) 电压波形图

如果被试品及承受直流高压的各部分都不产生泄漏,则被试品将被充电到电源电压的峰值 U_{Tm}。事实上,泄漏电流总是存在的。因此,存在着充放电的过程,在 t_1 这段时间内,变压器通过高压二极管 V 向电容 C(包括被试品电容和稳压电容)充电;在 t_2 这段时间内,电容 C 向被试品 R_x 放电,使电容器 C 上的电压达不到试验变压器电压的峰值,也不能保持恒定,而只能达到充电与放电相平衡的稳定状态,此时的直流电压在平均值 U_{av} 的上下波动。

为了表示直流电压波动的大小,引入了电压脉动系数 k_δ,即:

$$k_\delta = \frac{U_\delta}{U_{av}} = \frac{U_{max} - U_{min}}{2U_{av}}$$

式中 U_δ——脉动直流电压的最大与最小值之差的一半，V；

U_{av}—— 脉动直流电压的平均值，V；

U_{max}——脉动直流电压的最大值，V；

U_{min}——脉动直流电压的最小值，V。

泄漏电流通常是很小的，所以放电时间常数 RC 很大，远大于电源电压的周期 T。对于如图 6—7 所示的线路，输出电压的脉动系数可近似的由下式算出：

$$k_\delta = \frac{I_R}{2fC_2 U_{av}}$$

式中 I_R——流过被试品的有功电流；

f——试验电源的频率。

由上式可知，负载电阻越小（即泄漏电流越大），输出电压的脉动系数越大，而增大电容 C_2 或提高电源频率，可以使脉动减小。一般要求直流电压的脉动率不大于 2%，也有要求更高的。

（2）直流高压的测量。测量直流高压必须用不低于 1.5 级的表计和 2.5 级的分压器。

1）用高电阻串联微安表测量。如图 6—11 所示，被测直流电压加在高值电阻 R 上，则 R 中便有电流产生，与 R 串联的微安表的指示即为在该电压下流过 R 的平均值电流 。

因此，可根据微安表指示的电流值来表示被测直流电压的数值。这种测量电压的方法是将微安表的电流刻度直接换成相应的电压刻度，或事先校验出直流电压与微安数的关系曲线，使用时根据微安表的数值在这条曲线上查出相应的电压值，也可以用另一电阻构成低压臂，用低压直流电压表来测量。被测直流电压的平均值为：

$$U_{av} = R \times I_{av}$$

式中 R——高值电阻，$M\Omega$；

I_{av}——微安表读数，μA。

高值电阻 R 的数值可根据被测电压 U_{av} 的大小和电流 I_{av} 决定。电流 I_{av} 取 100 ~ 500 μA。

当被测电压较高时，电流宜适当选大些，以减小杂散电流带来的误差。一般 R 取每千伏为 2 ~ 10 MΩ，微安表选 0 ~ 100 μA（或 0 ~ 500μA）。

电阻 R 可用金属膜电阻器、碳膜电阻和（或与阀型避雷器的火花间隙并联的非线性电阻器）串联组成，其数值要求稳定，误差不大于 3%。每单个电阻器的功率容量不小于 1 W。常将该电阻器装在绝缘筒内，并充油密封，以提高稳定性和减少电阻器本体及电阻器支持架表面的泄漏电流。为了防止电晕，电阻器上端需装防晕罩，连接微安表的导线应用屏蔽线。

2）用电阻分压器与低压电压表测量。图 6—12 所示是电阻分压器与低压电压表组成的测量系统的原理接线图。图上的电压表可以是低压静电电压表，也可以是数字式电压表。由低压电压表 PV 的指示值 U_2 得到被测电压 $U_1 = [(R_1 + R_2)/R_2] U_2$。R1 和 R2 分别为电阻分压器的高压臂电阻和低压臂电阻，此低压臂电阻 R2 中包含低压电压表的输入电阻。如果低压电压表是静电电压表或者是高输入电阻的数字式电压表，则其输入电阻的影响可以忽略。

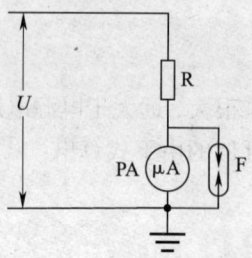

图 6—11 微安表串联高值电阻测量直流高压示意图
F—保护微安表的放电管 R—高值电阻

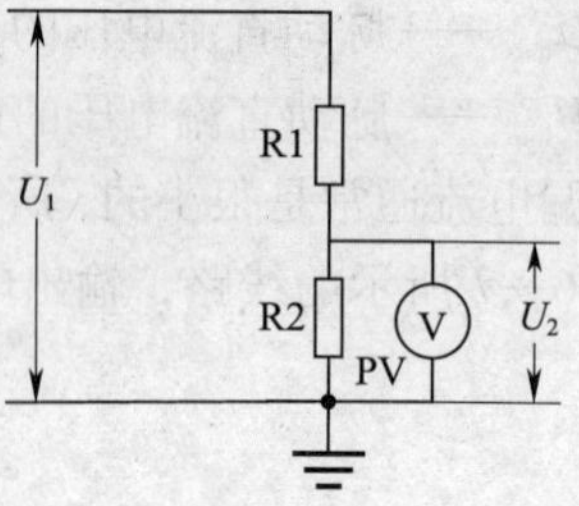

图 6—12 电阻分压器与低压表测量系统的原理接线图

3）用高压静电电压表测量。采用适当量程的高压静电电压表，直接测量输出电压的有效值，对于脉动系数不大 2% 的直流电压，可近似地认为有效值 U 等于平均值 U_{av}。合格的高压静电电压表能满足对电压平均值测量准确度的要求。

4）在试验变压器低压侧测量。当试验电源为正弦波时，可根据试验变压器的变比，将低压侧电压的有效值折算成高压侧的有效值。这种计算方法只有当被试品的泄漏电流很小、在保护电阻上产生的压降可以忽略不计时，才可以认为被试品上所加的电压 U_x 就是试验变压器高压侧输出电压的峰值 U_{max}，即：

$$U_x = U_{max} = \sqrt{2}KU$$

式中 U_{max}——被试品上所加的直流电压，V；
　　　U——试验变压器低压侧的有效值电压，V；
　　　K——试验变压器的变比。

当直流电压的脉动值很小时，可以认为 $U_{max} \approx U_{av}$。

（3）泄漏电流的测量。用直流微安表测量被试品的泄漏电流时，要使测量安全可靠，除需要对微安表进行保护外，还应消除杂散电流的影响。

1）微安表的保护。严格说来，试验电压总是脉动的，脉动成分加在被试品上就有交流分量通过微安表，因而使微安表指针摆动，难于读数，甚至使微安表过热烧坏（因它只反映直流数值，实际上交流数值也流经线圈）。试验过程中，被试品放电或击穿都有不能容许的脉冲电流流经微安表，因此需对微安表加以保护。常用的保护电路如图 6—13 所示。

图 6—14 中电容 C 用以旁路交流分量，特别是高频冲击电流；SB 是短路微安表的开关，读数时断开；放电管 F 用以保证在回路中出现不容许的大电流时，迅速放电来保护微安表，当大电流流经与微安表串联的增压电阻 R1 时，其压降足以使放电管动作，电阻 R1 的数值可按下式计算：

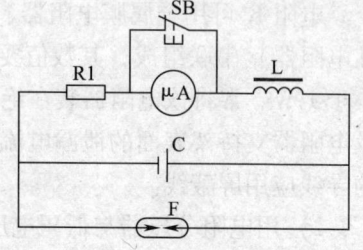

图 6—13 微安表保护接线图

$$R_1 = \frac{U_F}{I_{\mu A}}$$

式中 U_F——放电管实际的放电电压，V；

$I_{\mu A}$——微安表的满刻度电流值，μA。

限流电感线圈 L 的作用是当被试品击穿时，限制冲击电流并加速放电管的动作，通常取 L 值为几十毫亨至 1 亨。

2）消除杂散电流对测量的影响。在试验中除被试品的体积泄漏电流之外，还有其他电流流过微安表造成测量误差，这些电流统称为杂散电流。消除杂散电流是提高试验准确度的关键。

根据被试品的情况，应尽量选择能反映被试品本身泄漏电流的试验接线。

4. 注意事项

（1）试验前应严格按要求接线，并由专人认真检查接线、仪器仪表以及操作部分导电外壳是否可靠接地。

（2）升压应均匀分级进行。

（3）升压中若出现击穿、闪络等异常现象，应马上降压断开电源，并查明原因。

（4）高压回路限流电阻的选择原则。应将短路电流限制在二极管短时容许电流的范围内，又不致造成过大的压降，并能保证过流继电器可靠动作。当被试品击穿时，过流继电器应在 0.02 s 内切断电源。一般可按每 100 kV 选 0.5 ~ 1 MΩ 电阻。

（5）二极管工作电压的选择。在上述半波整流线路中，最高试验电压不得超过其额定值的一半。

（6）微安表接于高压侧时，绝缘支柱应牢固可靠、防止摇摆倾倒。

（7）试验设备的布置要紧凑，连接线要短，宜用屏蔽导线，在保证安全的同时又要便于操作；对地要有足够的距离，接地线应牢固可靠。

（8）应将被试品表面擦拭干净，并加屏蔽，以消除被试品表面脏污带来的测量误差。

（9）能分相试验的被试品应分相试验，非试验相应短路接地。

（10）试验电容量小的被试品应加稳压电容器。

（11）试验结束降压、断开电源后，应对被试品进行充分放电。

对电力电缆、电容器、电机、变压器等大电容被试品，必须先经适当的放电电阻对试品进行放电，如果直接对地放电，可能产生频率极高的振荡过电压，对试品的绝缘有危害。放电电阻视试验电压高低和试品的电容而定，必须有足够的电阻值和热容量。通常采用水电阻器，电阻值大致上可选用每千伏 200 ~ 5 000 Ω。放电电阻器 R 两极间的有效长度可参照表 6—1 高压保护电阻器的长度选用。放电棒的绝缘部分（自握手护环到放电电阻器下端接地线连接端）的长度 l' 应符合安全规程的规定，并不小于放电电阻器的有效长度，如图 6—14 所示。

5. 异常情况的分析

（1）从微安表反映出来的现象

表6—1　　　　　　　　　高压保护电阻器参数

直流试验电压（kV）	电阻值（MΩ）	电阻器表面绝缘长度不小于（mm）
≤60	0.3～0.5	200
140～160	0.9～1.5	500～600

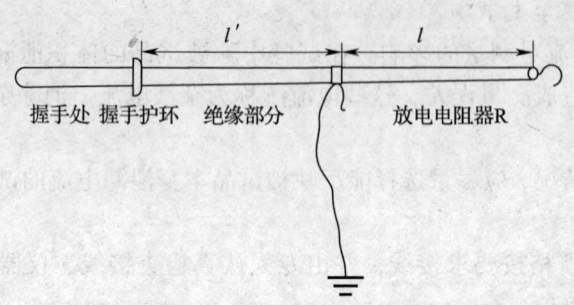

图6—14　放电棒的尺寸

1) 指针来回摆动。可能有交流分量通过微安表，宜读取平均值；若无法读数，则应检查微安表保护回路是否良好，或加大滤波电容C（见图6—13），必要时可改变滤波方式。

2) 指针周期性地摆动。可能是被试品绝缘不良，从而产生周期性放电，这时应查明原因，并加以消除。

3) 指针突然摆动。如向减小方向摆动，可能是电源回路引起的；如向增大方向摆动，可能是试验回路或试品出现闪络或内部断续性放电引起的。

4) 指针所指数值随时间变化。若逐渐下降，可能是充电电流减小或被试品表面绝缘电阻上升引起的；若逐渐上升，可能是被试品绝缘老化引起的。

（2）从泄漏电流数值上反映出来的情况

1) 泄漏电流过大。应先检查试验回路各设备状况和屏蔽是否良好，在排除外因之后，才能对被试品作出正确的结论。

2) 泄漏电流过小。应检查接线是否正确，微安表保护部分有无分流与断线。

三、影响因素和试验结果的分析

1. 高压连接导线对地泄漏电流的影响

由于与被试品连接的导线通常暴露在空气中（不加屏蔽时），被试品的加压端也暴露在外，所以周围空气有可能发生游离，产生对地的泄漏电流，尤其在海拔高、空气稀薄的地方更容易发生游离，这种对地泄漏电流将影响测量的准确度。用增加导线直径、减少尖端或加防晕罩、缩短导线、增加对地距离等措施，可减少对测量结果的影响。

2. 空气湿度对表面泄漏电流的影响

当空气湿度大时，表面泄漏电流远大于体积泄漏电流，被试品表面脏污易于吸潮，使表面泄漏电流增加，所以必须擦净表面，并应用屏蔽电极。

3. 温度的影响

温度对高压直流试验结果的影响是极为显著的，因此，对所测得的电流值均需换算至相同温度，才能进行分析比较。

最好在被试品温度为 30~80℃ 时做试验，因为在这样的温度范围内泄漏电流变化较明显，而低温时变化较小。如电机刚停运后，在热状态下试验，还可在冷却过程中对几种不同温度下测量的数值进行比较。

4. 残余电荷的影响

被试品绝缘中的残余电荷是否放尽，直接影响泄漏电流的数值，因此，试验前对被试品必须进行充分放电。

5. 测量结果的判断

对于重要设备（如主变压器、电机等），可作出电流随时间变化的关系曲线 $I=f(t)$ 和电流随电压变化的关系曲线 $I=f(U)$ 进行分析。

现行"标准"中对泄漏电流有规定的设备，应按是否符合规定值来判断。对"标准"中无明确规定的设备，可以将测量的泄漏电流值换算到同一温度下进行同一设备各相互相比较、与历年试验结果比较、与同型号的设备互相比较，视其变化来分析判断。

第四节 介质损耗因数试验

→ 熟悉介质损耗因数测量的原理及其测量的仪器
→ 了解 QS1 电桥的使用及在电磁场干扰下的 $\tan\delta$ 试验
→ 了解 $\tan\delta$ 测量的影响因素

一、$\tan\delta$ 测量的原理和意义

在电压作用下，电介质产生一定的能量损耗，这部分损耗称为介质损耗或介质损失（$\tan\delta$）。产生介质损耗的原因主要是电介质电导、极化和局部放电。

1. 电介质电导引起的损耗

在电场作用下，电介质电导（又称漏导）产生的泄漏电流会造成能量损耗。这种损耗在交流与直流作用下都存在，且这种损耗与极化、局部放电引起的损耗比较是很小的。

2. 极化引起的损耗

在交流电压作用下，电介质由于周期性的极化过程，电介质中的带电质点要沿交变电场的方向做往复的有限位移并重新排列。这时，质点需要克服极化分子间的内摩擦力而造成能量损耗。极化损耗的大小与电解质的性能、结构、温度、交流电压频率等有关。

3. 局部放电引起的损耗

绝缘材料中，不可避免地会有些气隙或油隙。在交流电压下，电场分布主要与该材

料的介电系数 ε 成反比,气体的介电系数一般比固体绝缘材料的要低得多,因此承受的电场强度就大,当外加电压足够高时,气隙中首先发生局部放电。固体中气隙放电前后电场的情况如图6—15所示。

气隙放电形成的电荷在外施电场 E_0 作用下移动到气隙壁上,这些电荷又形成反电场 E,削弱了气隙中的电场,很可能使气隙中放电不再继续下去,如图6—15b所示。但是,如外加的为交流电压,半周后外施电场 E_0 就反向了,正好与前半周气隙中电荷形成的反电场 E 同向,加强了气隙中电场强度,使气隙中放电在更低电压下发生,所以交流电压下绝缘体里的局部放电及介质损耗比直流电压下强烈。在油浸电容器、电容套管等的运行中都要注意这一点,要尽量避免内部气隙、毛刺等引起的局部放电。一般油浸纸绝缘交流电容器或电缆用于直流时,长期工作电压能提高到铭牌电压的4~5倍,原因就在于此。

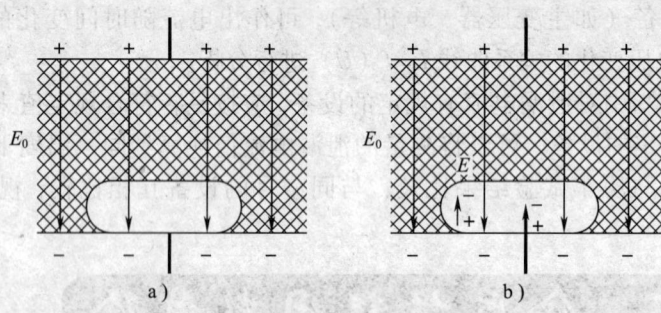

图6—15 固体中气隙放电前后电场示意图
a)气隙未放电前 b)气隙放电后

绝缘介质损耗的大小,实际上是绝缘性能优劣的一种表示。同一台设备绝缘良好,介质损耗就小;绝缘受潮劣化,介质损耗就大。

在交流电压 $\dot{U}$ 作用下电介质中流过电流 $\dot{I}$。电介质的并联等值电路及向量图如图6—16所示。

电压 $\dot{U}$ 与电流 $\dot{I}$ 之间的夹角为 φ,φ 称为功率因数角;φ 的余角 δ 即为介质损失角。根据图6—16b可得介质损耗因数为:

$$\tan\delta = \frac{I_R}{I_C} = \frac{1}{\omega C_P R}$$

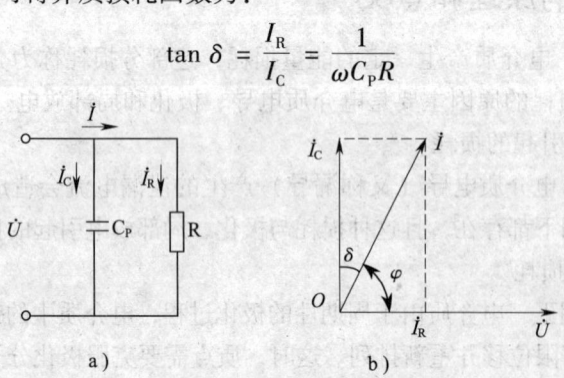

图6—16 电介质的并联等值电路与向量图
a)并联等值电路 b)并联等值电路相量图
C_p—并联等值电容

介质损耗为：
$$P = UI_R = UI_C \tan\delta = U^2\omega C_p \tan\delta$$

式中 P——介质损耗的功率；

ω——电源角频率。

由此可见，当电介质一定，外加电压及频率一定时，介质损耗 P 与 $\tan\delta$ 成正比，即可以用 $\tan\delta$ 来表示介质损耗的大小。同类试品绝缘优劣，可直接由 $\tan\delta$ 的大小来判断；而从同一试品 $\tan\delta$ 的历次数据分析，可掌握设备绝缘性能的发展趋势。

通过测量 $\tan\delta$ 可以发现一系列的绝缘缺陷，如绝缘整体受潮、老化，绝缘气隙放电等。

$\tan\delta$ 是反映绝缘介质损耗大小的特性参数，与绝缘的体积大小无关。但如果绝缘内的缺陷不是分布性而是集中性的，则 $\tan\delta$ 有时反映就不灵敏。被试绝缘的体积越大，或集中性缺陷所占的体积越小，集中性缺陷处的介质损耗占被试绝缘全部介质损耗的比重就越小，总体的 $\tan\delta$ 就增加得也越少，这样 $\tan\delta$ 测量就不灵敏。因此测量各类电气设备 $\tan\delta$ 时，能分解试验的尽量分解试验。如测量变压器整体 $\tan\delta$ 时，由于变压器整体绝缘体积比变压器套管大很多，套管的缺陷就不能灵敏地反映出来，因此还须单独测量套管的 $\tan\delta$。套管的体积小，测套管 $\tan\delta$ 不仅可以反映套管绝缘的全面情况，而且有时可以反映其中的集中性缺陷。

大多数电气设备的绝缘是组合绝缘，是由不同电介质组成的，且具有不均匀结构，如油浸纸绝缘，含空气和水分的电介质等。在对绝缘进行分析时，可把设备绝缘看成多个电介质串、并联等效电路所组成的电路，而所测得的 $\tan\delta$ 值，实际上是由多个电介质串、并联后电路的综合 $\tan\delta$ 值。

多个电介质绝缘的综合 $\tan\delta$ 值总是小于等效电路中个别 $\tan\delta$ 的最大值，而大于最小值。在测量多种及多层电介质绝缘时，当其中一种或一层 $\tan\delta$ 值偏大时，并不能有效地在综合 $\tan\delta$ 值中反映出来，或者说 $\tan\delta$ 值对局部缺陷反映不灵敏。

通过测 $\tan\delta$ 值判断绝缘状况时，必须着重于与该设备历年的 $\tan\delta$ 值相比较，并和处于同样运行条件下的同类设备相比较，即使 $\tan\delta$ 值未超过标准，但和过去值比较及和同类设备比较，若 $\tan\delta$ 值突然明显增大时，就必须注意，并查清原因。

二、测量 $\tan\delta$ 的仪器

测量 $\tan\delta$ 有平衡电桥法（QS1 型、QS3 型西林电桥）、不平衡电桥法（M 型介质试验器）、瓦特表法、相敏电路法四种方法。最常用的测 $\tan\delta$ 的仪器是 QS1 型高压西林电桥。

1. QS1 型高压西林电桥的工作原理

QS1 型高压西林电桥（以下简称 QS1 型电桥）的原理接线如图 6—17 所示。不管采用正接线、反接线，电桥平衡时检流计 G 中的电流 $\dot{I}_g = 0$，即：

$$\dot{I}_{CE} = \dot{I}_{AC} = \dot{I}_x$$
$$\dot{I}_{DE} = \dot{I}_{AD} = \dot{I}_N$$

$$\dot{U}_{CE} = \dot{U}_{DE}$$
$$\dot{U}_{AD} = \dot{U}_{AC} = \dot{U}_x$$

各桥臂复数阻抗值应满足：
$$Z_3 Z_N = Z_4 Z_x$$

式中 Z_x——被试品绝缘的等值阻抗；
Z_4——R4 与 C4 并联的等效复阻抗。

为了扩大可测的被试品电容值范围，也就是扩大允许的试品电流 $\dot{I}_x$ 的范围，在电阻 R_3 旁并联可分挡调节的分流电阻，可使最大可测试品电容由 3 000 pF 扩大到 0.4 μF，分流电阻接线如图 6—18 所示。

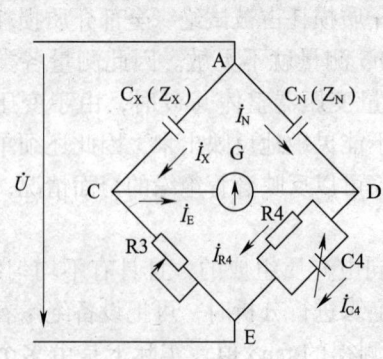

图 6—17 QSI 型电桥的原理接线

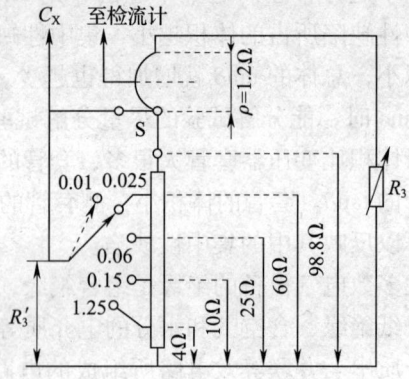

图 6—18 分流电阻接线图

图 6—18 中电桥的电阻 R_3 与分流电阻接成电阻三角形，三角形三边全部电阻值为 $(100 + R_3)\ \Omega$，电桥平衡后，电桥的左下臂电阻 R_3' 为 R_n 与 R_3 并联后的电阻，即：

$$R_3' = \frac{R_n(R_3 + \rho)}{100 + R_3}$$

式中 R_n 为分流电阻值，可从表 6—2 查得。

表 6—2   分流电阻值

分流挡位置	0.01	0.025	0.06	0.15	1.25
分流电阻（Ω）	$100+R_3$	60	25	10	4
可测最大电容值（pF）	3 000	8 000	19 400	48 000	40 000

所测得的 C_x 为：

$$C_x = C_N \frac{R_4}{R_3'} = C_N \frac{R_4(100 + R_3)}{R_n(R_3 + \rho)}$$

测量电容量 C_x 对判断绝缘状况也有价值。如对耦合电容器，如果 C_x 明显增加，常表示电容层间有短路或水分浸入；C_x 明显减小，常表示内部渗油严重或层间有断线。

2. QS1 型电桥的主要部件及参数

（1）主要部件。QS1 型电桥包括桥体及标准电容器、试验变压器三大部分，其反接线电路如图 6—19 所示。

（2）QS1 型电桥主要技术参数

1）高压 50 Hz 测量时 QS1 型电桥的技术参数：

①tanδ 测量范围为 0.000 5～0.6。

②测量电容量范围为 0.3×10^{-3}～0.4 μF。

③tanδ 值的测量误差：当 tanδ 值为 0.005～

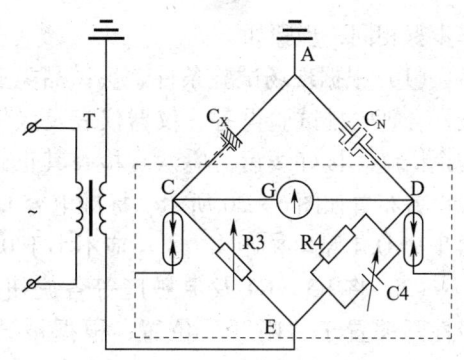

图 6—19　QS1 型电桥反接线测量电路图

0.03 时，绝对误差不大于 ±0.003；当 tanδ 值为 0.03～0.6 时，相对误差不大于测量值的 ±10%。

④电容量测量误差不大于 ±5%。

2）低压 50 Hz 测量时 QS1 型电桥的技术参数：

①tanδ 值测量范围及误差与高压测量相同。

②测量电容量范围：标准电容为 0.001 μF 时，测量范围为 0.3×10^{-3}～10 μF；标准电容为 0.01 μF 时，测量范围为 3×10^{-3}～100 μF。

③电容量测量误差为测定值的 ±5%。

三、QS1 型电桥的使用

1. QS1 型电桥接线方式

QS1 型电桥接线方式有四种，即正接线、反接线、侧接线和低压法接线，最常用的是正接线、反接线。

（1）正接线。被试品两端对地绝缘，电桥处于低电位，试验电压不受电桥绝缘水平限制，易于排除高压端对地杂散电流对实际测量结果的影响，抗干扰性强。

（2）反接线。该接线适用于被试品一端接地。测量时电桥处于高电位，试验电压受电桥绝缘水平限制，高压端对地杂散电容不易消除，抗干扰性差。

反接线时，应当注意电桥外壳必须妥善接地，桥体引出的 C_x、C_N 及 E 线均处于高电位，必须保证绝缘，要与接地体外壳保持至少 100～150 mm 的距离。

（3）侧接线。该接线适用于被试品一端接地，而电桥又没有足够绝缘强度进行反接线测量时，试验电压不受电桥绝缘水平限制。由于该接线电源两端都不接地，电源间干扰和几乎全部杂散电流均引进了测量回路，测量结果误差大，因而很少被采用。

（4）低压法接线。在电桥内装有一套低压电源和标准电容器，标准电容器由两只 0.001 μF、0.01 μF 云母电容器代替，用来测量低电压（100 V）大容量电容器的特性。标准电容 C_N = 0.001 μF 时，试品 C_x 的范围是 30.0 pF～10 μF；C_N = 0.01 μF 时，C_x 的范围是 3 000 pF～100 μF。这种方法一般只用来测量电容量。

2. QS1 型电桥的操作步骤

tanδ 测量是一项高压作业、加压时间长、操作比较复杂的试验。各种接线方式的操

作步骤相同,步骤如下:

(1) 根据现场试验条件、被试品类型选择试验接线,合理安排试验设备、仪器仪表及操作人员位置和安全措施。接好线后,应认真检查其正确性。一般接线设备布置如图 6—20 所示。标准电容 C_N 和试验变压器 T 离 QS1 型电桥距离 l_1、l_2 应不小于 0.5 m。

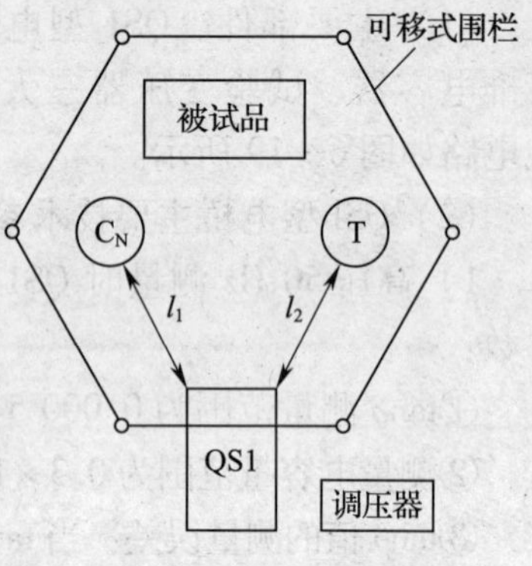

(2) 将 R3、C4 及灵敏度等各旋钮均置于零位,极性开关置于"断开"位置,根据被试品电容量大小,确定分流位置。

(3) 接通电,闭合上光源开关,用"调零"旋钮使电桥检流计的光带位于中间位置,加试验电压,并将"tanδ"转至"接通 I"位置。

图 6—20 测量 tanδ 接线设备布置

(4) 增加检流计灵敏度,旋转调谐旋钮,找到谐振点,使光带展宽到最大宽度,再调节 R3 使光带缩窄。

(5) 增加灵敏度,按 R3、C4、ρ 顺序反复调节,使光带缩至最窄(一般不超过 4 mm),这时电桥即达平衡。

(6) 将灵敏度退回零,记下试验电压、R3、C4、ρ 值及分流位置。

(7) 记录数据后,再将极性开关旋至 tanδ "接通 II"位置,增加灵敏度至最大,调节 R3、C4、ρ 至光带最窄。随后退回灵敏度旋钮置零位,极性转换开关至"断开"位置,把试验电压降零后再切断电源,高压引线临时接地。

(8) 如上述两次测得的结果基本一致,试验可告结束,否则应检查是否有外部电磁场干扰等影响因素,采取抗干扰措施。

四、电磁场干扰下的 tanδ 试验

在现场运行的高压电气设备附近进行 tanδ 试验时,仪器会受到现场电磁场干扰。这种外界干扰会给测量带来较大的误差,甚至无法测试。电磁场干扰对测量结果的影响及其消除方法介绍如下。

1. 磁场干扰

当 QS1 型电桥靠近电抗器、阻波器等漏磁通较大的设备时,会受到磁场干扰,这种干扰通常是由于磁场作用于电桥检流计内的电流线圈回路引起的。现场测试时,如果光带展宽即说明有磁场干扰,应将 QS1 型电桥检流计的极性转换开关置于"断开"位置。

实际测量时,磁场干扰必须予以消除。消除的办法有两种:一种是将电桥移到磁场干扰以外;另一种是在检流计极性转换开关处于两种不同位置时,调节电桥平衡,求得每次平衡时的被试品 tanδ 值和电容值,然后再求取两次的平均值,以消除磁场干扰的影响。

2. 电场干扰

QS1 型电桥接线完成后,合上试验电源开关前先投入检流计,并逐渐增加灵敏度,观察检流计。如果检流计光带明显扩宽,则证明存在电场干扰,光带越宽说明干扰越强。

现场采用的排除电场干扰的方法有以下几种：

（1）提高试验电压。试验电压提高，通过被试品的电容电流增大，信噪比提高，干扰电流对 tanδ 的影响相对减小。这种方法适用于对弱干扰信号的消除。

（2）尽量采用正接线。实践证明 QSI 型电桥正接线抗干扰性能比反接线强，如测某变电站一个 110 kV 电流互感器的 tanδ 值，反接线倒向测得正、反两种极性下 $\tan\delta_1 = 2.7\%$，$\tan\delta_2 = -29.5\%$；而正接线倒相测得 $\tan\delta_1 = 1.3\%$，$\tan\delta_2 = 2.6\%$，正接线时两种均为正值。

（3）屏蔽法。在被试品上加装屏蔽罩，使干扰电流经屏蔽罩流走，不经过电桥桥臂。此方法仅适用于体积较小的设备，如套管、电流互感器等。由于现场屏蔽费工、费时，且对测量结果有影响，一般不采用。

（4）选相、倒向法。轮流由 U、V、W 三相选取试验电源，每相又在正、反两种极性下测出两次 R_{31}，$\tan\delta_1$，R_{32}，$\tan\delta_2$，选取三相中 $\tan\delta_1$ 和 $\tan\delta_2$ 差值最小的一相取平均值，就得到被试品 tanδ 的近似值。

采用倒向法时，如果同时存在磁场干扰，那么还需在两种电源极性下，分别倒换检流计极性开关（"接通Ⅰ""接通Ⅱ"）进行测量，获得四次数据，以四者的平均值作为试验结果。

例如，某被试品在极性开关"接通Ⅰ"位置下电源正反相测得：

$R_{31} = 189.5\ \Omega$，$\tan\delta_1 = 1.3\%$，$R_{32} = 197.4\ \Omega$，$\tan\delta_2 = 0.9\%$；"接通Ⅱ"位置下测得 $R'_{31} = 191.3\ \Omega$，$\tan\delta'_1 = 1.7\%$，$R'_{32} = 199.6\ \Omega$，$\tan\delta'_2 = 0.4\%$，则被试品的真正 tanδ 和电容量 C_x（假设分流位置 0.01）试验结果如下：

$$R_{3\mathrm{I}} = \frac{R_{31} + R_{32}}{2} = 193.4\ \Omega$$

$$R_{3\mathrm{II}} = \frac{R'_{31} + R'_{32}}{2} = 195.4\ \Omega$$

$$\tan\delta_{\mathrm{I}} = \frac{R_{31}\tan\delta_2 + R_{32}\tan\delta_1}{R_{31} + R_{32}} = 1.1\%$$

$$\tan\delta_{\mathrm{II}} = \frac{R'_{31}\tan\delta_2 + R'_{32}\tan\delta_1}{R'_{31} + R'_{32}} = 1.06\%$$

因为 $R_3 = \frac{R_{3\mathrm{I}} + R_{3\mathrm{II}}}{2} = 194.4\ \Omega$，代入式（6—14）得：

$$C_x = \frac{159\ 200 \times (100 + R_3)}{R_n(R_3 + \rho)} = \frac{159\ 200}{194.4} = 818.9\ \mathrm{pF}$$

$$\tan\delta = \frac{\tan\delta_{\mathrm{I}}(\%) + \tan\delta_{\mathrm{II}}(\%)}{2} = \frac{1.1 + 1.06}{2} \approx 1.1\%$$

（5）移相法。若能使流过被试品的电流 $\dot{I}_x$ 与干扰电流 $\dot{I}_g$ 同向或反向，则测得的 tanδ 就与试品实际值一致，只是电容量 C_x 有差别，应反向再测一次，取平均值便可得到实际值。用移相法消除干扰接线如图 6—21 所示。

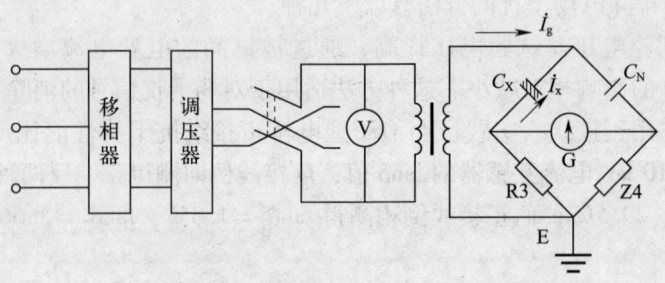

图 6—21 用移相法消除干扰接线图

现在已有专门的抗干扰 QS1 型电桥，就是在电桥内部装了移相电路。

对某一试品而言，由于其干扰电源的相位基本上是固定的，因此采用普通的移相器就可以方便地进行电源移相，使所加电压与干扰电压同向或反向。其操作步骤如下：

1) QS1 型电桥采用反接线，将阻抗 Z4 短接（标准电容器高压端与 E 端），R3 放在电阻最大位置（11 110 Ω），以便使大部分干扰电流流过检流计。

2) 合上试验电源开关，加上一较低的试验电压，使电流 $\dot{I}_x$ 幅值大致等于干扰电流 $\dot{I}_g$ 的幅值，调整移相器，均匀改变试验电源的相位，通过调节试验电压及相位使光带缩窄，直至检流最灵敏时，光带也缩至最窄，移相器即停在这个位置。

3) 保持相位，退回试验电压，断开电源，取下 Z4 短接线，再升压测量 tanδ，正、反向各测一次取平均值。若两次读数大致相等，说明移相成功，取二者的平均值作为试验结果。若两值差别较大，说明实际测量时试验变压器与移相器回路负载增加，引起了相位变化，这时需用渐近移相法进一步校正相位。

4) 将电桥 R3、C4 旋钮放在第一次侧得的 R3、C4 平均值位置上，再进一步调移相器，使检流计光带最窄，然后在新的相位下重新测量，直至正、反向测得的数值基本接近为止。此时所得的数值，即为被试品的实际 tanδ 值。被试品电容量为正、反向测量的平均值。

五、影响 tanδ 测量的因素

绝缘介质的 tanδ 值除受被试品本身的绝缘状况、结构、介质材料、是否有分布性缺陷，以及电磁场干扰等影响外，还受到以下因素的影响。

1. 温度的影响

温度对 tanδ 测量影响较大。绝大多数情况下，对同一试品而言，tanδ 随温度的升高而增高。tanδ 随温度的变化关系与试品绝缘结构有关。在温度 20~80℃ 范围内，tanδ 随温度变化的经验公式为：

$$\tan\delta = \tan\delta_0 e^{a(t-t_0)}$$

式中　tanδ——温度为 t_0 的介质损失角正切值（一般取 $t_0 = 20℃$）；

tanδ——温度为 t 时的介质损失角正切值；

α——决定于绝缘结构的绝缘状况系数。

实践表明，试验温度小于30℃或在大气潮湿（相对湿度大于85%）条件下进行绝缘 tanδ 测量，不能得到反映绝缘状况的测量结果，因此一般不能用低温下的 tanδ 值来估算实际绝缘状况。

另外，温度换算的另一个重要问题是实际试品的温度测量问题。如对运行中的电力变压器而言，试验时不同部位绝缘的温度是不同的，一般测得的是变压器的上层油温，而变压器绕组的温度不易测得，根据测量不准的温度进行 tanδ 温度换算，必然导致误差。又如运行中的电容式变压器套管的温度，既不同于变压器主体温度，也不同于环境温度，因此变压器套管温度一般建议按下式计算：

$$t_1 = 0.66 t_2 + 0.34 t_3$$

式中　t_1——变压器套管的温度；

　　　t_2——变压器上层油温；

　　　t_3——环境温度。

综上所述，tanδ 随温度的关系与绝缘介质的结构、绝缘材料以及本身绝缘状况等有关，不能用一个典型的温度换算系数进行绝缘 tanδ 的温度换算。由于停电进行 tanδ 测试多在不同温度下进行，tanδ 换算到20℃时应考虑对换算系数的影响因素及因换算产生的误差。为了分析绝缘状况，避免换算的误差，应尽量选择在相近温度条件下进行绝缘 tanδ 试验。

2. 电压的影响

对于正常良好的绝缘，在一定的试验电压范围内，流过介质中电流的有功分量 $\dot{I}_R$ 和无功分量 $\dot{I}_C$ 随着电压的增加成比例增加，因此，tanδ 一般不变或略有变化（上升或下降）。但是，如果绝缘有缺陷时，tanδ 随电压的变化则有明显变化，这可以通过作 tanδ = $f(U)$ 曲线反映出来。现场 tanδ 测量时，应录取 tanδ = $f(U)$ 曲线，当发现 tanδ 随电压变化有变化时，应认真检查分析原因。

3. 频率的影响

频率对 tanδ 有一定影响，随着频率的增加起初 tanδ 增加，且有一最大值。这是由于频率增加时，加强了介质内部极化分子的翻转，使极化损耗增加，tanδ 上升。而当频率增加到一定程度时，频率快到极化分子来不及翻转，极化分子间摩擦损耗下降了，tanδ 也就随之下降了。

4. 局部缺陷的影响

局部缺陷对整体 tanδ 测量结果的影响既与局部缺陷占整体的体积大小有关，又与局部缺陷本身的绝缘状况有关。

假设在被试绝缘中有局部绝缘缺陷，如受潮、局部放电等。这一有绝缘缺陷部分的体积为 V_1，其相应的电容量和介质损失角正切为 C_1、$\tan\delta_1$；其余绝缘良好部分的体积为 V_2，相应的电容量和介质损失角正切为 C_2、$\tan\delta_2$；绝缘总体积为 V，相应的电容量和介质损失角正切为 C_x、$\tan\delta$；

局部绝缘缺陷与绝缘良好部分可用并联等效电路表示，则有：

$$V = V_1 + V_2, \quad C_x = C_1 + C_2$$

$$\tan\delta = \frac{C_1\tan\delta_1 + C_2\tan\delta_2}{C_1 + C_2}$$

对工程绝缘介质而言，可以近似认为，在并联等值电路中绝缘各部分的电容量正比于其各部分的体积，即 $V_1/V_2 = C_1/C_2$。

当受潮或局部缺陷部分的体积很小时，测量整体的 $\tan\delta$ 对反映局部缺陷不灵敏，一般仅有微小的增加。因此现场测试时，能分解试验的尽量分解试验，通过减小整体绝缘的体积 V，提高反映局部缺陷的灵敏度。

整体 $\tan\delta$ 与局部缺陷部分的 $\tan\delta_1$ 的大小有关系。在局部缺陷发展初期，$\tan\delta$ 随 $\tan\delta_1$ 增加而增加，增加的幅度与 V_1/V 大小有关。而当 $\tan\delta_1$ 发展到一定程度，$\tan\delta$ 反而会下降。原因在于局部缺陷严重到一定程度时，局部缺陷部分近似于成为导体，其局部损耗反而下降造成的。也就是说，$\tan\delta$ 测量对局部缺陷的发展初期还可以反映，而对局部缺陷的发展后期反映就不灵敏了。

第五节　工频交流耐压试验

→ 熟悉工频交流耐压试验的方法
→ 能正确进行工频交流耐压试验
→ 了解交流耐压试验的操作要点及异常现象分析

工频交流（以下简称交流）耐压试验是考验被试品绝缘承受各种过电压能力的有效方法，对保证设备安全运行具有重要意义。

交流耐压试验的电压、波形、频率和在被试品绝缘内部电压的分布，均符合在交流电压下运行时的实际情况，因此能真实有效地发现绝缘缺陷。交流耐压试验应在被试品的绝缘电阻及吸收比测量、直流泄漏电流测量及介质损失角正切值 $\tan\delta$ 测量均合格之后进行，如在这些非破坏性试验中已查明绝缘有缺陷，则应设法消除，并重新试验合格后才能进行交流耐压试验，以免造成不必要的损坏。

交流耐压试验对于固体有机绝缘来说属于破坏性试验，它会使原来存在的绝缘弱点进一步发展，使绝缘强度逐渐降低，形成绝缘内部劣化的累积效应，甚至击穿被试品。因此，必须正确地选择试验电压的标准和耐压时间。试验电压越高，发现绝缘缺陷的有效性越高，但被试品被击穿的可能性越大，累积效应也越严重；反之，试验电压低，又使设备在运行中击穿的可能性增加。实际上，根据各种设备的绝缘材质和可能遭受的过电压倍数，国家规定了相应的出厂试验电压标准。具有夹层绝缘的设备，在长期运行电压的作用下，绝缘具有累积效应，所以现行有关标准规定运行中设备的试验电压比出厂试验电压稍低，且按不同设备区别对待（主要由设备的经济性和安全性来决定）。但对纯瓷套管、充油套管及支持绝缘子则例外，因为它们几乎没有累积效应，故对这些运行中的设备就直接取出厂试验电压标准。

一、试验方法

1. 试验变压器耐压的原理接线

交流耐压试验的接线应按被试品的要求（电压、容量）和现有试验设备条件来决定。通常试验时采用成套设备（包括控制及调压设备），现场再对控制回路加以简化，例如采用如图6—22所示的试验电路。

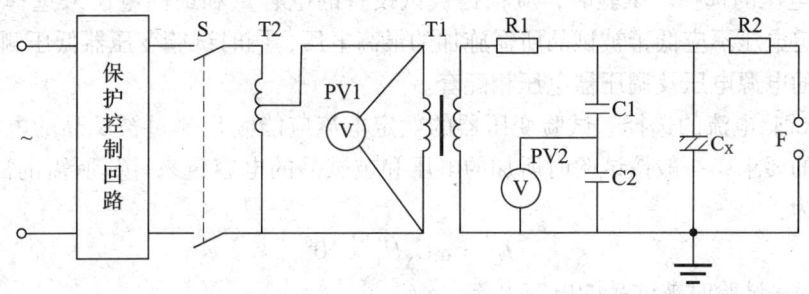

图6—22　交流耐压试验电路图

T1—试验变压器　T2—调压器　R1、R2—保护电阻器　F—测量放电保护球隙
S—开关　C_x—被试品电容　C1、C2—分压电容器　PV1、PV2—电压表

图6—22中的保护控制回路由熔断器、电磁开关和过流继电器等组成，使用它们都是为了保证在试验回路发生短路和被试品击穿时，能迅速可靠地切断试验电源。电压互感器用来测量被试品上的电压，毫安表和电压表用来测量及监视试验过程中的电流和电压。

2. 交流耐压试验方法

进行交流耐压的被试品一般为容性负荷，当被试品的电容量较大时，电容电流在试验变压器T1的漏抗上就会产生较大的压降。由于被试品上的电压与试验变压器漏抗上的电压相位相反，有可能因电容电压升高而使被试品上的电压比试验变压器的输出电压还高，因此要求在被试品上直接测量电压。

此外，由于被试品的容抗与试验变压器的漏抗是串联的，因而当回路的自振频率与电源基波或其高次谐波频率相同而产生串联谐振时，在被试品上就会产生比电源电压高得多的过电压。通常调压器与试验变压器的漏抗不大，而被试品的容抗很大，所以一般不会产生串联谐振过电压。但在试验大容量的被试品时，谐振频率为50 Hz，应满足$C_x < 3\ 184/X_L$ μF，即$X_C > X_L$，X_L是调压器和试验变压器的漏抗之和。为避免三次谐波谐振，可在试验变压器低压绕组上并联LC串联回路或采用线电压。当被试品闪络击穿时，也会由于试验变压器绕组内部的电磁振荡，在试验变压器的匝间或层间产生过电压。因此，要求在试验回路内串入保护电阻将过电流限制在试验变压器与被试品允许的范围内。但保护电阻不宜选得过大，太大了会由于负载电流而产生较大的压降和损耗。R1的另一作用是在被试品击穿时，防止试验变压器高压侧产生过大的电动力。R1按每伏为0.1~0.5 Ω选取（对于大容量的被试品可适当选小些）。

二、试验设备

1. 高压试验变压器

用于同性试验的特制变压器称为高压试验变压器。它与电力变压器比较,具有容量不很大、额定电压较高、允许持续工作时间短、多工作在电容性负荷下、经常要放电、通常高压绕组一端接地、不需要附加散热装置、体积较小等特点。

(1) 电压的选择。试验时,应根据被试设备的电容量和最高电压来选择试验变压器。其额定电压不应低于被试品所需施加的最高电压,同时试验变压器低压侧电压应和试验现场的电源电压及调压器电压相配套。

(2) 试验电流的选择。试验变压器的额定电流应能满足流过被试品的电容电流和泄漏电流的要求,一般按试验时所加的电压和被试品的电容量来计算所需的试验电流,其计算式为:

$$I_C = \omega C_X U_T \times 10^6$$

式中 I_C——试验时被试品的电容电流,mA;
ω——电源角频率,rad/s;
C_X——被试品的电容量,μF,见表6—3;
U_T——试验电压(kV)。

表6—3 常见被试品的电容量

试品名称	电容量(pF)	试品名称	电容量(pF)
线路绝缘子	<50	电容式电压互感器	3 000~15 000
高压套管	50~600	电力变压器	1 000~15 000
高压断路器、互感器	50~1 000	电力电缆	150~400 pF/m

选择试验变压器时,应使其高压绕组的额定电流不低于上式的计算值。试验所需电源容量,按下式计算,即:

$$P = \omega C_X U^2 \times 10^{-3}$$

2. 调压器

调压器应能从零开始平滑地调节电压,以满足试验所需的任意电压,并且在调节过程电压波形不发生畸变。常用的调压器有自耦调压器、移圈调压器和感应调压器。调压器的输出波形,应尽可能地接近正弦波,容量也应满足试验变压器的要求,通常与试验变压器容量相同。

(1) 自耦调压器。采用自耦调压器调压是现场常用的一种简单的调压方式。自耦调压器具有体积小、质量轻、效率高、可以平滑地调压、输出波形好、功耗小等优点。由于自耦调压器是用移动炭刷接触调压,所以容量受限,单台容量可达30 kV·A,一般用于电压50 kV以下小容量试验变压器的调压。

(2) 移圈调压器。移圈调压器的调压范围宽,目前国内生产的容量为25~2 250 kV·A,并与试验变压器配套,电压可达10 kV。其主要缺点是效率低、空载电流大,在低电压和接近额定电压下使用波形易发生畸变。

三、试验电压的测量

交流试验电压的测量装置一般可采用由电容（或电阻）分压器与低压电压表、高压电压互感器、高压静电电压表等组成的测量系统。交流试验电压测量装置（系统）时测量误差不应大于3%。

试验电压的测量一般应在高压侧进行。对一些小电容量被试品，如绝缘子、单独的开关设备、绝缘工具等的交流耐压试验也可在低压侧测量，并根据变比进行换算。

对试验电压波形的正弦性有怀疑时，可测量试验电压的峰值与有效值之比应在JZ±0.07（JZ=14.14，JZ为畸变率）的范围内，则可认为试验结果不受波形畸变的影响。因此，主波形较好时，可用有效值表计测量即可；而当波形畸变时，则宜采用测峰值的表计进行测量。

1. 在试验变压器低压侧测量

对于一般瓷质绝缘子、断路器、绝缘工具等，可测取试验变压器低压侧的电压，再通过变比换算至高压侧电压。这只适用于负荷容量比电源容量小得多、测量准确度要求不高的情况。不论用什么方法测量电压，都应在低压侧同时测量，这是为了监测和对比升压过程是否正确。

2. 用电压互感器测量

将电压互感器的一次侧并接在被试品的两端头上，在其二次侧测量电压，根据测得的电压和电压互感器的变比计算出高压侧的电压。为保证测量的准确度，电压互感器准确度一般不低于1级，电压表不低于0.5级。

3. 用高压静电电压表测量

用高压静电电压表可直接测量工频高压的有效值。目前国产的有30 kV、100 kV及200 kV的静电电压表，对于100 kV及以上的静电电压表，电极都暴露在外面，测量时受外界电磁场的影响较大。一般使用时，在静电电压表接入测量回路之前，先将电压升到略小于试验电压的数值，观察静电电压表有无指示，如有指示，说明有电磁场干扰，应设法屏蔽或避开强电磁场区域。因此，这种类型的表计多用于室内的测量。

4. 用电容分压器测量

用电容式分压器测量高压电压是最常用的方法，测量接线如图6—23所示。

四、交流耐压试验的操作要点及异常现象分析

1. 操作要点

（1）试验前，应了解被试品的试验电压，同时了解其他试验项目及以前的试验结果。各被试品如有缺陷及异常，应在消除后进行交流耐压试验。对于电容性被试品，根据其电容量及试验电压估算试验电流大小，判断试验变压器容量是否足够，并考虑过流保护的整定值（一般应整定为被试品电容电流的1.3~1.5倍）。

（2）试验现场应围好遮栏或围栏，挂好标示牌，并

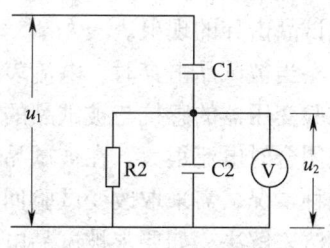

图6—23 电容分压器接线图

派专人监护。被试品应断开与其他设备的连线,并保持足够的安全距离,距离不够时应考虑加设绝缘挡板或采取其他防护措施。

(3) 试验前,被试品表面应擦拭干净,将被试品的外壳和非被试绕组可靠接地。被试品为新充油设备时,应按相关规程规定使油静止一定时间再施加电压。对 110 kV 及以下的充油电力设备,在注满油后停放不少于 24 h。

(4) 接好试验接线后,应由有经验的人员检查、确认无误后方可准备升压。

(5) 调整保护放电球隙,使其放电电压为试验电压的 110%～120%,连续试验三次,应无明显差别,并检查过流保护动作的可靠性。

(6) 加压前,首先要检查调压器是否在零位,调压器在零位可升压,升压时相关振作人员应相互呼唱。

(7) 升压过程中不仅要监视电压表的变化,还应监视电流表的变化,以及被试品电流的变化。升压时,要均匀升压,不能太快。升至规定试验电压时,开始计算时间,规定的时间到后,缓慢均匀降低电压。不允许不降低电压就先断开电源开关,因不降压即断开电源开关相当于给被试品做了一次操作波试验,可能损坏设备绝缘。

(8) 试验中,若发现表针摆动或被试品异常声响、冒烟、冒火等,应立即降低电压,断开电源,在高压侧接上接地线后,再查明原因。

(9) 交流耐压试验前、后均应测量被试品的绝缘电阻,有条件时还要测量局部放电。

2. 试验中的异常现象分析

交流耐压试验时应严密监视仪表的指示,同时注意声响的变化及异常,以便根据仪表指示、放电声响及被试品的绝缘结构等,凭实践经验综合分析判断试品是否合格。

(1) 仪表指示异常时的分析

1) 若给调压器通上电源,电压表就有指示,可能是调压器不在零位。若此时电流表也出现异常读数,调压器输出侧可能有短路和类似短路的情况,如接地棒忘记摘除等。

2) 调节调压器时电压表无指示,可能是自耦调压器炭刷接触不良、电压表回路不通或变压器的一次绕组、测量绕组有断路。

3) 若随着调压器往上调节电压,电流增大,电压基本不变或有下降趋势,可能是被试品容量较大、试验变压器容量不够或调压器容量不够,可改用大容量的试验变压器或调压器。

4) 试验过程中,电流表的指示突然上升或突然下降,电压表指示突然下降,都是被试品击穿的现象。

当被试品击穿时,电流表的指示是上升还是下降与试验变压器的选择有很大关系。试验变压器的感抗与被试品的容抗是串联的,当容抗等于感抗时,会引起串联谐振,开关闭合时电流很大,在被试品上会引起较严重的过电压,这在试验中是不允许的。遇到这种情况,需采取改变试验回路参数(即选用不同感抗的变压器)或增大限流电阻等办法来解决。如要求被试品电容值为:

$$C_X < 3.18 \times \frac{10^9}{X_L}$$

式中 C_X——被试品电容量，pF；

X_L——折算至高压侧的变压器感抗与调压器感抗之和，可以从短路试验求出，Ω。

同时，为避免试验变压器高压侧的感抗与被试品的电容并联谐振，又要求：

$$1.3 \frac{S_N}{U_N} \times 10^{-6} < C_X < 0.08 \frac{S_N}{U_N^2} \times 10^{-6}$$

式中 S_N——试验变压器额定容量，$kV \cdot A$；

U_N——试验变压器额定电压，kV；

C_X——被试品电容量，pF。

当容抗与感抗之比等于2时，虽然被试品击穿，但电流表的指示不会变化；当容抗与感抗之比小于2时，虽然被试品击穿，但电流指示反而下降；大于2时，击穿电流必然上升。

一般情况下，被试品的容抗远大于试验变压器的感抗，但是对于大容量的被试品或试验变压器感抗较大时，有可能出现试品击穿，电流表指示不变或下降的现象。

(2) 放电或击穿时声响的分析

1) 在升压阶段或耐压阶段。若发出很像金属碰撞的清脆响亮的"当当"的放电声音，往往是由于油隙距离不够或者是电场畸变（如变压器引线没有进到套管均压球里去、圆弧的半径太小等）造成油隙一类绝缘结构击穿。当重复试验时，放电电压下降不明显。

2) 放电声响也是很清脆的"当当"声，但比前一种小，仪表摆动不大，在重复试验时放电现象消失，这种现象是被试品油中气泡放电所致。

3) 放电的声音如果是"咻…""吱…喽"或者是很沉闷的响声，电流表的指示立即越过最大偏转指示，这往往是固体绝缘的爬电引起的。

4) 加压过程中，被试品内部如果出现炒豆般的响声，而电流表指示却很稳定，这可能是悬浮的金属件对地放电造成的。如变压器铁心没有通过金属片与夹件连接，使铁心在电场中悬浮，由于静电感应并在一定的电压下，铁心对接地的夹件放电。

5) 在试验过程中，若由于空气湿度或被试品表面脏污等的影响，引起表面滑闪放电，不应视被试品为不合格，应对被试品表面进行擦拭、烘干等处理后，再行试验判断其合格与否。若被试品表面瓷套釉层绝缘损坏、老化或有裂纹、应视为不合格。

(3) 其他异常分析

1) 有条件的单位及部门耐压试验前后应进行被试品中油的气体分析、色谱分析、局部放电测量。根据耐压试验前后油中气体含量及局部放电变化的趋势，可判断是否还有一些不明显的潜在性故障。如某气体含量或总烃有明显增长或局部放电量耐压试验前后有明显增长时，应根据情况分析缺陷的性质或缺陷的部位。

2) 有机绝缘材料（如绝缘棒、绝缘梯等）试验后，触摸时发现试品普遍或局部发热应视为绝缘不良，需经烘干处理后再进行试验。

3) 试验时被试品是合格的，无明显异常；试验后又发现被击穿了，这往往是由于试验后没有断开电源造成的。

单元测试题

一、判断题（下列判断正确的打"√"，错误的打"×"）

1. 湿度对表面泄漏电流的影响较大，绝缘表面吸收潮气，在瓷套表面形成水膜，常使绝缘电阻显著降低。（   ）
2. 直流耐压试验对绝缘的考验不如交流下接近实际。（   ）
3. 交流耐压试验的试验电压越高，发现绝缘缺陷的有效性越高，但被试品被击穿的可能性越大，累积效应也越严重。（   ）
4. 进行交流耐压的被试品，一般为电抗性负荷，当被试品的电容量较大时，容性电流在试验变压器的漏抗上就会产生较大的压降。（   ）
5. 交流试验电压的测量装置（系统）一般可采用电容（或电阻）分压器与低压电压表、高压电压互感器、高压静电电压表等组成的测量系统。（   ）
6. 交流试验电压测量装置（系统）时测量误差不应大于5%。（   ）
7. 交流耐压试验时应严密监视仪表的指示，同时注意声音的变化及异常，以便根据仪表指示、放电声音及被成品的绝缘结构等，凭实践经验综合分析判断试品是否合格。（   ）
8. 现行"标准"中对泄漏电流有规定的设备，应按是否符合规定值来判断。对"标准"中无明确规定的设备，无需进行同一设备各相互比较、与历年试验结果比较、同型号的设备互相比较，视其变化来分析判断。（   ）
9. 交流耐压试验的电压、波形、频率和在被试品绝缘内部电压的分布，均符合在交流电压下运行时的实际情况，因此能真实有效地发现绝缘缺陷。（   ）
10. 对于交联聚乙烯电缆，不主张用直流耐压试验。（   ）
11. tanδ 的测量值为负，就是试品的实际介质损耗因数值。（   ）
12. 现场测试时，当将 QS1 型电桥检流计的极性转换开关放在"断开"位置，如果光带展宽即说明有磁场干扰。（   ）
13. tanδ 是反映绝缘介质损耗大小的特性参数，与绝缘的体积大小有关。（   ）

二、单项选择题（下列每题的选项中，只有 1 个是正确的，请将其代号填在横线空白处）

1. _____ 是在现场工作时为保证人员和设备安全必须执行的步骤。
   A. 对被试设备进行外观检查　　　　　B. 设备停电并装设接地线
   C. 准备好放电接地线　　　　　　　　D. 登记被试设备铭牌数据

2. _____ 是检查其绝缘状态最简便的辅助方法。
   A. 测量直流泄漏电流　　　　　　　　B. 测量绝缘电阻
   C. 测量直流高压　　　　　　　　　　D. 测量介质损失角正切值 tanδ

3. _____ 最能反映绝缘介质的电流吸收全过程。
   A. 吸收比
   B. 极化指数

C. 加压 1 min（或 10 min）后，读取绝缘电阻
D. 加压 5 min（或 15 min）后，读取绝缘电阻

4. _____是将直流电源变频产生直流高压，通过程序控制使各种绝缘测试可由菜单选择自动进行或设定方式进行。
   A. 手摇式绝缘电阻表　　　　　　B. 电动式绝缘电阻表
   C. 数字式绝缘电阻表　　　　　　D. 三者均是

5. 所测的绝缘电阻应_____一般容许的数值。
   A. 等于或大于　　　　　　　　　B. 大于
   C. 等于或小于　　　　　　　　　D. 小于

6. 直流耐压试验电压值的选择也是一个重要的问题，对于 3 kV，6 kV，10 kV 的电缆，取_____倍额定电压。
   A. 3～4　　　B. 4～5　　　C. 5～6　　　D. 6～7

7. 微安表电阻 R 可用金属膜电阻器、碳膜电阻器（或与阀型避雷器的火花间隙并联的非线性电阻器）串联组成，其数值要求稳定，误差不大于_____。
   A. 3%　　　B. 4%　　　C. 5%　　　D. 6%

8. 温度对高压直流试验结果的影响是极为显著的，最好在被试品温度为_____时做试验。
   A. 15～65℃　　B. 20～70℃　　C. 25～75℃　　D. 30～80℃

三、多项选择题（下列每题的选项中，至少有 2 个是正确的，请将其代号填在横线空白处）

1. 影响绝缘电阻测量的因素是_____。
   A. 温度　　　B. 湿度　　　C. 放电时间　　　D. 施加电压

2. 直流耐压试验和交流耐压试验相比的优点是_____。
   A. 试验设备轻小　　　　　　　　B. 能同时测量泄漏电流
   C. 对绝缘损伤较小　　　　　　　D. 对绝缘的考验接近实际

3. 半波整流试验接线由_____等部分组成。
   A. 自耦调压器　B. 试验变压器　C. 高压二极管　D. 测量表计

4. 一般将_____和_____时绝缘电阻的比值，称为吸收比。
   A. 15 s　　　B. 30 s　　　C. 45 s　　　D. 60 s

5. 采用加压_____与_____时间测的绝缘电阻比值进行衡量，称为绝缘的极化指数。
   A. 1 min　　　B. 5 min　　　C. 10 min　　　D. 15 min

6. _____和_____是指安装部门、检修部门对新投设备、大修设备按照《电力设备预防性试验规程》（以下简称规程）规定进行的试验。
   A. 出厂试验　　　　　　　　　　B. 交接试验
   C. 大修试验　　　　　　　　　　D. 绝缘预防性试验

7. 试验接线应由试验工作负责人进行检查。检查内容有_____。
   A. 接线是否正确　　　　　　　　B. 试验导线连接处是否牢靠

C. 试验设备及仪器是否在起始位置　　D. 仪表是否已调到零位等
8. _____的绝缘状况，主要以吸收比值和极化指数的大小为判断的依据。
　　A. 电缆　　　　B. 变压器　　　　C. 电机　　　　D. 电容器
9. 直流耐压的试验方法中有_____接线。
　　A. 半波整流试验接线　　　　　　B. 全波倍压整流接线
　　C. 多级串接直流接线　　　　　　D. 1/4 波整流试验接线
10. 直流耐压的试验中，对_____等大电容被试品，必须先经适当的放电电阻对试品进行放电，如果直接对地放电，可能产生频率极高的振荡过电压，对试品的绝缘有危害。
　　A. 电力电缆　　B. 电容器　　　C. 电机　　　　D. 变压器
11. 从微安表反映出来的异常情况有_____。
　　A. 指针来回摆动　　　　　　　　B. 指针周期性的摆动
　　C. 指针突然摆动　　　　　　　　D. 指针所指数值随时间变化
12. 泄漏电流的影响因素有_____。
　　A. 高压连接导线　B. 空气湿度　　C. 温度　　　　D. 残余电荷
13. 交流耐压试验的_____均符合在交流电压下运行时的实际情况。
　　A. 电压　　　　　　　　　　　　B. 波形
　　C. 频率　　　　　　　　　　　　D. 被试品绝缘内部电压的分布
14. 工频交流耐压试验中，高压试验变压器需对_____进行选择。
　　A. 试验电压　　　　　　　　　　B. 试验电流
　　C. 试验所需电源容量　　　　　　D. 限流电阻
15. 自耦调压器具有_____等优点。
　　A. 体积小　　　B. 质量轻　　　C. 效率高　　　D. 输出波形好
16. QS1 型电桥包括_____部分。
　　A. 桥体　　　　B. 标准电容器　　C. 试验变压器　D. 保护电阻器
17. QS1 型电桥接线方式中最常用的接线方式是_____。
　　A. 正接线　　　B. 反接线　　　C. 测接线　　　D. 低压法接线

四、问答题
1. 电气试验如何分类？为什么破坏性试验必须在非破坏性试验合格后进行？
2. 泄漏电流试验与绝缘电阻试验相比较有哪些优点？
3. 影响泄漏电流的测量因素有哪些？
4. 泄漏电流试验应注意哪些事项？
5. 试述 $\tan\delta$ 负值产生的原因。

五、绘图题
1. 试画出夹层绝缘体的等效电路图。
2. 试画出交流耐压试验接线图。
3. 试画出微安表保护接线图并简述各元件的保护作用。
4. 试画出发电机的典型泄漏电流曲线图。

六、技能题

1. 接地电阻测试

（1）操作准备

1）准备 ZC-8 型接地电阻测量仪接地一台，接地钎二根，铁锤一把，测试报表一张。

2）若选定测试小区配电站所接地电阻，必须使仪器测试线长度足够，且可打接地钎。

（2）操作要求

1）操作人员应穿绝缘鞋、长袖棉质工作服、戴安全帽。

2）注意与带电体安全距离，防止误触碰设备。

3）配一人监护。

（3）操作时限。操作时限为 20 min。

（4）技术标准

1）正确使用接地电阻测试仪。

2）试验接线正确。

3）试验标准见《电力设备交接和预防性试验规程》。

（5）配分及评分标准

序号	作业项目	考核内容	配分 100 分	评分标准
1	试验现场安全措施	试验现场应装设遮拦或围栏，悬挂"止步高压危险！"标示牌	10	试验现场未采取安全措施扣 10 分
2	检查仪表状况	检查接地电阻测量仪外观是否良好，摇动摇柄，拨动倍率挡位，检查检流计指针是否偏转	10	未检查仪表状况扣 10 分
3	埋设接地钎	沿被测接地体，依直线埋设接地钎。接地钎应埋设在土壤电阻率较低处，且应充分埋入泥土内	15	（1）接地钎埋设距离不足扣 5 分 （2）未充分埋入扣 5 分 （3）埋设地点不符合土壤电阻率要求扣 5 分
4	正确接线	黄色连接线一端连接接地电阻测量仪 C2 及 P2，用砂纸或锉刀打磨接地体接地电阻测试点，黄色连接线另一端连接接地体，应使保证接触良好；红色连接线一端连接 P1，另一端连接第一根接地钎；黑色连接线一端连接 C1，另一端连接第二根接地钎	15	接线错误扣 15 分
5	量程倍率选择	估计被测接地体接地电阻值，将接地电阻测量仪阻值倍率设置在一定范围内	10	不会选择量程倍率扣 10 分

续表

序号	作业项目	考核内容	配分 100分	评分标准
6	转速	将一只手按在测量仪上并可让手指灵活调节表面测量转盘，另一只手以 120 r/min 的速度匀速转动摇柄。调正测量刻度旋钮，使检流计指针指于红线，停止转动	20	(1) 未至要求转速扣10分 (2) 转速不均匀、有晃动扣10分 (3) 摇表脱手此项不得分
7	读取数据	读取测量刻度盘示数乘以倍率比，即被测接地体的接地电阻值	10	接地电阻值读取错误扣10分
8	结束工作	整理现场，填写试验报表	10	(1) 现场未整理扣5分； (2) 试验报表错误扣5分
9	否定项	违反《电力安全工作规程》有关规定		出现违反《电力安全工作规程》现象，本题按0分处理

2. 10 kV 电力电缆变频串联谐振耐压试验

(1) 操作准备

1) 准备 VFSR-W 型变频串联谐振耐压试验装置一套。

2) 准备三相短路试验接地线一条，测量用的绝缘线若干条，秒表一个，试验报表一张。

3) 试验现场要有 220 V 工频交流电源。

4) 提供长度不少于 100 m 的 10 kV 及以上电缆线路一条，截面不限，也可以在停运的电缆线路上试验。

(2) 操作要求

1) 操作人员应穿绝缘鞋、长袖棉质工作服、戴安全帽。

2) 试验现场应装设安全遮栏，防止无关人员误入试验区。

3) 应做好电缆验电、放电和接地。

4) 配一人监护。

(3) 操作时限。操作时限为 30 min。

(4) 技术标准

1) 正确使用变频串联谐振耐压试验装置。

2) 试验接线正确。

3) 试验电压和时间见《电力设备交接和预防性试验规程》。

4) 绝缘电阻测量不在考评范围。

(5) 配分及评分标准

序号	作业项目	考核内容	配分	评分标准
1	试验前,对被试电缆进行验电、放电、接地	验电、放电,检查电缆两端是否在试验状态,电缆各相试验接地,电缆三相分开并符合试验距离要求	15	(1) 未验电、放电扣5分 (2) 未将三相电缆分开至符合试验间距扣5分 (3) 电缆三相未试验接地扣5分
2	试验现场安全措施	试验现场应装设遮栏或围栏,悬挂"止步高压危险!"标示牌,并派专人看守,电缆的另一端如不在同一地点应装设安全遮栏并派人看守,防止有人接触被试电缆	10	(1) 试验现场未采取安全措施扣5分 (2) 电缆另一端未采取安全措施并派人看守扣5分
3	试验电压确定	符合《电力设备交接和预防性试验规程》的规定	5	不正确扣5分
4	电缆主绝缘的绝缘电阻测量	具体操作不作为考评,但必须完成项目	5	未做测量测试扣5分
5	选择试验设备容量	根据电缆长度、电压等级、电缆截面选择试验设备容量	10	(1) 设备容量选择错误扣5分 (2) 不会选择扣5分
6	检查电源	检查电源电压,并确定容量足够大	5	未检查扣5分
7	设备连接	设备连接正确、可靠,接地线牢靠	10	(1) 设备连接不正确、不可靠扣5分 (2) 接地线不牢靠扣5分
8	高压引线对地的绝缘距离	根据试验电压等级,高压引线用绝缘物固定,对地保持足够的安全距离	10	安全距离不足扣10分
9	试验接地	试验一相时其他两相接地正确	5	接地不正确扣5分
10	输入试验参数,开始耐压试验	试验参数输入正确	10	试验参数错误扣10分
11	读取试验结果	正确读数,并做好记录	5	读数不正确扣5分
12	结束工作	每相试验完毕,应将高压指示回零后断开电源,其他两相重复以上过程,上交试验报表	10	(1) 操作不正确扣5分 (2) 试验报表错误扣5分
13	否定项	违反《电力安全工作规程》有关规定		出现违反《电力安全工作规程》现象,本题按0分处理

3. 10 kV 电力电缆直流耐压及泄漏电流试验

(1) 操作准备

1) 准备试验变压器、调压器、硅堆、控制器、微安表(含开关和扩大量程部分)、0~500 V 电压表、秒表、三相短路试验接地线等各一件,试验报表一张。

变配电室值班电工（高级）

2）试验现场要有 220 V 工频交流电源。

3）提供长度不少于 100 m 的 10 kV 及以上电缆线路一条，截面不限，也可以在停运的电缆线路上试验。

（2）操作要求

1）操作人员应穿绝缘鞋、长袖棉质工作服、戴安全帽。

2）试验现场应装设安全遮栏，防止无关人员误入试验区。

3）应做好电缆验电、放电和接地。

4）配一人监护。

（3）操作时限。操作时限为 30 min。

（4）技术标准

1）正确使用直流耐压试验设备。

2）试验接线正确。

3）试验电压和时间见《电力设备交接和预防性试验规程》。

4）绝缘电阻测量不在考评范围。

（5）配分及评分标准

序号	作业项目	考核内容	配分	评分标准
1	试验前，对被试电缆进行验电、放电、接地	验电、放电，检查电缆两端是否在试验状态，电缆各相试验接地，电缆三相分开至符合试验距离要求	15	（1）未验电、放电扣5分 （2）未将三相电缆分开至符合试验间距扣5分 （3）电缆三相未试验接地扣5分
2	试验现场安全措施	试验现场应装设遮栏或围栏，悬挂"止步高压危险！"标示牌，电缆的另一端如不在同一地点应装设安全遮栏并派人看守，防止有人接触被试电缆	10	（1）试验现场未采取安全措施扣5分 （2）电缆另一端未采取安全措施并派人看守扣5分
3	电缆主绝缘的绝缘电阻测量	具体操作不作为考评，但必须完成项目	5	未做测量测试扣5分
4	试验接线正确	试验接线、硅堆极性正确，表计量程选择正确	10	（1）试验接线、硅堆极性错误扣5分 （2）表计量程错误扣5分
5	设备连接	设备连接正确、可靠，接地线牢靠	10	设备连接不可靠扣5分；接地线不牢靠扣5分
6	高压引线对地的绝缘距离	根据试验电压等级，高压引线用绝缘物固定，对地保持足够的安全距离	10	安全距离不足扣10分

续表

序号	作业项目	考核内容	配分	评分标准
7	试验接地	试验一相时其他两相接地正确	5	接地不正确扣 5 分
8	换算	根据试验电压，能独自高低压侧输出电压计算	5	计算不正确扣 5 分
9	开关闭合升压	操作顺序正确，升压速度控制在 1~2kV/s	10	(1) 操作顺序错误扣 5 分 (2) 升压太快或太慢扣 5 分
10	读数、记录	随电压逐级上升，分别在 1/4、1/2、3/4 及全电压时读取相应的泄漏电流（应在每次升压后 1 min 时读取），在耐压试验终了时，读取耐压后的泄漏电流，同时做好记录	5	读泄漏电流不正确或读电流时操作不正确扣 5 分
11	放电	每相测试完毕，将调压器指示回零，电缆放电并接地，其他两相重复以上过程	10	试验后未放电接地扣 10 分
12	结束工作	整理现场，上交试验报表	5	现场未整理、试验报表记录错误扣 5 分
13	否定项	违反《电力安全工作规程》有关规定		出现违反《电力安全工作规程》现象，本题按 0 分处理

4. 变压器直流电阻测试

(1) 操作准备

1) 准备双臂电桥、短路接地线、组合工具各一件。

2) 准备 S9-10/315 变压器一台，也可以在停运的变压器上进行试验。

(2) 操作要求

1) 操作人员应穿绝缘鞋、长袖棉质工作服、戴安全帽。

2) 试验现场应装设安全遮栏，防止无关人员误入试验区。

3) 应做好验电、放电和接地。

4) 配一人监护。

(3) 操作时限。操作时限为 30 min。

(4) 技术标准

1) 正确使用双臂电桥测量变压器直流电阻。

2) 试验接线正确。

3) 试验标准见《电力设备交接和预防性试验规程》。

(5) 配分及评分标准

变配电室值班电工（高级）

序号	作业项目	考核内容	配分	评分标准
1	验电、放电、接地	试验前，对被试变压器进行验电，放电，接地	3	试验前未口述此内容扣3分
2	现场安全措施	试验现场应装设遮栏或围栏，悬挂"止步高压危险！"的标示牌，并派专人看守	2	未口述该项内容扣2分
3	现场布置	合理布置试验场地，试验设备应与被试设备保持安全距离	2	（1）试验设备摆放不合理扣1分；（2）试验设备摆放不符合安全距离扣1分
4	设备参数记录	记录配变型号、容量、调压挡位、油面温度	3	未记录扣3分
5	试验报表记录	记录兆欧表型号、量程、表号，记录试验日期、气候、环境温度	2	未做记录扣2分
6	设备清洁	将变压器套管表面揩擦干净	3	未做此项工作扣3分
7	选择测试仪器	电阻值在10Ω以上一般使用单臂电桥，电阻值在10Ω以下一般使用双臂电桥	2	现场提问口述该内容错误扣2分
8	检查仪器	检查电桥的电源、仪表的状况是否良好	3	未检查扣3分
9	仪器设定	调节电桥的灵敏度和"调零"指针	10	每漏调一项扣5分
10	测试前工作	将被测电阻以四端组方式接到电桥电流端子C1、C2和电压端子P1、P2接线柱上，高压线圈测量UW、VW、UV相间的直流电阻、低压线圈测量Un、Vn、Wn的直流电阻	10	接线错误扣10分
11	测试前调整	估计被测电阻值并适当选择电桥倍率大小	5	选择倍率错误扣5分
12	测试前等待	准备就绪后，需经试验负责人（监考人员）许可，方可开始试验	10	（1）未经负责人许可擅自试验扣5分；（2）准备工作不充分扣5分

单元 6

续表

序号	作业项目	考核内容	配分	评分标准
13	测试开始	先按下电源"B"按钮对变压器绕组进行充电，等充电电流稳定后，再合上检流计"G"按钮，检查指针的偏转情况，调节测量盘使指零仪"回零"	10	（1）操作先后顺序不正确扣5分；（2）未等电流稳定即按下"G"按钮扣5分；指零仪未"回零"扣5分
14	试验报表记录	读取直流电阻值，计算 R_x = 倍率×测量盘指示值并记录	10	读数不准确扣5分；计算不正确扣5分
15	试验方法	每相测量完毕后，应先释放检流计"G"按钮，然后再释放电源"B"按钮，断开试验电源。测量同一挡的直流电阻，测完第一相后，测第二相时不得再调电桥的"灵敏度"和"调零"旋扭	10	（1）操作先后顺序不正确扣5分；（2）测量变压器同挡直流电阻重复调"灵敏度"和"调零"扣5分
16	试验报表	填写变压器试验报告，对试验数据进行分析：高压线圈最大与最小直流电阻差值与所测直流电阻平均值之比（△值）不大于2%，低压线圈最大与最小直流电阻差值与所测直流电阻平均值之比（△值）不大于4%	10	△值计算错误扣5分；结果分析错误扣5分
17	结束工作	试验结束后，清理好现场	5	未清理好场地扣5分
18	否定项	违反《电力安全工作规程》有关规定		出现违反《电力安全工作规程》现象，本题按0分处理

单元测试题答案

一、判断题

1. √ 2. √ 3. √ 4. × 5. √ 6. × 7. √ 8. ×
9. √ 10. √ 11. × 12. √ 13. ×

二、单项选择题

1. B 2. B 3. B 4. C 5. A 6. C 7. A 8. D

三、多项选择题

1. ABC 2. ABC 3. ABCD 4. DA 5. CA 6. BC 7. ABCD
8. ABCD 9. ABC 10. ABCD 11. ABCD 12. ABCD 13. ABCD
14. ABC 15. ABCD 16. ABC 17. AB

四、问答题

答案略。

五、绘图题

1. 答：夹层绝缘体的等值电路参见图6—1。R支路中的电流代表电导电流i_1，C1支路中的电流代表电容电流i_2，r、C支路中的电流代表吸收电流i_3。

2. 答：交流耐压试验接线图参见图6—22。

3. 答：微安表保护接线图参见图6—13。电容C用以旁路交流分量，特别是高频冲击电流；SB是短路微安表的开关，读数时断开；放电管F用以保证在回路中出现不容许的大电流时，迅速放电而保护微安表。

4. 答：发电机的典型泄漏电流曲线图参见图6—3。

六、技能题

答案略。

第 7 单元

设备的交接与验收

- 第一节　设备的验收／242
- 第二节　设备的检修与交接／250

设备的交接与验收工作是变配电值班电工必备的一项重要技能。变配电值班电工工作中往往要验收新上或检修的一、二次设备、仪器仪表以及自动装置。如果缺乏设备的交接与验收的相关知识,将难以判断设备的健康水平,对变配电设备的运行埋下隐患。

掌握设备的交接与验收的技能是对中、高级工的基本要求。通过学习本单元,读者应初步建立设备的交接与验收的基本概念,在随后的工作实践中,举一反三,以能正确分析、判断和处理工作中遇到常见的问题。

第一节 设备的验收

培训目标
→ 能检查判断检修后变、配电室设备是否完好
→ 能验收检修后的变、配电室设备

一、变、配电室设备验收的一般规定

凡是新建、扩建、大小修、预试的变配电室设备,必须按照有关规程的技术标准经过验收合格、手续完备后方能投入运行。

设备检修后,应先由检修工作负责人自验收,再由设备使用人进行验收。

当验收的设备个别项目未达到验收标准,而系统又急需投入运行时,需经单位总工程师批准,做好相应防范措施,在保证安全的前提下,方可投入运行,并将请示意见、决定记入上级命令记录本中。

新建、扩建工程在验收时应具有的资料和文件如下:
(1) 设备制造厂提供的产品说明书、试验记录、合格证件及安装图纸等技术文件。
(2) 安装技术记录。
(3) 油绝缘设备中的绝缘油化验记录。
(4) 调整试验记录。
(5) 备品、备件移交清单。
(6) 干式变压器的噪声测试记录。

二、变压器的验收

1. 油式变压器的验收

变压器在试运行前,应进行全面检查,确认其符合运行条件后方可投入试运行。
(1) 变压器验收时应进行的检查
1) 变压器本体、冷却装置及所有附件无缺陷、且不渗油。
2) 接地线连接应紧固、可靠,防腐处理应均匀、无遗漏,相色标志正确。
3) 变压器面盖上无遗留杂物。

4）事故排油设施完好，消防设施齐全。
5）套管顶部结构的密封应良好。
6）瓷套管应清洁，不应有裂纹和伤痕。
7）电压切换装置的位置应符合运行要求。
8）变压器的相线和绕组的接线组别应符合运行要求。
9）温度计指示正确，感温器整定值符合要求。
10）冷却装置试运行正常，联动正确。
11）保护装置整定值符合规定，操作及联动试验正确。
(2) 变压器工程交接试运行的检查规定

变压器的启动试运行，是指变压器开始带电，并带一定负荷运行 24 h 所经历的过程。

1）中性点直接接地系统的变压器，在进行冲击开关闭合时，其中性点必须接地。
2）变压器第一次投入时，可全电压冲击闭合。
3）第一次受电后持续工作时间不小于 10 min，变压器应无异常情况。
4）变压器应进行 5 次全电压冲击闭合，并应无异常情况，励磁涌流不应引起继电保护装置误动。
5）变压器并列前应先核对相线，且线位应一致。
6）通电后，检查变压器及冷却装置的所有焊缝和连接面不应有渗油现象。
(3) 变压器检修后的验收项目
1）各侧套管引线接头螺栓应紧固，接触良好，软导线无断股、松股现象。
2）套管表面应清洁，无裂纹痕迹，且套管相色标志清晰。
3）防爆管玻璃完好。
4）气体继电器内无气体，两侧阀门应打开，信号试验和断开试验应正常。
5）各散热器、热虹吸器阀门开启呼吸器应畅通、油封完好、硅胶未饱和变色。
6）冷却风扇完好，运转正常。
7）变压器顶部无遗留物件，变压器外壳接地应可靠，防腐涂敷无遗漏。
8）油温指示应正常，信号动作试验正确。
9）瓦斯接线箱、端子箱中的端子编号清晰，无积尘，端子箱密封良好；变压器周围场地应清洁。
10）变压器检修时，各项试验数据合格，记录齐全，有可投运结论。
11）变压器各侧挡位应有明确的记录依据，并与模拟图版相符。

2. 干式变压器（环氧树脂浇注）的验收

变压器在试运行前，应进行全面检查，确认其符合运行条件后方可投入试运行。

(1) 变压器验收时应进行的检查
1）变压器本体、冷却装置及所有附件无缺陷、无破损。
2）接地线连接应紧密、牢固、可靠，防腐处理应均匀、无遗漏，相色标志正确。
3）变压器面盖上无遗留杂物、风机保护膜已拆除。
4）排气扇、温控设备应完好。

5）环氧树脂浇注体表面应完整，不应有裂纹和伤痕。
6）各螺栓部件应紧固。
7）电压分接端头的位置应符合运行要求。
8）变压器的相线和绕组的接线组别应符合运行要求。
9）温度计指示正确，感温器整定值符合要求。
10）冷却装置试运行正常，联动正确。
11）保护装置整定符合规定，操作及联动试验正确。
（2）变压器工程交接试运行的检查规定

变压器的启动试运行，是指变压器开始带电，并带一定负荷运行24 h 所经历的过程。

1）中性点直接接地系统的变压器，在进行冲击开关闭合时，其中性点必须接地。
2）变压器第一次投入时，可全电压冲击闭合。
3）第一次受电后持续工作时间不小于10 min，变压器应无异常情况。
4）变压器应进行5次全电压冲击闭合，并应无异常情况。
5）变压器并列前应先核对相线，且相线应一致。
6）测温二次回路运行应正常，温度信号指示应正确。
（3）变压器检修后的验收检查项目
1）分接端头螺栓应紧固，接触良好，温控传感器的软导线无断股、松股现象。
2）环氧树脂浇注体应清洁，无裂纹的痕迹，且套管相色标志清晰。
3）噪声应满足环保要求。
4）信号试验和断开试验应正常。
5）温控器完好，运行正常。
6）冷却风扇完好，运转正常。
7）变压器顶部无遗留物件，变压器外壳接地应可靠，防腐无遗漏。
8）接头无发热现象。
9）变压器检修时，各项试验数据合格，记录齐全，有可投运结论。
10）变压器各侧挡位应有明确的记录依据，并与模拟图版相符。

三、互感器的验收

1. 工程交接的验收检查项目
（1）外观完整无缺损。
（2）油浸式互感器应无漏油，油位指示正常。
（3）油漆完整，相色标志正确，接地良好。
2. 互感器检修后的验收检查项目
（1）互感器一次引线螺栓紧固，接触良好，导线无松股现象。
（2）瓷套管表面清洁，无裂纹，无渗漏油，相色标志正确、清晰。
（3）三相油位表泊位指示正确，无裂纹，无渗漏油。
（4）二次侧小套管无裂纹，无渗漏油，二次侧接地良好。

(5) 防潮用的硅胶未饱和变色，阀门开启。
(6) 互感器外壳接地良好。
(7) 高低压熔断器接触良好。
(8) 端子箱中的端子编号清晰，接线正确，门密封良好，无渗漏水现象。
(9) 互感器外部无遗留物，周围场地应清洁。
(10) 各项检修、试验数据合格，试验项目、周期、标准记录齐全，有可投运结论。

四、高压断路器的验收

1. 工程交接验收时的验收检查项目
(1) 断路器及其操动机构应固定牢固，外表洁净完整。
(2) 电气连接应可靠且接触良好，引线相间和对地距离应符合要求。
(3) 油断路器及液压操动机构应无渗油现象，油位应正常。
(4) 断路器及操动机构的联动应正常，无卡阻现象，分断、闭合指示正确，调试操作时辅助切换开关动作应准确可靠，接点无电弧烧损现象。
(5) 操动机构箱的密封垫应完好，电缆穿孔应予密封。
(6) 油漆完整，相色标志正确，接地良好。

2. 高压断路器检修后的验收检查项目
(1) 断路器各侧引线无松股、断股现象，接线柱头接触良好，螺栓应紧固。
(2) 防雨罩完好，相色标志清晰。
(3) 断路器法兰、底架等金属部分油漆良好，无严重锈蚀。
(4) 断路器及液压操动机构应无渗油现象，油位应正常。
(5) 断路器及操动机构的联动应正常，无卡阻现象，分断指示正确，远方操作及现场手动分断、闭合应正常。
(6) 辅助接点动作可靠，铁心接触良好。
(7) 闭合电磁铁动作可靠，铁心在任意转动位置下动作应灵活无卡阻，铁心上不沾油渍。电动机转向正确，传动部分固定螺栓紧固，开口销齐全。
(8) 分断、闭合闸电压应满足规程要求。
(9) 断路器及其操作机构单元无异物，机构箱、端子箱密封良好，现场洁净无杂物。
(10) 接地部分接地良好，防误装置应完好。
(11) 各项检修试验数据全部合格，试验项目、周期、标准记录齐全，有可投运的结论。

五、SF_6断路器的验收

SF_6断路器在验收时的检查项目：
1. 断路器及其操动机构应固定牢固，外表清洁完整，动作性能符合规定。
2. 电气连接应可靠且接触良好，引线相间和对地距离符合要求。

3. 断路器及操动机构的联动应正常,无卡阻现象,分断、闭合指示正确,辅助切换开关动作正确可靠。

4. 密度继电器的报警,闭锁定值应符合规定,电气回路传动正确。

5. SF_6气体压力、泄漏率和含水量应符合规定。

6. 油漆完整,相色标志正确,接地良好。

六、隔离开关、负荷开关的验收

1. 工程交接验收检查项目

(1) 操动机构、传动机构、辅助切换开关及闭锁装置应安装牢固,动作灵活可靠,位置指示正确,无渗油、漏气等现象。

(2) 闭合时三相不同期的差异值应符合产品技术规定,引线相线正确,相间和对地距离符合要求。

(3) 相间距离及分断时触头的打开角度或距离应符合产品的技术规定。

(4) 触头应接触紧密良好。

(5) 油漆完整,相色标志正确,接地良好。

2. 检修后的验收检查项目

(1) 一次引线接线相线正确,导线无松股、断股现象,相间和对地距离应符合要求,连接柱头接触良好,螺栓紧固,转动部分灵活无卡阻现象。

(2) 绝缘子洁净,无裂纹,接地部分接地良好。

(3) 机械闭锁和电气闭锁试验正常,防误闭锁完好。

(4) 辅助触点接触良好,接线正确,密封良好。

(5) 闭合时三相同步,分断时触头打开角度或距离应符合要求。

(6) 操动机构、传动机械开口销应完好,螺钉紧固,油漆完好,相色标志清晰正确。

(7) 设备上无遗留物,场地清洁。

(8) 各项检修实验数据合格,试验项目、周期、标准记录齐全,有可投运的结论。

七、避雷器的验收

1. 工程交接验收检查项目

(1) 避雷器外部应完整无缺损、阀型避雷器封口处密封应良好。

(2) 法兰连接处无缝隙。

(3) 避雷器应安装牢固,其垂直度符合要求。

(4) 放电记录器密封良好。

(5) 油漆完整,相色标志正确,接地部分接地良好。

2. 避雷器检修或试验工作后的验收检查项目

(1) 一次引线无松股、断股现象,恢复接线正确,柱头螺栓应紧固。

(2) 避雷器表面洁净,无裂纹、无放电痕迹。

(3) 法兰间连接紧固、密封、不锈蚀,油漆完好,相色标志清晰、正确。

(4) 放电记录器密封良好，引线不碰地。
(5) 试验引线拆除，无遗留物，常规遮栏恢复。
(6) 各项检修实验数据合格，试验项目、周期、标准记录齐全，有可投运的结论。

八、电容器的验收

1. 工程交接验收检查项目
(1) 电容器的布置与接线应正确，电容器组的保护回路应完整。
(2) 三相电容器容量误差允许值应符合规定。
(3) 外壳应完好，无渗油现象，引出端子连接牢固，垫圈、螺母齐全。
(4) 熔断器的额定电流应符合设计规定。
(5) 放电回路完整且操作灵活。
(6) 电容器外壳及构架的接地应可靠，其外部油漆应完好。
(7) 电容器室内的通风装置应良好。

2. 电容器检修或试验后的验收检查项目
(1) 一次接线相位正确，相间、对地距离应符合要求，接线柱头螺栓紧固、不松动。
(2) 电容器无鼓胀、渗油现象。
(3) 套管表面洁净，无裂纹，无放电痕迹。
(4) 三相容量误差应符合要求，熔断器规格符合要求。
(5) 电容器外壳及构架的接地应良好。
(6) 电容器试验引线拆除，上部无遗留物，现场洁净。
(7) 各项检修实验数据合格，试验项目、周期、标准记录齐全，有可投运的结论。

九、母线的验收

1. 工程交接验收检查项目
(1) 金属构件的加工、配置、焊接（螺接）应符合规定。
(2) 各部位螺栓、垫圈、开口销等零件齐全可靠。
(3) 母线配置及安装架设应符合规定，且连接正确、螺栓紧固、接触可靠，相间及对地电气距离符合要求。
(4) 瓷件、铁件及其胶合处应完好。
(5) 油漆完整，相色标志正确清晰，接地部分接地良好。

2. 工程质量要求
(1) 软母线无松股、断股现象，母线相间及对地电气距离符合要求。硬母线接头接触良好，螺栓紧固，相色标志明显。
(2) 母线的绝缘子、球头、金具不锈蚀，开口销等零部件齐全可靠，油漆完好。
(3) 母线绝缘子和支持瓷板表面洁净、无裂纹、无放电痕迹。
(4) 运行瓷绝缘子地脚接地应可靠。
(5) 母线上无遗留物，现场洁净。

(6) 各项检修实验数据合格，试验项目、周期、标准记录齐全，有可投运的结论。

十、配电盘及二次回路接线交接验收

1. 二次回路及有关设备的检查

(1) 检查外观应完整无损。

(2) 检查铭牌、规范、型号、级别等应正确无误。

(3) 设备、元件的安装位置应核对无差错。

(4) 仪表、继电器等已校验。

(5) 检查设备、元件等是否安装牢固（尤其是可动部件），在振动场所应检查其有无防振措施，设备间相互有连接时应检查有无外应力。

(6) 检查控制按钮、控制开关等的接点及其连接应与设计要求一致。检查辅助开关接点的转换应与一次设备或机械部件的动作相对应。

(7) 检查信号灯、光字牌的灯具和灯泡是否齐全，灯罩颜色是否合适，光字牌的字是否正确清晰。

(8) 检查熔断器的熔断器的选用是否适当。

(9) 检查端子排上的各种标号是否齐全、正确。

(10) 检查盘前标签、盘后标号和设备代号等是否标志齐全、正确。

(11) 检查盒内配线是否已绑扎、固定好，不使用的线头是否已包扎绝缘，以防发生意外。

(12) 检查控制电缆应固定牢靠，标牌齐全、清楚，备用线芯应整齐地排放在线束内。

(13) 在室外、潮湿、污秽场所，还应检查其防雨、防潮、防污、防尘、防腐蚀等措施是否符合要求。

(14) 在可能受到滴油的场所，应检查有无防油措施。

(15) 当设备有通风降温要求时，应检查其所需辅助设备及条件是否已具备。

2. 二次回路的绝缘检查

(1) 外观检查所有绝缘部件，控制电缆芯套管，继电器接线螺杆套管、导线和控制电缆的绑线的绝缘状况。

(2) 为确保二次回路正常工作，必须用 500 V 或 1 000 V 绝缘电阻表（48 V 及以下回路应使用不超过 500 V 的绝缘电阻表）对二次回路进行绝缘测试，绝缘电阻的数值应符合如下要求：

1) 直流小母线绝缘电阻在断开其他所有并联支路时，应不小于 10 MΩ。

2) 二次回路的每一支路和断路器、隔离开关操动机构电源、回路的绝缘电阻，均应不小于 1 MΩ。在比较潮湿的地方，允许降低至不小于 0.5 MΩ。

3) 测量绝缘电阻符合上述标准后，则用 1 000 V 的交流电压（可用 1 000 V 绝缘电阻表）对上述回路进行交流耐压试验，时间为 1 min。

3. 二次回路通电试验检查

二次回路送上直流电通电检查，对一次回路要做好可靠隔离及相应的安全措施。

(1) 先进行闪光装置检查。闪光装置本体经查线无误,绝缘试验也合格后,即可送上直流电源,进行检查。按下试验按钮时闪光继电器应有节奏地动作,试验信号灯应闪光。当动作正常后,即可投入,供检查有关控制回路使用。

(2) 中央信号装置检查

1) 检查预告信号装置。按下预告信号按钮,此时应立即发出声响信号,并自保持;按下预告信号解除按钮,声响应立即消失。当有自动复归装置时,在不按解除按钮的情况下应能延时停止声响。

2) 检查光字牌。光字牌试验操作开关转至试验位置,光字牌应全部点亮,仔细检查有无不亮的光字牌。如有不亮情况,则应寻找原因并予以处理。操作开关复归后,灯应全灭。如果有的光字牌的灯不灭,可能是由于回路已处于接通状态,应在端子排上拆除有关线头进行核实。如果确因回路接通所致,则应分析其当时接通是否合理。然后在端子排上用一短接线,模拟接通信号触点,逐一接通每一光字牌的回路,相应光字牌就应点亮并发出声响。此时还应检查光字牌上的标字是否与端子排上的编号一致。如有不一致或不动作时,应做相应处理。

3) 检查事故信号装置。按下事故信号试验按钮,蜂鸣器应发出声响;按下解除按钮后声响应立即停止。断开事故信号回路熔断器(模拟熔断器熔断),预告信号应发出声响,同时,"事故信号回路熔断器熔断"光字牌应点亮。闭合熔断器,光字牌应自动复归。按下解除按钮,蜂鸣器声响消失。上述检验时如发现问题,应及时寻找原因并予以处理。

4) 用外部回路检查中央信号装置与回路的正确性。实际上,这就是设备故障和事故的模拟过程。

当在控制盘上检验完信号装置的动作后,即可进行本项检验。首先,进行预告信号检验,检验时按检验项目的顺序,逐一地用短接线接通各信号触点,使信号装置通电动作,观察光字牌的位置和标字是否与图样一致,同时应检查信号的类别(瞬时或延时)是否与图样要求相符。每个检查项目应连续地重复2、3次,以便判断其动作的可靠性。

(3) 控制回路通电检验。通电试验可判断断路器控制回路是否能满足下列要求:

1) 能进行断路器手动分、合闸,能在继电保护与自动装置(必要时)动作的情况下实现自动分、合闸,并在分、合闸动作完成后,自动切断分、合闸脉冲电流。

2) 能指示断路器的分、合闸位置状态,自动分、合闸时应有明显的信号。

3) 能监视电源和下次操作时断开回路的完整性,还应监视下次操作时合闸回路的完整性。

4) 有防止断路器多次合闸的"跳跃"闭锁装置。

5) 断路器能实现远方和就地断开、闭合操作。

"控制回路"检验。将控制开关旋转至"预备合闸"位置,绿灯闪光;在"合闸"位置,红灯长亮;"预备分闸"位置,红灯闪光;在"分闸"位置,绿灯长亮。然后在断路器合闸状态下,在继电保护出口继电器处短接(模拟事故断开),绿灯应闪光,并发出事故声响信号。再从自动装置出口处短接(模拟自动投入)或手动合上断路器,红灯应闪光。

"防跳回路"的检验。首先在断路器合闸后,取下合闸回路熔断器,将控制开关旋转至"合闸"位置不返回。用保护回路接点使断路器断开,如回路正确,则断路器断开后合闸接触器应不再动作。然后,恢复控制开关至"分闸"位置,合上合闸回路熔断器,用短接线接通保护出口继电器接点,将控制开关旋转至"合闸"位置,如回路正确,断路器合闸后应立即断开,而不再继续合闸。

(4) 保护回路的检验。保护回路应做整体传动试验,保护动作(模拟事故)断路器应可靠动作。

先将出口继电器之前的各连接片断开,逐一短接保护继电器接点,出口继电器不应动作。然后,分别接入各种保护的连接片,并短接其接点,出口继电器均应动作(当接入一种保护连接片时,其他保护的连接片均应在断开位置)。逐一进行保护试验合格后,投入所有保护连接片,合上断路器,短接任何一个保护继电器接点,断路器均应动作。对于有具体时限规定的保护回路(如过电流保护回路),同时还应注意观察从短接保护继电器接点至出口继电器动作的时间间隔,并应与设计规定值进行核对。

第二节 设备的检修与交接

→ 能分析判断变、配电室设备缺陷及其产生原因
→ 能进行变、配电室新设备或大、小修后设备的交接
→ 能编写变、配电室大、小修报告

一、设备检修的意义、原则和方式

1. 设备检修的意义及原则

设备检修是为保持或恢复设备完成规定功能而采取的技术活动。管好、用好设备,保证设备在使用过程中经常处于良好的运行状态,满足生产需要,并使检修费用降低是检修工程要求达到的目的。

搞好电力设备检修是保证设备安全、经济运行,提高设备可用率,充分发挥设备潜力的重要措施,是设备全过程管理的一个重要环节。因此,变配电工作人员都必须充分重视检修工作,提高质量意识,自始至终坚持"质量第一"的思想,切实贯彻"到期必修,修必修好"的原则。

2. 设备检修方式

变配电设备除日常保养及维护外,还要有检修,检修的方式如下:

(1) 预防性检修

1) 大修。设备全部解体,对部分零部件进行修复、改造、更换,处理缺陷,恢复原有性能指标。这种检修是按一定的运行周期进行的,也叫预防性检修或强制性检修。由于设备情况不同,检修周期也不同。一般按平均故障间隔时间来安排检修。大修是工作量较大、时间较长的一种计划检修。

2）小修。主要设备不解体，目的是消除一些缺陷、漏泄和磨损部件，以便在两个大修期之间可以保证安全生产。小修是工作量较少、时间较短的一种计划检修。

3）中修。虽在检修规程中没有明文规定，但在实践中有的设备运行不良，有较大问题须要处理时，进行这种检修可以节约工时材料、减少不必要的过剩检修。中修是工作量比大修少、比小修大的一种检修。

(2) 空隙检修

1）在季度低负荷期间安排检修。如一些工厂的生产有旺季与淡季，可在淡季安排检修，以及春秋季居民夜间不用电的时候开展的"零点"检修。

2）节假日主要设备停电或全厂性停电的检修。一般国庆节、春节、五一等重要节日，工厂都放假，负荷低，可安排一些设备检修工作。

(3) 非计划性检修（临时性检修）。非计划性检修包括以下几种情况：

1）由于设备发生事故不能继续运行，被迫进行的一些突击性检修工作。

2）设备有重大隐患或出现事故初期现象，而且这种现象还有不断扩大的趋势，需要停机进行的检修。

3）线路发生重大事故停电，造成有电送不出去等原因而进行的检修。

二、检修计划的编制

1. 检修项目的确定

(1) 检修项目、工期及时间以有关检修的规程规定来确定。这是最重要的依据，必须认真贯彻执行。判断性检修是方向，但由于条件未具备，还不能推广代替计划性检修。

(2) 根据设备和系统的缺陷情况，进行消除缺陷而安排检修项目。

(3) 进行定期的监测、试验和鉴定，更换已到期的、需要更换的零部件。

(4) 对设备进行全面检查、清扫、测量和修理。

(5) "四项"监督中一般性检查。

(6) 设备更新改造项目。

2. 检修计划编制

检修计划包括年度计划和三年滚动计划。年度计划每年编制一次，三年滚动计划主要是对三年中后两年需要在大修中安排的重大特殊项目进行预安排。

年度计划的编制程序如下：

(1) 主管部门深入现场，摸清设备技术状况，了解应大修的主设备、重大特殊项目和所需要的主要器材，并结合本单位的实际情况，进行通盘考虑，提出下年度的检修重点和要求，并于当年 8 月底前通知下属各部门。

(2) 结合本单位情况，合理安排下年度的检修计划，并做好重大特殊项目试验、鉴定和技术经济分析以及设计、施工方案等准备工作。

(3) 验收人员必须深入现场，调查研究，随时掌握检修情况，不失时机地帮助检修人员解决质量问题。同时，必须坚持原则，坚持质量标准，把好质量关。

三、小修及设备交接

设备小修是对设备进行局部修理，通常只更换或修复少量的易损件、磨损件，消除设备运行中的一般缺陷，保证安全运行到下一个检修周期。设备小修工作量一般较小，停用时间较短。

设备小修的流程主要是：小修前准备工作→检修中的管理工作→质量验收和总结。

1. 小修前准备工作

检修工作能否顺利完成，不但取决于现场工作状况，而且在很大程度上取决于前一天准备工作的质量。要按工作计划顺利进行检修，至少提前一天进行准备。准备的内容包括：委派工作负责人，明确工作成员及分工；办理停电申请手续；填写、签发工作票及安全措施票；准备仪器、仪表、需用工具和材料；确定车辆。严禁当天准备，仓促上阵。对于小修准备工作主要有以下几项：

（1）在小修开工前，要编制好施工计划，内容包括设备缺陷、小修项目表、小修进度表。

（2）小修之前，要尽早准备好小修所需的材料、备品和工具，并检查是否有遗漏。

（3）组织检修人员学习有关规程规定的检修质量标准和安全措施。

（4）负责人要按小修计划要求重点检查准备工作。

2. 设备检修施工期间的组织管理工作

设备检修施工期间，是检修作业高度集中的阶段。检修现场管理是设备检修管理的重要环节，必须严格按相关规定执行，保证检修工作的安全。

（1）明确现场负责人及其职责。检修现场的组织领导，可根据被检修设备的重要地位、难易程度、任务大小及施工配合等情况，明确检修现场负责人。小修是工作量较小、比较单一的检修工作，可指定一位工作负责人作为检修现场的组织领导。

检修现场负责人要注意结合各阶段的施工特点，重点抓好施工安全、质量和工期。充分调动检修人员的积极性，很好地完成检修任务。重点要抓好以下四项工作：

1）抓安全。严格执行《电业安全工作规程》，办好工作票，认真履行开工许可手续，搞好现场监护，确保人身和设备安全，同时要注意抓好现场的消防和保卫工作。

2）抓质量。严格执行检修工艺规程、检修质量标准和工艺措施，保证检修质量。

3）抓工期。及时掌握和平衡检修进度，保证按期竣工。

4）抓节约。检修中要注意节约工时，防止浪费材料。

（2）严格工艺要求

1）贯彻检查责任制，做到谁检修谁负责。

2）严格执行检修质量标准。

3）保持良好的工作作风。提倡和培养规规矩矩、整整齐齐、干净利落、毫不马虎的优良作风。坚持严肃认真、一丝不苟地执行工艺措施，正确使用材料、工具、仪器，确保检修质量。

（3）及时做好现场检修记录。应明确专人负责做好现场检修施工记录，内容包括部件状况、测试数据、消除的缺陷、改进项目和工时消耗。记录要力求简明适用、正确完整。通过检修还应校核备品配件是否适用。

（4）做好现场检修工具、仪表的管理工作。做好现场整洁及工具、仪表的管理，要严防工具、工件及其他物件遗落在设备内而造成事故。检修竣工后，要认真清理现场，清点工具、工件等。

（5）设备检修后应达到的要求

1）检修质量应达到规定的质量标准。
2）消除设备缺陷。
3）恢复设备性能。
4）消除泄漏现象。
5）控制、保护、自动装置动作可靠。
6）仪表、信号及标志正确。
7）设备外观及现场整洁。
8）检修、试验记录齐全正确。

3．质量验收与检修总结

为了保证检修质量，必须做好质量检查和验收工作。质量检验要实行检修人员自检和运行人员验收相结合。检修人员必须以高度的主人翁责任感和良好的工艺，搞好设备质量检查，做好检修专业技术总结工作。

四、大修后或新设备的交接

1．大修或新投设备的验收程序

变、配电所大修或新投设备的验收程序如下：

（1）实行变配电所专责负责人、班组、所室三级验收制度。

（2）单位的技术负责人根据检修项目和工序的重要程度，制定质量验收管理制度，明确变电所专责负责人、班组、所室三级验收的职责范围。

（3）由变配电所验收的项目，一般先由检修人员自检后交变配电所专责负责人进行检验。变配电所专责负责人要做好必要的技术记录。

（4）重要工序、重要项目、分段验收项目和技术监督项目由车间一级进行验收。检验后应填好分段验收记录，内容包括：检修项目、技术记录、质量评价及检修和验收双方负责人的签名。

（5）各项技术监督的验收应有专业人员参加。

（6）主要设备大修后的总验收由厂总工程师主持进行厂部验收。

2．交接验收试验

对于新安装和大修后电气设备进行的试验，称为交接验收试验，其目的是鉴定电气设备本身及其安装和大修的质量。交接验收试验和预防性试验的目的是一致的。

交接验收试验结果应与该设备历次试验结果相比较，并与同类设备试验结果相比较，参照相关的试验结果，根据变化规律和趋势，进行全面分析后做出判断。

3．设备检修后试运行

（1）设备检修后的分步试运行和整体试运行

1)分步试运行。由运行负责人主持,检修负责人、有关检修人员和安监人员参加。分步试运行必须在分段试验合格并核查修理项目无遗漏,检修质量合格,技术记录、有关资料齐全无误后方能进行。

2)整体试运行。由部门技术负责人主持。在核查分段验收、分步试运行资料,并进行现场检查,质量、环境符合要求后,由部门技术负责人发布启动整体试运行决定。

(2)试运行内容。包括各项冷态和热态试验以及带负荷试验(运行时间不超过24 h)。

(3)试运行重点检查内容。试运行前,检修人员应向运行人员书面交代设备和系统的变动情况以及运行中要注意的事项。在试运行期间,检修人员和运行人员应共同检查设备的技术状况和运行情况。参加验收的运行人员要重点检查下列内容:

1)设备运行是否正常,活动部分是否灵活,设备有无泄漏现象。

2)标志、信号是否正确,自动装置、监测和保护装置、表计是否齐全,指示动作是否正常。

3)核对设备、系统的变动情况。

4)施工设施和电气临时接线是否已拆除。

5)现场是否整洁。

经过整体试运行,并经全面检查,确认情况正常后,由部门技术负责人批准竣工并报电网调度可以投入运行。至此就算完成了检修验收工作并移交了全部工作。

4. 新设备投入的操作步骤

(1)新设备投入运行前应具备的条件

1)新设备的投入分新建和扩建变配电所投入两种情况。其投运工作的繁简可由该工程建设单位组织由设计、施工、运行(包括变配电所运行人员)等部门组成的启动验收小组决定。该小组负责整个工程(包括设备)的验收,检查生产准备及投入运行的有关工作,负责协调和解决在设计、施工、调试及运行等方面存在的问题。

2)新设备统一由调度部门命名、编号。

3)应具有施工部门移交的图样、资料、试验报告、安装调试记录及相应的产品说明书。

4)应具有制定并经批准的新设备现场运行规程。

5)应具有调度部门制定的新设备投运启动方案。

6)应具有由启动验收小组或委员会作出的同意新设备投入运行的结论。

(2)新设备投入运行的程序

1)新设备投入的验收检查。投入时,运行人员应对设备的外观、标志、信号系统等进行检查,各设备应有可以投入运行的结论,必要时用短接保护装置触点的办法,试验其跳合闸的正确性,并与调度核对保护定值。

2)新设备投入运行,还包括核相线、定相线、冲击闭合开关(主变压器5次,线路3次)、测量不平衡电流等工作。投运时,每操作一步后均需对设备的外观、声响及相应的二次侧表计、信号、继电器等进行细致的检查。新设备投入运行后,应加强巡视。

3)由施工单位负责新设备试运行24 h。

4）施工单位将新设备移交给使用运行单位，由使用运行单位负责新设备的正式运行。

5. 大、小修试验报告的编写

大、小修试验报告编写主要的依据是电气交接试验的项目和标准。大、小修和新设备投运的报告内容可有所不同。运行人员通过试验报告应能看懂其试验结果是否合格。

6. 注意事项

设备大修竣工后，检修班组应在15天内将检修记录卡或检修任务单、试验报告汇集整理，并在1个月内填写正式大修报告书。大修报告应包括大修实际工作的项目、消除的缺陷、试（化）验资料、验收评价及签字等，并由部门检修专责人审查签字后交车间（部门）资料室保存（班组存一份）。

单元测试题

一、判断题（下列判断正确的打"√"，错误的打"×"）

1. 中性点直接接地系统的变压器，在进行冲击闭合开关时，其中性点必须接地变压器第一次投入时，不可全电压冲击闭合。（　　）
2. 变压器并列前应先核对相线，相线应一致。（　　）
3. SF_6断路器的验收时，断路器及操动机构的联动应正常，无卡阻现象，分断、闭合闸指示正确，辅助切换开关动作正确可靠。（　　）
4. 避雷器检修或在进行试验工作后的验收时，放电记录器的密封应良好，引线不应接地。（　　）
5. 电容器验收时，电容器外壳及构架的耐压应可靠，其外部油漆应完好。（　　）
6. 在进行二次回路及有关设备的检查时，在室外、潮湿、污秽场所，还应检查其防雨、防潮、防污、防尘、防腐蚀等措施是否符合要求。（　　）
7. 在进行二次回路的绝缘检查时，为确保二次回路正常工作，必须用1 000 V绝缘电阻表（48 V及以下线路应使用不超过500 V的绝缘电阻表）对二次回路进行绝缘测试。（　　）
8. 设备小修的流程主要是：小修前准备工作→检修中的管理工作→质量验收和总结。（　　）
9. 在小修开工前要编制好安装方案，内容包括设备缺陷、小修项目表、小修进度表。（　　）
10. 新设备的投入分新建和扩建变、配电所投入两种情况。（　　）

二、单项选择题（下列每题的选项中，只有1个是正确的，请将其代号填在横线空白处）

1. 变压器工程交接试运行检查时，第一次受电后持续工作时间不小于＿＿＿＿min，变压器应无异常情况。

   A. 10　　　　B. 15　　　　C. 20　　　　D. 25

2. 二次回路的每一支路和断路器、隔离开关操动机构电源、回路的绝缘电阻均应不小于_____MΩ。
    A. 0.5　　　　B. 1　　　　C. 1.5　　　　D. 2

3. 充油电力设备在注油后应有足够的静置时间后才可进行_____试验。
    A. 绝缘　　　　B. 耐压　　　　C. 局放　　　　D. 冲击

4. 变压器应进行_____次全电压冲击闭合开关，并应无异常情况，励磁涌流不应引起继电保护装置误动。
    A. 5　　　　B. 6　　　　C. 7　　　　D. 10

5. 带电后，检查变压器及冷却装置所有_____，不应有渗油现象。
    A. 装置　　　　B. 内部　　　　C. 连接部分　　　　D. 焊缝和连接面

6. 避雷器检修或试验工作后的验收时，应检查确认_____无松股、断股现象，恢复接线正确，柱头螺栓应紧固。
    A. 一次引线　　B. 二次引线　　C. 连接线　　D. 固定线路

7. 熔断器在验收时，其_____应符合设计规定。
    A. 位置　　　　B. 大小　　　　C. 外观　　　　D. 额定电流

8. 电容器检修或试验后的验收电容器外壳及构架的_____应良好。
    A. 位置　　　　B. 大小　　　　C. 外观　　　　D. 接地

9. 做好现场整洁及工具、仪表的管理工作，要严防工具_____、工件及其他物件遗落在设备内而造成_____。
    A. 故障　　　　B. 事故　　　　C. 伤害　　　　D. 出错

10. 设备大修时，_____根据检修项目和工序的重要程度，制定质量验收管理制度，明确变配电所、车间和厂部三级验收的职责范围。
    A. 单位一把手　　　　　　　　B. 安全负责人
    C. 单位的总工程师　　　　　　D. 检修项目负责人

三、多项选择题（下列每题的选项中，至少有2个是正确的，请将其代号填在横线空白处）

1. 高压断路器的验收时，制造厂应提供_____等技术文件。
    A. 产品说明书　　　　　　　　B. 试验记录
    C. 合格证书及安装图样　　　　D. 施工方案

2. 二次回路闪光装置本体经查线无误，绝缘试验合格后，即可送上直流电源。进行检查"控制回路"检验时，将控制开关旋转至"_____"位置，绿灯闪光；在_____，红灯长亮；"_____"位置，红灯闪光；"_____"位置，绿灯长亮。
    A. 跳闸　　　B. 预备断开　　C. 闭合位置　　D. 预备闭合

3. 保持良好的工作作风，提倡和培养_____的优良作风。
    A. 规规矩矩　　B. 整整齐齐　　C. 干净利落　　D. 毫不马虎

4. 大、小修试验报告的编写，主要的依据是电气交接试验的项目和标准大修报告应包括_____等，并由部门检修专责人审查签字后交车间（部门）资料室保存（班组存一份）。
    A. 大修实际工作、项目　　　　B. 消除的缺陷

  C. 试（化）验资料   D. 验收评价及签字
 5. 分步试运行由运行负责人主持，_____参加。
  A. 项目负责人   B. 检修负责人
  C. 有关检修人员   D. 安监人员
 6. 质量检验要实行检修人员自检和运行人员验收相结合回变、配电所大修或新投设备的验收要实行_____三级验收制度。
  A. 班组   B. 变、配电所
  C. 车间（或分厂）   D. 厂部
 7. 检验后应填好分段验收记录，内容包括：_____及检修和验收双方负责人的签名。
  A. 检修项目   B. 试验项目   C. 技术记录   D. 质量评价
 8. 高压断路器在验收时，下列属应检查项目的是：_____。
  A. 断路器及其操动机构应固定牢固，外表清洁完整
  B. 电气连接应可靠且接触良好，引线相间和对地距离应符合要求
  C. 油断路器及液压操动机构应无渗油现象，油位应正常
  D. 高压断路器外观及位置应符合要求
 9. SF_6 断路器在验收时，下列属于应具有的资料和文件的是：_____。
  A. 变更设计的证明文件
  B. 制造厂提供的产品说明书、试验记录、合格证书及安装图纸等技术文件
  C. 安装技术记录
  D. 调整试验记录
 10. 二次回路及有关设备的检查中_____等应正确无误。
  A. 铭牌   B. 规范   C. 型号   D. 级别

四、名词解释

1. 大修
2. 交接试验

五、问答题

1. 变压器在验收时，应收集哪些资料和文件？
2. 变压器检修后，验收项目有哪些？
3. 断路器在验收时，应进行哪些检查？
4. 电容器在验收时，应进行哪些检查？
5. 如何对二次回路的绝缘进行检查？
6. 设备小修前的准备工作有哪些？
7. 大修或新投设备的验收程序有哪些？
8. 设备试运行应重点检查哪些内容？

六、技能题

1. 10 kV 油浸变压器套管的大修
（1）操作准备

1) 准备 50~315 kV·A 变压器、吊装葫芦各一台。
2) 准备检修变压器的扳手、钳子等工器具及变压器套管等备品、备件。

(2) 操作要求
1) 应穿长袖棉质工作服、戴安全帽。
2) 做好现场隔离安全措施。
3) 设配合人员一名。

(3) 操作时限。操作时限为 120 min。

(4) 技术标准
1) 各侧套管引线接头螺栓应紧固,接触良好,软导线无断股、松股现象。
2) 套管表面应洁净,无裂纹,且套管相色标志清晰。
3) 各项检修、试验数据合格,试验项目、周期、标准记录齐全,有可投运结论。

(5) 配分及评分标准

序号	作业项目	考核内容	配分	评分标准
1	穿着、工具、技术材料、备品、备件准备	穿着合理,工具、技术材料、备品、备件齐全、合格,包括运行缺陷记录,检修报告,检修工艺要求,变压器说明书等	5	(1) 着装不符合安全要求扣1分 (2) 每缺少一件工具、材料、备品、备件而影响检修扣1分 (3) 每缺少一件必备技术资料影响检修进程扣1分
2	检查变压器套管	套管清洁	5	(1) 不检查,不清洗套管外表面的灰尘、油垢各扣2分 (2) 未清洗干净扣2分
3	吊出变压器器身	油箱排油至箱盖以下(高度 50 mm);起吊绑扎正确、平衡、无损伤;滴净残油,将器身平衡放在油盘上	12	(1) 排油量不够扣2分 (2) 不会起吊扣3分 (3) 起吊损伤零部件扣5分 (4) 残油未排净及未平稳在盘中各扣2分
4	用规格为 8 in (20.32 mm) 的胶钳夹住导杆上端	不准松动、下坠	5	不会拆除导杆螺母、取出铜垫圈及底垫瓷盖和封环扣2分
5	导杆推入套管中	零件无损伤	2	导杆未推入套管中扣2分
6	拆除套管压件	零件无损伤	5	(1) 损伤上述零件扣2分 (2) 不会拆除套管压件、取出瓷套及密封胶垫扣2分
7	清洗各零部件	导杆、瓷盖、瓷套、铜螺母、垫片、铁压件、箱盖、套管密封面清洁无油垢	2	不会用清洗剂清洗或清洗不干净(每一个零件)扣2分

续表

序号	作业项目	考核内容	配分	评分标准
8	检修各零部件	无损伤、烧伤、破碎,无脱焊,无滑扣,焊接牢固,无裂纹,无沟痕等	18	不会检查导杆、螺纹有无电弧灼伤、滑扣;导杆尾部与引线的焊接不牢固,存在缺陷未发现;不会检查瓷压盖、瓷套有无损伤、裂纹、放电,瓷套内部固定导电杆的凹槽瓷套是否破碎、掉渣;不会检查套管密封面是否平整,有无径向沟痕,出现一次上述情况扣4分
9	处理缺陷	按检修工艺要求进行	16	发现一项缺陷不会处理;不会清理锈蚀或不会补焊、攻螺纹;密封面存在缺陷不处理;严重损伤一项不更换;不更换密封环及密封胶垫,出现一次上述情况扣4分
10	套管组装	均匀紧固铁压件螺母,密封胶压缩量达到1/3,导杆上固定件准确进入套管内部凹槽中,密封环压缩量达到1/2,油箱静油压试验30 min各部分无渗漏	23	不会组装扣3分;组装程序错误每项扣1分;密封胶垫未按工艺要求压缩扣3分;不会均匀紧固螺母扣2分;不会将导杆上固定件准确放入凹槽中扣5分;密封环未按工艺要求压缩扣1分;发现渗漏扣4分;起吊有问题扣3分
11	结束工作	填写检修记录,环境清洁,无野蛮作业	7	填写不规范或错误扣2分;不清理现场,环境脏乱差,向运行人员交代不清各扣2分
12	否定项	违反《电力安全工作规程》		出现违反《电力安全工作规程》现象,本题按0分处理

2. 新上变、配电所二次回路交接验收

(1) 操作准备

1) 模拟新上一台 10 kV 高压开关柜。

2) 可以采用笔试,准备空白纸若干张、笔一支。

(2) 操作要求

1) 严格执行设计标准进行二次回路接线验收。

2) 严格执行规程进行资料台账验收。

3) 应穿工作服、绝缘鞋,戴绝缘手套。

(3) 操作时限。操作时限为 20 min。

(4) 技术标准

1) 端子排上的各种标号齐全、正确。

2）配线已绑扎、固定好，不使用的线头已包扎绝缘，以防发生意外。

3）各类资料台账齐全。

（5）配分及评分标准

序号	作业项目	考核内容	配分	评分标准
1	二次侧接线验收	按图样施工，接线正确	10	回答不正确扣10分
		导线与电气元件间采用螺栓连接、插接、焊接或压接等，均应牢固可靠	5	回答不正确扣5分
		盘、柜内的导线不应有接头，导线绝缘应良好，无损伤	5	回答不正确扣5分
		电缆芯线和所配导线的端部均应标明其回路编号；编号应正确，字迹清晰且不易脱色	10	回答不正确扣10分
		配线整齐、清晰、美观；导线绝缘良好，无损伤	5	回答不正确扣5分
		每个端子板的每侧接线一般为一根，不得超过两根。对于插接式端子，不同截面的两根导线不得接在同一端子上；对于螺栓连接端子，当接两根导线时，应加平垫片	10	回答不正确扣10分
		二次回路接地应设专用螺栓	5	回答不正确扣5分
2	资料台账验收	提供全套工程竣工图样	10	回答不正确扣10分
		提供变更设计的证明文件	5	回答不正确扣5分
		提供制造厂的产品说明书、调试大纲、试验方法、试验记录、合格证件及安装图样等技术文件	10	一项回答不正确扣5分
		根据合同提供备品备件清单	5	回答不正确扣5分
		提供安装技术记录	5	回答不正确扣5分
		提供安装部门调试记录	5	回答不正确扣5分
		提供经安装调试人员签字的配调定值单	10	回答不正确扣10分
3	否定项	违反《电力安全工作规程》		出现违反《电力安全工作规程》现象或离题，本题按0分处理
		离题		

3. 10 kV电流互感器烧损处理

（1）操作准备

1）模拟一台10 kV高压开关柜电流互感器烧损。

2）准备检修的扳手、钳子等工器具及电流互感器等备品、备件。

（2）操作要求

1）应穿长袖棉质工作服、戴安全帽。

2）做好现场隔离安全措施。

3）设配合人员一名。

(3)操作时限。操作时限为 80 min。
(4)技术标准
1)互感器一次侧引线螺栓紧固,接触良好,导线无松股、断股现象。
2)瓷套表面洁净,无裂纹,无渗漏油,相色标志正确、清晰。
3)互感器外壳接地良好。
4)各项检修、试验数据合格,试验项目、周期、标准记录齐全,有可投运结论。
(5)配分及评分标准

序号	作业项目	考核内容	配分	评分标准
1	穿着、工具、材料、备品、备件准备	穿着合理,工具、技术材料、备品、备件齐全、合格,包括运行缺陷记录,检修报告,检修工艺要求	10	(1)着装不符合安全要求扣1分 (2)每缺少一件工具、材料、备品备件而影响检修扣1分 (3)每缺少一件必备技术资料影响检修进程扣1分
2	电流互感器更换前准备	型号、变比、极性、伏安特性	3	不清楚损坏的电流互感器的型号、变比、极性、伏安特性等扣3分
3	检查烧损互感器情况	检查瓷件部分外观应清洁、完整无破损,产品技术文件应齐全、合格,规格型号如变比、极性、电压等级、伏安特性等相同一致,电流互感器无机械损伤,有本公司绝缘试验合格证明,符合安全工作规程,不损坏周围设备,保护和仪表的二次接线标记齐全	10	(1)不进行外观检查,有缺陷未发现扣2分 (2)不检查技术文件和厂家合格证扣2分 (3)不检查更换的电流互感器的规格型号,如变比、极性、准确度、电压、伏安特性等扣2分 (4)不检查机械损伤扣2分;不检查有无本公司绝缘试验合格证扣2分
4	检查现场安全措施	现场安全措施应完备	10	(1)不检查是否停电扣10分 (2)不检查待更换互感器的开关两侧 (3)隔离开关是否已断开扣2分 (4)两侧无地线扣2分 (5)周围未设遮栏、标示牌等扣2分
5	原电流互感器拆卸	拆卸方法正确	20	(1)不会拆卸烧损互感器扣10分 (2)不先拆二次接线,不检查二次接线有无标记扣5分 (3)拆卸一次接线(硬线)引流线时,损伤接触面扣5分

续表

序号	作业项目	考核内容	配分	评分标准
6	新电流互感器安装	无损伤，安装位置与原来一样，同一种类型、同一电压等级的，安装在同一表平面上，中心线和极性方向一致，二次侧接线正确	30	（1）电流互感器固定不牢固，螺栓不紧扣2分 （2）安装位置与原来不一样或倾斜扣1分 （3）一次接线和设备线夹忘接扣10分 （4）一次接线和设备线夹、硬母线引流线处不涂导电脂或氧化膜不处理扣2分 （5）保护接线及仪表回路接反扣5分，少接一个回路扣5分 （6）TA开路扣10分
7	电流互感器接地处理	可靠接地，二次无开路，备用二次短路并接地	10	（1）互感器外壳无接地线扣2分 （2）暂不使用的二次绕组未短路接地扣10分 （3）二次接线端子排处的接地不检查扣2分
8	结束工作	填写检修记录，环境清洁，无野蛮作业	7	（1）填写不规范或错误扣2分； （2）不清理现场，环境脏乱差，向运行人员交代不清各扣2分
9	否定项	违反《电力安全工作规程》		出现违反《电力安全工作规程》的现象，本题按0分处理

单元测试题答案

一、判断题

1. ×　2. √　3. √　4. ×　5. ×　6. √　7. ×　8. √
9. ×　10. √

二、单项选择题

1. A　2. B　3. B　4. A　5. D　6. A　7. D　8. D
9. B　10. C

三、多项选择题

1. ABC　2. ABCD　3. ABCD　4. ABCD　5. BCD　6. BCD
7. ACD　8. ABC　9. ABCD　10. ABCD

四、名词解释
答案略。
五、问答题
答案略。
六、技能题
答案略。

第8单元

组织管理

- 第一节 班组管理／266
- 第二节 质量管理／271
- 第三节 班组信息化管理／281

组织管理是变配电值班电工必备的基础知识。变配电值班电工是班组重要组成部分,熟悉变配电班组的构成,对参与班组管理,融入班组生活,做好本职工作有重要的意义。

本单元从班组管理的基本知识、班组经济核算和各项经济指标的管理、班组工作计划的管理等最基本的知识入手,深入介绍了班组管理的形式、班组经济核算的核算内容、方法与意义,以及开展班组工作计划管理和质量管理的方法等内容。

掌握组织管理知识是对本职业初、中、高级工的基本要求。通过学习本单元,初步建立组织管理的基本概念,在实际工作中,读者可以通过理论与实践的比较,反复复习相关内容,进一步加以掌握。

第一节 班组管理

→熟悉班组管理的基本知识
→熟悉班组经济核算和各项经济指标的管理规定
→能管理好班组

一、班组管理的形式和主要内容

1. 班组管理的形式

供配电企业一般实行公司、工区(车间)、班组(变电所)三级管理。班组是供配电企业管理的最基层。班组实行在工区(车间)主任领导下的班组长(所长)负责制。凡属日常生产或行政工作,由班组长统一指挥。副班长协助班长工作,当班长不在时,代行班长职权。

班组要建立以班组长为首,有党、工、团小组长,老工人和技术员参加的班组核心。班组的重大问题可由班长主持召开班组核心会和班组民主会广泛听取意见。根据班组大小和实际需要建立政治宣传员、技术培训员、安全员、经济核算员、劳动事务员等工管员,实行班组民主管理。工管员由班组长推荐,班组民主选举产生。工管员应在班组长的领导下,按各自职责范围开展工作,成为班组各项工作骨干。工管员同时接受有关科室和专业管理人员的业务指导。

2. 班组管理的主要内容

供配电企业班组管理是整个企业管理的基础。只有提高班组管理素质才能提高企业管理水平。供配电企业管理的基础工作在班组管理中具有特殊重要的作用,构成了班组管理的主要内容。

供配电企业管理的基础工作,是企业在生产经营活动中为实现经营目标,行使管理职能,提供资料依据、共同准则、基本手段和前提条件的专业管理工作。它可分为两大类:一类是专业管理工作,如计划管理、生产管理、技术管理、劳动管理、物资管理、财务管理等;另一类是为专业管理工作提供依据和保证条件的基础工作,如以原始记录和统计工作为主要内容的信息工作、计量工作、定额工作、标准化工作，以责任制为核心的规章制度和员工教育工作等。班组管理是供配电企业管理的基础。

二、班组经济核算和各项经济指标的管理

1. 班组经济核算的目的

班组经济核算是企业经济核算的基础，是进一步落实企业内部经济责任制的重要手段，是发动员工当家理财、直接参加企业管理的一种主要形式。通过班组核算可以及时地、具体地反映和考核班组指标的完成情况，据此分析研究，找出差距，挖掘潜力，以达到提高经济效益的目的。

2. 班组经济核算的核算单位

班组经济核算应该因地制宜，根据企业生产经营特点、劳动组织和管理需要划分核算单位，不能强求一致。其确定原则主要是从有利于班组之间的团结协作，有利于划清经济责任，便于考核经济效果出发。一般采取如下几种核算单位：

（1）按班组为单位进行核算。如班组（变配电所）的技术经济小指标核算。

（2）按设备为单位进行核算。如按一台主变压器、一条线路、一台断路器核算大修费用。

（3）按工程项目为单位进行核算。如大修、技改工程项目承包费用核算。

（4）按每台车辆为单位进行核算。如对每台汽车进行运行里程、费用和耗油量核算。

3. 班组经济核算的内容

根据班组承担的经济责任和可能控制的范围确定班组经济核算的内容。一般核算产量、质量、劳动效率、物资损耗、成本费用、设备利用、安全生产等指标。

供配电企业班组核算内容通常以技术经济小指标为主，即把企业承包的目标任务层层分解到车间、班组直至个人。班组据此对有关小指标进行核算。班组核算的主要内容有：

（1）按月或按季核算工区（车间）下达班组的技术经济小指标。根据各项小指标的重要程度确定记分标准，按指标完成情况计分，根据分数综合评价班组成绩，考核班组经济效果作为评奖依据。如供配电企业对材料费指标核算，出勤率和工时利用率核算，电费回收率核算等。

（2）计算大修、改进、业务扩充、基本建设工程有关费用或工程成本支出及节约情况。此种核算一般按工程项目进行，开工前一般要根据工程承包合同或协议规定按定额编报工程预算。以小型安装工程为例，预算内容包括：

1）直接费用，包括人工费、材料费、机械费。

2）其他直接费用，包括施工工具使用费、检验试验费等。

3）间接费用，包括施工管理、临时设施费等。

4）其他费用，包括技术装备费、计划利润、税金等。

（3）建立节约制度，精打细算节省开支，核算在检修、运行维护、工程施工等工作中，在人力、物力上挖掘了多少潜力，节支的数量和金额。

(4) 计算通过技术革新成果提高的经济效果。一般按单项计算提高的劳动效率或经济效益。

(5) 计算生产上发生的事故或工程质量事故所造成的损失。包括设备损失、少售电量损失、给用户造成的损失和为恢复生产所消耗的费用等。

4. 班组核算的方法

供配电企业班组核算主要以统计核算为主，即以价值量、实物量和劳动量为计量单位，反映各核算单位总体或个别的经营活动状况。班组核算可采取的方法有：

(1) 技术经济小指标统计计算法。以公司和工区（车间）下达的技术经济小指标为依据，进行核算。这是适应各类班组的较普遍的核算方法。

1) 供（售）电量指标。适应于担负供（售）电量指标的变配电所、营业所和电管站等。按月计算出实际供（售）电量并与计划电量相比，可以得出供（售）电量的完成情况。

$$供（售）电量计划完成率 = 实际供（售）电量/计划供（售）电量 \times 100\%$$

2) 电费回收率指标。适应于担负电费回收率指标的营业所、电费班组、电管站等。

$$电费回收率 = 实收电费/应收电费 \times 100\%$$

3) 材料费用消耗指标。由于供配电企业各类班组都是以运行、维护设备为主，日常工作需要耗用的主要是维护材料和工器具等，因此材料费用消耗核算是班组核算的主要项目。工区（车间）要按月（或季）向班组下达费用指标，以便实行计划或定额考核。定额考核可采用"费用定额本"的形式管理和结算。这种核算形式可分为三步：

第一步，先确定工区（车间）常用工具、用具、材料等的计划价格。

第二步，核定班组或个人为对象的费用定额。

第三步，按定额发给班组（或个人）费用定额本，凭费用定额本领料，月底进行结算，节约部分计算其价值。计算方法如下：

$$班组材料费用节约额 = 班组材料费用规定限额 - 实际领用材料额$$

4) 工时利用指标。班组工时利用效果通常以出勤率和工时利用率反映。班组必须做好考勤记录和工时记录，实出勤工时和应出勤工时的比值为出勤率，生产工时和应出勤工时的比值为工时利用率，其计算公式如下：

$$出勤率 = 班（组）人员实际出勤日数/班（组）人员应出勤日数 \times 100\%$$

$$工时利用率 = 班（组）实际生产工时/班（组）应出勤工时 \times 100\%$$

5) 安全指标。通常以事故发生次数和经济损失来反映。

6) 其他费用指标。包括维修费、差旅费、办公费等。通过实际支出的费用额与计划费用额的比较，计算出节约额或超支额。

(2) 单项工程承包核算法。在供配电企业改革中，为了搞活企业，调动广大员工的积极性，实行大修、改进、业扩单项工程承包责任制，相应要进行单项工程承包核算，一般分三步进行：

第一步，根据实际需要确定工程承包项目内容。应本着先进合理的原则，计算各个项目计划承包指标，班组与工区（车间）签订承包合同（协议），合同（协议）中必须明确责任和奖惩。

第二步，加强施工管理，合理安排工时，完善施工各种原始记录，以备竣工时统计核算用。

第三步，进行工程竣工验收合格后的核算。

单项工程一般包括：工期、质量、安全、工时消耗、工程费用（包括人工费用、材料费用、运输费用及其他费用）等。各种形式的单项工程承包原则是：通过实行各种单项工程承包形式，调动员工的生产积极性，尽可能降低工程造价和提高施工质量，促进工程管理水平的提高，达到工程安全、质量和效益的统一。

5. 班组经济活动分析

班组经济活动分析是班组经济核算的一个重要环节和组成部分。它是根据班组经济核算资料与计划、同行业班组先进水平和上期经济核算情况进行对比，对班组经济活动过程和结果进行的检查分析，从而达到揭露矛盾，找出差距，查明原因，总结经验教训的目的，以便采取措施，堵塞漏洞，挖潜增效。

班组经济活动分析的形式可灵活多样，可以定期或不定期地召开班组经济活动分析会。班组经济活动分析多采用"一事一议"的形式，也可以组织员工进行全面分析或重点分析。经济活动分析程序是：首先提出课题，由核算员摸清情况，收集有关内容真实、数据准确的资料；其次根据发现的问题，组织大家充分讨论，分析造成差异的原因，查出主要原因，抓住主要矛盾；第三根据分析结果，针对薄弱环节，提出改进意见，拟定实施方案，确定完成日期和具体负责人，以便实施和检查。

三、班组工作计划的管理

班组是企业生产作业单位。班组计划实际上就是班组的作业计划，是企业计划的分计划，也是企业计划的保证措施。因此班组计划管理的目的是，保证实现企业的生产经营总目标，不断提高企业的经济效益。班组的生产作业必须实施计划管理，达到班组生产作业有计划、有组织、有步骤、有措施、有控制的目的。

1. 班组计划分类

（1）按时间分类

1）年度计划。它是班组年度内生产作业总任务的计划，是班组全体员工生产作业的行动纲领和奋斗目标。

2）月度计划。这是年度计划的分期计划，是月度作业任务的具体计划。

3）周计划、日计划。这是班组作业的行动计划。

（2）按计划的性质分类

1）指令性计划。这是企业、车间下达给班组的必须完成的任务。

2）指导性计划。这是车间、班组为了保证企业计划的实现而制定的执行性计划。

（3）按计划的内容分类

1）生产作业计划。

2）劳动工时计划。

3）物资需用计划。

4）成本费用计划。

5）设备检修计划。

6）技术改造计划。

7）班组培训计划。

8）质量计划。

9）节能计划。

2. 班组计划管理的内容

(1) 班组计划的制定。制定好班组计划是班组计划管理的首要环节。通过班组计划的制定，明确班组的目标，明确每个员工的任务和责任，制定出切实可行的计划实施措施。

(2) 班组计划的执行。班组计划一经制定，要保证计划的严肃性，全班员工要努力完成计划，要视计划为生产作业职责，坚决履行，并安全、保质、保量地完成。

(3) 班组计划的协调检查和控制。做好班组计划执行过程中的协调、执行情况的定期检查，生产作业进度、质量的控制，是班组计划管理的重要环节，不可忽视，应认真抓好。

(4) 班组计划执行成果的分析总结与改进。总结成果、肯定成绩、可以提高员工的积极性；分析问题，提出改进措施，使管理水平不断提高。

(5) 班组计划执行情况的考核。在总结和分析班组计划执行结果的基础上，应按责任制进行考核，并根据企业有关规定兑现奖惩。

3. 班组计划的编制

(1) 计划编制的依据

1）企业生产经营总目标的分解值，班组承担的分目标。

2）班组的岗位职责、任务。

3）班组的技术装备、技术力量。

4）班组的人员配备。

5）班组需用物资的供应情况。

6）班组所需生产费用的落实情况。

7）技术工艺、操作标准以及其他信息资料的准备和提供情况。

8）质量标准。

9）各种定额等。

(2) 班组计划编制的原则和要求

1）计划要体现先进性、科学合理性。班组计划目标要略高于承担的企业分目标，但要防止层层加码，保护班组的积极性。

2）计划要具体、明确，班组目标要分解落实到各岗位及员工。

3）计划的实施措施要切实可行，要便于操作。

4）能表格化的计划内容（如项目、进度）要表格化。

5）班组计划的制定要由班组长提出，组织全班员工充分讨论，发掘员工的智慧和积极性，并进行修改补充，使计划更加准确、可靠。

(3) 计划编制的内容
1）计划项目、目标值以及承担者。
2）计划实施的措施及负责人。
3）检查考核的方法标准。
4）物资、资金费用需求计划。

第二节 质量管理

→熟悉质量管理（QC）小组的基本知识
→能执行全面质量管理的方针和质量目标
→能组织 QC 小组活动

一、质量管理（QC）小组的性质、特点和类型

1997 年 3 月 20 日由国家经贸委、财政部、中国科协、中华全国总工会、共青团中央、中国质量管理协会联合颁发的《印发〈关于推进企业质量管理小组活动意见〉的通知》中指出，QC 小组是"在生产或工作岗位上从事各种劳动的员工，围绕企业的经营战略、方针目标和现场存在的问题，以改进质量、降低消耗、提高人的素质和经济效益为目的组织起来，运用质量管理的理论和方法开展活动的小组"。

1. QC 小组的性质和特点

QC 小组是企业中群众性质量管理活动的一种有效的组织形式，是员工参加企业民主管理的经验同现代科学管理方法相结合的产物。QC 小组同企业中的行政班组、传统的技术革新小组有所不同。

QC 小组具有以下几个主要特点：

（1）明显的自主性。QC 小组以员工自愿参加为基础，实行自主管理，自我教育，互相启发，共同提高，充分发挥小组成员的聪明才智和积极性、创造性。

（2）广泛的群众性。QC 小组是吸引广大员工积极参与质量管理的有效组织形式，不仅包括领导人员、技术人员、管理人员，而且更注重吸引在生产、服务工作第一线的人员参加，广大员工在 QC 小组活动中学技术，学管理，群策群力分析问题、解决问题。

（3）高度的民主性。这不仅是指 QC 小组的组长可以是民主推选的，可以由 QC 小组成员轮流担任课题小组长，以发现和培养管理人才。同时还指在 QC 小组内部讨论问题、解决问题，在活动中坚持用数据说明事实，用科学的方法来分析与解决问题，而不是凭"想当然"或个人经验。

2. QC 小组的类型

按照 QC 小组参加的人员与活动课题的特点，QC 小组主要分为"现场型""管理型""服务型""攻关型"四种类型。

(1) 现场型 QC 小组。现场型 QC 小组是以班组和工序现场的操作工人为主体组成的,以稳定工序质量、改进产品质量、降低消耗、改善生产环境为目的,活动的范围主要是在生产现场。这类小组一般选择的活动课题较小、难度不大,是小组成员力所能及的,活动周期也较短、比较容易出成果,但经济效益不显著。

(2) 服务型 QC 小组。服务型 QC 小组是专门指那些由从事服务工作的员工群众组成的,以推动服务工作的标准化、程序化、科学化,提高服务质量和经济、社会效益为目的,活动范围主要是在服务现场。这类小组与现场型 QC 小组类似,一般活动课题较小、围绕身边存在的问题进行改善、活动时间不长、见效较快。虽然这类组织形式经济效益不显著,但社会效益往往比较明显,甚至会影响社会风气的改善。

(3) 攻关型 QC 小组。攻关型 QC 小组通常是由领导干部、技术人员和操作人员三结合组成,它以解决技术关键为目的。这类课题难度较大、活动周期较长、需要投入较多的资源,通常技术经济效果显著。

(4) 管理型 QC 小组。管理型 QC 小组由管理人员组成,以提高业务工作质量、解决管理中存在的问题、提高管理水平为目的。这类小组的选题有大有小,课题难度也不相同,效果差别也较大。如只涉及本部门具体管理业务工作方法改进的课题就小一些;而涉及全企业各部门之间协调的课题就会较大。

二、质量管理(QC)小组活动的开展

1. QC 小组组建程序

由于各个企业的状况、欲组建 QC 小组的类型、选择的活动课题和特点等不同,组建 QC 小组的程序也不尽相同,大致可以分为三种情况。

(1) 自下而上的组建程序。由同一班组的几个人(或一个人),根据想要选择的课题内容,推举一位组长(或邀请几位同事),共同商定是否组成一个 QC 小组。取得共识后,由经确认的 QC 小组组长向所在车间(或部门)申请注册登记,经主管部门审查认为具备建组条件后,即可发给小组注册登记表和课题注册登记表。组长按要求填好注册登记表,并交主管部门编录注册登记号,该 QC 小组组建工作便告完成。

这种组建程序,通常适用于那些由同一班组(或同一科室)内的部分成员组成的现场型、服务型、包括一些管理型的 QC 小组。这样组建的 QC 小组,由于所选的课题一般都是自己身边的、力所能及的较小的问题,所以成员的活动积极性、主动性很高,企业主管部门应给予支持和指导,包括对小组骨干成员进行必要的培训,以使 QC 小组活动持续有效地开展。

(2) 自上而下的组建程序。这是企业目前较普遍采用的。首先,由企业主管 QC 小组活动的部门,根据企业实际情况,提出企业开展 QC 小组活动的方案,然后与车间(或部门)的领导协商,达成共识后,由车间或部门与 QC 小组活动的主管部门共同确定本单位应建几个 QC 小组,并提出组长人选,进而与组长一起物色每个 QC 小组所需的组员、所选的课题内容。然后由企业主管部门会同车间(部门)领导发给 QC 小组长注册登记表。小组长按要求填好注册登记表,经企业主管部门审核同意,并编上注册

号,小组组建便告完成。

这种组建程序较普遍地被"三结合"技术攻关型 QC 小组所采用。这类 QC 小组所选择的课题往往都是企业或车间(部门)急需的、有较大难度、牵涉面较广的技术、设备、工艺问题,需要企业或车间为 QC 小组活动提供一定的技术、资金条件,因此,自下而上组建方式难以进行。还有一些管理型 QC 小组,由于其活动课题也是自上而下确定的,并且是涉及部门较多的综合性管理课题,因此,通常也采取这种程序组建。这样组建的 QC 小组,容易紧密结合企业的方针目标,抓住关键课题,给企业和 QC 小组成员带来直接经济效益。又由于有领导和技术人员的参与,活动易得到人力、物力、财力和时间的保证,有利于取得成效。但易使成员产生"任务观点",影响活动的积极性、主动性。

(3) 上下结合的组建程序。这是介于上面两种组建方式之间的一种。它通常是由上级推荐课题范围经下级讨论认可,上下协商来组建。协商的内容主要是组长和组员人选的确定、课题内容的初步选择等问题,其他程序与前两种相同。

2. QC 小组的人数

为便于自主地开展现场改善活动,QC 小组人数一般以 3~10 人为宜。每个 QC 小组成员具体多少,应根据所选课题涉及的范围、难度等因素确定,不必强求一致。在课题变化或小组成员岗位变动后,成员数也可作相应调整。在小组成员人数可多可少的情况下,宜少不宜多,以便于每个小组成员都能在小组活动中充分发挥作用。

3. QC 小组的注册登记

为了便于管理,组建 QC 小组应认真做好注册登记工作。注册登记表由企业 QC 小组活动主管部门负责发放、登记编号和统一保管。

QC 小组的注册每年要进行一次重新登记。以便确认该 QC 小组是否还存在,或有什么变动。《关于推进企业质量管理小组活动的意见》中指出:"对停止活动持续半年的 QC 小组予以注销。"如果上一年度的活动课题没有结束,还不能注册登记新课题时,则应向主管部门书面说明情况。

4. QC 小组活动开展程序

(1) 选择课题。QC 小组组建后,就要开展活动,首先是选择课题,也就是决定"大家一起来解决什么问题"。

课题的来源一般有三个方面:一是指令性课题。即由上级主管部门根据企业(或部门)的实际需要,以行政指令的形式向 QC 小组下达的课题,这种课题通常是企业生产经营活动中迫切需要解决的重要技术攻关性的课题。二是指导性课题。通常由企业的质量管理部门根据企业实现经营战略、方针、目标的需要,推荐并公布一批可供各 QC 小组选择的课题,每个小组则根据自身的条件选择力所能及的课题开展活动,这是一种上下结合的方式。三是由小组自行选择课题。

QC 小组在选择课题时可以从三个方面来考虑:
1) 针对企业经营目标在本部门落实的关键点来选题。
2) 从现场或小组本身存在的问题方面选题。
3) 从用户不满意的问题中去选题。

选题还要注意以下两个问题：

第一，课题宜小不宜大，就是应尽量选择解决具体问题的课题。

第二，课题的名称应一目了然，不可抽象。如"降低×××消耗""提高××××效率"等，简洁、明了，针对性强。

（2）现状调查。课题确定之后，就要对现状进行认真的调查。通过对调查所收集到的数据进行整理、分析，把症结找出来。然后就可以设定目标，一步一步地进行下去。现状调查常用的方法有调查表、排列图、直方图、控制图、分布图等。

现状调查在整个QC小组活动程序中是很重要的一环，它的作用是为目标的确定提供充足的依据。现状调查要注意以下几个问题：

1）用数据说话。收集数据要注意三点：第一，收集的数据要有客观性，避免只收集对自己有利的，或者从收集的数据中只挑选对自己有利的数据而忽略其他数据；第二，收集的数据要有可比性，不可比的数据不能作为说明采取对策有效性的证据；第三，收集数据的时间要有约束，要收集近期的数据，才能真实反映现状，因为情况是会随着时间的变化而变化的，时间间隔长的数据就不能反映现状，用时间间隔长的数据进行分析，可能会使以后的活动进入歧途。

2）对现状调查取得的数据要整理分类，进行分层分析，以便找到问题的症结所在。对通过调查取得的客观数据，要从不同角度进行分类，并对分类数据进行分析。

为了对数据进行分类分析，通常可以把数据按以下标志分类：

①按时间区分，也就是按年、月、日、班次来区分。

②按地点区分，也就是按位置、工地及工艺不同来区分。

③按症状区分，也就是按缺陷种类、特性、状态来区分。

④按作业区分，也就是按生产线、机械类型不同来区分。

3）不仅收集已有记录的数据，更需亲自到现场去观察、测量、跟踪，直接掌握第一手资料，以掌握问题的实质。

（3）设定目标。设定目标要注意以下三个问题：

1）目标要与问题相对应。如果课题名称是"降低××材料的消耗率"，现状也已调查清楚，设定目标就是要回答消耗率由现在的多少，降低到多少。目标不要设定的太多，以免把问题复杂化，通常以1个为宜，最多不要超过2个。

2）目标要明确表示。所谓明确表示，就是要用数据表达目标值。没有量化的目标，在对策实施后就无法证明它是否已实现了目标。如某小组以改善服务态度为目标，没有设定量化的目标值，通过对策实施，出现了一批好人好事，有的事迹很感人，但服务态度到底改善到什么程度？说不清楚。所以只有量化的目标，才能检查，才能对比。不能量化的目标就不能设定为目标。

3）要说明制定目标的依据。制定的目标，既要有一定的挑战性，又要是经过努力可以实现的。应该陈述清楚制定这个目标水平的理由。能用事实、数据说明更好。

（4）分析原因。问题明确了，目标也已设定，接下来就要针对问题进行分析，弄清究竟是什么原因造成这个问题。如果是指令性课题和目标，而现存问题不明确，则在分析原因之前，先要把现状与目标值之间的差距调查分析清楚。

在分析原因时要注意以下四个问题：

1）要针对所存在的问题分析原因避免犯逻辑性错误。

2）分析原因要展示问题的全貌，要从各种角度把有影响的原因都找出来，尽量避免遗漏。

3）分析原因要彻底，要展开分析到可直接采取对策的具体因素为止。

4）要正确、恰当地应用统计方法，如因果图、系统图与关联图等。

（5）确定主要原因。通过分析原因，分析出的可能影响问题的原因有很多条，其中有的确实是影响问题的主要原因，有的则不是。这一步骤就是要对诸多原因进行鉴别，把确实影响问题的主要原因找出来，将目前状态良好，对存在问题影响不大的原因排除掉，以便为制定对策提供依据。确定主要原因可按以下三个步骤进行：

1）把因果图、系统图或关联图中的末端因素收集起来，因为末端因素是问题的根源，所以主要原因要在末端因素中选取。

2）在末端因素中看看是否有不可抗拒的因素，所谓不可抗拒因素，就是指小组乃至企业都无法采取对策的因素。属于不可抗拒因素，应把它剔除出去，不作为确定主要原因的对象。

3）对末端因素逐条确认，以找出真正影响问题的主要原因。

（6）制定对策。主要原因确定之后，就可分别针对所确定的每条主要原因制定对策。制定对策通常可以分三个步骤进行：

1）提出对策。首先针对每一条主要原因，让小组全体成员开动脑筋、敞开思路、独立思考、相互启发，从各个角度提出改进的想法。应鼓励小组全体成员尽量多提建议，对策提得越多越具体越好，这里可先不必考虑提出的对策是否可行，只要是可能解决这主要原因的对策都提出来，这样才能尽量做到不遗漏真正有效的对策，才能集思广益。

2）研究、确定所采取的对策。针对每一条主要原因所提出的若干对策进行分析研究，主要考虑以下几点：

①分析研究对策的有效性。

②分析研究对策的可实施性。

③避免采用临时性的应急措施作为对策。

④尽量采用依靠小组自己的力量就能解决问题的对策。另外，还要考虑经济性，技术性，难易度等内容来制定对策。

3）制定对策表。针对每一条主要原因采用什么对策确定之后，就可制定对策表。对策表是整个改进措施的计划，是下一步实施对策的依据，必须做到对策清楚、目标明确、责任落实。为此需按"5W1H"原则来制定。"5W1H"取自六个英文单词的第一个字母，即 WHAT（对策）、WHY（目标）、WHO（负责人）、WHERE（地点）、WHEN（时间）、HOW（措施）。

按"5W1H"的原则，QC 小组常用的对策表头见表 8—1。

表 8—1　　　　　　　　QC 小组常用的对策表头

序号	要因	对策	目标	措施	地点	时间	负责人

（7）实施对策。对策制定完毕，小组成员就可以严格按照对策表列出的改进措施计划加以实施。在实施过程中，组长除了完成自己负责的对策外，要多做一些工作，定期检查实施的进程。在实施过程中如遇到困难无法进行下去时，应及时与小组成员讨论，如果确实无法克服，可以修改对策，再按新对策实施。每条对策实施完毕，要再次收集数据，与对策表中所定的目标比较，以检查对策是否已彻底实施并达到了要求。

在实施过程中应做好活动记录，把每条对策的具体实施时间、参加人员、活动地点与具体怎么做的、遇到什么困难、如何克服的、花了多少费用都加以记录，以便为最后整理成果报告提供依据。

（8）检查效果。对策表中所有对策全部实施完毕后，就要按新的情况进行试生产（工作），并从试生产（工作）中，收集数据，用以检查所取得的成果。

1）把对策实施后的数据与对策实施前的状况以及小组制定的目标进行比较，明确改善的程度，看是否达到了预定的目标。

2）计算经济效益。解决了问题，取得了成果，就可以计算解决这个问题后给企业带来的经济效益，这样能更好地鼓舞士气，增加自豪感，调动积极性。计算经济效益时一定要实事求是，千万不可夸大。计算期一般不超过一年。计算出的效益还应减去本课题活动中的耗费，才能得出预计一年给企业创造多少经济效益。

（9）巩固措施。取得效果后，就要把效果维持下去，防止问题的再发生。为此，要制定巩固措施：

1）把对策表中通过实施已证明了的有效对策（如变更的工作方法、操作标准，变更的有关参数、图纸、资料、规章制度等）初步纳入有关标准，报经有关部门认可。批准后，制定或修订有关的标准和管理方法、制度。

2）再到现场确认，看是否按新的方法操作（工作）和执行了新的标准。

3）在取得成果的一段时期内（巩固期一般为三个月）要做记录，进行统计，用数据说明成果的巩固状况。

（10）总结。成果完成后，QC 小组成员要坐下来，围绕以下内容认真进行总结：

1）通过此次活动，除了解决本课题外还解决了哪些相关问题，还需要抓住哪些还没有解决的问题。

2）检查在活动程序方面，在以事实为依据、用数据说话方面，在方法的应用方面取得的经验教训，找出不足之处。

3）认真总结通过此项活动所取得的无形效果。可从"四个意识"（质量意识、问题意识、改进意识、参与意识）的提高、个人能力的提高、解决问题的信心、团队精神的增强等方面来总结。这些效果虽然不直接产生经济效益，但都是非常宝贵的精神财富。

上述 QC 小组活动的程序是国内外 QC 小组活动经验的总结。按此程序进行活动，就能一步一个脚印，一环扣一环地进行下去，从而少走弯路。熟练地掌握程序和方法的应用，并重视用数据说明事实，提高解决问题的能力，从而提高 QC 小组成员的素质。

5．QC 小组活动总结及成果报告

QC 小组全体成员经过共同努力，完成一个课题的活动循环之后，无论是否达到了预期目标，都应认真总结，以利于今后活动的有效开展。对于已经达到了预期目标的成果，总结后应整理成果报告，准备发表，以期交流和表彰。通过总结，有利于总结分析活动的经验与教训，提高今后活动的有效性；有利于成果的推广和交流；有利于成果的认可和评选。

（1）整理成果报告的一般步骤

1）由 QC 小组组长召集小组全体成员开会，认真回顾本课题活动全过程，总结分析活动的经验教训，如选题是否适宜、问题分析是否全面、原因分析是否透彻、措施的针对性强不强等。

2）按照小组成员分工，收集和整理小组活动的原始记录和资料。这些原始记录和资料包括：小组开展集体活动的会议记录，本课题的现状调查和有关数据的调查记录，对策实施过程中进行试验、检验、分析的数据和记录，以及课题目标与国内外同行的对比资料、与企业历史最好水平的对比资料、活动前后的对比资料等。

3）由成果报告执笔人在掌握上述资料和总结会上全体成员所提建议的基础上，按照 QC 小组活动的基本程序整理成果报告（初稿）。

4）将执笔人整理出的成果报告（初稿）提交小组成员会议上由全体成员认真讨论、修改、补充、完善。最后由执笔人集中大家意见，修改完成成果报告。

（2）成果报告的主要内容

1）介绍小组概况。成果报告中的首要内容就是小组概况的介绍。介绍的内容主要有：小组名称；组长及组员的姓名，职称（务）及分工；小组及课题的注册号；活动起讫时间。需要注意的是，QC 小组活动所取得的成果，应有一个巩固期，按照现在的规定，成果巩固的时间一般不得少于三个月。因此，活动结束的时间至少应在发表报告三个月之前。

由于小组概况所涉及的内容较多，应使资料表现具有条理性，具体介绍的形式可适当灵活。

①采用表格形式，内容紧凑，条理清楚。表 8—2 所列小组概况介绍形式具有一定的代表性，供大家参考。

表 8—2　　　　　　　　　　QC 小组介绍表

小组名称				小组类型	
课题名称				注册日期	
				注册表	
活动日期		活动次数			
组内职务	姓名		文化程度		小组工分
组　长					

续表

小组名称			小组类型	
副组长				
组 员				
组 员				
组 员				

②文字介绍与表格介绍相结合介绍小组概况模式见表8—3。

表8—3　　　　　文字介绍与表格介绍相结合介绍小组概况表

小组成立时间：
本次课题活动时间：
小组注册号：
课题注册号：

QC 小组成员介绍

序号	姓名	性别	年龄	文化程度	职称（工种）	小组分工

2）选题理由。应将本次 QC 小组活动课题的选题理由交代清楚。说清理由，只要把上级方针是什么、根据上级方针本部门有什么要求、实施这个要求的关键点是什么、差距有多大等事实用数据表达出来即可。这样，选题的目的及必要性就很充分，理由也就说清了。

表述选题理由时应简洁、明了、充分，采取的形式可以各异，但要简明扼要，用数据表达，切忌长篇大论地阐述。

3）现状调查与分类。成果报告中的现状调查，其核心就是将小组活动时的现状调查的结果清晰、有条理的反映出来，采用恰当的方式将 QC 小组活动对象在一段时间内的具体表现展现出来。在提供数据资料时，数据应给人以第一手资料的感觉，使人信服。要对数据进行必要的分类，通常可按时间、地点、症状、作业区等标志进行分类，为后面的要因分析创造一定的条件。

成果报告中反映现状调查的状况时，要注意使用合适的表示方法，常用的方法有调查表、排列图、直方图、散布图、折线图等。

4）确定目标值。确定目标值，是为了明确 QC 小组活动要把已确定的问题解决到什么程度。目标值的确定也为活动结束时检查活动的效果，对小组活动进行评价提供了依据。确定目标时，应特别注意目标要与问题相对应。如课题名称是"降低××的损耗"，那么在确定目标时，就要回答损耗要由原来的多少降低到一个什么新的水平。目标必须量化，只有量化的目标才能检查、比较。

成果报告中的确定目标值，重点应说明制定目标的依据，依据主要来源于三个方面：企业近期方针目标值，同行业先进水平，小组成员讨论决定。不同性质的课题，在说明制定目标的理由时，可采取不同的方式。对于指令性的课题，依据就是上级的指令，可不必多说，但应对目标的可行性进行分析。对于其他的课题，则需对目标确定进行论证。论证主要有两方面的内容：一是进行必要性分析，二是进行可行性分析。在论证时，最好能用事实、数据说话。如目前国内同行业先进水平达到什么程度，而本企业各方面情况都差不多，所以制定的目标也要达到这个水平；或是过去历史上曾达到过或接近这个水平；现在的条件又有所改善，就应该稳定在这个水平上。

5）分析产生问题的原因。此处的原因分析，应将 QC 小组在进行实际活动时，分析出的造成问题发生的各因素，逐条地予以反映。在描述问题的原因时，应特别注意原因与问题的逻辑关系，紧紧围绕问题展示原因。分析时要展示问题的全貌，一般从"人、机、料、法、环"五个方面进行说明或再增加一个测量，但也需具体情况具体分析，确实存在上述几个方面问题的可全面展示，对于只涉及一部分因素的现象，则不必刻意去追求展示的全面性。另外，还要注意原因之间的层次关系。应将末端原因全部展示出来，与后面的对策表内容相适应。避免出现分析出的原因与问题之间的联系不密切、牵强附会、刻意追求原因的全面性和分析问题不够彻底等现象。

展示问题必须应用必要的统计方法。常用的方法有因果图和关联图等。

6）确定要因。分析出的原因不可能在 QC 小组活动一个循环期内全部解决，在找到解决问题的方法之前，应先确定出影响问题的主要因素。这里的要因确定，不必将确定的过程进行详细介绍，而应侧重于确定要因所采取的方法。将方法表述清楚，使人们感到要因的确定是有根据的，而不是只凭印象、感觉来确定的。确定要因的常用方法主要有：

①现场验证。即到现场通过试验取得数据来证明。

②现场测试、测量。即到现场通过亲自测试、测量取得数据，与标准进行比较，用其符合的程度来证明。

③调查分析。即对一些不能用试验或测量的方法来取得数据的因素（如人的因素），通过设计调查表，到现场进行调查，分析，取得数据来证明。

应该注意的是，要因要简明扼要，数量不要太多。确定要因常用的统计方法主要有调查表、直方图、排列图等。

7）对策表。影响问题的主要原因确定下来之后，接着便是分别针对所确定的每条主要原因制定相应的对策。对策一般以对策表的形式表现。

8）实施对策。应逐条地将对策实施过程的主要情况进行说明。如实施的组织，包括小组成员的分工都将交代清楚，小组内每个成员都应有工作；对策在实施过程中的情况，包括实施是否顺利，遇到什么困难，如何克服及制定的措施是否符合实际，是否对对策进行过修正，如修正，则修正后实施情况等。在对策实施过程中涉及工艺参数的，实施中的工艺参数应如实记录下来并将之反映出来。

特别应强调的是，实施的对策应与对策表相呼应。凡是对策表中提出的对策在实施对策这一阶段时都要反映，凡是对策表中未提及的对策，千万不要无中生有地捏造，以免出现前后不一致的成果报告。

9) 效果检查。对策措施的实施，必将出现相应的结果，出现的结果究竟如何，必须给予准确，具体的评价。成果报告对对策实施后效果的评价应注意以下几个问题：

①要以实施对策后所取得的数据为依据。

②将对策实施后的数据与目标值进行对比，看是否达到了预计的目标。

③对于取得的经济效益，要有权威部门的认可。对于间接（社会）效益的认定，可用新闻媒介、政府、客户的评价作为依据。

10) 巩固措施。应将在实践中被证明行之有效的对策标准化。在今后的工作中，必须按新的标准执行，这样才能够把已经取得的成果维持下去，防止问题的再次发生。成果报告应明确反映这一内容。

11) 回顾与打算。这部分涉及的内容有三点：第一，本次活动取得的成果及需要继续解决的问题；第二，进行活动的心得体会，第三，总结整理成果报告应注意的问题。

总结、整理成果报告的主要目的有两个：一是为了小组自身的提高，通过对已解决问题的总结来提高解决问题的能力；二是为了发表交流，互相激励、互相启发、共同提高。

(3) 整理成果报告注意事项

1) 严格按活动程序进行总结。QC小组开展活动、解决课题是按活动程序进行的，在课题解决之后，再按活动程序一个步骤、一个步骤地进行总结回顾，看看各步骤之间，是不是做到紧密衔接了，每一步骤所下的结论，是否有充分的依据及说服力，所用的方法有没有错误的地方。只有通过认真的总结、整理，才能真正提高解决问题的能力。有时通过全面的总结、整理，自己会发现尚有欠缺之处，在可能的情况下，还可进一步地补充、完善。这样总结、整理出的成果报告，就有很强的逻辑性，体现出一环扣一环，处处都有交代，使整理总结的人清楚自己的思路及活动的全貌。

2) 把在活动中所下的工夫，努力克服困难、进行科学判断的情况总结到成果报告中去。例如，小组是如何对现状一层、一层地进行调查分析，从而找到问题症结点的；如何寻找证据来确定主要原因的；在若干条可采取的对策中如何决定所采取的对策的；实施中又是如何千方百计去实现对策的等。这样就能把内容总结、整理的生动、活泼、充实，而且有根有据、有说服力，还能使其他小组得到借鉴与启发。

3) 成果报告要以图、表、数据为主，配以少量的文字说明来表达，尽量做到标题化、图表化、数据化，以使报告清晰、醒目。实践证明，用密密麻麻的文字叙述为主体的成果报告，其交流效果是很差的。

4) 不要用专业技术性太强的名词术语，要用通俗易懂的语言进行必要的解释。因为成果发表的目的在于交流，其前提是要让人看懂、听懂，只有看懂、听懂了才能从发表的成果中得到启发，才能达到交流的目的。

第三节 班组信息化管理

→ 熟悉班组信息化目标体系
→ 熟悉班组智能管理信息化系统设计
→ 了解班组智能管理系统的功能

一、信息化目标体系

在供电企业管理中,计算机应用的初级阶段多半是在单机上进行的单项开发和基层的数据处理工作,以减轻繁重的劳动、提高工作效率为目的,不涉及企业的整体概念。但发展到管理信息系统阶段,它除了为基层的数据处理服务外,更主要的是面向高层管理和决策,有整体概念,以提高整个系统的效益为目的,因此,系统目标就成为管理信息系统设计的重要内容,这个目标体系是依据部分电力企业目标制定的。

1. 管理信息系统的主要任务

(1) 全面反映电力企业班组建设,分类存储记录,为班组建设综合分析提供可靠的基础数据。

(2) 设立设备管理台账,分类统计,提高设备完好水平,促进企业生产水平的全面提高。

(3) 缺陷管理,规范电力企业设备缺陷处理的流程,使每个设备缺陷从发现到消除以及验收,都有相关的记录信息,为设备的运行提供良好的状态依据。

(4) 生产管理,全面反映班组人员的日常工作内容,规范和记录班组的每次活动,为班组的工作提供重要的数据,优化经营管理,提高工作效率和经济效益。

(5) 提供现代化办公手段,提高办公效率,利用计算机及其网络功能提供信息服务,辅助生产管理。

(6) 两票管理,利用计算机网络和软件进行工作票的传输、开票、查询、统计、分析。

(7) 提供信息服务,改善后勤工作,提高职工生活质量。

(8) 实现网络通信并提供网上查询。

2. 管理信息系统的目标体系

班组智能管理系统的总目标是用户信息需求的集中表现,是信息系统要实现的总任务和最终达到的目的,系统目标是信息系统设计的依据和出发点,同时它也是系统设计最终成果的评价准则。信息系统的目标体系有3个方面:

(1) 系统的辅助管理功能目标体系。

(2) 系统的功能建设目标体系。

(3) 系统的技术性能目标体系。

在每种目标体系内应有具体目标。

二、班组智能管理信息化系统设计

班组智能管理信息化系统平台结构、总体结构及应用拓扑图分别如图 8—1 至图 8—3 所示。班组智能管理信息化系统的前端展示（Web）模块共分 3 部分框架设计，即市公司、二级单位和基层班组，如图 8—4 所示。

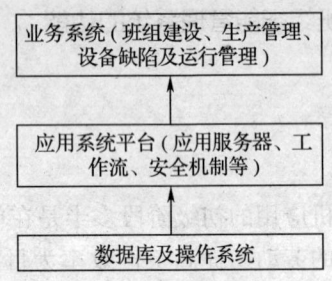

图 8—1 系统平台结构

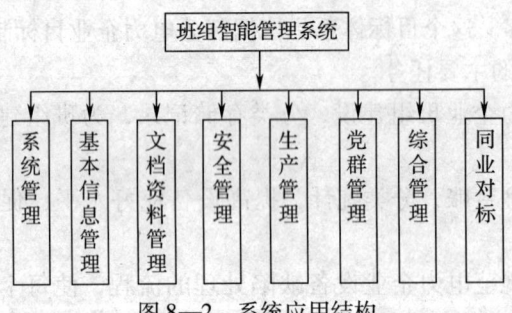

图 8—2 系统应用结构

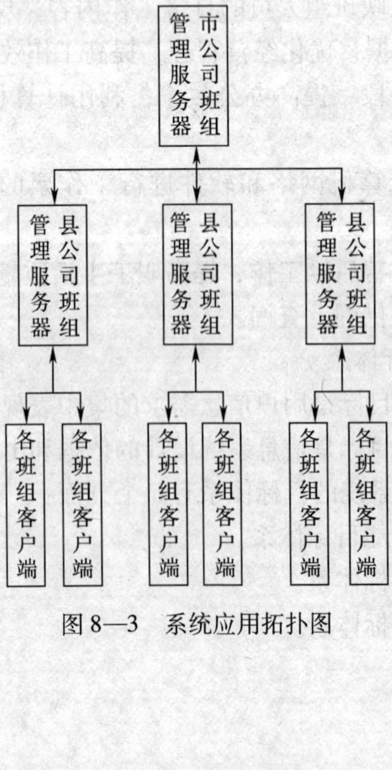

图 8—3 系统应用拓扑图

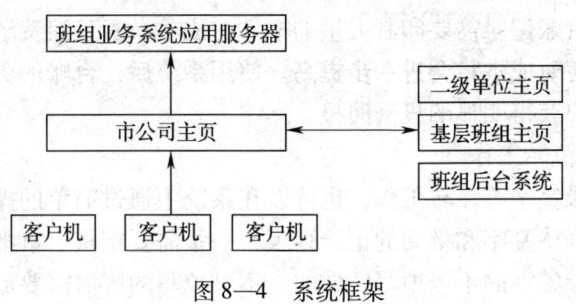

图8—4 系统框架

三、班组智能管理系统的功能

1. 班组管理的规范性

班组建设工作记录不规范、记录方式落后、考核检查周期长、奖惩机制不健全和形式主义等问题已经成为目前严重困扰班组建设的主要问题。而"班组智能管理系统"以微机化管理取代了传统的手工管理方式，对班组的台账记录实行集中统一的规范管理，使整个班组的工作、管理以及日常活动井然有序，有案可查。

2. 管理资料记录的安全性

"班组智能管理系统"设计有机构、部门、岗位和人员等不同级别权限的角色管理，所有权限可以指定到人，可以为每个子系统及管理项目及具体的功能指定专人权限，班组资料相对保密，也可以为特殊用户设定专门的权限，有效保护重要文件资料和数据的安全。

3. 班组管理表格记录查询

台账经过日积月累，将会形成海量的资料。系统提供了强大的多级分类查询机制，班组成员可以通过各种分组查询方式查询到指定数据信息。可以先把所有的表格按照变配电站来进行分类，在这个基础上再按照电压等级的顺序进行第1、第2次分类，同样还可以按照记录人、时间等属性进行第3、第4次分类，直到查到自己想要查询的信息。通过这种简单的分类操作，可以最快的速度查到自己想要的记录资料。

4. 强大的统计分析功能

"班组智能管理系统"可以对录入到系统中的数据进行统计分析，对班组管理的数据（如缺陷消除率等）进行动态的统计分析，最终计算出想要的数据，并动态地根据数据生成对比的图形（如梯形图、饼状图及折线图等），便于领导及班组成员直观地查看数据间的对比关系，为资料汇总工作提供了强大的帮助支持，并可以将统计清单打印出来。

5. 实时了解班组管理的情况

系统以信息化为实现手段，可以提高各班组内部及班组之间信息交流的速度，便于各级领导实时地掌握班组现状及动态，加强管理层和执行层的沟通与交流，达到班组机构系统化、运行合理化、管理现代化的目的。通过该系统，资料会在第一时间内出现，保证系统的使用者实时地得到最新的情况。

6. 降低班组管理成本

传统班组管理台账记录需要印制大量的文件，成本昂贵且浪费纸张，影响环境，当台账需要修改和更替时成本将会进一步提高。使用系统后，台账的更改、修订等后续成本几乎为零，使用户获得明显的投资回报。

7. 记录表格的流转工作

日常复杂的记录签字等流转工作，也可以在系统中通过简单的操作完成。可以在系统的任务界面中看到待签字和批阅的记录列表，一张需要审核、审批的报表是分为普通的可填写区域和领导签字的不可填写区域的，不可填写的区域需要流转到领导那里，经过批示并进行电子签字后方可被系统记录。系统会自动记录流程中的每个人进行填写或签字的时间，并用波特图或甘特图显示出来，对于超过时限没有被批示的表单系统会自动进行报警提示。而流程的设置也是根据企业管理的实际需要而由管理员进行设置和调整。

通过班组管理信息化与管理改进紧密结合，可以促进企业的管理规范化，提高企业的运作效率和市场竞争力，把企业的管理人员从繁杂、重复的劳动中解放出来。因此，变配电企业应该把握住信息化时代带来的机遇，为企业的可持续发展打好坚实的基础。

单元测试题

一、判断题（下列判断正确的打"√"，错误的打"×"）

1. 班组实行在厂（局）领导下的班组长（所长）负责制。（　　）
2. 通过班组核算可以及时地、具体地反映和考核班组指标的完成情况，据此分析研究，找出差距，挖掘潜力，以达到提高经济效益的目的。（　　）
3. 供配电企业班组核算内容通常以技术经济小指标为主，即把企业承包的目标任务层层分解到车间、班组直至个人。（　　）
4. 班组经济核算应简便易行，讲求准确。（　　）
5. 班组计划分析是班组经济核算的一个重要环节和组成部分。（　　）
6. 自上而下的组建程序不适用于技术攻关型 QC 小组。（　　）
7. 注册登记是 QC 小组组建的第一步工作。通过课题的名称应能一目了然地看出要解决什么问题，不可抽象。（　　）
8. 设定目标是确定小组活动要把问题解决到什么程度，为检查 QC 小组活动的效果提供依据。（　　）
9. 对策表是整个改进措施的计划，是下一步实施对策的依据，必须做到对策清楚、目标明确、责任落实。（　　）
10. "5W1H" 取自六个英文单词的第一个字母，即 WHAT（对策）、WHY（目标）、WHO（负责人）、WHERE（地点）、WHEN（时间）、HOW（措施）。（　　）

二、单项选择题（下列每题的选项中，只有 1 个是正确的，请将其代号填在横线空白处）

1. 班组凡属日常生产或行政工作，由_____统一指挥。

A．班组长　　　　B．所长　　　　C．车间主任　　　　D．副班长

2．班组的_____可由班长主持召开班组核心会和班组民主会广泛听取意见。

　　A．经济问题　　B．生产问题　　C．一般问题　　　D．重大问题

3．班组_____是落实企业内部经济责任制，正确处理班组责、权、利关系的基础，可以促进国家、企业和个人利益更好的结合。

　　A．民主管理　　B．经济核算　　C．生产计划　　　D．工会活动

4．在供配电企业改革中，为了搞活企业，调动广大员工的积极性，实行大修、改进、业扩单项工程_____。

　　A．班组长负责制　　　　　　　B．承包责任制

　　C．垂直管理　　　　　　　　　D．一把手负责制

5．_____QC小组是以班组和工序现场的操作工人为主体组成，以稳定工序质量、改进产品质量、降低消耗、改善生产环境为目的，活动的范围主要是在生产现场。

　　A．现场型　　　B．攻关型　　　C．服务型　　　　D．管理型

6．QC小组目标不要设定的太多，以免把问题复杂化，通常以1个为宜，最多不要超过_____。

　　A．2个　　　　B．3个　　　　C．4个　　　　　D．5个

7．QC小组成果报告中的_____，其核心就是将小组活动时的现状调查的结果清晰、有条理的反映出来，采用恰当的方式将QC小组活动对象在一段时间的具体表现展现出来。

　　A．课题描述　　B．总结　　　　C．事实描述　　　D．现状调查

8．QC小组总结有利于总结分析活动的经验与教训，提高今后活动的_____。

　　A．真实性　　　B．规范性　　　C．有效性　　　　D．持续性

9．QC小组以员工自愿参加为基础，实行_____，自我教育，互相启发，共同提高，充分发挥小组成员的聪明才智和积极性、创造性。

　　A．班组管理　　B．小组管理　　C．自主管理　　　D．被动管理

10．QC小组的注册登记不是一劳永逸的，而是_____要进行一次重新登记。

　　A．每季　　　　B．每年　　　　C．每旬　　　　　D．每月

三、多项选择题（下列每题的选项中，至少有2个是正确的，请将其代号填在横线空白处）

1．公司和工区（车间）要组织编制适合各类班组、工种、岗位的先进合理的_____，作为班组核算时的计算和对比依据。

　　A．劳动定额　　B．费用定额　　C．生产定额　　　D．成本定额

2．直接费用，包括_____。

　　A．人工费　　　B．材料费　　　C．机械费　　　　D．办公用品费

3．班组经济可以以_____为单位进行核算。

　　A．班组　　　　B．设备　　　　C．人员　　　　　D．项目

4．分析原因常用的方法有_____。

　　A．因果图　　　B．任务图　　　C．关联图　　　　D．系统图

5. 计划编制的内容有_____。
    A. 计划项目、目标值以及承担者   B. 计划实施的措施及负责人
    C. 检查考核的方法标准   D. 物资、资金费用需求计划
6. 供配电企业班组核算主要以统计核算为主,即以_____为计量单位以公司和工区(车间)下达的技术经济小指标为依据,进行核算单项工程承包核算法。
    A. 数据量   B. 价值量   C. 实物量   D. 劳动量
7. 班组计划可以按_____进行分类。
    A. 时间   B. 地点   C. 性质   D. 内容
8. 为了对数据进行分类分析,通常可以把数据按_____标志分类。
    A. 时间   B. 地点   C. 症状   D. 作业
9. 总结的目的是_____。
    A. 为了提高 QC 小组活动的质量
    B. 为发表成果、交流经验奠定基础
    C. 为了汇报,以期得到领导的认可、支持与奖励
    D. 为了便于活动持续性开展
10. 成果报告中的确定目标值,重点应说明制定目标的依据,依据来源于_____三个方面。
    A. 企业近期方针目标值   B. 同行业先进水平
    C. 小组成员讨论决定   D. 车间以上决定

四、问答题

1. 供配电企业开展班组经济核算的作用是什么?
2. 班组核算的主要内容有哪些?
3. 班组计划管理的目的是什么?
4. 班组计划编制的依据是什么?
5. 质量管理(QC)小组活动开展程序是怎样的?
6. 总结、整理成果报告的主要目的是什么?
7. 如何提出有针对性的解决问题的对策?
8. 怎样高效率地实施对策?

五、技能题

1. 班组资料管理系统(GIS 系统)的应用
(1)操作准备。装有 GIS 系统、CAD 软件的计算机一台。
(2)操作要求
1)考核 GIS 系统的实际操作能力。
2)根据给出的电缆线路名称,要求进行资料查询统计。
3)根据给出的电缆线路,要求在 GIS 系统上进行电缆埋设方式、回路等建模。
(3)操作时限。操作时限为 30 min。
(4)技术标准
1)按要求正确进行资料查询统计。

2）按要求正确进行资料建模。
（5）配分及评分标准

序号	作业项目	考核内容	配分	评分标准
1	启动配电 GIS 建模系统操作界面	打开计算机、进入配电 GIS 建模系统操作界面	5	不会启动配电 GIS 建模系统扣 5 分
2	电缆线路名称、路径查询	给出一条电缆线路名称，要求在 GIS 系统正确定位，并打印电缆起止点地理图	10	电缆线路定位错误扣 5 分；电缆起止点地理图不会打印扣 5 分
3	电缆属性查询	给出一条电缆线路名称，要求正确查询其属性（电缆长度、投运日期、中间接头、安装队伍等）	10	属性查询错误扣 10 分
4	电缆数据统计	给出要求统计的数据，正确统计所需的数据	10	数据统计错误扣 10 分
5	启动配电 GIS 系统操作界面	打开计算机、进入配电 GIS 管理系统操作界面	10	不会启动配电 GIS 管理系统扣 10 分
6	绘制电缆埋设（走廊）	根据给定的电缆走向，在 GIS 系统绘制电缆埋设（走廊）	5	埋设方式选择错误扣 2 分；管沟属性填写错误扣 3 分
7	电缆回路的建模	对电缆竣工报表、电缆走向图进行建模，要求电缆属性和电缆中间接头标注正确	30	电缆竣工报表建模错误扣 5 分；电缆走向图建模错误扣 10 分；电缆属性录入错误扣 5 分；电缆中间接头标注错误扣 10 分
8	电缆回路关联电源点	将已建模的电缆回路与指定的电源点关联	10	不会与电源点关联扣 10 分
9	电缆路径编辑	在 GIS 系统中改变电缆回路路径	10	不会添加节点扣 5 分；不会移动节点扣 5 分

2．编写一篇质量管理小组（QC）活动成果报告
（1）操作准备。准备装有 Word、Excel、图片编辑器等办公软件的计算机一台。
（2）操作要求
1）主题明确。
2）格式正确。
3）内容详细。
4）条理清晰。
（3）操作时限。操作时限为 150 min。
（4）技术标准。在计算机上编写一篇内容不少于 2 500 字的 QC 成果报告。
（5）配分及评分标准

序号	作业项目	考核内容	配分	评分标准
1	QC成果主题	主题明确，有针对性	5	主题不明确、缺乏针对性扣5分
2	小组概况介绍	有小组名称、组长及组员的姓名、职称（务）及分工、小组及课题的注册号、活动起讫时间	5	不符合要求扣5分
3	选题理由	交代清楚选题理由，内容简明扼要	5	不符合要求扣5分
4	现状调查与分类	表示方法清晰，常用的方法有调查表、排列图、直方图、散布图、折线图等	10	现状调查缺乏实际性和针对性扣5分；不符合要求扣5分
5	确定目标值	目标值明确，具有可行性	5	目标值不明确扣5分；缺乏可行性扣5分
6	分析产生问题的原因	应将末端原因全部展示出来，与后面的对策表内容相适应，避免出现分析出的原因与问题之间的联系不密切	10	原因不齐全扣5分；原因缺乏联系性扣5分
7	确定要因	确定产生问题的要因，表达尽量简明扼要	10	要因确定错误扣5分；内容不符合要求扣5分
8	对策表	针对所确定的每条主要原因制定相应的对策。对策一般以对策表的形式表现	10	不符合要求扣5分
9	实施对策	实施的对策应与对策表相呼应。凡是对策表中提出的对策在实施对策这一阶段都要有所反映	10	不符合要求扣5分
10	效果检查	对策措施的实施，必将出现相应的结果，必须给予准确、具体的表述	10	不符合要求扣5分
11	巩固措施	明确实践中被证明行之有效的对策	10	不符合要求扣5分
12	回顾与打算	内容有三点：第一，本次活动取得的成果及需要继续解决的问题；第二，进行活动的心得体会；第三，总结整理成果报告应注意的问题	10	不符合要求扣5分

单元测试题答案

一、判断题
1. × 2. √ 3. √ 4. × 5. × 6. × 7. × 8. √ 9. √ 10. √

二、单项选择题
1. A 2. D 3. B 4. B 5. A 6. A 7. D 8. C 9. C 10. B

三、多项选择题
1. AB 2. ABC 3. ACD 4. ACD 5. ABCD 6. BCD 7. ACD
8. ABCD 9. ABC 10. ABC

四、问答题
答案略。

五、技能题
答案略。

理论知识考核试卷（一）

一、判断题（下列判断正确的打"√"，错误的打"×"；每题1分，共30分）

1. 二次回路的绝缘检查时，为确保二次回路正常工作，必须用1 000 V绝缘电阻表（48 V及以下回路应使用不超过500 V的绝缘电阻表）对二次回路进行绝缘测试。（　　）

2. 注册登记是QC小组组建的第一步工作。通过课题的名称应能一目了然地看出要解决什么问题，不可抽象。（　　）

3. 班组计划分析是班组经济核算的一个重要环节和组成部分。（　　）

4. SF_6断路器的验收时，断路器及操动机构的联动应正常，无卡阻现象，分合闸指示正确，辅助切换开关动作正确可靠。（　　）

5. 油断路器灭弧室爆炸着火可不经隔离即行灭火。（　　）

6. "SF_6压力低闭锁操作"，继电保护出口该断路器的分合闸回路被切断。（　　）

7. 一种主接线只能对应一种运行方式。（　　）

8. 设备四种状态等标准术语语言简洁、意义明确，采用它来描述运行方式能在行内交流时获得更高的沟通效率。（　　）

9. 如果PWB不连接在线路上运行，则旁路断路器旁代某线路操作时，需对PWB试充电。（　　）

10. 继电保护装置的压板正电源输入的回路接于压板的下端。（　　）

11. 工作电源和备用电源同时失去时，备自投装置应自动闭锁。（　　）

12. 按频率自动减负荷装置的动作没有时限。（　　）

13. 自动重合闸有两种启动方式：断路器控制开关位置与断路器位置不对应启动方式和保护启动方式。（　　）

14. 微机保护装置中，电压形成回路除了起电量变换作用外，还起隔离作用。（　　）

15. 变压器低压侧中性点以及金属外壳的接地属工作接地。（　　）

16. 避雷线一般采用截面积不小于35 mm^2的镀锌钢绞线。（　　）

17. 工频过电压是由于断路器操作或发生短路故障，使电力系统经历过渡过程以后重新达到某种暂时稳定的情况下所出现的过电压。（　　）

18. 电气设备或线路上承受的电压超过正常运行电压时，这种危及绝缘的电压称为过电压。（　　）

19. 雷电过电压可分为直击雷过电压、感应雷过电压和球形雷过电压三种。（　　）

20. 电动机检修后，投运前必须检查转向正确。（　　）

21. 异步电动机是配电系统中无功功率主要消耗者。   （ ）
22. 电感元件两端电压升高时，电压与电流方向相同。   （ ）
23. 电压速断保护必须加装电流闭锁元件才能使用。   （ ）
24. 强迫油循环风冷变压器冷却装置投入的数量应根据变压器温度、负荷来决定。
                                                            （ ）
25. 当操作把手的位置与断路器的实际位置不对应时，开关位置指示灯将发出闪光。   （ ）
26. 减少电网无功负荷使用容性无功功率来补偿感性无功功率。   （ ）
27. 把电容器串联在线路上以补偿电路电抗，可以改善电压质量，提高系统稳定性和增加电力输出能力。   （ ）
28. 当全变配电所无电后，必须将电容器的断路器拉开。   （ ）
29. 新投运的变压器作冲击合闸实验，是为了检查变压器各侧主断路器能否承受操作过电压。   （ ）
30. 湿度对表面泄漏电流的影响较大，绝缘表面吸收潮气，瓷套表面形成水膜，常使绝缘电阻显著降低。   （ ）

二、**单项选择题**（下列每题的选项中，只有1个是正确的，请将其代号填在横线空白处；每题1分，共30分）

1. 变压器气体继电器内有气体，信号回路动作，取油样化验，油的闪点降低，且油色变黑并有一种特殊的气味，这表明变压器_____。
   A. 铁心接片断裂   B. 铁心片局部短路与铁心局部熔毁
   C. 铁心之间绝缘损坏   D. 绝缘损坏
2. 采用一台三相三柱式电压互感器，接成Yn，形接线，该方式能进行_____。
   A. 相对地电压的测量   B. 相间电压的测量
   C. 电网运行中的负荷电流监视 D. 负序电流监视
3. 电流互感器的零序接线方式，在运行中_____。
   A. 只能反映零序电流，用于零序保护 B. 能测量零序电压和零序方向
   C. 只能测零序电压   D. 能测量零序功率
4. 高压断路器的极限通过电流，是指_____。
   A. 断路器在合闸状态下能承载的峰值电流
   B. 断路器正常通过的最大电流
   C. 在系统发生故障时断路器通过的最大的故障电流
   D. 单相接地电流
5. 各种保护连接片、切换把手、按钮均应标明_____。
   A. 名称   B. 编号   C. 用途   D. 切换方向
6. 功率表在接线时，正负的规定是_____。
   A. 电流有正负，电压无正负   B. 电流无正负，电压有正负
   C. 电流、电压均有正负   D. 电流、电压均无正负
7. 当仪表接入线路时，仪表本身_____。

A. 消耗很小功率 B. 不消耗功率
C. 消耗很大功率 D. 送出功率

8. 用有载调压变压器的调压装置进行电压调整时，对系统来说_____。
   A. 起不了多大作用 B. 能提高功率因数
   C. 补偿不了无功不足的情况 D. 降低功率因数

9. 倒闸操作时，如隔离开关没合到位，允许用_____进行调整，但要加强监护。
   A. 绝缘杆 B. 绝缘手套 C. 验电器 D. 干燥木棒

10. 操作票上的操作项目包括检查项目，必须填写双重名称，即设备的_____。
    A. 位置和编号 B. 名称和位置
    C. 名称和表计 D. 名称和编号

11. 操作人、监护人必须明确操作目的、任务、作业性质、停电范围和_____，做好倒闸操作准备。
    A. 操作顺序 B. 操作项目 C. 时间 D. 带电部位

12. 进行倒母线操作时，应将_____操作直流熔断器拉开。
    A. 旁路断路器 B. 所用变断路器
    C. 母联断路器 D. 线路断路器

13. 装取高压可熔熔断器时，应采取_____的安全措施。
    A. 穿绝缘靴、戴绝缘手套
    B. 穿绝缘靴、戴护目眼镜
    C. 戴护目眼镜、线手套
    D. 戴护目眼镜和绝缘手套

14. 电容器组三相间的容量应平衡，其误差不应超过一相容量的_____。
    A. 6.5% B. 6% C. 5.5% D. 5%

15. 运行中电容器保护跳闸后_____。
    A. 可强行送电一次
    B. 经 5 min 后送电
    C. 查明原因即可投入运行
    D. 查明原因确认无故障后，方可投入运行

16. 异步电动机定子绕组极矩是指_____。
    A. 沿定子铁心内圆每极所占的圆周长度或槽数
    B. 一个线圈两个有效边之间的距离
    C. 每相绕组在一个磁极下所占的槽数
    D. 每相绕组之间的电角度

17. 架空配电线路多采用_____作为防雷保护。
    A. 避雷线 B. 避雷器 C. 放电间隙 D. 避雷针

18. 柱上变压器、变配电所、柱上开关设备、电容器设备的接地电阻测量至少_____一次。
    A. 每年 B. 每三年 C. 每五年 D. 每两年

19. 单侧电源线路的自动重合闸装置必须在故障切除后，经一定时间间隔才允许发出合闸脉冲，这是因为_____。
    A. 需与保护配合
    B. 故障点要有足够的去游离时间以及断路器及传动机构的准备再次动作时间
    C. 防止多次重合
    D. 断路器消弧

20. 全线敷设电缆的配电线路，一般不装设自动重合闸，这是因为_____。
    A. 电缆线路故障几率少   B. 电缆线路故障多系永久性故障
    C. 电缆线路不允许重合   D. 电缆配电线路是低压线路

21. 按频率自动减负荷装置在_____发挥作用。
    A. 线路发生接地故障，电压降低时
    B. 线路发生接地故障，重合闸装置动作时
    C. 系统发生事故，出现较大的有功功率缺额时
    D. 系统电压低于正常值时

22. 电能在输送、转换过程中总会出现损耗，损耗占总输送电量的比重越大，表明这种运行方式越_____。
    A. 不经济   B. 不可靠   C. 不存在   D. 不得使用

23. _____是本变配电所最重要的负荷，一旦发生故障，就会危及整个变配电所的正常运行。
    A. 所用电   B. 排风机   C. 照明   D. 客户专线

24. 手车断路器没有推入到运行位置，手车断路器运行位置指示灯不亮，一般还伴随断路器"_____"报警。
    A. 弹簧未储能   B. SF_6压力低
    C. 控制回路断线   D. 打压超时

25. 系统故障，变配电站所处的系统均停电，将同时出现_____。
    A. 保护电源消失   B. 所用电消失
    C. UPS 电源故障   D. 直流系统瘫痪

26. _____最能反映绝缘介质的电流吸收全过程。
    A. 吸收比
    B. 加压 1 min（或 10 min）后，读取绝缘电阻
    C. 极化指数
    D. 加压 5 min（或 15 min）后，读取绝缘电阻

27. 充油电力设备在注油后应有足够的静置时间后才可进行_____试验。
    A. 绝缘   B. 耐压   C. 局放   D. 冲击

28. 熔断器在验收时其_____应符合设计规定。
    A. 位置   B. 大小   C. 外观   D. 额定电流

29. _____QC 小组是以班组和工序现场的操作工人为主体组成，以稳定工序质量、改进产品质量、降低消耗、改善生产环境为目的，活动的范围主要是在生产现场。

A. 现场型　　　　B. 攻关型　　　　C. 服务型　　　　D. 管理型

30. QC成果报告中的_____，其核心就是将小组活动时的现状调查的结果清晰、有条理的反映出来，采用恰当的方式将QC小组活动对象在一段时间的具体表现展现出来。

　　　A. 课题描述　　　B. 总结　　　　C. 事实描述　　　D. 现状调查

三、多项选择题（下列每题的选项中，至少有2个是正确的，请将其代号填在横线空白处；每题1分，共15分）

1. 班组经济可以以_____为单位进行核算。
　　　A. 班组　　　　　B. 设备　　　　C. 人员　　　　D. 项目

2. QC小组活动总结的目的是_____。
　　　A. 为了提高设备的健康度
　　　B. 为发表成果、交流经验奠定基础
　　　C. 为了提高QC小组活动的质量
　　　D. 为了汇报，以期得到领导的认可、支持与奖励

3. 高压断路器的验收时，应有制造厂提供的_____等技术文件。
　　　A. 产品说明书　　　　　　　　　B. 试验记录
　　　C. 合格证书及安装图纸　　　　　D. 施工方案

4. QS1电桥接线方式中最常用的接线方式是_____。
　　　A. 测接线　　　B. 反接线　　　C. 正接线　　　D. 低压法接线

5. 试验接线应由试验工作负责人进行检查。检查内容有_____。
　　　A. 接线是否正确　　　　　　　　B. 试验导线连接处是否牢靠
　　　C. 试验设备及仪器是否在起始位置　D. 仪表是否已调到零位等

6. 影响绝缘电阻测量的因素是_____。
　　　A. 温度　　　　B. 湿度　　　　C. 施加电压　　　D. 放电时间

7. 旁代操作分为三个阶段，即_____。
　　　A. 旁路母线准备阶段　　　　　　B. 旁路切换阶段
　　　C. 断路器单元旁代恢复操作　　　D. 母线互联阶段

8. 变压器微机型差动保护防止励磁涌流的措施主要有_____。
　　　A. 变压器差流速断保护
　　　B. 二次谐波原理和波形识别原理的差动保护
　　　C. 过载闭锁有载调压
　　　D. 间断角原理制动、模糊识别原理制动

9. SF_6断路器气体压力突然下降，可能是_____所致。
　　　A. 密封失效　　　B. 管道破裂　　　C. 瓷件破裂　　　D. 气温骤降

10. 用电消失的处理原则是：_____。
　　　A. 设法恢复所用电系统的供电
　　　B. 密切关注受影响设备的运行状况
　　　C. 站用电并不重要，最后恢复

D. 如有状况，及早采取措施，避免影响主设备的健康和系统事故的发生
11. 微机型备自投装置的动作条件有_____。
   A. 进线断路器在跳位 B. 工作母线无电压
   C. 工作进线无电流   D. 备用电源进线、备用电源母线有电压
12. 下列对继电保护压板投切的规定正确的是_____。
   A. 投入压板前，应检查装置无异常告警信号
   B. 压板操作应双手进行
   C. 投入保护出口压板前应检测压板触头两端无异极性导通现象
   D. 投退压板应根据现场要求自行操作，无需按调度指令执行
13. 阀式避雷器预防性试验主要项目有_____。
   A. 测量绝缘电阻   B. 测量工频放电电压
   C. 检查密封   D. 测量底座绝缘电阻
14. 内部过电压主要有_____。
   A. 工频过电压   B. 谐振过电压
   C. 操作过电压   D. 大气过电压
15. 电容器爆炸着火的正确处理方法是_____。
   A. 立即断开电源   B. 用沙子或干式灭火器灭火
   C. 更换电容器   D. 立即投入运行

四、简答题（每题5分，共10分）
1. 继电保护装置有什么作用？
2. 测量电容器时应注意哪些事项？

五、计算题（5分）
如图卷—1所示，已知 $R_1=5\ \Omega$、$R_2=10\ \Omega$、$R_3=20\ \Omega$，求电路中 a、b 两端的等效电阻 R_{ab} 是多少？

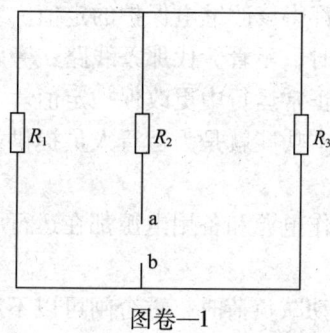

图卷—1

六、论述题（10分）
变配电室值班人员绝缘监督工作的任务是什么？

理论知识考核试卷（二）

一、判断题（下列判断正确的打"√"，错误的打"×"；每题1分，共30分）

1. 自上而下的组建程序不适用于技术攻关型QC小组。（　　）
2. 通过班组核算可以及时地、具体地反映和考核班组指标的完成情况，据此分析研究，找出差距，挖掘潜力，以达到提高经济效益的目的。（　　）
3. 二次回路及有关设备的检查时，在室外、潮湿、污秽场所，还应检查其防雨、防潮、防污、防尘、防腐蚀等措施是否符合要求。（　　）
4. 现场测试时，当将西林电桥检流计的极性转换开关放在"断开"位置，如果光带展宽即说明有磁场干扰。（　　）
5. 变压器并列前应先核对相位，相位应一致。（　　）
6. 避雷器检修或在进行试验工作后的验收时，放电记录器密封应良好，引线不应接地。（　　）
7. 交流试验电压测量装置（系统）时测量误差不应大于5%。（　　）
8. 直流耐压试验对绝缘的考验不如交流下接近实际。（　　）
9. 直流系统发生一点接地时，其相应回路的熔断器将会熔断。（　　）
10. 在异常和事故处理过程中应始终把所用电系统恢复作为重要步骤优先安排执行。（　　）
11. 热备用状态断路器单元倒母线操作与母联断路器无关，也不存在需要两段母线在倒母线期间必须牢固互联的要求。（　　）
12. 少油断路器缺油会有油位低告警信号。（　　）
13. 所有运行方式的变化都得修改继电保护的定值。（　　）
14. 旁路断路器旁代线路时，不管旁代那条线路，旁路保护定值都一样。（　　）
15. 微机保护装置可以在正常运行中更改保护定值。（　　）
16. 计算机监控系统的基本功能就是为运行人员提供站内运行设备在正常和异常情况下的各种有用信息。（　　）
17. 系统正常运行时，工作电源和备用电源都在运行状态的备自投配置方式称为明备用。（　　）
18. 当按低频装置动作自动减负荷时，重合闸可以不动作。（　　）
19. 火花间隙旁有并联电阻的FZ型的阀式避雷器，适于保护10 kV及以下中小型变配电所的电气设备。（　　）
20. 有消弧线圈的较低电压系统，应采取增大其对地电容等措施。（　　）
21. 架空输电线路需架设避雷线和接地装置等进行防雷保护。（　　）
22. 并联电容无功补偿应集中装在最高等级电网上，以便于控制和节约投资。（　　）

23. 如果雷云是正电荷，则大地也感应出正电荷。（　　）
24. 低压放射式接线网络的某一引出线发生故障时，其他引出线工作不受其影响。
（　　）
25. 新设备有出厂试验报告即可投运。（　　）
26. 自动重合闸只能动作一次，避免把断路器多次重合至永久性故障上。（　　）
27. 电容器允许在1.1倍额定电压、1.3倍额定电流下运行。（　　）
28. 一般在小电流接地系统中发生单相接地故障时，保护装置应动作，使断路器跳闸。（　　）
29. 若两只电容器的电容不等，而它们两端的电压一样，则电容大的电容器带的电荷量多，电容小的电容器带的电荷少。（　　）
30. 绝缘工具上的泄漏电流，主要是指绝缘表面流过的电流。（　　）

二、单项选择题（下列每题的选项中，只有1个是正确的，请将其代号填在横线空白处；每题1分，共30分）

1. 接入重合闸不灵敏一段的保护定值是按躲开_____整定的。
   A. 线路出口短路电流值　　　　B. 末端接地电流值
   C. 非全相运行时的不平衡电流值　D. 线路末端短路电容
2. 采取无功补偿装置调整系统电压时，对系统来说_____。
   A. 调整电压的作用不明显
   B. 即补偿了系统的无功容量，又提高了系统的电压
   C. 不起无功补偿的作用
   D. 调整电容电流
3. 高压断路器的极限通过电流，是指_____。
   A. 断路器在合闸状态下能承载的峰值电流
   B. 断路器正常通过的最大电流
   C. 在系统发生故障时断路器通过的最大的故障电流
   D. 单相接地电流
4. 变压器装设的差动保护，对变压器来说一般要求是_____。
   A. 所有变压器均装
   B. 视变压器的使用性质而定
   C. 1 500 kVA以上的变压器要装设
   D. 8 000 kVA以上的变压器要装设
5. 系统向用户提供的无功功率越小，用户电压就_____。
   A. 无变化　　B. 越合乎标准　　C. 越低　　D. 越高
6. 工作票的字迹要填写工整、清楚、符合_____的要求。
   A. 仿宋体　　B. 规程　　C. 楷书　　D. 印刷体
7. 操作票上的操作项目包括检查项目，必须填写双重名称，即设备的_____。
   A. 位置和编号　B. 名称和位置　C. 名称和表计　D. 名称和编号
8. 需要得到调度命令才能执行的操作项目，要在_____栏内盖"联系调度"章。

A. 模拟 B. 指令项 C. 顺序项 D. 操作项目

9. 操作票填写完后，在空余部分_____栏内第一空格左侧盖"以下空白"章。
   A. 指令项 B. 顺序项 C. 模拟 D. 操作项目

10. 各种保护连接片、切换把手、按钮均应标明_____。
    A. 名称 B. 编号 C. 用途 D. 切换方向

11. 在小电流接地系统中发生单相接地时_____。
    A. 过流保护动作   B. 速断保护动作
    C. 接地保护动作   D. 低频保护动作

12. 一般自动重合闸的动作时间取_____。
    A. 0.3~2 s B. 0.5~3 s C. 1.2~9 s D. 1~2.0 s

13. 电容器瓷瓶套管表面闪络放电的原因是_____。
    A. 内部有局部放电现象   B. 紧固元件松弛脱落
    C. 瓷瓶套管有缺陷或表面脏污 D. 电网负荷变化

14. 三相异步电动机一对磁极占有的电角度是_____。
    A. 180° B. 360° C. 120° D. 90°

15. 接地体埋深一般不宜小于_____m。
    A. 1 B. 0.5 C. 1.2 D. 0.6

16. 只带一条线路运行的变压器中性点消弧线圈上，宜用_____限制消弧线圈上产生的过电压。
    A. 放电间隙   B. 氧化物避雷器
    C. 阀式避雷器   D. 避雷线引线

17. 避雷器应与保护设备_____，装在被保护设备的雷电波侵入侧。
    A. 串联间隙 B. 串联 C. 并联 D. 并联间隙

18. 对采用单相重合闸的线路，当发生单相接地故障时，保护及重合闸的动作顺序是_____。
    A. 三相跳闸不重合
    B. 单相跳闸，单相重合，后加速跳三相
    C. 三相跳闸，三相重合，后加速跳三相
    D. 单相跳闸，后加速跳三相

19. 按频率自动减负荷装置动作首先切除的是_____。
    A. 基本级第一级负荷   B. 基本级负荷
    C. 特殊级第一级负荷   D. 特殊级负荷

20. 线路带电作业时重合闸应_____。
    A. 退出 B. 投入 C. 改时限 D. 不一定

21. 对双母线接线，通过轮流倒母线，可以实现_____。
    A. 带电作业检修母线
    B. 不停电作业检修母线
    C. 母线设备年检作业的同时对外供电不间断

D. 两条母线设备同时年检作业却对外供电不间断
22. 有些低压断路器带有失压脱扣功能，当电压消失，断路器将_____。
   A. 断开控制电源　　　　　　　　B. 断开储能电源
   C. 断开信号电源　　　　　　　　D. 自动跳闸
23. _____是检查其绝缘状态最简便的辅助方法。
   A. 测量直流泄漏电流　　　　　　B. 测量绝缘电阻
   C. 测量直流高压　　　　　　　　D. 测量介质损失角正切值 tgδ
24. _____是将直流电源变频产生直流高压，通过程序控制使各种绝缘测试可由菜单选择自动进行或设定方式进行。
   A. 手摇式绝缘电阻表　　　　　　B. 电动式绝缘电阻表
   C. 数字式绝缘电阻表　　　　　　D. 三者均是
25. 温度对高压直流试验结果的影响是极为显著的，最好在被试品温度为_____时做试验。
   A. 15～65℃　　B. 20～70℃　　C. 25～75℃　　D. 30～80℃
26. 班组的_____可由班长主持召开班组核心会和班组民主会广泛听取意见。
   A. 经济问题　　B. 生产问题　　C. 一般问题　　D. 重大问题
27. 测量电流互感器极性的目的是为了_____。
   A. 满足负载的要求　　　　　　　B. 保证外部接线正确
   C. 提高保护装置动作灵敏度　　　D. 减小误差
28. 微机保护具有速度快、可靠性高、灵敏性强等特点，_____，就能改变保护功能。
   A. 不必修改软件，略微增加硬件设备
   B. 不必修改软件，也不必增加硬件设备
   C. 仅需修改软件，不必增加硬件设备
   D. 既要修改软件，又要增加硬件设备
29. 在配电线路上装设隔离开关时，动触头一般_____打开。
   A. 向上　　　　B. 向下　　　　C. 向右　　　　D. 向左
30. 电弧是一种_____放电现象，也是一种等离子体。
   A. 电极　　　　B. 液体　　　　C. 固体　　　　D. 气体

三、多项选择题（下列每题的选项中，至少有2个是正确的，请将其代号填在横线空白处；每题1分，共15分）

1. 旁代操作分为三个阶段，即_____。
   A. 母线互联阶段　　　　　　　　B. 旁路切换阶段
   C. 断路器单元旁代恢复操作　　　D. 旁路母线准备阶段
2. 确认两段母线牢固互联包括_____。
   A. 退出零序保护
   B. 如果有母线差动保护，将母线差动保护切至"单母差"保护方式
   C. 重新确认母联断路器及其两侧隔离开关确已合上

D. 断开母联断路器控制电源
3. SF₆断路器气体压力突然下降，可能是_____所致。
   A. 密封失效　　　B. 管道破裂　　　C. 瓷件破裂　　　D. 气温骤降
4. 产生电容器短路击穿的原因是_____。
   A. 电容器质量差　　　　　　　　　B. 绝缘老化
   C. 瓷瓶套管表面积尘过多　　　　　D. 小动物钻入接头间
5. 降低操作过电压的主要措施有_____。
   A. 中性点直接接地　　　　　　　　B. 中性点经消弧线圈接地
   C. 装设避雷器　　　　　　　　　　D. 选用灭弧能力强的断路器
6. 运行中出现"交流电压消失"可能的原因有_____。
   A. 电压互感器隔离开关辅助接点接触不良
   B. 电流互感器严重饱和
   C. 保护定值有误
   D. 电压互感器二次侧电压空气开关跳开
7. 压力下降水泵不能自动启动可能的原因是_____。
   A. 管路系统有严重漏损现象
   B. 电动机控制回路断线、电源故障
   C. 电控箱内空气开关跳闸
   D. 自动控制电路故障
8. 二次回路及有关设备的检查中，_____等应正确无误。
   A. 铭牌　　　B. 规范　　　C. 型号　　　D. 级别
9. QC小组成果报告中的确定目标值，重点应说明制定目标的依据，依据来源于_____三个方面。
   A. 企业近期方针目标值　　　　　　B. 同行业先进水平
   C. 小组成员讨论决定　　　　　　　D. 车间以上决定
10. ISA系列线路微机保护装置正常运行（断路器在合闸位置）时，装置面板显示正确的是_____。
    A. "运行"灯亮　　　　　　　　　B. "重合"灯亮
    C. "合位"灯亮　　　　　　　　　D. "合后"灯亮
11. 直流耐压试验和交流耐压试验相比其优点是_____。
    A. 试验设备轻小　　　　　　　　　B. 能同时测量泄漏电流
    C. 对绝缘损伤较小　　　　　　　　D. 对绝缘的考验接近实际
12. QS1电桥包括_____部分。
    A. 桥体　　　B. 标准电容器　　　C. 试验变压器　　　D. 保护电阻器
13. 二次回路闪光装置本体经查线无误，绝缘试验合格后，即可送上直流电源。进行检查"控制回路"检验时，将控制开关旋转至"_____"位置，绿灯闪光；在_____，红灯长亮；"_____"位置，红灯闪光；"_____"位置，绿灯长亮。
    A. 跳闸　　　B. 预备跳闸　　　C. 合闸位置　　　D. 预备合闸

14. 高压断路器在验收时，下列应检查的项目是：_____。
   A. 高压断路器外观及位置应符合要求
   B. 电气连接应可靠且接触良好，引线相间和对地距离应符合要求
   C. 油断路器及液压操动机构应无渗油现象，油位应正常
   D. 断路器及其操动机构应固定牢固，外表清洁完整

15. 合上电动机电源开关后电动机不动，可能的原因是_____。
   A. 电源未接通
   B. 熔断器熔体熔断两相以上
   C. 电源线有两相或三相断线或接触不良
   D. 开关或启动设备有两相以上接触不良

四、简答题（每题5分，共10分）

1. 在带电的电压互感器二次回流上工作，应注意的安全事项什么？
2. 电容器组跳闸后为什么不能立即合闸，而需要间隔5 min？

五、计算题（5分）

某电阻、电容元件串联电路，经测量功率 P 为 325 W，电压 U 为 220 V，电流 I 为 4.2 A，求电阻 R、电容 C 各是多少？

六、论述题（10分）

变配电所一般必须建立哪些技术档案？

操作技能考核试卷(一)

一、三相异步电动机定子绕组单相接地故障分析与处理(20分)

1. 操作准备

(1) 准备一台小型三相异步电动机,设置单相接地故障(故障点设为端部引出线绝缘损坏)。

(2) 准备验电笔、绝缘手套、绝缘鞋、绝缘电阻表、万用表及电工工具一套。

(3) 若无上述条件,可采用笔试,准备空白纸若干张、笔一支。

2. 操作要求

(1) 应穿工作服、绝缘鞋,戴绝缘手套。

(2) 故障判断。

(3) 使用绝缘电阻表查找故障点。

(4) 故障处理。

3. 操作时限

笔试操作操作填写时限为30 min,实际操作为1 h。

4. 技术标准

(1) 工具、仪表使用应规范。

(2) 表述电动机接地的原因与现象。

(3) 绝缘电阻表使用前应做开路、短路试验。将绝缘电阻表的两个出线端分别与电动机各相绕组和机壳相连,以120 r/min的速度摇动绝缘电阻表手柄,所测量的绝缘电阻在0.5 MΩ以上,说明电动机被测相绕组绝缘良好;如果被测量绝缘电阻值为"0",同时有的接地点还会发出放电声或微弱的放电现象,则表明被测相绕组已接地。

(4) 故障相确定后,拆开电动机端盖,检查绕组端部引出线的绝缘,找出绝缘破裂处。

(5) 用绝缘材料垫入线圈的接地处,再检查故障已经排除。

(6) 用绝缘带重新包扎引出线接头。

5. 配分及评分标准

序号	考核项目	考核内容	配分	评分标准	考核结果	扣分	得分
1	观察现象	表述电动机接地的现象	3	没有表述或表述不正确扣3分 未观察扣5分			

续表

序号	考核项目	考核内容	配分	评分标准	考核结果	扣分	得分
2	故障检查	用绝缘电阻表检查	10	绝缘电阻表转速不正确未检查扣5分；测量方法不正确扣10分			
		判断故障相	10	判断不正确扣10分			
		拆开电动机端盖	10	拆卸方法不正确每处扣2分			
3	故障处理	查找确认故障点	15	故障点未能找到扣15分；方法不正确每处扣2分			
		对接地故障处进行恢复处理	15	处理方法错误每处扣2分；工艺不符合要求扣4分			
		填写相关记录	4	未填写扣4分			
4	安全文明生产	故障检查与诊断处理	20	检查次序不合理扣2分；无目标查找扣5分；造成新的故障扣20分			
		使用安全用具和安全措施	5	不会正确使用安全用具扣2分；无安全措施扣2分			
		工具、仪表使用	5	工具、仪表使用不规范每处扣2分；损坏工具、仪表、设备每处扣4分；工作结束未整理现场和工器具扣1分			
5	否定项	违反安全规定		出现危及人身安全的操作现象，本题按0分处理			
	合计						
	总得分			实际得分×20% =			

二、10 kV××线路断路器跳闸回路故障线路出口三相短路事故处理（40）

1．操作准备

（1）在仿真机上操作处理，设置故障为10 kV××线路断路器跳闸回路故障线路出口三相短路。

（2）遵守仿真机使用规定，仿真机工作人员配合。

（3）若无上述条件，可采用笔试，准备空白纸若干张、笔一支。

2．操作要求

（1）故障判断。

（2）原因分析。

（3）故障处理。

（4）应穿工作服、绝缘鞋，戴绝缘手套。

3．操作时限

笔试操作填写时限为 30 min，实际操作为 1 h。

4．技术标准

（1）根据故障现象判断故障。10 kV××线路断路器红绿灯全灭，主变压器 10 kV 侧断路器绿灯闪光，所接母线电压表指示为零，出现 10 kV××线路速断、过流保护动作信号，主变压器 10 kV 侧过流动作信号。

（2）判定故障为 10 kV××线路故障，开关拒动，主变压器过流动作切 10 kV 侧断路器，越级跳闸扩大事故。

（3）对故障范围内设备进行检查。检查跳闸主变压器 10 kV 侧断路器，10 kV××线路断路器机构，控制熔断器、跳闸线圈等回路，电流互感器以下设备到出口。

（4）对无故障设备恢复送电。用主变压器 10 kV 侧断路器对失压母线充电；无故障线路恢复送电。

（5）将故障设备隔离，申请检修。

5．配分及评分标准

序号	考核项目	考核内容	配分	评分标准	考核结果	扣分	得分
1	检查现象	查看表计、信号等	6	未查看每项扣 2 分			
		记录并汇报故障时间、故障现象	4	未记录、未汇报每项扣 2 分			
2	现场检查判定故障	查看故障范围内设备	10	查看不完整每项扣 2 分			
		判定故障原因	10	判定不正确扣 10 分			
3	处理过程	将故障设备隔离：10 kV××线路断路器两侧隔离开关断开；失压母线上各断路器断开	20	未操作扣 20 分；操作不正确扣 5 分			
		无故障设备恢复送电	20	未操作扣 20 分；操作不正确扣 5 分			
		汇报并记录	5	未记录、未汇报每项扣 5 分			
		申请事故抢修	5	未申请检修扣 5 分			
4	安全文明生产	穿工作服、绝缘鞋、戴绝缘手套	10	未穿戴扣 10 分			
		使用安全用具和工器具	10	安全用具和工器具使用不规范每处扣 2 分			
5	否定项	违反《电力安全工作规程》有关规定		出现违反《电力安全工作规程》现象，本题按 0 分处理			
	合计		100				
	总得分			实际得分×40％ ＝			

三、倒闸操作票填写（40分）

题目：35 kV 旁路 370 断路器旁代仿真Ⅱ线 373 断路器运行，373 断路器转检修。

1. 运行方式

35 kV Ⅰ段母线接仿真Ⅰ线 371、仿真Ⅱ线 373 断路器运行，旁路 370 断路器热备用，旁路母线接仿真Ⅱ线运行。

2. 补充说明

（1）35 kV 系统为不接地系统，线路没有零序保护。
（2）370 断路器代线路保护投入仿真Ⅱ线的定值，保护出口压板退出。
（3）所有断路器的操作均为远方控制，隔离开关均为接地手动操作。

3. 操作准备

（1）准备如图 4—1 所示的 35 kV 单母线带旁路母线接线图。
（2）准备空白纸若干张、空白操作票若干张、笔一支。
（3）准备"以下空白"印章一个，"作废"印章一个。

4. 操作要求

（1）按倒闸操作要求正确填写操作票。
（2）文字表述、正式操作票填写应符合操作票的相关规范。

5. 操作时限

操作填写时限为 30 min。

6. 技术标准

根据倒闸操作规范和操作票填票原则，正确填写操作票，不进行操作。

7. 配分及评分标准

序号	考核项目	考核内容	配分	评分标准	考核结果	扣分	得分
1	按要求填票	顶格	2	未顶格每处扣1分			
		错、漏字，修改	2	错、漏字和修改不符合要求每处扣1分			
		时间填写	2	未填写时间扣2分			
		印章使用	2	未正确使用每处扣1分			
2	用规范描述方式写票	双重名称	5	操作断路器、隔离开关没有使用双重名称每处扣5分			
		装拆接地线描述	2	描述不规范每处扣2分			
		熔断器操作描述	2	描述不正确每处扣2分			
3	运用操作术语写票	断路器、隔离开关的操作术语	2	术语错误每处扣2分			
		装设接地线的术语	2	术语错误每处扣2分			
		取下熔断器的术语	2	术语错误每处扣2分			

续表

序号	考核项目	考核内容	配分	评分标准	考核结果	扣分	得分
4	按操作票填写原则写票	操作隔离开关之前已断开断路器	15	未断开断路器每处扣15分			
		断路器操作后的检查应另起一操作项目	5	未另起一项扣5分			
		隔离开关操作应先断开线路侧后断母线侧	10	未按顺序操作扣10分			
		检查3737隔离开关确认已合上	5	未检查确认扣5分			
		检查代线路保护定值确认正确	5	未检查确认保护定值扣5分			
		投入代线路保护	10	未投入保护出口压板扣10分			
		370闭合后检查三相电流确认正常	4	未检查确认电流正常扣4分			
		在断路器两侧装设接地线	15	没有装设接地线扣15分			
		取下断路器直流操作熔断器	4	没有取下熔断器扣4分			
		取下断路器合闸电源熔断器	4	没有取下熔断器扣4分			
5	否定项	发生带负荷操作隔离开关		本题考核不合格			
		发生带电装设地线					
		线路无保护运行					
		离题					
	合计						
	总得分			实际得分×40％=			

操作技能考核试卷（二）

一、三相异步电动机正反转控制电路接线（20分）

1. 操作准备

（1）准备正反转控制实验电动机一台，电动机控制接线盘一个。

（2）验电笔、绝缘电阻表、万用表、绝缘手套、绝缘鞋、钢丝钳、断线钳、尖嘴钳、剥线钳及电工工具一套。

（3）准备 1.5 mm² 导线、1 mm² 导线、绑扎线若干。

2. 操作要求

（1）应穿工作服、绝缘鞋、戴绝缘手套。

（2）操作前应检查设备、工器具、材料是否齐全。

（3）连接控制电路，注意节约材料。

3. 操作时限

实际操作时限为 2 h。

4. 技术标准

（1）工具、仪表使用应规范。

（2）主电路接线、控制按钮接线、控制电路、热继电器接线正确。

（3）用绝缘电阻表、万用表检测电路。

（4）配线走向合理、简洁、美观。

（5）导线绑扎应紧密、均匀、牢固。

（6）符合接线工艺要求，导线连接处接触良好，导线接头制作正确。

（7）电路检测正确。

5. 配分及评分标准

序号	考核项目	考核内容	配分	评分标准	考核结果	扣分	得分
1	设备、工器具、材料检查	工器具检查	3	不检查扣3分			
		安装元件、材料检查	12	不检查扣12分			
2	安装接线	主电路接线	4	接线不正确扣4分			
		控制按钮接线	8	启动按钮动断、动合触点接错扣4分；停止按钮动断、动合触点接错扣4分			

续表

序号	考核项目	考核内容	配分	评分标准	考核结果	扣分	得分
2	安装接线	启动控制电路接线	20	正转接触器接线错误扣5分；接触器动断、动合触点接错一对扣5分；反转接触器接线错误扣5分；接触器动断、动合触点接错一对扣5分			
		热继电器接线	8	热继电器接线错误扣4分，动断、动合触点接错一对扣4分			
3	安装工艺	配线工艺	8	多走回线每处扣2分；配线紧贴盘面的扣2分；导线成束走线不符合横平、竖直、无交叉每处扣2分；导线弯折处不符合直角且圆滑，有损伤每处扣1分			
		导线绑扎	6	绑扎线绑扎的间距不合理每处扣1分；绑扎处有松动每处扣1分；主、控电路绑扎成一束的扣2分			
		接线工艺	10	导线与电气元件接线柱连接有松动每处扣1分；与电气元件接线柱连接超过两个导线头每处扣1分；线头弯制平压圈绕向错误每处扣1分；导线裸露在接线柱外超过导线芯线外径每处扣1分			
		电路检测	6	检测方法不正确每项扣2分			
4	安全文明生产	工具材料	5	工具、材料摆放零乱扣1分；浪费材料扣1分			
		工具、仪表使用	10	工具、仪表使用不规范每处扣2分；损坏工具、仪表、设备每处扣4分；工作结束未整理现场和工器具扣1分			

续表

序号	考核项目	考核内容	配分	评分标准	考核结果	扣分	得分
5	否定项	违反安全规定		出现危及人身安全的操作现象，本题按0分处理			
	合计		100				
	总得分			实际得分×20% =			

二、10 kV 线路永久相间短路事故处理（40分）

1. 操作准备

（1）在仿真机上操作处理，设置故障为 10 kV××线路永久相间短路。

（2）遵守仿真机使用规定，仿真机工作人员配合。

（3）若无上述条件，可采用笔试，准备空白纸若干张、笔一支。

2. 操作要求

（1）故障判断。

（2）原因分析。

（3）故障处理。

（4）应穿工作服、绝缘鞋，戴绝缘手套。

3. 操作时限

笔试操作填写时限为 30 min，实际操作为 1 h。

4. 技术标准

（1）根据故障现象判断故障。发现 10 kV××线路断路器红灯灭，绿灯闪光，电流表无指示（红灯又亮又灭）电流表、电压表有冲击；出现该断路器速断保护（限时）动作信号和重合闸动作信号表示。

（2）判定故障为 10 kV××线路永久性相间故障，重合闸不成功。

（3）对故障范围内设备进行检查。检查发现跳闸断路器机械部位良好，瓷套、油色油位良好，位置指示器正确；检查电流互感器以下设备到出口无放电短路现象。

（4）故障处理

1）向调度汇报，内容包括事故时间，事故跳闸断路器、仪表、重合闸动作、保护动作信号及光字牌情况，本站一次设备无问题。

2）做好记录，复归保护及自动装置信号、光字牌。

3）联系调度送电，调度令强送电，停重合闸，可以立即强送电一次，成功，投重合闸，失败不能再强送电。

4）将故障设备隔离，10 kV××线路转检修，申请检修

5. 配分及评分标准

序号	考核项目	考核内容	配分	评分标准	考核结果	扣分	得分
1	检查现象	查看表计、信号等	10	未查看每项扣2分			
		记录并汇报故障时间、故障现象	10	未记录、未汇报每项扣2分			
2	现场检查故障判定	对故障范围内设备进行检查	12	查看不完整每项扣3分			
		判定故障设备	10	判定不正确扣10分			
3	处理过程	汇报调度	10	未汇报每项扣2分			
		做好记录，复归保护及自动装置信号、光字牌	8	未复归扣8分；复归不完整扣4分			
		联系调度送电	10	未操作扣10分；操作不正确扣5分			
		将故障设备隔离	10	未操作扣10分；操作不正确扣5分；未联系检修扣3分			
4	安全文明生产	穿工作服、绝缘鞋，戴绝缘手套	10	未穿戴扣10分			
		使用安全用具和工器具	10	安全用具和工器具使用不规范每处扣2分			
5	否定项	违反《电力安全工作规程》有关规定		本题按0分处理			
	合计		100				
	总得分			实际得分×40% =			

三、操作票填写（40分）

题目：35 kV 旁路 370 断路器旁代仿真Ⅰ线 371 断路器运行，371 断路器转检修。

1. 运行方式

35 kVⅠ段母线接仿真Ⅰ线 371、仿真Ⅱ线 373 断路器运行，旁路 370 断路器热备用，旁路母线接仿真Ⅱ线运行。

2. 补充说明

（1）35 kV 系统为不接地系统，线路没有零序保护。

（2）370 断路器代线路保护投入仿真二线的定值，保护出口压板退出。

（3）所有断路器的操作均为远方控制，隔离开关均为就地手动操作。

3. 操作注意事项

（1）旁路母线应先改接 371 线路运行。

（2）两个断路器合解环时应检查电流确认正常。

4. 操作准备

(1) 准备如图 4—1 所示的 35 kV 单母线带旁路母线接线图。

(2) 准备空白纸若干张、空白操作票若干张、笔一支。

(3) 准备"以下空白"印章一个,"作废"印章一个。

5. 操作要求

(1) 按倒闸操作要求正确填写操作票。

(2) 文字表述、正式操作票填写应符合操作票的相关规范。

6. 操作时限

操作填写时限为 30 min

7. 技术标准

根据倒闸操作规范和操作票填写原则,正确填写操作票,不进行操作。

8. 配分及评分标准

序号	考核项目	考核内容	配分	评分标准	考核结果	扣分	得分
1	按要求填票	顶格	2	未顶格每处扣 1 分			
		错、漏字,修改	2	错、漏字和修改不符合要求每处扣 1 分			
		时间填写	2	填写时间每处扣 1 分			
		印章使用	2	未正确使用每处扣 1 分			
2	用规范描述方式写票	双重名称	5	操作断路器、隔离开关没有使用双重名称每处扣 5 分			
		装拆接地线描述	2	描述不规范每处扣 2 分			
		熔断器操作描述	2	描述不正确每处扣 2 分			
3	运用操作术语写票	断路器、隔离开关的操作术语	2	术语错误每处扣 2 分			
		装设接地线的术语	2	术语错误每处扣 2 分			
		取下熔断器的术语	2	术语错误每处扣 2 分			
4	按操作票填写原则写票	操作隔离开关之前已断开断路器	15	未断开断路器每处扣 15 分			
		断路器操作后的检查应另起一操作项目	5	未另起一项扣 5 分			
		隔离开关操作应先断开线路侧后断母线侧	10	未按顺序操作扣 10 分			
		检查 370 断路器确已断开	5	未检查确认扣 5 分			

续表

序号	考核项目	考核内容	配分	评分标准	考核结果	扣分	得分
4	按操作票填写原则写票	检查代线路保护定值正确	5	未检查确认保护定值扣5分			
		投入代线路保护	10	未投入保护出口压板扣10分			
		370合上后检查三相电流正常	4	未检查确认电流正常扣4分			
		在断路器两侧装设接地线	15	没有装设接地线扣15分			
		取下断路器直流操作熔断器	4	没有取下熔断器扣4分			
		取下断路器合闸电源熔断器	4	没有取下熔断器扣4分			
5	否定项	发生带负荷操作隔离开关		本题考核不合格			
		发生带电装设地线					
		线路无保护运行					
		离题					
	合计						
	总得分		实际得分×40% =				

理论知识考核试卷（一）答案

一、判断题

1. × 2. × 3. × 4. √ 5. × 6. √ 7. × 8. √ 9. √ 10. ×
11. √ 12. × 13. √ 14. √ 15. × 16. √ 17. √ 18. √ 19. √
20. √ 21. √ 22. √ 23. √ 24. √ 25. √ 26. √ 27. √ 28. √
29. × 30. √

二、单项选择题

1. B 2. B 3. A 4. A 5. A 6. C 7. A 8. C 9. A 10. D
11. C 12. C 13. D 14. D 15. D 16. A 17. B 18. D 19. B 20. B
21. C 22. A 23. A 24. C 25. B 26. C 27. B 28. D 29. A 30. D

三、多项选择题

1. ACD 2. BCD 3. ABC 4. BC 5. ABCD 6. ABD 7. ABC 8. BD
9. ABC 10. ABD 11. BCD 12. AC 13. ABCD 14. ABC 15. ABC

四、简答题

答案略。

五、计算题

解：$R_{13} = \dfrac{R_1 R_3}{R_1 + R_3} = \dfrac{5 \times 20}{5 + 20} = 4$ （Ω）

$R_{ab} = R_2 + R_{13} = 10 + 4 = 14$ （Ω）

答：a、b 两端的等效电阻 R_{ab} 为 14 Ω。

六、论述题

答案略。

理论知识考核试卷（二）答案

一、判断题

1. × 2. √ 3. √ 4. √ 5. √ 6. × 7. × 8. √ 9. × 10. √
11. √ 12. × 13. × 14. × 15. × 16. × 17. × 18. × 19. ×
20. × 21. √ 22. × 23. × 24. √ 25. × 26. √ 27. √ 28. ×
29. √ 30. √

二、单项选择题

1. C 2. B 3. A 4. C 5. C 6. B 7. D 8. B 9. D 10. A
11. C 12. B 13. C 14. B 15. D 16. C 17. C 18. B 19. A 20. A
21. C 22. D 23. B 24. C 25. D 26. D 27. C 28. C 29. B 30. D

三、多项选择题

1. BCD 2. BCD 3. ABC 4. ABCD 5. ABCD 6. AD 7. BCD
8. ABCD 9. ABC 10. ACD 11. ABC 12. ABC 13. ABCD 14. BCD
15. ABCD

四、简答题

答案略。

五、计算题

解：因为 $P = I^2 R$ 所以 $R = P/I^2 = 325/4.2^2 = 18.42$ （Ω）

又因为 $Q = \sqrt{S^2 - P^2}$ 而 $S = UI = 220 \times 4.2 = 924$ （VA）

所以 $Q = \sqrt{924^2 - 325^2} = 865$ （var）

根据 $Q = I^2 X_C$ $X_C = Q/I^2 = 865/(4.2)^2 = 49$ （Ω）

根据 $X_C = 1/2\pi f C$ $C = 1/(2\pi f X_C) = 1/(2 \times 3.14 \times 49) = 1/15386 = 6.5 \times 10^{-5}$ （F）$= 65 \mu F$

答：电阻为 18.42 Ω，电容为 65 μF。

六、论述题

答案略。

参考文献

[1] 宋美清. 电机原理与维修. 北京：中国电力出版社，2007
[2] 宋美清. 电工技能训练. 北京：中国电力出版社，2006
[3] 林正馨. 继电保护. 北京：水利水电出版社，1986
[4] 刘健等. 配电自动化系统. 北京：中国水利水电出版社，1999
[5] 浙江省电力公司. 电力安全生产基础知识. 北京：中国电力出版社，1999
[6] 王清蔡. 输电线路施工. 北京：中国电力出版社，2000
[7] 杨新民，杨隽琳. 电力系统微机保护培训教材. 北京：中国电力出版社，2000
[8] 李义山. 变配电实用技术. 北京：机械工业出版社，2001
[9] 殷作友. 电力企业班组管理. 北京：中国水利水电出版社，2001
[10]《中国电力百科全书》编辑委员会. 中国电力百科全书（第二版）. 北京：中国电力出版社，2001
[11] 李斌. 电力系统自动装置. 北京：中国电力出版社，2001
[12] 操文才，应去非. 怎样当好变配电所值班工. 北京：机械工业出版社，2002
[13] 刘健，倪建立. 配电网自动化新技术. 北京：中国水利水电出版社，2003
[14] 徐海明. 直流设备检修. 北京：中国电力出版社，2003
[15] 陈堂等. 配电系统及其自动化技术. 北京：中国电力出版社，2003
[16] 梁合. 配电线路. 北京：中国电力出版社，2003
[17] 谈笑君，尹春燕. 变配电所及其安全运行. 北京：机械工业出版社，2003
[18] 劳动和社会保障部中国就业培训技术指导中心. 变配电室值班电工（初级、中级）. 北京：中国电力出版社，2003
[19] 劳动和社会保障部中国就业培训技术指导中心. 变配电室值班电工（高级、技师、高级技师）. 北京：中国电力出版社，2003
[20] 孙成宝等. 直流设备检修. 北京：中国电力出版社，2003
[21] 上海超高压输变电公司. 常用中高压断路器及其运行. 北京：中国电力出版社，2004
[22] 谷水清. 配电系统自动化. 北京：中国电力出版社，2004
[23] 李建基. 高压断路器及其应用. 北京：中国电力出版社，2004
[24] 夏国明. 供配电技术. 北京：中国电力出版社，2004

[25] 关城. 供用电工人技能手册配电线路. 北京：中国电力出版社，2004

[26] 王晓丽. 供配电系统. 北京：机械工业出版社，2004

[27] 阎小霞，苏小林. 变配电所二次系统. 北京：中国电力出版社，2004

[28] 贺家李，宋从矩. 电力系统继点保护原理. 北京：中国电力出版社，2004

[29] 黄绍平等. 成套电器技术. 北京：机械工业出版社，2005

[30] 李建基. 高压开关设备实用技术. 北京：中国电力出版社，2005

[31] 王秋梅. 10 kV 开闭所的设计、安装、运行和检修. 北京：中国电力出版社，2005

[32] 任致程. 画说电工工艺与操作技巧. 北京：中国电力出版社，2005

[33] 李景禄. 实用配电网技术. 北京：中国水利水电出版社，2005

[34] 国家电网公司. 国家电网公司电力安全工作规程. 北京：国家电网公司，2005

[35] 何守贤等. 供配电技术. 北京：中国水利水电出版社，2005

[36] 丁书文. 电力系统微机型自动装置. 北京：中国电力出版社，2005

[37] 高友权等. 配电系统继电保护. 北京：中国电力出版社，2005

[38] 黄绍平等. 成套电器技术. 北京：机械工业出版社，2005

[39] 中国电机工程学会城市供电专业委员会. 变电检修. 北京：中国电力出版社，2006

[40] 中国电机工程学会城市供电专业委员会. 变电运行. 北京：中国电力出版社，2006

[41] 中国电机工程学会城市供电专业委员会. 变压器检修. 北京：中国电力出版社，2006

[42] 常大军，常绪滨. 高压电工上岗读本. 北京：人民邮电出版社，2006

[43] 郭贤珊. 高压开关设备生产运行实用技术. 北京：中国电力出版社，2006

[44] 余虹云等. 10 kV 开关站运行、检修与试验. 北京：中国电力出版社，2006

[45] 李天友. 供用电工人职业技能培训教材配电线路. 北京：中国电力出版社，2006

[46] 胡培生，丁荣. 配电技术与工艺培训教材配电线路. 北京：中国电力出版社，2006

[47] 李火元. 电力系统继电保护与自动装置. 北京：中国电力出版社，2006

[48] 钟自勤. 继电保护装置及二次回路故障检修典型实例. 北京：机械工业出版社，2006

[49] 国家电力监管委员会电力业务资质管理中心. 电工进网作业许可考试参考教材. 北京：中国财政经济出版社，2006

[50] 《配电网新设备与新技术》编写组. 配电网新设备与新技术. 北京：中国水利水电出版社，2006

[51] 刘振亚. 国家电网公司输变电工程典型设计（10 kV 配电工程分册）. 北京：中国电力出版社，2007

[52] 徐国政等. 高压断路器原理和应用. 北京：清华大学出版社，2000.10